北京植物种质资源调查与评价丛书

北京野生植物资源

赵良成 张志翔 沐先运
张乔会 卢宝明 姜英淑 等 著

中国林业出版社

图书在版编目（CIP）数据

北京野生植物资源 / 赵良成等著. -- 北京 ：中国林业出版社，2014.3
（北京植物种质资源调查与评价丛书）
ISBN 978-7-5038-7407-9

Ⅰ. ①北… Ⅱ. ①赵… Ⅲ. ①野生植物－植物资源－概况－北京市 Ⅳ. ①Q948.521

中国版本图书馆CIP数据核字(2014)第044719号

出 版 中国林业出版社（100009 北京市西城区德胜门内大街刘海胡同7号）
E-mail 13901070021@139.com
电 话 (010) 83283569
印 刷 北京中科印刷有限公司
发 行 新华书店北京发行所
印 次 2014年4月第1版第1次
开 本 787mm×1092mm 1/16
印 张 37.75
字 数 800千字
定 价 580.00元

《北京野生植物资源》
作者名单

著　者：赵良成　张志翔　沐先运　张乔会　卢宝明　姜英淑

参　编：林秦文　汪　远　张钢民　王秀敏　刘福山　王　超
沙海峰

摄　影：赵良成　林秦文　沐先运　张乔会　汪　远　张志翔
张钢民　陈伯毅

胡桃楸

前 言

野生植物资源是大自然留给人类的宝贵遗产，是人类生存和社会发展的重要物质基础，是体现一个国家或地区竞争力和可持续发展的重要战略性资源。野生植物资源不同于矿藏、化石能源等资源，它具有生态性、多样性、遗传性和可再生性等特点，可以源源不断地为人类生产、生活提供各种物质资源，包括食品、医药、花卉、工农业原料等各个领域。它能够替代其他资源，却不能被其他资源所替代。这些特点决定了野生植物资源在国民经济和社会发展中所具有的特殊地位，尤其在传统资源越来越短缺的今天，其意义尤为突出。

北京作为我国首都，地处太行山脉和燕山山脉的交汇处，地形复杂，生态环境多样，是华北地区植物资源比较丰富的地区之一，很早以前就吸引了国内外众多的学者来此采集植物标本和进行植物研究。一直以来，北京市植物资源的调查和研究工作都受到很大重视，也取得了一些成果，但对野生资源植物的具体种类、分布、数量、利用方式以及保护和开发利用现状等方面的调查研究，尚不够全面和深入。近年来，随着北京市经济和社会的快速发展，对野生植物资源的需求及对其生存环境破坏的压力都不断增大，许多重要野生植物资源的保护和利用形势发生了很大变化，提出了许多新的挑战。为了适应新形势，更好地开展北京市野生植物资源的保护和可持续利用工作，在北京市园林绿化局和北京林业大学的共同组织下，从 2007 年开始，历时 4 年多时间，调查人员在查阅大量资料的基础上，对北京各区（县）山区和林区做了大量的野外调查和访问调查工作，全面掌握了北京地区主要野生资源植物的种类、分布、数量、利用部位、理化性质、用途及利用方式等，进而详细分析讨论了各类野生植物资源开发利用的现状，明确了目前北京地区主要开发利用的种类、具有发展潜力的种类以及需要重点保护的种类，并提出了每类野生植物资源保护与利用的建议。在此基础上，还对重要野生资源植物的受威胁状况、利用潜力、价值重要性等进行了科学的评价，从而为本地区资源植物物种保护、研究和可持续利用及制定北京市野生植物资源的保护利用规划及管理决策提供科学依据。

本书汇集了著者近年来对北京市野生植物资源的部分调查和研究成果，其最大特点是不仅包含了对各类资源植物的种类、生境、数量等方面的野外调查，共涉及植物123科402属800余种，还包含了大量的走访调查，收集记录了各区（县）对当地野生资源植物的保护和利用情况，获得了大量对资源植物采收、加工、利用、销售、栽培等的第一手资料和照片。除对北京地区12大类野生植物资源进行各自论述外，书中还对近400种常见或重要的资源植物进行了详细介绍，每种植物都配有数张彩色照片，包括其生境、根部、枝叶、花、果实、种子等整体或局部特征及其利用部位和用途等，文字内容介绍了植物主要形态特征、分布与生境、各类用途等，同时还涉及了很多相关的科普知识，其宗旨是面向生产、科研、科普和教学等领域。本书直观易懂，图文并茂，集知识性、实用性和科普性于一体，既适合专业人员进行科研和教学工作使用，又适合普通植物爱好者收藏，可以作为认识和了解北京市乃至周边地区资源植物的重要参考书。

在本调查工作开展和完成的过程中，北京市园林绿化局和北京林业大学都给予了极大的支持，各区（县）林业部门和自然保护区相关人员也都提供了极大的帮助。北京林业大学生物科学与技术学院、林学院、水土保持学院及自然保护区学院等很多专业的研究生和本科生参加了相关外业调查和内业整理工作。本书编辑出版过程中，中国林业出版社给予大力协助。在此一并致谢。

本书的编写和出版得到了北京市园林绿化局（北京市植物种质资源调查项目）及北京市科委项目（D0805063430000）资助。

由于本书涉及内容多、范围广，加之著者水平有限，疏漏及错误之处在所难免，敬请读者给予批评指正。

著 者

编写说明

1. 本书涉及的资源植物种类除了个别是栽培种或栽培逸为野生外，其余种类均为北京地区生长的野生植物。第二部分资源各论里详细介绍过的重点资源植物种类，除个别种类外，第三部分物种各论里不再重复介绍。

2. 资源各论部分的植物种类列表中，根据实地调查将其野生资源量划分为 3 级：+++ 表示调查区域内的随遇种，或虽不出现在整个调查区域，但资源量大；++ 表示经常能见到，或对生境有一定要求，分布比较局限，资源量较大；+ 表示只出现在调查区域内局部地区，或对生境有严格要求，资源量小。

3. 书中各植物种类的中文名和排列顺序主要参照《北京植物志》(1992)的名称和顺序，拉丁学名则主要根据《中国植物志》和《Flora of China》的名称。

4. 有少数植物种类的科的隶属关系根据新的文献做了调整；各植物种类形态特征的描述主要依据《中国植物志》和《北京植物志》；各植物种类利用部位的化学成分及含量、采收加工等主要来自于已出版的相关著作和已发表的期刊文献资料，其用途的描述在参考相关文献的同时也结合了著者的实地调查资料和数据。

5. 除少数因编排需要而做调整外，大部分植物种类所配植物性状的照片基本按照生境（全株）、根部、枝叶、花（花序）、果实、种子的顺序排列，植物用途或其利用方式的照片一般放在最后。

6. 本书主要参考文献仅列出已出版的著作，各类期刊文献由于数量众多，没有列出。

7. 本书后面附有第二部分资源各论和第三部分物种各论里详细介绍过的 400 余种植物的中文名和拉丁学名索引，便于使用时查找。

目 录

第一部分　总论

一、野生植物资源的特点及分类

（一）野生植物资源的定义

我国著名植物学家吴征镒（1987）把植物资源（Plant Resources）定义为："一切有用植物的总和"。所谓"有用"就是对人类有益的植物，并把植物资源分为栽培植物和野生植物两大类，其中有商品价值的称为经济植物。

在众多的植物种类中，栽培植物仅占资源植物的一少部分，绝大多数仍处于野生状态。随着经济和社会的发展，现有的栽培植物已不足以满足人类生产生活的需要。因此，开发利用野生植物资源是必由之路。野生资源植物是指在一定时间、空间、人文背景和经济技术条件下，对人类直接或间接有用的野生植物。其中在市场上出售，具有商品价值的称为野生经济植物。

（二）野生植物资源的特点

野生植物资源是在众多的植物中，经人类长期的生产、生活实践活动而认识的具有各种特殊利用价值的野生植物。野生植物资源除了具有一般植物的生物学特性、生态学特性等特点外，也有许多资源意义上的特点。这些植物资源的特点是我们深入认识和合理利用野生植物的理论基础，忽视了对这些特点的认识，就会影响我们利用野生植物资源的成效，就会陷于盲目，导致野生植物资源被破坏。综合起来野生植物资源主要有以下特点。

1. 多样性

自然界野生植物种类繁多，而大多数植物都有一定的利用价值，其形态和功能也多种多样，极具多样性。

2. 可再生性

野生植物资源的再生性，从狭义上讲，是指植物具有不断繁殖后代的能力；从广义上讲，还包括其自身组织和器官的再生能力。在开发利用过程中我们可以合理有效地利用这些再生能力生产更多的产品，并可利用其再生能力进行人工繁殖，扩大资源量。

3. 易受威胁性

野生植物资源多数是具有直接经济价值的，受到经济利益的驱使，长期以来许多价值较高

的物种都受到了不同程度的威胁。如果对野生植物资源利用过度或利用不当，都可能影响其再生能力的发挥，使其种群处于衰退状态，甚至导致灭绝。一个正常野生植物种群的增长能力是有一定限度的，采收利用过度，使种群产生后代的数量低于利用的数量，野生资源量就会不断减少；采收利用的时间不合理，如在开花或者种子成熟以前采收，也会影响其自然更新。

4. 成分的相似性

植物化学的大量研究表明，亲缘关系越近，则所含化学成分越相似。这一规律的发现，为我们在植物资源开发利用上，寻找和挖掘具有相似化学成分的新植物资源提供了依据，例如小檗科植物都含有小檗碱，毛茛科植物都含有毛茛苷。

5. 利用的时间性

不同的植物种类、不同的植物器官在不同的时期所积累的代谢产物都不相同，这就决定了植物资源采收的时间性。植物的采收时间直接关系到收获物的产量和品质。如“三月茵陈四月蒿，五月砍了当柴烧”，说的是茵陈蒿只有在早春采收才能药用，晚了就失去了药用价值。采收时期的确定因植物种类、生长发育阶段和所利用的植物器官而不同。掌握采收时期总的原则是按经济目的要求，选择植物含有效成分多、产量最高的时期采收，以取得最好的经济效益。例如，利用植物的根、块茎、球茎、鳞茎、根状茎等地下器官的，应在秋季植株地上部分枯萎时或在早春植物返青前进行采挖。这时植物的养分及有效成分多集中在地下贮藏器官中。如果地上部分枯萎后在野外不易寻找的种类，亦可在枯萎之前或早春刚发芽时采收；利用地上部分营养器官的种类，一般在植物生长最旺盛时期采收，但要由经济目的而定。

6. 用途的多样性

植物种类的多样性和植物功能的多样性，决定了植物资源用途的多样性。它是我们对野生植物资源进行综合开发、多种经营的重要依据。从整体上看，大部分野生植物资源是可供直接利用的各种原料植物；还有相当一部分是非原料性质的植物资源，它们以某种植物功能的特殊方式为人类服务，如防风固沙、保持水土、保护环境等。从每个植物种来看，由于植物体内各器官结构和功能的不同，往往积累的代谢产物也不尽相同，从而使各器官具有不同的用途。如油松的木材、树脂、松针、花粉等，分别具有不同的商品价值。在开发利用时可生产多种商品，提高资源的利用率和利用价值，并可降低生产成本。

7. 可栽培性

根据野生植物对环境的生态适应原理，只要人们给它创造与原产地相似的生境，所有野生植物都可以栽培。现在的栽培植物，都是野生植物经过驯化培养出来的。引种驯化不仅可以解决野生植物资源分布零星不易采收的困难，还可以拯救濒危植物，扩大分布区和提高产量。另外，一些分布范围广、生长的生态条件复杂多样的野生植物资源，在长期的适应进化和地理隔离中，产生了各种各样的变异单株或变异群体，通过驯化栽培和对具有优良资源性状的单株或群体的选育研究，可以培育优良品种，提高资源产品的质量或数量。

8. 分布的地域性

植物种类分布的局限性，形成了资源的区域性。野生植物资源都分布在一个自己适应的区域内。不同植物分布范围的大小不同，对生态环境要求特殊而严格的种类，一般分布区较窄；

反之，对环境要求不高的种类，分布区较宽。另外，分布在不同地区的种群大小，即资源产量也不同，因此开发利用的潜力也各异。生态环境不仅影响野生植物资源的分布，而且影响其有用成分的含量及其结构、功能等特性。如药材的地道性除与其使用历史悠久、质地纯正、行销面广、信誉高有关外，主要是长期适应分布区域生态环境，其有效成分的含量比较高，并且比较稳定也是重要因素。野生植物资源分布的地域性，是我们合理开发利用各种野生植物资源的重要依据，也是引种驯化变野生为栽培、扩大分布范围和提高品质的重要限制因素。

9. 价值的潜在性

植物资源指对人类直接或间接有用的植物，所谓有用与无用是相对的概念，是否属于植物资源不能下绝对的定义。随着科学技术的发展，越来越多的植物的各种用途被发现，并为人类服务。

（三）野生植物资源的分类

野生植物资源种类繁多，用途各异。为了更好地研究、认识和利用植物资源，首先要对其进行分类。植物资源按用途进行分类，是目前国内外研究植物资源的主要分类方法。这种分类方法历时悠久，是从古人本能的采集和利用植物起源的，并随人类文明的进步而不断延续和发展至今。目前，我国野生植物资源的分类系统主要有下列几种。

第一种：1960 年《中国经济植物志》中按用途将 2411 种植物划分为中药类、兽药类、农药类、纤维类、淀粉类、油料类、芳香油类、鞣料类、树胶树脂类、皂素类、染料类、饲料类、野菜类、野果类、蜜源类、观赏类等 20 多类。

第二种：1983 年吴征镒将植物资源分为 5 大类，并进一步划分为二十几个小类。①食用植物资源，包括淀粉类、蛋白质类、食用油类、维生素类、饮料类、香料色素类、动物饲料类和蜜源植物类等 8 个小类；②药用植物资源，包括中草药类、化学药品原料类、兽药类和植物农药类等 4 个小类；③工业用植物资源，包括木材类、纤维类、鞣质类、染料类、芳香油类、植物胶类、树脂类、工业用油脂类和经济昆虫寄主类等 9 个小类；④防护及观赏植物资源，包括防风固沙类、绿肥类、绿化观赏类、环境监测及抗污染类等 4 个小类；⑤植物种质资源，含各种有用植物的近缘属种的种质资源。

第三种：1989 年王宗训在《中国经济植物利用手册》中将植物资源分为纤维植物、淀粉及糖类植物、油脂植物、鞣料植物、芳香油植物、树脂植物、树胶植物、保健饮料食品植物、甜味剂植物、色素植物、饲料植物、农药植物、皂素植物和寄主植物等 14 类。

第四种：1994 年董世林在《植物资源学》中将植物资源划分为成分功用植物资源型和株体功用植物资源型 2 个型。前者又分为 4 类：①饮食用植物资源类，包括野果、色素、淀粉、油脂、芳香、野菜、饲用、蜜源和甜味剂等；②医药用植物资源类；③工业用植物资源类，包括树脂、鞣质、树胶等；④农业用植物资源类，包括农药、绿肥；后者分为 2 类：①株体自身功用植物资源类，包括能源、纤维、木材、寄主、种质等；②株体效益植物资源类，包括指示、环保、绿化观赏、防风固沙、水土保持等。

二、北京市自然地理及野生植物资源概况

（一）北京市自然环境条件

北京市地理坐标为北纬 39° 38' ~41° 05'，东经 115° 24' ~117° 30'，位于华北平原西北边缘，东南是缓缓向渤海倾斜的北京平原，北部和西部是山区。北京市总面积约 16800km^2，其中山区总面积约 10072km^2，占全市面积的 61.37%，跨有房山、门头沟、石景山、海淀、昌平、延庆、怀柔、密云、平谷、顺义等 10 个区（县）的一部分或全部。西南段属太行山脉，组成北京市西部山区，统称西山，东北段属燕山山脉，组成北京市北部山系，统称北山，两条山脉在南口汇合。整个山区从西南向东北绵亘近 200km，山幅宽一般约 50km。境内山峦起伏，沟壑纵横，很多山峰海拔 1000m 以上，门头沟区的东灵山海拔 2303m、百花山 1919m，延庆县的海坨山海拔 2234m。从山区东南侧山麓海拔 100m 算起，到西北边境的高峰，垂直幅度在 2000m 左右。全山区海拔 800m 以下的低山和丘陵面积 5983.9 km^2，占山区总面积的 58.1%。山区和平原交界处有海拔 200m 以下的丘陵地带，自西北向东南形成平缓降落的坡度。北京市平原是由许多大小不等的扇形地和冲积淤积平原连接而成，平原海拔一般低于 100m（图 1–1）。

北京市在气候类型上主要属于暖温带半湿润大陆性季风气候。冬季寒冷干燥，夏季炎热多雨。风向有明显的季节变化。由于跨越的经纬度范围不大，气候上水平方向变化不大，但地形对气候的影响却很大，垂直的变化和阴阳坡的变化都十分明显。从平均温度看，位于山区东南侧的山麓及丘陵，因海拔较低又背向阳，气温普遍较高，年平均温度都在 11℃以上，最冷月 1 月平均温度介于 –4.1~6.5℃之间，最热月 7 月平均温度都在 26℃左右。但山区内部，因海拔高度升高，气温明显降低。海拔 2000m 以上的东灵山和海坨山，平均温度仅在 2℃左右。从无霜期看，大致海拔升高 100m，无霜期约减少 5~6 天，位于山前的房山、门头沟、石景山、昌平、怀柔、平谷等区（县），无霜期均在 190 天以上。海拔高度相对较低的山间谷地，如斋堂、霞云岭、古北口等，无霜期也在 170 天以上。但到了东

图 1–1 北京市自然地理图

灵山顶和海坨山顶，无霜期仅约 90~100 天。实际上，山上山下相差半个节气或一个节气的现象到处皆是，春季植物开花都是从山下往山上逐步开放的，而到深秋和初冬季节，山下树叶刚刚掉光，高山顶部常常已是白雪皑皑。

从降水看，北京山区降水受地形影响很大，年平均降水量等值线走向大致与山脉走向一致。年平均降水量一般介于 450~660mm 之间，自东南向西北逐渐减少。东南部山地的迎风侧，即百花山—妙峰山和八达岭—凤驼梁—黑坨山—云蒙山等山地带的东南侧，降水量都在 600mm 以上。而位于该山带的西北背风侧，降水量明显减少。降水的季节分配极不均匀，以夏雨为主，75% 集中于 6~8 月份。

综观北京山区气候，比较温和，特别是夏季气温普遍较高，雨热同季时，对植物生长有利。但降水不够丰沛，且降水的年变率较大，春冬季大风天气偏多，蒸发量远大于降水量，使气候常发生干旱，也会对植物生长产生不利影响。

北京山区土壤以褐土为主，广泛分布于海拔 800m 以下的阳坡和海拔 600m 以下的阴坡。阴坡土层较厚，阳坡土层较薄，多含碎石。土壤 pH 值中性到微碱性，植被以半旱生和旱中生的灌丛、灌草为主，落叶阔叶疏林和油松、侧柏等针叶林等也有分布。其次是山地棕壤，主要分布在海拔 600m 以上的阴坡和海拔 800m 以上的阳坡，土层一般较厚，表土具明显的腐殖质层，pH5.6~6.5，植被以中生的灌丛为主，次生的落叶阔叶林和油松等针叶林有较多分布。再次是山地草甸土，主要分布在几座海拔 1800m 以上的山顶上，土层厚，土体湿润，有机质积累丰富，pH6.0~6.5，呈弱酸性反映，植被为茂密的杂类草甸。

（二）北京地区植被及植物资源概况

北京过渡性的气候以及复杂的地质地貌和土壤特点，为它多样化的植被及丰富的植物种类打下了基础。根据《北京植物志》（1992 年修订版）记载，北京地区有维管束植物 169 科，898 属，2088 种，171 变种、亚种和变型，其中野生植物 1505 种。这一数字近年来随着调查的深入又有所增加，根据 2007~2009 年北京市园林绿化局和北京林业大学共同组织开展的“北京市植物种质资源调查项目”所取得的成果，北京市野生维管植物种类的最新数字为 140 科、654 属、1790 种（包括 1585 原变种、16 亚种、163 变种和 26 变型）。这些野生植物绝大部分分布在远郊的山区。西部、北部及东北部的山区，野生植物资源较为丰富，形成以下几个主要的资源植物分布中心：①百花山—东灵山—霞云岭—黄草梁分布中心。该地区地处北京市西部，主要山脉有百花山（海拔 1990m）、东灵山（海拔 2303m）、黄草梁（海拔 1737m）。②松山—玉渡山—太安山—龙庆峡多样性中心。该地区地处北京市西北部，主要山脉为大海坨山（海拔 2242m），为北京市第二高峰，松山自然保护区即位于此。③喇叭沟门—帽山多样性中心。该地区处北京市北部，主要山脉为南猴顶（海拔 1705m），喇叭沟门自然保护区即位于此。④十渡—上方山—石花洞多样性中心。该地区地处北京市西南部，主要山脉为上方山（主峰海拔 880m）。⑤雾灵山—古北口多样性中心。该地区地处北京市东北部，主要山脉为雾灵山（主峰海拔 2116m）。⑥八达岭—黑坨山—云蒙山多样性中心。该地区地处北京市的北部，主要山脉为黑坨山（海拔 1534m）和云蒙山（海拔 1414m）。⑦黄松峪—锥峰山多样性中心。该地区地处北京市的东部偏北，属燕山山脉的南端。

山区天然和半天然植被是山区野生资源植物的重要环境因子，植被的特点直接关系到野生资源植物的种类和数量。根据山区气候、土壤等条件以及当前植被的一些现象，可以推断北京山区的原生植被应属于森林类型，但由于受长期频繁的人类活动的影响，早已看不到原来的面貌。现在山区天然植被以半旱生到中生的灌丛为主，森林居于很次要的地位。植被的垂直变化和阴阳坡的变化较明显。

灌草丛主要分布在海拔 100m 以下的山地和丘陵，面积相当大。草本层为建群层，优势植物为白羊草、黄背草、隐子草属、苔草属等。在草层间或多或少生长着荆条、酸枣、山杏、鼠李属等灌木植物。群落的总盖度 40%~80%，生境较干旱。资源植物多属耐旱种类，重要的有荆条、酸枣、山杏、防风、知母、白头翁、西伯利亚远志、茵陈蒿等。灌丛主要分布在海拔 1000m 以下的山地阴坡和海拔 1000m 以上的山地阳坡。灌木层为建群层，优势植物有蚂蚱腿子、三裂绣线菊、土庄绣线菊、大花溲疏、小花溲疏、二色胡枝子、平榛等，其间常散生有油松、蒙古栎、元宝枫等乔木树种。群落生境偏于中生，群落总盖度 80%~90%，草本层较发育，出现许多耐阴的种类，优势植物有苔草属、野青茅及其他杂草类。重要的资源植物有平榛、毛榛、地榆、柴胡、桔梗、穿山龙、党参、羊乳等。森林包括落叶阔叶林和针叶林，其中天然次生林主要残留在偏远的深山区，有蒙古栎林、槲树林、山杨林、椴树林、桦树林、油松林、侧柏林等，人工林以靠近居民点的低山区为多，主要是油松林、侧柏林、洋槐林、栓皮栎林等。林下灌木和草本植物种类除极少数特殊外，常与相同坡位的灌丛和灌草丛的种类相同，重要的林下资源植物有照山白、软枣猕猴桃、北五味子、地榆、苍术、铃兰、鹿药、藜芦、黄精属、鹿蹄草属等。山顶草甸，分布范围很小，仅限于东灵山、百花山和海坨山等山地的顶部，主要由多年生的中生草本植物组成。范围虽小，却生长着一些特殊的资源植物，主要有金莲花、野罂粟、手参、拳参、小丛红景天等。沟谷群落，包括沟谷杂木林、沟谷灌木、沟谷草地等。生境比较阴湿，偶有溪水。植物种类比较复杂，其中很多是重要的资源植物，如胡桃楸、软枣猕猴桃、接骨木、藿香、薄荷、红升麻、半夏、商陆等（图 1–2）。

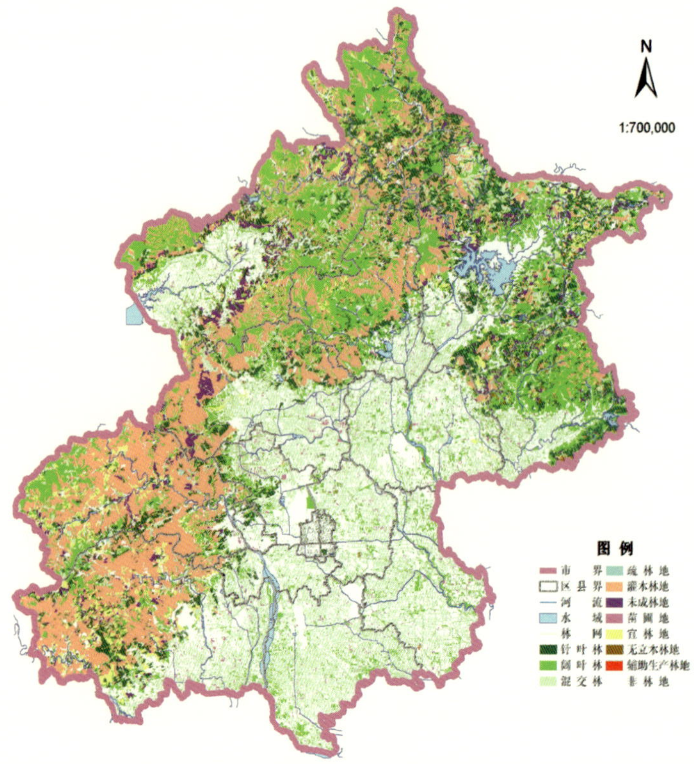

图 1–2 北京市森林资源分布图

北京平原地段主要由永定河、潮白河、温榆河、拒马河和汤河等冲洪淤积而成。由于平原地区农业生产历史悠久，对植被影响深远，目前大部分已成为农田和城镇，栽培植被占绝对优势，如北京粮食、蔬菜、果品等生产基地。野生资源植物主要有扁蓄、灰绿藜、马齿苋、荠菜、独行菜、葎草、委陵菜、酢浆草、蒺藜、紫花地丁、田旋花、旋覆花、泥胡菜、画眉草、狗尾草等中旱生草本种类。

另外，北京地区的湿地资源植物也较为丰富，主要分布在河流、湖泊、水库及池塘等区域。河流沿岸及浅水区以芦苇群落和水烛群落为主，河流中部多为竹叶眼子菜—穿叶眼子菜群落。密云水库、官厅水库、怀柔水库、沙河水库、汉石桥水库等水库及其周边湿地群落类型丰富，除大面积的芦苇群落、水烛群落外，还可见槐叶苹群落、浮萍群落、水鳖群落、穗状狐尾藻群落、酸模叶蓼群落等。此外，在山区的许多沟谷中，由于存在溪流，也会形成小面积湿地，如小龙门、松山、雾灵山西区等。此处多以豆瓣菜群落、水苦荬群落和水毛茛群落为优势。在北京城近郊区，主要水域为一些湖泊及连接它们的河道，如昆明湖、圆明园、植物园、玉渊潭、什刹海、龙潭湖等。由于水体面积小，深度较浅，透明度较大，水底淤泥含有丰富的有机物，水生植被生长茂盛，主要种类有眼子菜科的菹草、眼子菜，水鳖科的黑藻、苦草、白萍，茨藻科的茨藻，金鱼藻科的金鱼藻，小二仙草科的狐尾藻，浮萍科的紫萍、浮萍，睡莲科的芡、莲等（图 1–3）。

图 1–3 北京市湿地植物资源分布图

三、调查区域与研究方法

（一）调查区域

北京市目前共有 14 个区、2 个县。其中东城区、西城区、朝阳区城市化程度很高，原生植被早已不复存在，野生植物种类极少，故不包括在本次野生植物资源调查范围之内。通州、丰台、石景山、顺义及大兴等几个区城市化程度也较高，可供利用的野生资源植物较少，本次调查仅对其中一些有山地和湿地分布的区域进行了调查。密云县、延庆县、房山区、门头沟区、怀柔区、平谷区、昌平区及海淀区的山区部分是北京野生植物资源的主要分布区域，也是本次调查研究的重点区域（图 1–4）。

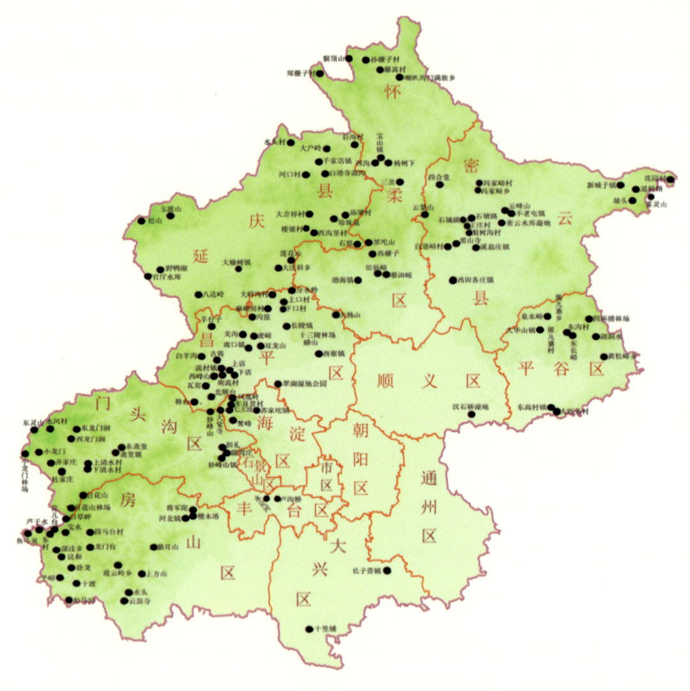

图 1–4 北京市野生植物资源调查地点分布图

（二）调查方法

1. 野外调查

2007~2009 年，在植物的不同生长季节对北京野生资源植物进行全面的野外调查。在各区（县）选定植物多样性高、植物资源丰富的区域作为重点调查地点，主要采用线路踏查并辅以典型样地取样的方法进行。重点调查地点包括门头沟区的百花山、东灵山、小龙门、龙门涧，房山区浦洼、霞云岭、上方山、十渡，延庆县的松山、千家店、八达岭、四海镇，怀柔区的慕田峪、黑坨山、喇叭沟门，密云县的雾灵山、云岫谷、花园村、云蒙山，平谷区的四座楼山、黄松峪，昌平区的南口、十三陵、莽山、沟崖，海淀区的凤凰岭、鹫峰等植被生长较好的山坡、沟谷以及邻近的平原和水边湿地。线路踏查是在参考北京地形图和历年植物调查资料的基础上，与熟悉当地情况的林业技术人员共同确定调查路线，基本原则是能够尽可能垂直穿插当地所有的地形和植被类型，对每条路线上野生资源植物的种类、分布、生境及出现频率等进行记录。同时，在调查路线上，随机取样，选择野生资源植物集中分布的地段作为典型样地。样地面积为 20m × 20m，在其中等距设置 16 个 5m × 5m 灌木样方，每个灌木样方的 4 个顶点及中心再设置 5 个 1m × 1m 的草本样方。每个样方记录相关物种的株数、密度、盖度及其生长状况，并拍摄照片和采集植物利用部位的标本。

2. 访问调查

对调查地区年纪较大的群众以及林业部门有经验的干部、生产技术人员等进行大量访问调查，收集记录民间对当地野生资源植物的了解和利用情况。同时通过走访各区（县）主要农贸市场、农家乐、药材收购站及加工厂、药材种植基地、野菜收购站及加工厂、野菜种植基地、苗圃、油脂加工厂、旅游景点、农户、养蜂户等场所，详细了解各类资源植物的利用价值、利用现状、商业贸易或实物交换情况以及已形成商品种类的经济价值、产销情况、栽培状况等。

第二部分　资源各论

一、北京野生食用植物资源

野生食用植物资源包括野菜植物资源、野果植物资源及野生饮料植物资源3类。

（一）野菜植物资源

1. 野菜植物资源的特点

野菜资源是植物资源的重要组成部分，是可蔬食的植物资源。野菜自然生于山地、林下、林缘、平原、湿地等多种生态环境中，与其他资源相比较，野菜资源有以下特点。

（1）天然可食，营养价值高

野菜多生长在山野、林边、树丛、沟旁河边、田间地头，远离工业污染区，未施化肥、农药，极少污染，过去仅有充饥救荒的作用，现在则成为绿色安全食物的代表。野菜植物主要以其茎叶、嫩芽、地下根茎、花、果、种子供蔬食。由于生长在自然状态下，野菜含有人体所必需的蛋白质、脂肪、糖类、胡萝卜素、维生素、钙、磷等及其他多种微量元素，许多营养成分的含量都比人工栽培的蔬菜高，特别是维生素和无机盐含量较为突出。野菜大多具有一定的药用价值，能防病、治病，具有良好的保健作用。重视营养，讲究保健是当今人们食物消费中占据主导地位的新追求，从营养、保健的角度挖掘、开发野菜资源符合这一趋势。野菜取之山野，风味独特。野菜中不少种类具有诱人的香味、鲜明的色泽、特别的形态，所以食用起来常给人以“野味”之感。虽然有的野菜具有人们难以接受的异味，但经过适当的烹调或科学的加工处理，除去异味之后，仍可供作蔬食。而且野菜吃法多样，可炒食、凉拌、作馅、做汤或生食。

（2）多样性与散生性（种类多、分布广）

野菜的分布范围较广，几乎各种生境均有野菜存在。野菜的生活型类别多样，有草本植物，也有木本植物，但大多数是草本植物。野菜植物的多样性，为不同地区因地制宜地开发利用当地的野菜植物或引种适于当地生态环境的野菜植物创造了条件。野菜与栽培蔬菜的一个显著的区别在于栽培蔬菜往往是按照人为的安排成片栽种，而野菜作为植物群落的有机组成成分多是单株或呈小片散生在植物群落之中，这一特性对野菜的采摘、收购和加工等规模开发利用工作造成一定的困难。

（3）栽培、加工容易

野菜植物大多数以嫩茎叶供食用，采收期较集中，上市期比较短暂。为了达到四季均衡上市、周年供应的目的，有必要有选择地引种栽培一些野菜。我国有长期食用野菜的历史，民间积累了大量的栽培经验。野菜在长期进化过程中，历经自然灾害的磨炼，往往抗性强、病虫害少、生态幅宽，对环境条件、栽培技术很少苛求。野菜多为露地栽培，只要基本条件得到满足，便能保证收成。一般无须特殊的生产设施，生产管理也较粗放，因而生产成本低。近年来为了赶在淡季上市，也有在早春、晚秋、冬季利用大棚、温室等保护设施进行栽培的，但与一般栽培蔬菜相比较，野菜的管理较简单，病虫害较少，产量也较高。我国传统的野菜采摘、保鲜、贮藏加工技术均比较简单，所需设施较简易，在投入资金较少的情况下也能迅速发展；若能引进新的加工设施和加工工艺，野菜食品将有希望成为食品工业的一个长远发展方向。

（4）独特的经济价值

基于以上特点，在各地农家乐、旅游点的餐桌上，各种野菜深受游客欢迎。开发利用野菜方法简单，成本低廉，可获得较高的经济效益，不失为山区农民致富的一条好途径。

2. 野菜植物资源的分类

野菜种类多，并且分属于不同的科属，并无特定的规律性。按植物亲缘关系远近的系统分类方法进行分类，各科间极不平衡，目前应用比较多的方法是按照其食用器官或部位并兼顾分类学名称进行分类。主要分为蕨菜类（可食蕨类植物）、苗菜类（食用其幼苗）、茎叶菜类（食用其地上部嫩茎、嫩叶或嫩茎叶）、根与根茎菜类（食用其根及地下根茎、鳞茎等变态器官）、芽菜类（一般指食用木本植物的芽）、花菜类（食用其花、花蕾或花序）及果菜类（食用其果实、果仁或种仁）。

3. 北京野菜植物资源的种类

经过野外调查和室内统计，查明北京地区共有野菜植物 58 科、185 属、202 种，分别占北京维管植物科、属、种的 33.18%、21.08%、9.83%。其中蕨类植物 3 科 3 属 3 种，被子植物 55 科 182 属 199 种（表 2–1）。

表 2-1 北京市野菜植物种类

科名	种名	拉丁名	食用部位	生境	数量
木贼科	问荆	*Equisetum arvense*	嫩孢子囊梗	生于田边、沟旁、湿地上	+++
蕨科	蕨	*Pteridium aquilinum* var. *latiusculum*	拳卷状幼叶、根状茎	生于山坡、草地、林下	++
球子蕨科	荚果蕨	*Matteuccia struthiopteris*	拳卷状幼叶	林下阴湿处、潮湿灌丛中	++
金粟兰科	银线草	*Chloranthus japonicus*	幼苗	生于林下阴湿处、潮湿灌丛	+
杨柳科	山杨	*Populus davidiana*	幼叶、花序	生于海拔 1100m 以上山地	++
	小叶杨	*Populus simonii*	幼叶、花序	喜生于河边、山沟近水地方	++
	旱柳	*Salix matsudana*	幼叶、花序	喜湿润的土壤，常生河边	+++
胡桃科	胡（核）桃楸	*Juglans mandshurica*	雄花序	生于湿润的沟谷、林缘	+++

（续）

科名	种名	拉丁名	食用部位	生境	数量
榆科	榆树	*Ulmus pumila*	幼叶、嫩果	野生或栽培，多生于平原	+++
	黑榆	*Ulmus davidiana*	幼叶、嫩果	生于向阳山坡上	+
	大果榆	*Ulmus macrocarpa*	幼叶、嫩果	生于向阳山坡上、岩石缝中	++
	大叶朴	*Celtis koraiensis*	幼叶	生于山坡、沟谷林中	+
荨麻科	狭叶荨麻	*Urtica angustifolia*	幼苗、嫩茎叶	生于山地林边、沟边	+++
	宽叶荨麻	*Urtica laetevirens*	幼苗、嫩茎叶	生于林下沟边、林缘路旁	++
	麻叶荨麻	*Urtica cannabina*	幼苗、嫩茎叶	生于沟边、林缘、路旁	+
桑科	构树	*Broussonetia papyrifera*	幼叶、雄花序	生于向阳山坡、平地	+++
	桑	*Morus alba*	幼叶	生于向阳山坡、平地	++
蓼科	萹蓄	*Polygonum aviculare*	幼苗、嫩茎叶	路旁、荒地、田边、沟边	++
	水蓼	*Polygonum hydropiper*	幼苗、嫩茎叶	生于水沟边、潮湿处	++
	酸模叶蓼	*Polygonum lapathifolium*	幼苗、嫩茎叶	生于水沟边、潮湿处、路旁	++
	叉分蓼	*Polygonum divaricatum*	幼苗、嫩茎叶	生于山坡草地，阴坡较多	++
	河北大黄	*Rheum franzenbachii*	幼苗、嫩茎叶	生于林下、阴坡，沟谷石缝	+
	巴天酸模	*Rumex patientia*	幼苗、嫩茎叶	生于水沟、路旁、荒地，也见于山区的沟边潮湿处	+++
	皱叶酸模	*Rumex crispus*	幼苗、嫩茎叶	生于沟边湿地	++
	齿果酸模	*Rumex dentatus*	幼苗、嫩茎叶	生于水沟边、河边湿地	+
	酸模	*Rumex acetosa*	幼苗、嫩茎叶	生于山坡、林缘、山沟湿地	+
藜科	地肤	*Kochia scoparia*	幼苗、嫩茎叶	生于田边、路旁、荒地	+++
	藜	*Chenopodium album*	幼苗、嫩茎叶	生于路旁、荒地、田间	+++
	灰绿藜	*Chenopodium glaucum*	幼苗、嫩茎叶	生于盐碱地、水边、田边	+++
	尖头叶藜	*Chenopodium acuminatum*	幼苗、嫩茎叶	生于田边、河滩、海滨	++
	猪毛菜	*Salsola collina*	幼苗、嫩茎叶	生于村边、路旁、荒地、含盐碱的沙质土壤上	++
	盐地碱蓬	*Suaeda salsa*	幼苗、嫩茎叶	生于平原盐碱地	+
苋科	反枝苋	*Amaranthus retroflexus*	嫩茎叶	生于荒地、农田、路旁	+++
	凹头苋	*Amaranthus lividus*	嫩茎叶	生于荒地、农田、路旁	+++
	皱果苋	*Amaranthus viridis*	嫩茎叶	生于荒地、农田、路旁	++
	牛膝	*Achyranthes bidentata*	嫩茎叶	生于沟边、山脚阴湿处	+
马齿苋科	马齿苋	*Portulaca oleracea*	嫩茎叶	生于旷野、田间、荒地	+++
石竹科	繁缕	*Stellaria media*	幼苗、嫩叶	田野、路边、林边杂草地	++
	鹅肠菜	*Myosoton aquaticum*	幼苗、嫩叶	生于低山、平原水边湿地	++
	麦瓶草	*Silene conoidea*	嫩茎叶	生于低山、平原或荒地上	++
	霞草	*Gypsophila oldhamiana*	幼苗、嫩叶	生于低山、平原干旱处	+

（续）

科名	种名	拉丁名	食用部位	生境	数量
睡莲科	莲	*Nelumbo nucifera*	根茎、莲子	生于湖沼、池塘	++
	萍蓬草	*Nuphar pumilum*	根茎	生于湖沼中	+
防己科	蝙蝠葛	*Menispermum dauricum*	嫩茎叶	生于山坡路旁、沟边	+++
毛茛科	兴安升麻	*Cimicifuga dahurica*	嫩叶	生于山谷湿地、流水沟边	++
	展枝唐松草	*Thalictrum squarrosum*	嫩叶	生于山坡草地	++
	东亚唐松草	*Thalictrum minus* var. *hypoleucum*	嫩叶	生于山坡草地、林缘	++
	棉团铁线莲	*Clematis hexapetala*	嫩茎叶	生于山地林边、草坡	+++
	短尾铁线莲	*Clematis brevicaudata*	嫩茎叶	生于山地灌丛或平原路旁	+++
五味子科	五味子	*Schisandra chinensis*	嫩叶	生于山地杂木林	++
十字花科	荠菜	*Capsella bursa-pastoris*	嫩茎叶	生于草地、田边、耕地	+++
	诸葛菜	*Orychophragmus violaceus*	嫩茎叶	生于平地、宅边、小丘上	+++
	芝麻菜	*Eruca sativa*	嫩株	生于路边荒地上	++
	豆瓣菜	*Nasturtium officinale*	全株	生于小溪、流动的浅水中	++
	白花碎米荠	*Cardamine leucantha*	嫩叶	生于山坡、山谷林下潮湿地	++
	紫花碎米荠	*Cardamine purpurascens*	嫩叶	生于山坡、林下	++
	独行菜	*Lepidium apetalum*	嫩茎叶	生于山坡、山沟、路旁	+++
	葶苈	*Draba nemorosa*	幼苗、嫩茎叶	生于田野、山坡、田间	++
	糖芥	*Erysimum amurense*	嫩叶	生于山坡、田边	++
	小花糖芥	*Erysimum cheiranthoides*	嫩叶	生于道旁草地、山坡、林缘	++
	风花菜	*Rorippa globosa*	幼苗、嫩茎叶	生于水边湿地、路旁、沟边	++
	沼生蔊菜	*Rorippa islandica*	肥大根、嫩叶	生于湿地、路旁、田边	++
景天科	景天三七	*Sedum aizoon*	幼苗、嫩茎叶	生于山地阴湿处、石质山坡	+++
虎耳草科	红升麻	*Astilbe chinensis*	幼苗、嫩茎叶	生于山谷湿地、流水沟边	++
	扯根菜	*Penthorum chinense*	幼苗、嫩茎叶	生于水边湿地	+
蔷薇科	委陵菜	*Potentilla chinensis*	幼苗、嫩茎叶	生于荒地、山坡、道旁	+++
	翻白草	*Potentilla discolor*	幼苗、嫩茎叶	生于山坡、路旁荒地上	++
	鹅绒委陵菜	*Potentilla anserina*	嫩茎叶、块根	生于田边湿地、河滩沙地上	++
	朝天委陵菜	*Potentilla supina*	嫩茎叶	生于田边、道旁、荒地上	+++
	龙芽草	*Agrimonia pilosa*	幼苗、嫩茎叶	生于山坡、草丛、林缘林内	+++
	地榆	*Sanguisorba officinalis*	幼苗、嫩茎叶	生于山沟、溪旁	++
	水杨梅	*Geum aleppicum*	嫩叶	生于洼地、水边、湿地	++
	山杏	*Prunus sibirica*	种仁	生于中低海拔山地	+++
豆科	洋槐	*Robinia pseudoacacia*	嫩叶、花	广泛栽培，有些逸为野生	+++
	红花锦鸡儿	*Caragana rosea*	花	山坡、沟边、路旁、灌丛中	++
	鸡眼草	*Kummerowia stipulacea*	嫩茎叶	生于山坡、路旁、荒地	++

（续）

科名	种名	拉丁名	食用部位	生境	数量
豆科	天蓝苜蓿	*Medicago lupulina*	嫩茎叶	生于河岸、田边	++
	草木犀	*Melilotus suaveolens*	叶、籽	生于河岸、田边、路旁	++
	白香草木犀	*Melilotus albus*	叶	生于田边、路边、山坡草丛	++
	胡枝子	*Lespedeza bicolor*	嫩茎叶	生于山坡、山谷灌丛、林缘	+++
	达呼里胡枝子	*Lespedeza davurica*	嫩茎叶	生于山坡草地	++
	花木蓝	*Indigofera kirilowii*	花	生于山坡灌丛中	++
	多花木蓝	*Indigofera amblyantha*	花	生于山坡灌丛中	++
	葛藤	*Pueraria lobata*	花、根	山坡、沟边、灌丛、林缘	+++
	歪头菜	*Vicia unijuga*	幼苗、嫩茎叶	生于林缘、草地、岸边	+++
	大野豌豆	*Vicia gigantea*	幼苗、嫩茎叶	山坡、灌丛、林缘、疏林	++
	广布野豌豆	*Vicia cracca*	幼苗、嫩茎叶	生于山坡草地、林缘、灌丛	++
	山野豌豆	*Vicia amoena*	幼苗、嫩茎叶	山坡、草地、林缘、灌丛	++
	茳芒香豌豆	*Lathyrus davidii*	幼苗、嫩茎叶	生于草坡、灌丛、林缘	++
酢浆草科	酢浆草	*Oxalis corniculata*	嫩茎叶	生于山坡荒地、河边、林下	++
牻牛儿苗科	牻牛儿苗	*Erodium stephanianum*	嫩茎叶	生于平原荒地、路边	++
芸香科	崖椒	*Zanthoxylum schinifolium*	嫩叶、幼芽	山地疏林中、坡地或岩石旁	+
楝科	香椿	*Toona sinensis*	嫩叶、幼芽	普遍栽培，部分逸为野生	++
大戟科	一叶萩	*Securinega suffruticosa*	嫩叶	生于山坡灌丛、山沟、路边	++
	铁苋菜	*Acalypha australis*	嫩茎叶	生于田间、路边、山坡荒地	++
漆树科	漆树	*Toxicodendron vernicifluum*	嫩叶、幼芽	生于向阳山坡的杂木林中	+
卫矛科	南蛇藤	*Celastrus orbiculatus*	嫩叶、幼芽	山谷、山坡的灌丛、疏林中	++
无患子科	栾树	*Koelreuteria paniculata*	嫩叶、幼芽	生于山地林缘或林内	++
鼠李科	鼠李	*Rhamnus davurica*	嫩叶、幼芽	低山山坡、林缘、杂木林中	++
堇菜科	紫花地丁	*Viola philippica*	幼苗、嫩茎叶	生于路旁、山坡草地、荒地	+++
	鸡腿堇菜	*Viola acuminata*	幼苗、嫩茎叶	生于山坡草地、河谷等处	++
	球果堇菜	*Viola collina*	幼苗、嫩茎叶	生于林下、山坡、溪谷	++
柳叶菜科	柳兰	*Chamerion angustifolium*	嫩茎叶	生于林间隙或山坡上	++
五加科	刺五加	*Eleutherococcus senticosus*	嫩叶、幼芽	生于林下或杂木林中	+
	辽东楤木	*Aralia elata*	嫩叶芽	生于深山林缘或林内	+
	刺楸	*Kalopanax septemlobus*	嫩叶芽	生于深山林内或灌丛中	+
伞形科	变豆菜	*Sanicula chinensis*	幼苗、嫩茎叶	生于山沟较阴湿处	++
	水芹	*Oenanthe decumbens*	嫩茎叶	平原浅水、山谷、山坡湿地	++
	防风	*Saposhnikovia divaricata*	幼苗、嫩茎叶	生于丘陵草坡、干山坡	+++
	短毛独活	*Heracleum moellendorffii*	幼苗、嫩叶柄	山坡林下、林缘、山沟溪边	++

（续）

科名	种名	拉丁名	食用部位	生境	数量
报春花科	狼尾花	*Lysimachia barystachys*	幼苗、嫩茎叶	生于山坡灌丛、山道边	++
龙胆科	荇菜	*Nymphoides peltatum*	嫩茎叶	池塘、湖泊或平静的河流中	++
萝藦科	地梢瓜	*Cynanchum thesioides*	嫩果	生于路旁、河岸、山坡荒地	+++
	白首乌	*Cynanchum bungei*	幼苗、嫩茎叶	生于山谷、山坡、灌丛	++
	鹅绒藤	*Cynanchum chinensis*	嫩果	生于山坡、路旁灌丛中	++
	杠柳	*Periploca sepium*	嫩叶、嫩果	生于低山沟谷、荒坡灌丛中	++
旋花科	打碗花	*Calystegia hederacea*	嫩茎叶	生于荒地、田间、路旁	+++
紫草科	附地菜	*Trigonotis peduncularis*	幼苗	生于田野、路旁、荒地	+++
唇形科	地笋	*Lycopus lucidus*	幼苗、嫩茎叶	生于沼泽地、水边、沟边	++
	藿香	*Agastache rugosa*	嫩叶、花序	生于沟旁和山坡草丛中	++
	甘露子	*Stachys sieboldii*	块茎	郊区（县）栽培逸为野生	+
	活血丹	*Glechoma longituba*	嫩叶	生于林下、草地和沟边	+
	益母草	*Leonurus japonicus*	嫩叶	生于山坡、道边等	+++
	细叶益母草	*Leonurus sibiricus*	嫩叶	生于阳生石质、沙质草地	+++
	薄荷	*Mentha haplocalyx*	嫩茎叶	生于水边潮湿地	++
茄科	枸杞	*Lycium chinense*	嫩叶	生于山坡、荒地、盐碱地	+
	龙葵	*Solanum nigrum*	嫩茎叶	生于荒地、路旁、村庄附近	+++
玄参科	沟酸浆	*Mimulus tenellus*	嫩茎叶	生于水边湿地	+
	返顾马先蒿	*Pedicularis resupinata*	幼苗、嫩茎叶	生于山地林下、林缘、沟谷	+
	北水苦荬	*Veronica anagallis-aquatica*	幼苗、嫩叶	生于水边湿地或浅水沟中	++
	草本威灵仙	*Veronicastrum sibiricum*	嫩茎叶	生于山坡草地、山地灌丛中	++
车前科	车前	*Plantago asiatica*	幼苗、嫩叶	生于草地、沟谷、河边	+++
	平车前	*Plantago depressa*	幼苗、嫩叶	生于路旁、田野、村庄附近	+++
	大车前	*Plantago major*	幼苗、嫩叶	生于山谷、路旁湿润处	++
败酱科	黄花龙牙	*Patrinia scabiosifolia*	嫩茎叶	生于山坡、草地、林下	++
桔梗科	荠苨	*Adenophora trachelioides*	嫩茎叶、根	生于山地草坡、林缘、灌丛	++
	沙参	*Adenophora stricta*	嫩茎叶、根	生于山地草坡、林缘、灌丛	++
	多歧沙参	*Adenophora wawreana*	嫩茎叶、根	生于草坡、林边、山路旁	++
	桔梗	*Platycodon grandiflorus*	嫩茎叶、根	生于山地草坡、林缘、灌丛	+
	党参	*Codonopsis pilosula*	嫩茎叶、根	生于山地林内、灌丛中	++
	羊乳	*Codonopsis lanceolata*	嫩茎叶、根	生于山地灌丛中、林下	+

（续）

科名	种名	拉丁名	食用部位	生境	数量
菊科	牛蒡	*Arctium lappa*	嫩叶、根	生于村落路边、草地、山坡	++
	风毛菊	*Saussurea japonica*	嫩茎叶	生于山坡草地、沟旁、路旁	++
	乌苏里风毛菊	*Saussurea ussuriensis*	嫩茎叶	生于林下、林缘灌丛	++
	刺儿菜	*Cirsium segetum*	嫩茎叶	生于路旁、荒地	+++
	烟管蓟	*Cirsium pendulum*	幼苗	生于沟谷、林缘、草地上	++
	东风菜	*Doellingeria scaber*	幼苗、嫩茎叶	生于山地林缘、灌丛间	++
	飞廉	*Carduus nutans*	幼苗	生于荒野路边、田边	++
	苍术	*Atractylodes lancea*	幼苗	生于山坡、林下、山坡草地	+++
	泥胡菜	*Hemisteptia lyrata*	幼苗	生于路边荒地、田野、山坡	+++
	牛膝菊	*Galinsoga parviflora*	幼苗、嫩茎叶	为逸生杂草，平原分布广泛	+++
	高山蓍	*Achillea alpina*	幼苗	生于山坡、沟旁、林缘	++
	茵陈蒿	*Artemisia capillaris*	嫩茎叶	生于路边草地、山坡、荒地	+++
	蒌蒿	*Artemisia selengensis*	嫩茎杆	林下、林缘、河沟、河岸	++
	牡蒿	*Artemisia japonica*	嫩茎叶	山坡、林下、林缘、灌丛间	++
	全叶马兰	*Kalimeris integrifolia*	幼苗、嫩叶	生于道旁荒地、山坡、林缘	++
	兔儿伞	*Syneilesis aconitifolia*	幼苗、嫩叶	生于山地林下、林缘草甸	++
	桃叶鸦葱	*Scorzonera sinensis*	根、嫩叶	生于路边荒地、山坡草地上	++
	细叶鸦葱	*Scorzonera pusilla*	嫩叶、花序柄	生于道旁、荒地、山坡上	++
	毛连菜	*Picris hieracioides*	嫩叶	生于山野路旁、林缘及林下	++
	山尖子	*Parasenecio hastatus*	幼苗	生于山地林缘、草甸、林下	++
	紫菀	*Aster tataricus*	嫩茎叶	生于山地、草甸、灌丛中	++
	苣荬菜	*Sonchus arvensis*	嫩茎叶	生于田野、路旁、荒地上	++
	苦苣菜	*Sonchus oleraceus*	嫩叶	生于耕地、村舍、荒地上	++
	苦荬菜	*Ixeris sonchifolia*	嫩叶	生于山地荒野、路边	+++
	秋苦荬菜	*Ixeris denticulata*	嫩叶	生于山地荒野、路边	+++
	苦菜	*Ixeridium chinensis*	嫩叶	生于平原荒地、田野、路旁	+++
	山莴苣	*Lactuca sibirica*	嫩叶	生于路旁荒地、河谷、草甸	++
	蒙山莴苣	*Mulgedium tataricum*	嫩叶	生于河滩、固定沙丘等砂地	++
	蒲公英	*Taraxacum mongolicum*	幼苗	生于路旁、荒地、草地	+++
	白缘蒲公英	*Taraxacum platypecidum*	幼苗	生于山坡草地、路旁	+
	和尚菜	*Adenocaulon himalaicum*	幼苗	生于山地林荫、溪间阴湿处	++
	甘菊	*Dendranthema lavandulifolium*	幼苗、花	生于平原荒地、山坡、河岸	++
香蒲科	香蒲	*Typha angustifolia*	嫩芽、花粉	生于池沼水边、浅水中	++

（续）

科名	种名	拉丁名	食用部位	生境	数量
泽泻科	野慈菇	*Sagittaria trifolia*	球茎	生于温湿沟渠、浅水	+
禾本科	芦苇	*Phragmites australis*	根状茎、嫩芽	生于河岸、河溪边多水地区	++
	菰（茭白）	*Zizania latifolia*	膨大的秆基	生于湖泊、池沼边缘	+
鸭跖草科	鸭跖草	*Commelina communis*	嫩茎叶	生于山坡、林缘阴湿地处	++
	竹叶子	*Streptolirion volubile*	嫩茎叶	生于山沟、农田旁	++
雨久花科	鸭舌草	*Monochoria vaginalis*	幼苗、嫩茎叶	生于沼泽潮湿地区	+
百合科	龙须菜	*Asparagus schoberioides*	嫩茎	生于草坡、林下	++
	黄花菜	*Hemerocallis citrina*	花蕾	生于山坡、山谷、林缘	++
	北黄花菜	*Hemerocallis lilioasphodelus*	花蕾	生于湿草地、山坡、灌丛中	+
	小黄花菜	*Hemerocallis minor*	花蕾	生于草地、山坡、林下	++
	玉竹	*Polygonatum odoratum*	幼苗、根状茎	林下、林间、灌丛、阴坡上	++
	黄精	*Polygonatum sibiricum*	幼苗、根状茎	生于林下、灌丛、山坡上	++
	鹿药	*Smilacina japonica*	幼苗	生于林下阴湿处	++
	沿阶草	*Ophiopogon japonicus*	块根	生于山坡林下湿地	+
	薤白	*Allium macrostemon*	全株	生于山坡、荒草坡、草地上	++
	茖葱	*Allium victorialis*	嫩叶	生于林下、草地、沟边	+
	野韭	*Allium ramosum*	嫩叶	生于山坡、草地	++
	长梗葱	*Allium neriniflorum*	嫩叶、花序、鳞茎	生于山坡、草地	++
	细叶韭	*Allium tenuissimum*	嫩叶、花序	生于山坡、草地、沙地	++
	山韭	*Allium senescens*	嫩叶、花序、鳞茎	生于山坡、草地、沙地	++
	球序韭	*Allium thunbergii*	嫩叶、花序	生于山坡、草地上	+
	黄花葱	*Allium condensatum*	嫩叶、花序、鳞茎	生于山坡、草地上	+
	有斑百合	*Lilium concolor* var. *pulchellum*	鳞茎	生于山坡及湿草地	+
	山丹	*Lilium pumilum*	鳞茎	山坡草地、林间草地、路旁	+
	绵枣儿	*Scilla scilloides*	鳞茎	生于山坡、草地、林缘	++
薯蓣科	穿龙薯蓣	*Dioscorea nipponica*	幼苗、嫩茎叶	生于山地林下及灌丛	+++

4. 北京野菜植物科属分布

就所在的科而言，北京地区的野菜植物中，菊科所含种类最多，有31种，其次是百合科19种。因此，菊科和百合科是构成北京野生蔬菜资源的最主要类群。超过10种以上的有豆科16种和十字花科12种。包含种类在3种以上的依次为蓼科（9种），蔷薇科（8种），唇形科和藜科（各7种），桔梗科（6种），毛茛科和玄参科（各5种），榆科、苋科、石竹科、萝藦科和伞形科（各4种），杨柳科、堇菜科、荨麻科、车前科和五加科（各3种）；含2种的有7科，仅含有1种的科较多，共28科（表2-2）。

表2-2 北京市野菜植物科及所含种数统计

科名	野菜植物种数	占北京野菜种数比例（%）	科名	野菜植物种数	占北京野菜种数比例（%）
菊科	30	14.85	蕨科	1	0.50
百合科	20	9.90	球子蕨科	1	0.50
豆科	16	7.92	防己科	1	0.50
十字花科	12	5.94	金粟兰科	1	0.50
蓼科	9	4.46	胡桃科	1	0.50
蔷薇科	8	3.96	五味子科	1	0.50
唇形科	7	3.47	马齿苋科	1	0.50
藜科	7	3.47	景天科	1	0.50
桔梗科	6	2.97	锦葵科	1	0.50
毛茛科	5	2.48	楝科	1	0.50
玄参科	5	2.48	柳叶菜科	1	0.50
萝科	4	1.98	龙胆科	1	0.50
伞形科	4	1.98	报春花科	1	0.50
石竹科	4	1.98	牻牛儿苗科	1	0.50
苋科	4	1.98	漆树科	1	0.50
车前科	3	1.49	鼠李科	1	0.50
堇菜科	3	1.49	卫矛科	1	0.50
五加科	3	1.49	无患子科	1	0.50
杨柳科	3	1.49	酢浆草科	1	0.50
荨麻科	3	1.49	芸香科	1	0.50
大戟科	2	0.99	旋花科	1	0.50
虎耳草科	2	0.99	败酱科	1	0.50
禾本科	2	0.99	紫草科	1	0.50
茄科	2	0.99	香蒲科	1	0.50
睡莲科	2	0.99	泽泻科	1	0.50
鸭跖草科	2	0.99	雨久花科	1	0.50
桑科	2	0.99	薯蓣科	1	0.50
木贼科	1	0.50			

5. 北京野菜植物生活型组成

北京地区 202 种野菜植物中，草本植物占绝大多数，共有 171 种，占野菜植物总种数的 85.64%，木本物 31 种，占总种数的 14.56%。草本植物中，多年生草本种类最多，共有 118 种，占野菜植物总种数的 58.42%，其次是一、二年生草本，共有 47 种，占总数的 23.27%，草质藤本 9 种，占总种数的 4.01%。木本植物中，乔木 18 种，占野菜植物总种数的 8.45%，灌木 9 种，占总数的 4.46%，木质藤本 4 种，占总种数的 1.51%（表 2-3）。

表 2-3 北京野菜植物生活型统计

生活型		科数	属数	种数
草本植物	草质藤本	7	7	9
	一、二年生草本	23	37	47
	多年生草本	37	82	118
合计		67	126	173
木本植物	木质藤本	4	4	4
	灌木	5	7	9
	乔木	11	15	18
合计		20	26	31

6. 北京野菜植物资源的食用类型

北京野菜植物食用类型统计见表 2-4。

（1）蕨菜类

蕨菜类野菜主要食用蕨类植物的嫩芽、嫩叶，很多蕨菜具有很高的营养价值和保健价值。北京地区蕨菜类野菜较少，有 3 科 3 属 3 种，分别是木贼科的问荆、蕨科的蕨菜以及球子蕨科的荚果蕨。

（2）苗菜类

野菜中的草本植物很多是以其整个幼苗作蔬菜。北京共有苗菜类野菜 22 科 52 属 67 种。主要有蓼科的扁蓄，藜科的藜、灰绿藜，荨麻科的几种荨麻及蝎子草，堇菜科的紫花地丁、鸡腿堇菜，十字花科的白花碎米荠、紫花碎米荠、芝麻菜、豆瓣菜，虎耳草科的红升麻，蔷薇科的地榆、委陵菜、翻白草、龙牙草，豆科的多种野豌豆，伞形科的变豆菜、防风，桔梗科的荠苨，唇形科的地笋，菊科的飞廉、兔儿伞、泥胡菜、三尖子、苍术、全缘叶马兰，百合科的鹿药等。

（3）茎叶菜类

野菜中的草本植物大多是以嫩茎叶作蔬菜。在北京地区野菜资源中，茎叶菜类野菜有 27 科 54 属 81 种。常见的有：蓼科的酸模，藜科的地肤，苋科的几种野苋菜，马齿苋科的马齿苋，石竹科的霞草，十字花科的荠菜，豆科的鸡眼草、歪头菜，伞形科的水芹，报春花科的珍珠菜，紫草科的附地菜，唇形科的益母草、薄荷和藿香，车前科的车前草，菊科的茵陈蒿、刺儿菜和东风菜，百合科的葱属若干种。

（4）根与根茎菜类

该类野菜主要食用其块根、肉质根、根状茎、块茎、鳞茎等。北京根茎类野菜有 12 科 18 属 22 种，其中重要的有：豆科的葛根，桔梗科的党参、羊乳、沙参和桔梗，百合科的山丹、绵枣儿、玉竹等。

（5）芽菜类

野生蔬菜中的木本植物主要以嫩芽、嫩叶作蔬菜。北京野生木本芽菜类有 12 科 15 属 20 种。常见的有无患子科的栾树，卫矛科的南蛇藤，芸香科的崖椒，萝藦科的杠柳以及五加科的楤木等。

（6）花菜类

其花瓣、花蕾、嫩花序可作蔬菜食用的植物称花菜类野菜。北京野生花菜类野菜有 10 科 16 属 19 种。主要有杨柳科的旱柳，桑科的构树，豆科的金雀儿、刺槐、葛藤，百合科的几种黄花菜等。

（7）果菜类

其幼果、种子或种仁可作蔬菜食用，习称果菜类野菜。北京野生果菜类野菜有 7 科 8 属 11 种。主要包括榆科的榆、大果榆，蔷薇科的山杏，萝藦科的地梢瓜、鹅绒藤等。

由以上可看出，北京地区野菜植物可食用的部位涉及植物的根、茎、叶、花、果实及种子，具体包括根、幼苗、嫩芽、嫩茎、嫩茎叶、花、花序、果实、种仁以及变态器官根状茎、鳞茎、块茎、球茎等，具有显著的多样化特征。需要指出的是，以上关于野菜的分类并不是绝对的。事实上，许多种类是几种器官均可供蔬食的，如：榆的嫩叶、花、幼果，桔梗的嫩茎叶、肉质根均可食。另外，苗菜类和茎叶菜类在很多情况下也较难区分，多有重叠，如地肤、马齿苋、荠菜、车前等。

表 2-4 北京野菜植物食用类型统计

食用类型	科	属	种	食用类型	科	属	种
蕨菜类	3	3	3	芽菜类	12	15	20
苗菜类	22	52	67	花菜类	10	16	19
茎叶菜类	27	54	81	果菜类	7	8	11
根与根茎菜类	12	18	22				

7. 北京野菜植物资源开发利用中应注意的问题

野菜植物资源的开发利用涉及野菜资源的品质问题、可持续利用问题，更重要的是安全问题，只有按照一定规范认真操作，才能真正实现野菜资源的可持续开发利用，并带来长期的效益。

（1）野菜的采收

一方面要适时采收。每种野菜都有其最适食用时期，适时采收就能保证质量好、数量多、价值高。如果未到最适食用期采收，则产量低、味酸涩，甚至有毒；如果过时采收，许多种类就如同杂草，失去利用价值。同时好的采收方法是维护野菜优良品质，获得优质产品的重要保证。采收时应注意如下几点要求：①择优采收。要选择长势好、植株粗壮、鲜嫩、无病虫害的植株。采集地点以远离人居、不受污染的地方为宜。城郊、村边、路旁、工厂或生活垃圾可能污染的河流水域以及喷施农药的农田、苗圃及人工林地等不宜采集。②筐篮盛装。为了保持野菜体内水分尽量少散失，不要用塑料袋，而要用筐盛装。③分类存放，及时加工。不同种类的野菜不要混在一起，要将同一种类的野菜及时归拢，而且要随采、随整理。野菜采收后最好当日加工，存放过久会使菜体老化变质，品质下降。

需要特别指出的是，在野菜采收过程中一定要注意保护植物资源，不要采集已属于濒危或重点保护的种类。即使数量较多的种类也应注意保护，采大留小，采梢留根。需要挖取根茎或鳞茎的，要将土填回，以利再生。第一次采完后再长出的新芽当年勿再采摘。

（2）野菜的去涩、去毒

该野菜营养丰富，风味独特，但是在食用时，也时有中毒情况发生。发生中毒主要有以下原因：①错采误食。山野菜种类较多，部分野菜植物从幼苗到成株，外形变化很大，再加上同名异物所造成的混乱，使得在采挖野菜，尤其是以幼苗为食用对象时，很容易发生错采误食有毒植物，造成中毒的情况。2003 年在北京密云云蒙山即发生过将有毒植物草乌早春的嫩叶当成石花菜食用而使人急性中毒致死的事件。采集时一定要弄清每种野菜的形态特征，可从植物外部形态，有无乳汁、气味等综合判断，认不准的切不可乱采乱吃。②食法不当。一些含有较多单宁、生物碱、皂苷等微量有毒成分的野菜，经过一定的加工处理之后，可以消除其毒性，例如含氰甙的植物，经温水浸泡可加速酶解而释出氢氰酸，若继续用水反复漂洗，或继续加热则可使游离的氢氰酸散失，同时破坏存在的酶，使余下的氰甙失去作用。在植物细胞内的生物碱，常以盐类形式存在，若经过长期反复换水浸泡，也可逐渐消减其毒性。如果在食用前不加处理或作过分简单的处理，则毒素不能消除，进食一定量后就会引起中毒。③食量过多。野菜的食用量应有一定限制，不能过量，因为某些野菜体内的化学物质少量进食时可能无毒、副作用，但大量食用后即能显示其毒性，如山杏仁。④长期连续食用。如果长期不断地单调食用某一种野菜，某些有毒化合物在体内积蓄到一定量后就将出现慢性中毒现象。

另外，许多采摘的新鲜野菜常有涩味，口感较差。野菜的涩味是由所含的单宁产生，苦味多由生物碱、甙类等所引起，此外，一些野菜所含的生物碱、非蛋白氨基酸、肽、酚类及其衍生物、氰甙和氢氰酸等成分具有微毒。但是只需采用一定加工处理措施，便可达到去涩去毒的目的。①凉水浸漂法。用凉水漂洗、浸漂野菜的食用部分，可以浸提其异味和不宜食用的成分，也有一定的去毒作用。②煮沸法。此法是民间用得比较广泛的一种方法，对于那些有苦涩味并可能具有轻微毒性的野菜都可采用这种方法进行处理。例如，糙叶败酱、狭叶珍珠菜、水芹、龙芽草、水杨梅等，采取嫩茎叶后洗净，在开水或盐水中煮 5~10min，然后捞出，再在清水中浸泡数小时，并多次换水，浸泡时间随野菜苦涩味的大小而定，必要时可以浸泡过夜。将浸后的野菜捞出后便可炒食，或与主食配合食用。如萝藦科的杠柳，嫩叶先用水煮开，再用清水泡 2~3 天，并勤换水，到完全没有苦味，做成酸菜发酵后再吃。但同时也要注意防止不必要的过分浸煮，以免造成营养素（主要是维生素）的大量损失。③稀酸、稀碱液洗法。对于一些苦味较强烈或毒性稍大的野菜，可用石灰水或草木灰水加热煮沸，煮后经过数次换水浸洗或放入流水中漂洗。野菜组织经过碱水处理后可变柔软，从而改良了它的口味。但是这种处理办法对营养素（特别是维生素 C）的损失较大，野菜经碱处理后，不仅维生素受到损失，蛋白质和糖也

北京郊区山野菜加工厂及部分野菜

可能有一部分进入溶液而流失。对于含有生物碱较多的野菜，有些地方的群众采用酸水煮后浸泡的处理方法也很理想。

8. 北京地区野菜资源开发利用的现状

近年来，随着乡村和山区生态旅游业的发展，北京野菜资源开发利用的发展也较为迅速，主要表现为食用的野菜种类不断增加，利用方式不断多样化，利用规模不断增大，经济效益越来越高。除了传统的蕨菜、荠菜、苋菜、苦菜、马齿苋、蒲公英、野韭、黄花菜等以外，许多有价值的野菜新种类被开发出来，如栾树芽（俗称木兰芽）、杠柳、南蛇藤、花椒（崖椒）芽、蝙蝠葛（俗称光棍菜）、短尾铁线莲（俗称龙须菜）、霞草（俗称山蚂蚱菜）、猪毛菜、狭叶荨麻、水芹菜等，为保健野菜产品开发展现了宽广的前景。许多野菜由原来的农民自采自食，转向主要供应北京本市及外来游客。

特别是房山区、怀柔区和平谷区近年来还建立了几个野菜加工厂，厂里的野菜种类比较丰富，主要有蕨菜、苋菜、升麻、马齿苋、山芹菜、猪毛菜、曲曲菜（苦菜）、霸王菜（楤木芽）、枸杞叶、香椿芽、柳树芽、栾树芽、花椒芽、榆树钱、山杏仁等野菜。一些野菜厂还有自己的野菜种植基地，种植一些从山上移栽下来的野菜。

在取得较好经济效益的同时，也必须注意到，随着野菜资源开发利用的较快发展，一些不足和问题也随之而来，主要表现在如下几个方面。

（1）开发利用与保护不平衡，欠合理

北京山区蕴藏着较为丰富的野菜资源，是山区人民的宝贵财富，不仅能满足人们食菜的需要，也是山区群众多种经营、发家致富的重要途径。但是，山区的资源优势尚未形成经济优势，目前仅开发其中少数种类，大量野菜还处于自采自食阶段或任其自生自灭，资源利用不充分，且开发面窄，造成了资源的极大浪费。另一方面，由于人类活动对野菜生长环境的破坏，或采收不合理，使一些局部旅游热点集中地区的野菜资源，如楤木、崖椒等采收过度，导致产量连年下降，资源面临枯竭。

（2）有关野菜资源的基础研究薄弱

到目前为止，有较详细资料的多是一些常见野菜，北京大多数野菜从营养成分到人工栽培尚未进行系统研究，野菜毒性鉴定和解毒方面的研究工作也较少，导致许多药用和保健价值得不到利用，许多野菜本身的安全性也得不到保证。

（3）野菜产业化的科技含量低，加工制品档次不高

北京现有几家野菜加工工厂多属乡镇企业，设备及工艺水平较低，生产能力较小，没有达到相应的现代化规模。同时，目前野菜开发利用面较窄，主要为供采集者自己或游人鲜食，形成产品的加工品多数也仅限于干制或腌制等初级加工水平，而用野菜加工的高科技含量的饮料和功能保健食品数量少。而且产品质量，如卫生标准和保藏条件有时得不到保证，包装档次较低，使得北京野菜产品在国内外市场上缺乏竞争力。

（4）人工栽培驯化研究深度不够

有些野菜，尤其是木本植物如崖椒、楤木等由于要求较为特殊的生境条件以及人为因素的影响，在北京的野生资源量很少，生产局限性很大；另一方面，野菜的生产受技术和环境的限制，只能在特定的时间供应一定的数量，季节性矛盾突出，单靠野生采集已远不能满足需要。因此，对一些种类引种驯化栽培是十分必要的。目前许多人工栽培的野菜，主要是通过简单的直接移栽，效果往往不太好，难以大规模生产，而对于择优引种、科学育种等深度研究不够。

9. 北京地区野菜资源保护和管理措施

针对目前北京野菜开发利用中存在的问题和不足，有必要在野菜利用开发中发展可持续战略，加强野菜资源的保护和综合开发利用，提高整体经济效益。

（1）加大野菜资源调查与研究力度，重视野菜资源保护工作

为了更好地开发利用野菜资源，首先要对本底野菜资源进行调查评价，摸清重要野菜资源的种类、分布范围、生长环境状况、蕴藏量、营养价值和开发潜力等基本情况，为进一步深入开发利用和保护工作提供可靠依据。其次要加强种质资源保护，在有条件的地区建立重要野菜种子资源苗圃和种质库，收集和保护具有较高经济价值的珍稀濒危的野菜，以利于今后的研究和开发，保证野菜资源的可持续开发利用。

同时，要利用各种宣传手段，通过各种渠道，积极做好资源保护的宣传教育工作。在区域内首先要采取得力措施，有效地制止乱砍滥伐，加强对林木野菜资源的保护和管理。保护森林，不仅可以保护好林木野菜，同时也可保护林下阴湿生的草本类和藤本类野菜。采收时，坚决制止杀鸡取卵式的毁灭资源的行为。企业收购，应根据各种野菜成熟季节，定点定时进行收购。对那些多年生的稀少的野菜，可采取间隔 1~2 年收购一次的办法，充分发挥资源的再生能力，从而保证野菜种类和蕴藏量的稳定性。在综合开发野菜资源时，把采、用、留三者结合起来，采花摘果要留枝，采叶要分次，采茎要留根，采根要挖大留小，剥皮要分侧剥取。地上部分与地下部分具有相同综合用途的多年生野菜，只采地上部分，尽可能留存地下部分。

（2）加强引种和良种选育工作及栽培技术研究，建立栽培基地

野菜资源往往分布零散，在单位面积内蕴藏量并不高，一旦大量开发，资源难免被破坏，导致蕴藏量锐减。野菜资源的多样性为其引种栽培，建立栽培基地提供了可能。同时，随着人们对野菜需求量的不断增加，单纯靠野外采收已不能满足需要。因此，目前各地开发利用野菜资源正朝着以野外采收为主逐渐转向引种栽培为主的方向发展。野菜就地种植，生境变化不大，极易成活，加上集约化经营，产量高、品质好，如此一来，野菜资源的蕴藏量不但不会随其产品的开发而减少，反而会大幅度增加。

首先应该大力开展野菜的人工栽培和品种选育工作。利用大棚、温室等先进设施进行野菜人工反季栽培，提高野菜产量和品质，实现野菜产品的年均衡上市。其次，要加强野菜无公害栽培生产技术研究。野菜的最大优点在于其是无公害绿色食品，因此在提高产量的同时必须严格按照绿色食品生产要求对野菜进行人工栽培生产，少施或不施农药、化肥，并在人工栽培时采取有效措施保持其野生特性，而采用生物防治技术研究则是保护生态环境，减少农药污染的有效途径。

（3）开展深加工技术研究及综合开发，提高经济效益

首先要加强对野菜营养价值及药用价值的研究，同时更要加强其安全性的研究。在完善提高现有加工方法和技术的同时，通过技术创新，解决好其加工及保鲜、贮藏、长途运输等问题。利用现代加工技术，提高野菜精加工水平，开发出野菜罐头、野菜脆片、野菜粉、野菜食品添加剂、野菜种子油、野菜面糕点和保健饮料、保健食品、功能性食品等高档次产品，满足市场的不同需求，以提高野菜资源的利用效率和经济效益。

野菜除鲜品或制成各类加工品供食用外，其余的部分或加工下脚料等还具有较大的综合开发价值，如可入药，作化学工业原料，或作养殖业的饲料、饵料、有机绿肥等。因此，应该在综合开发的广度和深度上下工夫，做到最充分地利用现有资源，从而减少以野菜资源为原料的各类产业对整个野菜资源的耗费量。

（4）加强野菜的消费引导，培育野菜消费市场

虽然目前野菜的营养保健价值已日益被广大消费者所认识，但是由于有关野菜的宣传介绍较少、商品野菜的小农性生产经营以及人们对野菜的认识需要一个过程等原因，很多人对野菜的认识不足。因此，有必要加大对野菜营养保健价值的宣传，使人们对野菜有一个新的认识。一方面，可以有针对性地开发本地区的特色野菜资源，突出地方特点，形成具有竞争力的野菜产业，在此基础上，适当引进其他地区的优良野菜品种或类型；另一方面，一些地区可以开发旅游资源为契机，发展有关野菜为主题内容的生态旅游，让广大游客在旅游中识别野菜、采集野菜、品尝野菜，使野菜更多地走进现代人的生活，充分利用好野菜资源。

10. 北京主要野菜资源植物

（1）蕨 *Pteridium aquilinum*（L.）Kuhn var. *latiusculum*（Desv.）Underw. ex Heller

蕨科（Pteridiaceae）蕨属植物。别名狼萁、蕨儿菜、拳头菜、龙头菜。

形态特征 多年生大型草本，高达1m，根状茎长而横走，有黑褐色绒毛。叶疏生，幼叶拳卷，成熟叶伸展，叶柄长约30cm，叶片呈广三角形，2~3回羽状复叶，裂片条形，矩圆形，全缘，叶脉羽状，叉状分枝。孢子囊群线形，沿叶缘着生，连续或间断，囊群盖2层，内盖为纸质。

分布与生境 我国大部分地区均有分布。北京见于各山区，门头沟区百花山、延庆县松山和密云县雾灵山及坡头较多，常成片生长。喜生于向阳山坡、疏林下或阔叶林缘以及山路旁、林间空地，海拔500~1000m。

食用部位与营养成分 早春呈拳状态的幼叶和嫩叶柄可直接食用。每100g鲜品含蛋白质1.6g、脂肪0.4g、碳水化合物10g、粗纤维1.3g、胡萝卜素1.68mg、维生素C 35mg。根状茎粗壮，含淀粉40%~50%，可做粉条、粉皮（蕨根粉）食用或制成滋补食品。

采收加工 5~6月中旬，采集拳卷状的嫩叶。采收时，要轻轻掐下，整齐地放入筐内，防止日晒和挤压，以免变色变质。要随采随处理，扎成小把，供鲜食或腌制。根状茎于春、秋季挖取，洗净、晒干、贮存，提取淀粉。

综合利用 ①药用：蕨叶、蕨根可入药；②饲用：蕨菜青贮或晒干后，可作为牲畜的饲料；③纤维用：蕨的根状茎可做绳索，也可造纸、做纸浆板；④工业用：蕨粉可用于浆纱；⑤制栲胶：蕨全株含鞣质，可提制栲胶。

资源开发与保护 中国人食用蕨类由来已久，古文中有不少吟咏采食蕨的诗句："昔在南阳城，唯餐独山蕨""饥提采蕨筐""山童新采蕨芽肥"等。李时珍在《本草纲目》中介绍了蕨类的生境和形态"处处山中有之。二三月生芽，拳曲状如小儿拳。长则展开如凤尾，高三四尺"。

蕨菜根茎粗壮，富含淀粉，故而得名蕨粉或蕨根粉，含多种微量元素和维生素，可做粉条、粉皮食用。其幼叶似拳卷曲，故又称"拳头菜"，适合凉拌和炒食，品质口感属野菜中的佳品。每当上市季节，是产地旅游景点和各农户经营的时兴野菜种类。北京各区（县）野生蕨菜资源量较为丰富，是大众喜食的传统野菜之一。但近年来由于过度采摘，野生资源量逐年减少，应在利用的同时合理保护。

需要注意的是，蕨叶中含硫胺素酶及其他对人体有毒成分，蕨根中含有绵马素。过量食用蕨菜，特别在生食或食用半生的蕨菜后可能出现腹泻、恶心、呕吐等症状，最好在食用前经蒸煮加热，减轻或消除其毒性。

另一蕨类野菜荚果蕨 *Matteuccia struthiopteris*（L.）Todaro，为球子蕨科（Onocleaceae）荚果蕨属植物，在民间俗称“野鸡膀子”“黄瓜香”，耐阴，喜冷湿，多见于阴湿的沟谷林下。在北京资源量较为丰富，利用方式与蕨菜相似。

蕨菜

（2）马齿苋 *Portulaca oleracea* L.

马齿苋科（Portulacaceae）马齿苋属植物。又名蚂蚱菜、马齿菜、马蛇子菜、长命菜。

形态特征　一年生肉质草本，全株光滑无毛。茎平卧，长 10~30cm，圆柱状，带淡红褐色。叶柄极短，叶片倒卵状匙形，光滑，肥厚而柔软，全缘。花两性，黄色，通常 3~5 朵簇生于各分枝顶端。萼片 2，花瓣 5，黄色。蒴果盖裂。花期 6~8 月，果期 7~9 月。

分布与生境　分布于全国各地。北京各地极为常见，生于田间、路旁及荒地，为常见杂草，无明显集中分布区。

食用部位与营养成分 地上幼苗。每 100g 可食部分含蛋白质 2.3g、脂肪 0.5g、糖 3g、钙 85mg、磷 56mg、铁 1.5mg、胡萝卜素 2.23mg、硫胺素 0.03mg、核黄素 0.11mg、尼克酸 0.7mg、抗坏血酸 23mg。

采收与加工 5~6 月采幼苗，6~7 月采嫩茎叶。用沸水稍煮，捞出后将水挤出即可作拌菜或作馅，也可晒成干菜。

综合利用 ①药用：全草清热解毒，散血消肿。种子可明目。②饲用：茎叶肥厚多汁，营养价值高，为优良饲料。③作土农药：全草可做植物杀虫剂，可杀棉蚜。

资源开发与保护 中国人食用马齿苋有悠久的历史。李时珍在《本草纲目》蔬谱中谓马齿苋"其叶比并如马齿，而性滑利似苋，故而得名"。又因"其性耐久难燥"，称之为"长命菜"。

马齿苋

马齿苋还“以其叶青，梗赤，花黄，根白，子黑”，被称为“五行草”。在民间把马齿苋还称作“蚂蚱菜”，可能是因为“马齿”与“蚂蚱”近音。

马齿苋在全国各地广泛分布，资源丰富。目前，我国马齿苋开发主要以野生为主，人工栽培较少。野生的多数是村民自采自食，仅有少数加工企业收购，经简单加工、包装后以净菜上市销售，其产品加工程度、商品化程度、技术含量都较低，产品附加值小，难以形成规模。最主要的是缺乏专业的野菜加工厂，缺乏市场竞争力。若产、供、销等科技部门能密切配合，就能大大挖掘马齿苋的市场潜力。

在北京，马齿苋是夏初常见野菜，多以春夏季节到田野采集野生的茎叶供食用，适合做汤、炝拌，清新爽口。不过，马齿苋性寒，故脾胃虚寒者应少食。

（3）反枝苋 *Amaranthus retroflexus* L.

苋科（Amaranthaceae）苋属植物。别名人情菜、野苋菜、茵茵菜（东北）。

形态特征 一年生草本，高 20~80cm，被毛。茎粗壮，绿色或紫色，具钝棱。叶互生，菱状卵形，先端尖，全缘。圆锥花序大型，密花，苞片具尖刺芒；花杂性，花被片 5，白色，膜质。胞果扁卵形，包于宿存花被内。花期 7~8 月，果期 8~9 月。

分布与生境 分布于东北、华北、西北及华东地区。在北京各地极常见，多生长在海拔 600m 以下浅山，以及平原地区的路边、河堤、田间、地埂及住宅附近，在湿地边缘常成片生长。

食用部位与营养成分 幼苗及嫩茎叶可食用。每 100g 可食鲜茎叶含胡萝卜素 70mg、核黄素 3.55mg、维生素 C1530mg、尼克酸 100mg、蛋白质 5.52g、粗纤维 1.61g、糖类 8g、钙 610mg、磷 93mg、铁 5.4mg。

采收与加工 在 4~8 月开花前采集幼苗或幼嫩茎叶。①鲜菜。幼苗或嫩茎叶洗净，炒食、

反枝苋

做馅、做汤，或者煮熟、漂洗后凉食；②制干菜。将鲜嫩茎叶或幼苗直接晒干，或沸水浸烫后，晒干，贮藏。食用时用开水浸泡，炒食或做汤。

综合利用 ①药用：种子入药，治腹泻、痢疾、痔疮肿痛出血等症；②饲用：全株可作家畜饲料。

资源开发与保护 《野菜谱》有歌曰："野苋菜，生何少！尽日采来充一饱。城中赤苋美且肥，一钱一束贱如草"。中国人有食用苋菜的传统，国外也称叶用苋菜为中国菠菜。值得一提的是野苋菜类钙含量很高，是优良营养保健菜肴。苋菜中不含草酸，富含的钙质很容易被人体吸收，而丰富的铁可以合成细胞中的血红蛋白，被誉为"补血菜"。苋菜中还含有多种氨基酸，尤其含赖氨酸。反枝苋作为野苋菜的一种，分布广，而且繁殖力、生命力都很强，适应性很广。反枝苋在北京常见于平原地区及低海拔山区，各湿地中常大量生长，一般被视为有害杂草，但若将其作为野菜大力开发，不仅能供人们食用，产生经济效益，还能防风固沙，绿化荒山荒坡，发挥生态效益。

（4）荠菜 *Capsella bursa-pastoris*（L.）Medic.

十字花科（Cruciferae）荠属植物。又名粽子菜、白花菜。

形态特征 一年或二年生草本，高 10~40cm。被单毛、分叉毛及星状毛。基生叶呈莲座状，不整齐羽裂或全缘，茎生叶抱茎。总状花序，花后伸长；萼片直立，花瓣 4，倒卵形，白色。短角果倒三角状心形。花期 4~5 月，果期 5~6 月。

分布与生境 分布遍及全国。北京各区（县）平原极常见，多生于田间、路旁、杂草地。

食用部位与营养成分 地上幼苗或嫩茎叶。每 100g 鲜菜含蛋白质 5.38g、脂肪 0.48g、碳水化合物 6.0g、粗纤维 1.4g、钙 420mg、磷 73mg、铁 6.3mg、胡萝卜素 3.20mg、维生素

荠菜

$B_1$0.14mg、维生素 $B_2$0.19mg、维生素 C55mg。

采收与加工 4 月下旬至 5 月中旬采幼苗，以株高 4~6cm 未开花者为宜。可以干制或速冻保鲜，民间鲜食为主，多做汤或制作饺馅，亦可作炖菜的配料。

综合利用 ①药用：全草入药，为凉血止血、清热利尿之良药。②饲用：嫩茎叶是早春的家畜饲料。③油脂：种子可供榨油，油可制肥皂、油漆或医药，亦可供食用。

资源开发与保护 荠菜原产我国，野生于南北各地。在《诗经》中有："谁谓荼苦，其甘如荠"。《本草纲目》中有："荠生济济，故谓之荠"。自古以来民间采食野生荠菜蔚然成风，有"三月三荠菜当灵丹"的说法。野生荠菜味道鲜美，营养丰富，是人们喜食的野菜之一。每年 4 月份，北京许多市民都会到野外去挖荠菜，但野生荠菜产量较小，远远不能满足日益增长的需求。野生荠菜生长期较短，人工可多季栽培，连续采收，起着补充、调节、丰富蔬菜市场的作用。早春用大棚扣膜进行生产，提早上市，可取得较好的经济效益。另外，荠菜还有很好的药用价值，其开发方向可以向降压保健产品方面发展，充分利用现有资源。

（5）霞草 *Gypsophila oldhamiana* Miq.

石竹科（Caryophyllaceae）丝石竹属植物。又名长蕊石头花、麻杂菜、山蚂蚱。

形态特征 多年生草本，高 60~100cm。根粗壮，木质化。茎数条于根颈处生出，开展，老茎常红紫色。叶片近革质，稍厚，长圆形，脉 3~5 条，中脉明显，上部叶较狭，近线形。伞房状聚伞花序较密集，顶生或腋生；花瓣粉红色，雄蕊长于花瓣。蒴果卵球形。花期 6~9 月，果期 8~10 月。

分布与生境 河北、河南、山东等地分布较广，但在北京仅分布于平谷区熊耳寨乡至东高村镇一带，多生于干燥石砾质的山坡草丛，阳坡、半阳坡较多。

食用部位与营养成分 食用其幼苗及嫩茎叶。

根据文献资料，霞草主要营养成分含量如表 2–5 所示。

表 2-5 霞草主要营养成分含量

类型	水分	灰分	蛋白质	粗纤维	脂肪	氨基态氮	V_C	总黄酮
栽培一年霞草	88.5	2.1	2.5	0.9	0.3	0.01	412.3	1.06
栽培二年霞草	88.7	1.9	2.6	1.0	—	0.05	387.7	1.51
野生霞草	88.5	1.8	2.1	0.9	0.2	0.04	431.9	1.88

注：除维生素 C（V_C）含量的单位为 mg/10000g 外，其余均为 g/1000g。

采收与加工 4 月下旬至 5 月初采嫩茎叶。采摘时只掐嫩尖，以一掐即断为度。采来的茎叶用开水焯过，捞到冷水中浸泡，以去除涩味，可做饺子、包子馅，也可以凉拌。

综合利用 可作药用。根部入药，作"山银柴胡"用，主要用于治疗阴虚肺劳、骨蒸潮热、盗汗、小儿疳热、久疟不止。

资源开发与保护 民间把霞草称作"山蚂蚱菜"，可能是与"蚂蚱菜"相对应而得来的名字。蚂蚱菜即马齿苋，霞草跟马齿苋的最大相似之处，就是味道。新鲜的马齿苋和霞草，味道都是酸的。二者都是很常见的野菜，但马齿苋一般生于平地，霞草一般生长在山坡上。于是，霞草就得到一个“山蚂蚱菜”的名字。

霞草的嫩茎叶可作为野菜食用，用开水烫漂，经浸泡清洗后，可作为馅料或汤菜，因其口感鲜嫩，风味独特而受人们欢迎。民间自古就有用霞草佐食的习惯。近年来，野生霞草已成为极具开发价值的野生山菜之一。霞草因其在北京野生分布局限，资源量很小，目前利用有限，因此可以进行扩大栽培，开发利用。

需要指出的是，因为霞草采摘时都要掐尖，很费事，当地村民往往用镐头连根先刨回家，然后再慢慢摘，这样对其生长更新破坏较大，因而在利用时应避免这种破坏性的采摘方式。

霞草

（6）栾树 *Koelreuteria paniculata* Laxm.

无患子科（Sapindaceae）栾树属植物。别名灯笼树、摇钱树、木栾树。

形态特征 落叶乔木，树冠近圆球形，树皮灰褐色，细纵裂。奇数羽状复叶，有时部分小叶深裂而为不完全的2回羽状复叶，卵形或长卵形，边缘具锯齿或裂片。顶生大型圆锥花序，花小，金黄色。蒴果三角状卵形，顶端尖，红褐色或橘红色。花期 6~9 月，果期 9~10 月。

分布与生境 原产于我国北部及中部。北京各区（县）均有分布，多生于海拔 1500m 以下的低山山坡、沟谷及平原。喜光，耐寒，耐干旱和瘠薄，适应性强，喜生于石灰质土壤中。

食用部位与营养成分 嫩芽及幼叶可食用。其营养成分目前尚未进行过专门研究。

采收与加工 采芽有很强的季节性，4~5 月采芽及幼叶。采回的叶芽梗黄、叶红，质量最高，老时木质化后即不可食用。掰下后凉水下锅煮熟、漂洗、浸泡 3 天左右，以不苦为度。采集加工后，还可以冷藏备用，一年四季皆为鲜品。

综合利用 ①各公园及庭院广为栽培，为重要行道树和绿化树种；②花可提取黄色染料。

资源开发与保护 栾树芽在民间俗称“木兰芽”，但与木兰科的木兰并无关系。明代鲍山编写的《野菜博录》中记载：“木栾树，生山谷中。树高丈余。叶似楝叶，宽大，稍薄，开淡黄花，结薄壳，中有子大如豌豆，乌黑色，人多摘取，串做数珠。叶味淡甜。食法，采嫩芽叶煠熟，换水浸淘，油盐调食”。由此可知，栾树古称“木栾树”，其芽“木兰芽”应是“木栾芽”的近音误读，而且食用由来已久。

栾树在北京地区野生资源较丰富，但多为零星分布。各个区（县）旅游景点及农家乐均广泛采食其早春嫩芽，由于味道独特，备受当地群众及游人青睐。栾树芽很像香椿芽，采后其他部位会再长出新芽，采摘野生栾树芽一般不会影响母树的生长。但近年来由于采摘量持续增加，对局部地区野生植株的生长发育造成一定影响。据我们在调查地所见，一般低矮小树上的新芽

栾树

均被人采过，而对于高大的成年树，由于芽都长在树冠上，很多人爬上树干采摘，还有的用铁制的钩子把高处的树冠拉下来采摘，经常发生树枝被折断的现象。因而，应在利用的同时进行合理保护，在采摘季节加强管理，杜绝破坏性的利用。目前北京各城区虽有大量栽培，但主要用作街道绿化和观赏。

(7) 崖椒 *Zanthoxylum schinifolium* Sieb. et Zucc.

芸香科（Rutaceae）花椒属植物。别名青花椒、野椒、香椒子。

形态特征 落叶灌木，枝上疏生皮刺。奇数羽状复叶，叶轴有狭翼，中间下陷成小沟。小叶上面绿色，下面青色，基部楔形，边缘有细锯齿，齿缝有腺点。花青绿色，排成顶生伞房状圆锥花序，花 5 基数。蓇葖果球形，熟时紫红色，具瘤状突起。种子蓝黑色，有光泽。花期 6 月，果期 9~10 月。

分布与生境 分布于南北各省（区）。北京见于房山区上方山、延庆县千家店、密云县雾灵山以及平谷区四座楼、熊耳寨等地，生于山地疏林或灌丛中及岩石边，均为零星分布。

食用部位与营养成分 食用其芽及幼叶。

采收与加工 5 月采芽、幼叶，秋天收果实和种子。

综合利用 ①药用：果皮温中散寒、除湿、止痛、杀虫、解鱼腥毒；②油用：种子油可食用，并可代替花椒油作调味香料；③提制芳香油：从果实提取的芳香油（即野花椒油）经精制处理后，可用作调制香精的原料。

资源开发与保护 崖椒的基本形态和著名调料品花椒非常相似，果实比花椒略小，但味道比花椒浓得多，是花椒重要的野生近缘种种质资源。其嫩叶和芽在当地被村民广泛采摘做野菜食用。由于崖椒目前在北京野生资源量很少，但利用价值及潜力均很高，是目前为数不多的未被开发的经济树种。通过扩大人工种植，既可解决野生资源量不足的问题，又能保护野生资源。

崖椒

（8）辽东楤木 *Aralia elata*（Miq.）Seem.

五加科（Araliaceae）楤木属植物。别名刺龙芽、霸王菜、虎阳刺、树头菜。

形态特征 小乔木，高 1.5~3m，地下根茎横走。树皮灰色，密生坚刺，老时渐脱落；小枝淡黄色，疏生细刺。叶大，互生，2~3 回单数羽状复叶，长可达 1m，常集生于枝端，叶柄有刺。由多数小伞形花序合成圆锥花序，大而密；花 5 基数，淡黄白色。浆果状核果，球形，黑色。花期 7~8 月。果期 9 月。

分布与生境 主要分布于我国东北地区。北京主要见于房山区浦洼、门头沟区东灵山、怀柔区渤海镇三岔、密云县云蒙峡、昌平区沟涯、平谷区四座楼等地，但均为零星分布。生于林下、林缘及路旁，喜偏酸性土壤。

食用部位与营养成分 食用早春未完全展叶的嫩芽。嫩叶芽营养丰富，含多种氨基酸，其中以天冬氨酸、谷氨酸含量最高。此外，还含有多种维生素。

采收与加工 4 月下旬至 5 月中旬，采集未完全展叶的嫩芽。侧芽萌发较晚，也可采摘，但应注意留一定的侧芽，以便长成枝条，供树体生长和来年采集嫩叶芽。

综合利用 ①药用：叶可治腹泻、痢疾、水肿。树皮的韧皮部（楤木白皮）可治风湿痹痛、跌打损伤。②油脂：种子可供榨油，油可制肥皂。

资源开发与保护 辽东楤木主要分布在我国北方，东北地区资源非常丰富。其叶片大，株

辽东楤木

形直立，具有较大的园林观赏价值；花密集着生，花期长，是重要的蜜源植物。嫩叶可食，为著名的野菜，除当地人自采自食外，也是主要出口的山珍野菜。东北地区的辽东楤木在各式山野菜加工出口中占较大的比例，而且畅销不衰，被誉为“天下第一山珍”。但在北京辽东楤木野生资源量稀少且零星分布，大多数为单株，出现率极低。野外调查所见植株均较小，枝叶生长不旺，可能是经常被摘芽所致。由于其分布区严重破碎化，给个体生长和种群的自我更替、扩增造成极大困难，致使野生数量难以提升。从资源保护的角度出发，应采取人工仿生栽培的方法，扩大资源蕴藏量，使野生资源得以保护。

(9) 水芹 *Oenanthe javanica*（Bl.）DC.

伞形科（Umbelliferae）水芹属植物。别名河芹、野芹、小叶芹。

形态特征 多年生湿生或水生草木，具匍匐茎，全体光滑无毛，中空。茎直立或基部匍匐，节上常生根。叶柄长，基部有叶鞘；叶片轮廓三角形，1~2 回羽状分裂，裂片边缘有齿。复伞

水芹

形花序生于植株上部，花瓣白色。双悬果椭圆形。花期 6~7 月，果期 8~9 月。

分布与生境 我国东北、华北、中南地区均有分布，长江以南栽培面积较大。北京见于各区（县），在延庆县大海坨山及密云县不老屯镇等地较集中分布，多生于溪流旁、浅水低洼地方或池沼边缘，常成片生长。

食用部位与营养成分 幼苗、嫩茎及嫩叶柄。每 100g 鲜菜含蛋白质 2.5g、脂肪 0.6g、碳水化合物 4g、粗纤维 3.8g、胡萝卜素 4.28g、维生素 PP 1.1mg、维生素 $B_2$0.33mg、维生素 C 39mg。

采收与加工 5~6 月采幼苗，6~7 月采未开花的嫩茎叶，不带根，把叶去净，扎小把，及时加工处理。嫩茎叶沸水中煮 3~5min，捞出后凉水中浸泡 1~2h 后食用。

综合利用 ①药用：其地上部分有清热利水的功效，因含有黄酮类物质，用其全草煎汁久服，可治疗高血压症；②全草可提取芳香油。

资源开发与保护 《鲁颂》云:“思乐泮水,薄采其芹”。《吕氏春秋》云:“菜之美者,云梦之芹”。可见古人早已以水芹为蔬食。《山家清供》中更具体阐述了采摘食用水芹的方法:“二月三月作羹时采之,洗净,入汤灼过,取出,以苦酒研芥子,入盐少许,与茴香渍之,可作菹。惟瀹而羹之者,既清而馨,犹碧涧然”。水芹嫩茎叶有特殊香味,故有“香芹碧涧羹”之诗句,并从此有了“香芹碧涧羹”的名菜。

水芹嫩茎及叶柄供作蔬菜食用，味类似芹菜，是大众喜食野菜之一，适合做罐头、饺馅及速冻保鲜产品。水芹菜中富含多种维生素和无机盐类，其中以钙、磷、铁等含量较高，具有降低血压和血脂等功效。《本草纲目》载水芹菜：“止血养精，保血脉。东西药毒，捣汁服，去头中，风念，利口齿，利大小肠”。

水芹生长在水边及低洼的水田里，基本不需要治虫，属于纯天然无公害绿色蔬菜。水芹具有匍匐茎，节易生根，可进行营养繁殖，栽培容易，值得推广。北京地区由于适合其生境的地方较少，其数量也较少，因而对其利用有限，可以在有浅水的地方进行规模种植。

特别值得注意的是,水芹幼苗与有毒植物毒芹*Cicuta virosa*形态和生境均很相近,极易混淆,故在采收时应注意区分，以免引起中毒。

（10）苣荬菜 *Sonchus arvensis* DC.

菊科（Compositae）苦苣菜属植物。别名荼、曲麻菜、紫苦菜、败酱草、苦菜等。

形态特征 多年生草本植物，含乳汁，高 20~70cm。具长匍匐茎，地下横走，白色。茎直立，单叶互生，茎生叶基部渐狭成柄，边缘具疏浅裂；茎生叶无柄，基部耳状抱茎。头状花序单一或 2~8 个于茎顶排成伞房状。花两性，皆为黄色舌状花。瘦果长圆形，冠毛白色。花果期 6~9 月。

分布与生境 分布于东北、华北、西北等地区。北京各区（县）山区均有分布，多生于山坡及路旁，为田野、荒地常见植物，常聚集成片生长。

食用部位与营养成分 嫩茎叶。每 100g 嫩幼苗含蛋白质 2.8g、脂肪 0.6g、粗纤维 5.4g、糖类 4.6g、胡萝卜素 540μg、维生素 $B_1$0.09mg、维生素 $B_2$0.11mg、维生素 PP 0.6mg、维生素 C 19mg、维生素 E 2.93mg、钾 180mg、钙 66mg、铁 9.4mg、锌 0.86mg、磷 41mg，还含有多

种氨基酸，其中精氨酸、组氨酸、谷氨酸含量最高。

采收与加工 于花期前采摘嫩茎叶供食用。春季挖取出土不久的幼苗，洗净，拌调料生吃；长大的嫩茎叶沸水烫后，再以清水漂洗，以除苦味。东北地区食用多为蘸酱；西北地区食用多为包子、饺子馅，拌面或加工酸菜；华北食用多为凉拌。

综合利用 ①药用：全草可清热，凉血，解毒；②饲用：茎叶为畜、禽优质饲料。

资源开发与保护 苣荬菜在我国民间食用已有2000多年历史。中国人自古有食用苣荬菜的习俗，最早的记述见于《诗经》，如《邶风》载："谁谓荼苦，其甘如荠"，其中的"荼"即指苣荬菜。《大雅》中也有"堇荼如饴"的说法。《唐风》记载："采苦采苦，首阳之下"。《礼记月令》中认为"孟夏之月，苦菜秀"。《陆玑诗疏谓》："（苦菜）生山田及泽中，得霜甜脆而美"。

苣荬菜是一种药用食用兼具的野生蔬菜。它不但具有较高的营养价值，生食可更有效地发挥其保健功能，而且具有清热解毒、凉血利湿、消肿排脓、祛瘀止痛、补虚止咳的功效，对预防和治疗贫血病、维持人体正常生理活动，促进生长发育和消暑保健有较好的作用。苣荬菜适应性很强，在田间、路旁均能生长，北京地区野生资源非常丰富。近年来，由于苣荬菜的保健功能日益受到人们的重视，在许多地区已开始进行人工种植。又由于苣荬菜耐盐碱的特性，在滨海及内陆盐碱地区均有大规模的栽培。其越冬栽培可于春节及早春蔬菜淡季上市，商品价值

苣荬菜

较高。若塑料大棚人工栽培，比露地早上市 40~50 天，经济效益可观。

在北京，同属植物还有苦苣菜 *S. oleraceus*，用途同苣荬菜，也是常见的野菜。

（11）蒲公英 *Taraxacum mongolicum* Hand.-Mazz.

菊科（Compositae）蒲公英属植物。别名婆婆丁、地丁、公英、孛孛丁。

形态特征 多年生草本，根垂直。高 10~25cm，具乳汁。叶基生，倒披针形，逆向羽状分裂，侧裂片三角形，顶裂片较大。花莛数个，被蛛丝状毛。头状花序单个顶生，外层总苞片披针形，边缘膜质；舌状花黄色。瘦果褐色，全部有刺状突起。冠毛白色。花果期 4~6 月。

分布与生境 全国各地均有分布。北京各地极常见，生于田边、路旁、沟边、河岸沙质地，常聚集成片生长。

食用部位与营养成分 早春地上幼苗。每 100g 鲜叶含胡萝卜素 4.15mg、维生素 B_2 0.63mg、维生素 C 52mg。全株含特有的蒲公英醇、蒲公英素以及胆碱、有机酸、菊糖、葡萄糖等多种健康营养的活性成分，同时含有丰富的微量元素，更重要的是其中富含具有很强生理活性的硒元素 Se。

蒲公英

采收与加工 4 月末至 5 月中旬采挖幼苗，扎小把，注意选择长在阴凉处，未经阳光长时间暴晒的植株，其质地柔嫩多汁，苦涩味较轻。食用时，用开水烫后，换清水漂洗，除去苦味后炒菜或凉拌食。

综合利用 ①药用：全草入药，治疮肿毒、乳腺炎、淋巴腺炎等症；②饲料：茎叶为畜、禽优质饲料；③蜜源植物。

资源开发与保护 蒲公英是大众喜食的常见野菜之一，又是著名的中草药。蒲公英的全草有清热解毒，利尿散结的功效；头状花序可烧汤食用；根可制成类似苦咖啡气味的保健饮料。民间早已有食用蒲公英的习俗，《救荒本草》载："采苗叶炸熟，油盐调食"。《本草纲目》将蒲公英归于菜部，并记有"幼苗可食"。

北京地区蒲公英及同属多种植物，分布广，资源量大。蒲公英不仅营养丰富，而且药用价值高，疗效可靠，在保健食品领域，开发潜力大，有较好的发展前景。一些国家和地区已人工栽培蒲公英，并培育出厚叶蒲公英等栽培品种。除常规栽培方法外，由于蒲公英是多年生草本植物，还可以利用其营养贮藏器官肉质直根，在适宜的栽培环境下直接培育成芽苗菜，由于其新鲜、富含营养并且无污染，深受大众青睐，经济效益显著。

北京地区蒲公英属植物常见的还有白缘蒲公英 *T. platypecidum*、芥叶蒲公英 *T. brassicaefolium*、亚洲蒲公英 *T. asiaticum* 等，用途与蒲公英相近。

（12）黄花菜 *Hemerocallis lilio-sphodelus* L.

百合科（Liliaceae）萱草属植物。别名金针菜、北黄花菜。

形态特征 多年生草本，高 80~100cm，具短的根状茎和肉质肥大的纺锤状根。叶基生，排成 2 列，线形。花莛数个，花序分枝成总状或圆锥花序，有花 4~10 朵；花淡黄色，芳香；花被漏斗状，花被片 6，雄蕊 6，花丝细长，黄色，花柱细长。蒴果椭圆形。花期 6~8 月，果期 7~9 月。

分布与生境 分布于东北、西北、华北、华东等地区。北京各区（县）山区常见，生于山坡草地、灌草丛、林间草地。

食用部位与营养成分 含苞待放的花蕾。每 100g 黄花菜干品含蛋白质 1.47g、脂肪 0.4g、糖类 6.1g、胡萝卜素 5.8mg、维生素 B_2 0.5mg、钙 0.7mg、磷 17mg、铁 21mg，是著名的碱性食品。

采收与加工 6~7 月采待放的花蕾或初开的花朵。以 4cm 长、充分发育、呈金黄色或橘黄色，坚实而不中空的含苞未放的花蕾为上等品。开花前 1~2h 质量最好。采后须经晒干或烘干后方可食用或贮存。

综合利用 ①药用：根（萱草根）可利水，凉血；花蕾（金针菜）利湿热、宽胸膈；②观赏：花美丽，栽培供观赏；③根可以酿酒，叶可造纸和作编织材料。

资源开发与保护 黄花菜花为著名山珍，将未开的花蕾和刚开的花在沸水中焯后，捞出晒干，加工后成干菜，名为"金针菜"，供食用。黄花菜及其制品味鲜质嫩，营养丰富，深受消费者喜爱，加之有药用价值，市场前景十分广阔。除此以外，黄花菜还是优良的地被观赏植物。目前北京地区市场上出售的黄花菜多为外地产区的干制品，但区（县）山区群众主要还是以采集当地野生黄花菜为主，栽培很少。为了保护有限的野生资源，满足不断增长的需要，应重视扩大人工栽培面积。

需注意的是，鲜黄花菜中含有一种“秋水仙碱”的物质，它本身虽无毒，但经过胃肠道的吸收，在体内氧化为“二秋水仙碱”，则具有较大的毒性，会强烈刺激胃肠道和肾脏等器官引起中毒症状，如胃部灼热、口渴、恶心呕吐等。所以在食用鲜品时，每次不要多吃。由于鲜黄花菜的有毒成分在高温 60℃时可减弱或消失，因此食用时，应先将鲜黄花菜用开水焯过，再用清水浸泡 2h 以上，捞出用水洗净后再进行炒食，这样秋水仙碱就能破坏掉，食用鲜黄花菜就安全了。

同作“金针菜”食用的同属植物在北京地区还有小黄花菜 *H. minor*。

黄花菜

（二）野果植物资源

1. 北京野果植物资源的特点

野果植物资源是指能够提供人类食用的鲜、干果品和作为食品、饮料等加工原料的野生植物，其果实或种子含有较高的营养成分或保健药效成分。

北京地区野果植物资源较为丰富，山区和林区群众自古就采集和食用野果，如榛子、野核桃（核桃楸）、山桃、山杏、山楂、秋子梨、山楂叶悬钩子、山葡萄、酸枣、狗枣猕猴桃等。但一般采集量很小，多为自采自食。近年来，随着北京山区经济和旅游业的发展，野果的开发利用得到了很大发展。野果成为天然的绿色食品，深受人们的喜爱。许多野生果品还被加工成保健食品、保健饮料或保健药品等供应于市场，如山杏、山楂、酸枣、黑枣等。还有不少野果资源，正在等待开发利用，前景广阔。

需要说明的是，通常所说的野果一般仅指野生木本果树，但本次调查的野果植物范围较广，除果树外，还包括少数其果实能被采食并有开发利用价值的草本植物，如蛇莓、酸浆、龙葵、地梢瓜等。

2. 北京野果植物资源种类

北京地区野果植物种类经调查统计共计 18 科 32 属 58 种（表 2–6）。

表 2-6 北京市野果植物种类

科名	种名	拉丁名	食用部位	采收季节／时间	数量
胡桃科	胡桃楸	*Juglans mandshurica*	成熟果实	8~9 月	+++
	野核桃	*Juglans cathayensis*	成熟果实	8~10 月	+
桦木科	平榛	*Corylus heterophylla*	成熟果实	8~11 月	+++
	毛榛	*Corylus mandshurica*	成熟果实	8~12 月	+++
榆科	榆树	*Ulmus pumila*	嫩果	3~5 月	+++
	大果榆	*Ulmus macrocarpa*	嫩果	春季、初夏	+++
	黑榆	*Ulmus davidiana*	嫩果	春季、初夏	+
桑科	桑	*Morus alba*	成熟果实	初夏	+++
	蒙桑	*Morus mongolica*	成熟果实	初夏	+++
	鸡桑	*Morus australis*	成熟果实	初夏	+
	构树	*Broussonetia papyrifera*	成熟果实	秋季	+++
	柘树	*Cudrania tricuspidata*	成熟果实	9~10 月	+
五味子科	五味子	*Schisandra chinensis*	成熟果实	8~9 月	++
小檗科	细叶小檗	*Berberis poiretii*	成熟果实	7~8 月	++
	大叶小檗	*Berberis amurensis*	成熟果实	7~8 月	+
	掌刺小檗	*Berberis koreana*	成熟果实	7~8 月	+
虎耳草科	东北茶藨子	*Ribes mandshuricum*	成熟果实	8~9 月	++
	小叶茶藨子	*Ribes pulchellum*	成熟果实	8~10 月	+
	刺果茶藨子	*Ribes burejense*	成熟果实	8~11 月	+
	瘤糖茶藨子	*Ribes himalense* var. verruculosum	成熟果实	8~12 月	+

（续）

科名	种名	拉丁名	食用部位	采收季节／时间	数量
蔷薇科	刺玫蔷薇	*Rosa davurica*	成熟果实	8~10月	+
	美蔷薇	*Rosa bella*	成熟果实	8~10月	++
	蛇莓	*Duchesnea indica*	成熟果实	春	+++
	牛叠肚	*Rubus crataegifolius*	成熟果实	夏	+++
	华北覆盆子	*Rubus idaeus* var. *borealisinensis*	成熟果实	立夏后	++
	石生悬钩子	*Rubus saxatilis*	成熟果实	7~8月	+
	花楸树	*Sorbus pohuashanensis*	成熟果实	10月	++
	北京花楸	*Sorbus discolor*	成熟果实	8~9月	+
	山荆子	*Malus baccata*	成熟果实	9月	+++
	秋子梨	*Pyrus ussuriensis*	成熟果实	10~11月	++
	河北梨	*Pyrus hopeiensis*	成熟果实	10月	+
	灰栒子	*Cotoneaster acutifolius*	成熟果实	6~8月	+
	西北栒子	*Cotoneaster zabelii*	成熟果实	7~8月	+
	水栒子	*Cotoneaster multiflorus*	成熟果实	秋季	++
	山楂	*Crataegus pinnatifida*	成熟果实	秋季	+++
	甘肃山楂	*Crataegus kansuensis*	成熟果实	秋季	+
	山里红	*Crataegus pinnatifida* var. *major*	成熟果实	秋季	+++
	山桃	*Prunus davidiana*	成熟果实	夏季	+++
	山杏	*Prunus sibirica*	成熟果实	夏季	+++
	毛樱桃	*Prunus tomentosa*	成熟果实	夏季	++
	欧李	*Padus humilis*	成熟果实	夏季	++
	稠李	*Padus avium*	成熟果实	夏季	++
鼠李科	酸枣	*Ziziphus jujuba* var. *spinosa*	成熟果实	夏季	+++
	拐枣	*Hovenia dulcis*	成熟果柄及果实	秋季	+
葡萄科	山葡萄	*Vitis amurensis*	成熟果实	夏季	+++
	桑叶葡萄	*Vitis heyneana* subsp. *ficifolia*	成熟果实	夏季	+
猕猴桃科	软枣猕猴桃	*Actinidia arguta*	成熟果实	夏季	++
胡颓子科	沙棘	*Hippophae rhamnoides*	成熟果实	11~12月	+
山茱萸科	毛株木	*Cornus walteri*	成熟果实	9月	++
柿树科	黑枣	*Diospyros lotus*	成熟果实	夏季	+++
萝藦科	地梢瓜	*Cynanchum thesioides*	嫩果	8~10月	++
茄科	枸杞	*Lycium chinense*	成熟果实	夏秋	+
	龙葵	*Solanum nigrum*	成熟果实（幼时有毒）	9~10月	+++
	酸浆	*Physalis alkekengi* var. *franchetii*	成熟果实	9月	++
忍冬科	鸡树条荚蒾	*Viburnum opulus* var. calvescens	成熟果实	9~11月	++
	蓝果忍冬	*Lonicera caerulea* var. *edulis*	成熟果实	7~9月	+
	北京忍冬	*Lonicera elisae*	成熟果实	7~10月	+
葫芦科	赤瓟	*Thladiantha dubia*	成熟果实	秋季	++

3. 北京野果植物科属分布

就所在的科而言，北京地区的野果植物中，蔷薇科所含种类最多，有 22 种，占全部野果种类的 37.9%。因此，蔷薇科是构成北京野果资源的最主要类群。其次依次是桑科（5 种）、虎耳草科（4 种）、榆科（3 种）、小檗科（3 种）、茄科（3 种）、忍冬科（3 种）、胡桃科（2 种）、桦木科（2 种）、葡萄科（2 种）、鼠李科（2 种）、五味子科（1 种）、猕猴桃科（1 种）、葫芦科（1 种）、胡颓子科（1 种）、萝藦科（1 种）、山茱萸科（1 种）、柿树科（1 种）。

4. 北京野果植物生活型组成

北京地区 58 种野果植物中，木本植物占绝大多数，共有 53 种，占野果植物总种数的 91.38%，草本植物仅 5 种。木本植物中，乔木或小乔木 22 种，灌木 27 种，木质藤本 4 种。草本植物中，多年生草本 4 种，一年生草本仅 1 种（表 2–7）。

表 2-7 北京野果植物生活型统计

生活型		科数	属数	种数
草本植物	一、二年生草本	1	1	1
	多年生草本	4	4	4
合计		5	5	5
木本植物	木质藤本	3	3	4
	灌木	6	11	27
	乔木或小乔木	9	15	22
合计		18	29	53

5. 北京野果植物的类型

北京野果主要类型分为浆果类、坚果类、核果类、梨果类、瘦果类、翅果类和瓠果类（表 2–8）。

表 2-8 北京野果植物类型统计

类型	科	属	种	类型	科	属	种
浆果类	8	16	27	瘦果类	3	5	8
坚果类	2	2	4	翅果类	1	1	3
核果类	2	3	7	瓠果类	1	1	1
梨果类	1	4	8				

6. 北京野果植物的营养及利用价值

野果植物果实的营养成分，不同种类、不同时期，都有所不同。主要有①糖：为果实主要营养物质之一，有蔗糖、果糖、葡萄糖等。在坚果类中，以果糖为主，其次是葡萄糖、蔗糖。

浆果类中，主要含葡萄糖及果糖。核果类中，以蔗糖为主，葡萄糖次之，果糖最少。②淀粉：坚果类中含量最高，浆果类最少。在酶的作用下，可转化成麦芽糖或葡萄糖。③有机酸：果实中主要有柠檬酸、苹果酸、酒石酸、草酸、苯甲酸等。不同种类的野果中，有机酸的种类和含量也不同。如梨果类中苹果酸含量较高，浆果类中，酒石酸含量较高。果实及其制品中，含一定量有机酸，能改善风味，促进蔗糖和果胶的转化与分解，减少维生素 C 的氧化。但若与某些金属结成盐类，则会影响果实制品的外观及风味。有机酸的含量高低，是鉴别野果质量的重要标志之一。④维生素类：在野果中主要含有胡萝卜素、B 族维生素（维生素 B_1、B_2、B_5、B_6 等）、维生素 C（野果中含量最高）、维生素 E、维生素 K、维生素 PP 等。野果中维生素含量高低，是其营养价值高低的重要标志之一。⑤矿物质：钾、镁、钙、铁、铜、磷等多种矿质元素，是野果及其制品营养成分的标志之一。⑥其他：在野果中尚含有蛋白质、油脂、挥发油、单宁、果胶、色素及多种酶类等物质。

由于野果营养丰富，口味独特，许多可以直接食用，因此其色、香、味对消费者来说具有很强的新奇感和独特感。它不但增添了果品的种类，又因其生长于山林，远离人群，且自然生长，不施化肥和农药，是纯天然绿色食品。野果通过加工可制成糖水罐头、果酱、果汁、果茶、果脯、蜜饯、果酒、果醋等，有的可熬糖或提取维生素、食用色素等。因野果中含有多种维生素、酶类、多种矿物质及黄酮类化学物质，多具保健功能，常食用能延年益寿。古人说“尝遍百果能成仙”确有一定道理。近年来，山杏、酸枣、山楂、沙棘、五味子、山葡萄、枸杞等在各地都已加工成保健食品、保健饮料或保健药品供应市场。此外，许多野生果树在长期的适应环境和自然选择过程中逐渐形成了较强的抗逆性，如抗旱、抗寒和抗病等，这些抗性在育种方面具有很高的开发利用价值。不少栽培果树的近缘种因此成为优良的种质资源，如核桃楸、山杏、山桃、毛樱桃、酸枣、山楂、山葡萄、软枣猕猴桃、黑枣等，是极有价值的育种原始材料或嫁接用的砧木材料。许多野果还是优良的蜜粉源植物，如酸枣、五味子、软枣猕猴桃等。有的野生果树如花楸树，花果颇为美观，如能驯化栽培，在园林绿化方面也有较高利用价值。可见野果具有广泛的综合利用价值，不但发展了果品生产，同时对改善人民生活，丰富果品种类，发展农村经济，使山区人民脱贫致富，都具有十分重要的意义。

7. 北京野果植物的采收及加工

野果要根据食用部位和时间适时采收。对于食用幼果的种类，如榆树和地梢瓜，要特别注意采摘时间，一旦木质化或成熟后即无法食用。对于多数食用成熟果实的种类，一般在果实近成熟时采摘，要立即加工或就地制成半成品，不宜长期贮藏。运输或贮藏期间，注意不要装放过多，防止挤压或霉烂。采果时应注意不要伤害树体或植株，以免影响以后产量。

8. 北京野果植物资源开发利用现状及建议

北京山区当地群众长期采集野果，生食或制成多种食品。鲜食并在农贸市场上季节性销售的种类主要有核桃楸、榛子、桑、山楂、山荆子、山楂叶悬钩子、拐枣、酸枣、黑枣、酸浆等。但目前北京地区开发利用较好的仅有山楂、山杏、酸枣等少数几种，这些种类已形成一定的规模，野生和栽培同时存在，鲜果和加工产品（如饮料、果干、果脯等）同步发展，取得了较好的经济效益，促进了山区经济的发展。而绝大多数野果资源的研究和开发利用仍很薄弱，原因如下：①对野果资源认识不足。多数人对野果资源还不熟悉，以至于很多营养和食用价值很高的野果资源至今尚未被发掘利用，如美蔷薇、刺果茶镳子、北京忍冬、地梢瓜等。山区群众对于野果主要以自给自食为主，或采集或栽种，而销售的数量不多，种类也较少，绝大多数种类仍处于自生自灭状态，一些资源白白浪费，如海淀区凤凰岭大面积的野生山楂。②分散零星，不受重视。对于绝大多数的野果来说，由于其分布星散，适口性、果实大小、形状较之栽培果实差，所以得不到人们的重视，从而弃之不用，或只是鲜食而已。③缺乏合理的开发利用。没有适当的经营措施，山区当地居民和游客的盲目采摘，使有些野果植物资源遭到破坏，数量下降，野果的质量及产量也相应降低。如平榛，一些地方在果实尚未成熟时就提前抢收，造成果实质量下降，影响了销售价格。

北京地区野果植物资源开发利用的建议：①目前野果植物种类方面已大致摸清，但资源的贮量、分布规律和市场需要等方面还不是很深入，应进一步深入调查；同时加强野果种质资源的收集和保存，加强对现有种及其生境的保护。②依据实际，制定规划。要采取开发和保护相结合的方针，重视保护，合理开发，制定切实可行的可持续发展规划。对已查明分布集中、贮量大、经济效益高且市场短缺的种类，可组织开发利用；对经济效益高但贮量小的种类，可先进行引种驯化，扩大资源量后再组织生产；对贮量大分布集中但加工工艺没有成熟，或利用途径未明的种类，可在科研论证之后再行开发。③综合开发，提高效益。野果除鲜食外，更适合加工，针对适口性不同的特点，鲜果可速冻或制成果汁、饮料、果酱、糖水罐头、果酒、果干、果脯等，改变其原有的不适口味，提高其经济价值。许多野果还是栽培果树的优良砧木和抗性育种材料以及重要的观赏、蜜源、药用、油脂和水土保持树种，所以可综合开发利用。

9. 北京主要野果资源植物

(1) 平榛 *Corylus heterophylla* Fisch. ex Trautv.

桦木科（Betulaceae）榛属植物。又名榛子。

形态特征 落叶灌木或小乔木。叶互生，椭圆形，基部心形，先端近截形，中央具三角形突尖，边缘重锯齿，中部以上裂片明显，背面被柔毛。花单性同株，雄花序 2~5 个腋生，雌花 2~4 个，生于枝顶。坚果近球形，总苞钟状，具脉纹。花期 4~5 月，果期 8~10 月。

分布与生境 我国主要分布于北方，东北地区和内蒙古是主要产区。北京地区分布极为普遍，北部山区较多，西部山区较少，生于海拔 400m 以上林缘路旁，林间空地，常形成平榛灌丛。在土层厚、湿润、排水良好、微酸性土壤中生长茂盛，结果多，种仁饱满。

营养成分 据已有资料，平榛果仁含油量 51.6%~63.8%、碳水化合物 12.2%~16.5%、蛋白质 16.2%~21%、灰分 3.5%~4.1%，还富含纤维素和糖。树皮、叶和总苞含鞣质，其中叶含量为 5.95%~14.58%。

采收加工 榛果成熟后（9 月中旬），去总苞，取果，及时进行阴干或晒干。加工时去其外壳，取其果仁食用或入药。

资源开发与保护 平榛果仁（榛仁）是世界著名的干果之一，因其清香、营养丰富而深受人们喜爱。榛仁可炒食或加工榛子乳或榛子粉等高级营养品，在食品工业中是巧克力、糖果、糕点等加工食品的优质原料。另外，榛仁还可榨油，榛油清亮、味香，是高级食用油和高级钟表油；榛仁亦可入药，可调脾胃、助消化、明目。此外，树皮、叶和总苞可提取栲胶和生物碱；

叶可养柞蚕，嫩叶煮熟后晒干贮存可作猪饲料；枝干可作手杖和扫把，枝条可供纺织用品。同时，平榛适应性强，生长迅速，还是山区优良的水土保持树种和较好的蜜源植物。我国华北至东北各地均有大量平榛分布，对其研究始于20世纪60年代初，沈阳农业大学开展了东北地区野生榛种类、类型、形态与生态的调查研究。中国农业科学院特产研究所及黑龙江省林业科学研究所分别对吉林、黑龙江省的野生平榛做了自然类型划分的研究。中国科学院林业土壤研究所及内蒙古自治区林业科学研究所进行了平榛生态学和生物学特性的调查研究。

北京平榛野生资源十分丰富，但野生状况下结实较少。如果适当加以管理和培植，其产量应可以提高。为丰富北京市干果栽培树种，北京市园林绿化局林业工作总站于2005年初从辽宁省经济林研究所引进平欧杂种榛子良种品系18个，经3年试验观察，初步筛选出适宜北京地区栽培的优良品系6个，并建立良种繁殖苗圃、生产示范园及良种观察园百余亩，繁育优良苗木5万余株。另外，还对平欧杂种榛子扦插繁育技术进行了探讨性尝试，初步制定出适合北京地区应用的综合配套栽培管理技术。引进的平欧杂种榛子优良新品种，进一步丰富了北京市果树树种类型，为京郊农民脱贫致富提供了新的经济树种。

平榛

（2）东北茶藨子 *Ribes mandshuricum*（Maxim.）Kom.

虎耳草科（Saxifragaceae）茶藨子属植物。又名狗葡萄、山樱桃、东北醋李等。

形态特征 落叶灌木，高1~2m。小枝褐色，有光泽。无刺。单叶互生，卵状三角形，掌状3裂，边缘具锐齿，背面密生白色绒毛。花多数组成总状花序，先直立后下垂。花黄绿色，萼裂片5，反卷，花瓣5，雄蕊5，外伸。浆果球形，红色。种子多数，坚硬。花期5~6月，果期7~8。

东北茶藨子

分布与生境 分布于东北、华北、西北等地区。北京各区（县）山区均有，在门头沟区小龙门、百花山，房山区霞云岭，延庆县松山、八达岭、玉渡山，怀柔区喇叭沟门及密云县雾灵山坡头有较多分布，生于山地杂木林中或山谷林下、林缘。

营养成分 果实含大量的维生素 A、B、C、D，是提取维生素的原料之一。据测定，每100g 鲜果汁中含有维生素 C120~300mg、糖 7~11g、有机酸 1.1~3.7g。种子含油 16% 以上。

采收加工 果成熟时采收。采收后的果实易腐烂，可直接加工或当日送到冷藏库贮藏。

资源开发与保护 茶藨子属植物果实为浆果，果肉味酸甜，可生食，但主要用于制作果酱、果汁、果糖和果酒，还可提取维生素、食用色素及果胶酶。同时，还可作优良观赏灌木及杂交育种亲本材料。本属植物在欧美各国寒冷地区早已人工栽培，并培育出很多优良品种，如著名的黑加仑 *Ribes nigrum*，又名醋栗、黑豆果、紫梅，便是其中最主要的一种。目前，黑加仑已广泛用于医药、保健、食品、化妆品等行业。黑加仑的野生种分布在欧洲和亚洲，16 世纪开始在英国、荷兰、德国驯化栽培，至今只有 400 余年历史，但已经产生了巨大的经济效益。我国拥有非常丰富的野生茶藨子属植物资源和适宜的环境条件，具有广阔开发利用前景。

北京共有茶藨子属野生植物 4 种，除东北茶藨子外，还有刺果茶藨子 *R.burejense*、瘤糖茶藨子 *R. emodense* 及小叶茶藨子 *R. pulchellum*。其中开发利用价值较大的主要有刺果茶藨子，又称刺梨，在北京主要集中分布在门头沟区百花山、东灵山，延庆县松山、怀柔区喇叭沟门和密云县坡头等深山区的林中或溪旁。刺果茶藨子果实长有软刺，非常独特，既可观赏又味甜可食。同时，刺果茶镳子适应能力较强，耐寒耐旱，并有水土保持的作用，是较高海拔山区有开发利用前景的野生灌木树种。目前在北京尚未被开发利用，只在怀柔区喇叭沟门濒危植物园有少量栽培，可以考虑扩大引种栽培并进行优良种质资源选育。

（3）山楂叶悬钩子 *Rubus crataegifolius* Bunge

蔷薇科（Rosaceae）悬钩子属植物。又名托盘、野树莓、牛叠肚。

形态特征 落叶灌木，高 1~2m。小枝、叶柄、叶脉常具钩状皮刺。单叶互生，广卵形，3~5 掌状裂，裂片具不整齐粗锯齿。花 2~6 朵簇生枝顶成短总状花序，萼片 5，反折，花瓣 5，白色。聚合果近球形，径约 1cm，红色，有光泽。花期 5~6 月，果期 7~9 月。

分布与生境 分布于东北、华北、华东等地。北京各山区都有，主要见于阔叶林下和阴坡的灌丛、灌草丛中。极易发生根蘖，多成片聚集生长。该种适应性和抗寒性均强，生长繁茂，喜腐殖层厚、保湿但透水性良好的腐殖土壤。

营养成分 浆果营养丰富。据测定，果实中维生素 C 含量达 25.08mg/100g，含总糖 3.634%、有机酸 2.564%、水分 85.93%。

采收加工 浆果成熟时间不一致，且不耐贮运，应分批采收。每隔 1~2 天采收一次。由于成熟浆果易受损伤，一般应在充分成熟前 1~2 天采收。用于果酱、果酒、果汁时，果熟时应及时采收，最好就地加工，否则应装于桶中，密封后再转运，以免损坏和腐烂。药用果实，于夏季果实饱满呈绿色未成熟时采收，摘下后拣净杂质，晒干。

资源开发与保护 山楂叶悬钩子因为叶子类似山楂树的叶子，故而得名。当地群众一般称之为“杨梅果”“托盘儿”，以“托盘儿”居多。其果实颜色艳丽，香甜可口，风味独特，营养丰富，适于鲜食和加工成果酱、果汁和果酒等，还可提取红色天然食用色素。该种在北京资源量极为丰富，但基本处于野生状态，除当地群众偶有采食外，基本上未得到开发利用。根据山楂叶悬钩子的特性，其果实可生食，也可制作果酱、果酒、果汁，但不易保存，适宜就地加工。也可以在当地游客聚集的地方建立山楂叶悬钩子采摘园，让游客自己采摘，游客在体验到乐趣的同时，也给当地群众带来了收益。另外，由于野生的山楂叶悬钩子天然无污染，由这样的果实制成的果酱、果酒、果汁等，必然是新一代绿色健康食品，相信会得到城市人群的青睐。当地政府和企业可以投资山楂叶悬钩子的食品加工产业，同时应加强研究，以开发出优质产品。

在北京，悬钩子属还有华北覆盆子 *R. idaeus* var. *borealisinensis* 和石生悬钩子 *R. saxatilis*，其果实均可食用或制作果酱，统称“覆盆子”。

山楂叶悬钩子

（4）欧李 *Prunus humilis* Bunge

蔷薇科（Rosaceae）李属植物。又名钙果、郁李仁、酸丁等。

形态特征 落叶灌木，高1~1.5m，分枝多。单叶互生，几无柄，倒卵形至倒披针形，先端急尖，边缘具细密锯齿。花单生或2朵并生，与叶同时开放，萼筒钟状，花瓣5，白色至淡红色。核果近球形，径1~1.5cm，鲜红色，有光泽。花期4~5月，果期7~8月。

分布与生境 北京地区分布较广，中低山区均有分布，主要生于向阳山坡或灌丛中。一般成片状或零星分布，分布较多地点有海淀区西山萝卜地、凤凰岭七王坟，延庆县松山，平谷区东高村镇，密云县坡头及花园村，怀柔区喇叭沟门。

营养成分 每100g鲜果含蛋白质1.5g、维生素C47mg、钙360mg、铁58mg。此外，还含有糖、维生素B、维生素D、磷等。种仁主要含有苦杏仁甙、脂肪油、粗蛋白、淀粉、油酸。

采收加工 7~8月份，待果实成熟后采收，应防止果实落地。若用于加工，可在采收后将果肉和果核分开，果肉用于榨汁、酿酒或制果酱，果核用来榨油。

资源开发与保护 欧李为我国特有的野生灌木果树，主要分布在东北、西北、华北及华东地区，其中华北地区分布最广、面积最大、资源最丰富。

欧李的经济价值极高，用途非常广泛。欧李果实单果平均重5~12g，最重可达16g，果肉较厚，含有多种对人体有益的矿物质元素，尤其是所含的钙是天然活性钙，易吸收，利用率高，因而人们又称之为“钙果”。欧李果实多汁，出汁率为28.3%，果汁鲜红色，处理后清澈透明，果肉酸甜可口，具樱桃和李子的风味，可鲜食，亦可做果汁、果酒、罐头等。欧李成熟的种子可入药，称“郁李仁”，种仁还可榨油。同时，欧李具庞大的根系，可有效防治水土流失，因而被国家林业局列为生态林优良树种，适宜在较干旱地区荒山广泛栽植。它适应性强，管理简便，具有春观花（与樱花相似）、夏赏叶、秋品果的多种功效，是道路、庭院、城市园林绿化的优良树种。

近年来，人们根据水果栽培历史和开发利用程度，把水果分为3代。第1代水果即人工选育栽培的传统水果，如苹果、梨、葡萄、柑橘等；第2代水果即人工栽培的野生山果，如猕猴桃、山楂、草莓等；第3代水果是分布于荒山林区，尚未被广泛开发利用的野生山果，如欧李、山葡萄、沙棘、酸枣等。近几年，国际市场对第3代水果需求量越来越大。欧李果实一般为红色或黄色，果色鲜艳可爱，果味鲜美可口，可以作为饭店宾馆餐后用果和城市高档水果消费的最佳选择。作为第3代新型水果，有着巨大的开发价值。

目前我国欧李生产大部分属天然分布的野生资源，作为经济果品栽培尚属起步阶段。近年来，欧李的营养价值、商品价值和生态价值逐渐被人们认知，已成为新的经济“树种”。欧李抗寒、抗旱、抗贫瘠，对自然条件的适应性较强，作为果树种植，结果早，产量高，见效快。栽苗后当年可开花结果，亩*产约100kg，次年亩产达500~600kg，第3年可达1000~2000kg。

北京地区欧李分布广泛，野生资源量较为丰富。但根据我们的实地调查，北京目前对其开发利用尚处于起步阶段，主要以当地一些群众和游人采集直接当野果食用为主，也有少数人在欧李成熟季节上山采集部分到景区进行销售，从而获取一定的经济效益。近年来，北京也逐渐

*1亩≈667m^2，全书同。

野生欧李

栽培欧李

栽培欧李

开始进行人工栽培。2007 年，怀柔区建立了北京市首个欧李示范园，占地 30 亩。该示范园的建设，对北京市欧李产业发展起到了很好的辐射带动作用，切实促进了怀柔区苗农增产增收。另外，也有一些农户将野生欧李进行人工驯化种植，如平谷区东高村镇大旺务村村民从 2003 年开始在平谷山区精选优良欧李植株，并从山上移栽到庭院，经过几年精心培育终于让近千株野生欧李在农家小院结满硕果。2009 年，北京市还首次将欧李用于京津风沙源环境治理工程，目前已在房山区青龙湖镇大量栽植。

欧李作为我国特有的一种野生经济植物，具备很好的产业化开发的潜力。鉴于其栽培管理简便，投资成本低，经济效益高，可以考虑在北京地区扩大试栽面积，在适栽区进一步选建生产示范基地，逐步实施产业化经营。可逐步在以下方面形成产业链：①欧李作为第 3 代鲜食水果，反季节栽培周年上市；②欧李在园林、街道绿化、盆景装饰等方面，有独特效果；③欧李的深加工多产业开发（饮料、果酒、果脯、钙茶等）；④欧李的种仁是传统中药，含有特殊医药成分（营养保健品）；⑤欧李的茎叶可做饲料；⑥欧李油的综合利用（可做食用油等）；⑦可做化工原料（色素、香精等）；⑧栽种欧李可以改善北京干旱多沙地区的环境，有利于生态建设。

（5）毛樱桃 *Prunus tomentosa* Thunb.

蔷薇科（Rosaceae）李属植物。又名山樱桃、山豆子等。

形态特征　落叶灌木，高 2~3m。幼枝密被绒毛。单叶互生，倒卵形至椭圆形，边缘具粗锐锯齿，背面密被灰色绒毛。花单生或 2 朵并生，萼筒管状，花瓣 5，粉红色至白色，子房被柔毛。核果球形，暗红色或黄色，果核椭圆球形，先端急尖。花期 4~5 月，果期 6~9 月。

分布与生境　分布于东北、华北、西北及西南等地区。北京见于各区（县）山区，生于向阳山坡灌丛、林缘中。

营养成分　每 100g 鲜果含蛋白质 1.5g、果酸 2.32g、维生素 C 32.5mg、氨基酸 0.501g、铁 593.9mg、钙 16076.9mg、铜 76.9mg、锰 194.9mg、锌 91.0mg，尚含丰富的胡萝卜素、硫胺素、尼克酸等。种子含油 34.14%。

采收加工　于 6 月果实成熟时采收，大多人工采摘。毛樱桃果皮薄、汁液多，不耐贮存，采收后宜尽快销售、食用或加工成其他制品。

资源开发与保护　毛樱桃是北方落叶果树中成熟较早的一种，可补充北方水果淡季市场。其果实果形小，形状似珍珠，色泽艳丽，果味酸甜，营养价值高，主要用于鲜食。除鲜食外，还可加工成果酱、果酒、果汁、蜜饯以及糖水罐头等。毛樱桃种子可榨油，供制肥皂和润滑油。种仁入药，名大李仁、山樱桃仁或李仁，主治便秘、水肿等。另外，北方果产区经常利用毛樱桃做桃、李等核果类栽培果树的矮化砧木。据报道，用毛樱桃做李树矮化砧木，具明显的矮化效果，且具有结果早、丰产、嫁接亲和力强等特点。另外，毛樱桃花朵密集，果实艳丽，还可做观赏、绿化树种。

北京地区毛樱桃分布较多，其适应性强，耐寒、抗旱、耐瘠薄，山坡、田埂、果园、农家院周边均可生长，是很有发展潜力的多功能小果果树。

毛樱桃

（6）山楂 *Crataegus pinnatifida* Bunge

蔷薇科（Rosaceae）山楂属植物。又名红果、棠棣、绿梨。

形态特征　落叶乔木，高达 6m。通常具枝刺。单叶互生，三角状卵形，常 3~5 羽状深裂，裂片边缘有不规则重锯齿。托叶肾形，边缘有不规则细齿。伞房花序具多花；萼筒钟状，花瓣 5，白色。梨果近球形，深红色，有浅色斑点，萼片宿存。花期 5~6 月，果期 8~10 月。

分布与生境　分布于东北、华北及西北等省（区）。北京市中、低山坡普遍有野生及栽培植株，野生主要分布于海淀区凤凰岭，昌平区南口镇，门头沟区小龙门，延庆县松山、玉渡山、八达岭西沟，密云县雾灵山坡头南横岭及怀柔区喇叭沟、门龙头沟、长哨营乡等地，多生长在 200~1500m 山区和半山区的山坡、沟谷、林缘及杂木林中。

营养成分　果实中含有较丰富的维生素 C、维生素 B、碳水化合物、氨基酸、蛋白质和微量元素，特别是维生素 C 含量较高，每 100g 鲜果中约含 100~200mg。此外，还含有药用成分

山楂

如黄酮类物质，包括牡荆素、槲皮素等，还有三萜类成分，如绿原酸等。

采收加工 一般在9月上、中旬开始采收。在果实颜色鲜艳、软硬适中、风味较好时采收，多用棒打或手摘。果实采收后及时运至阴凉处，避免发热霉烂。

资源开发与保护 山楂果实酸甜可口，能生津止渴，具有很高的营养和药用价值。除鲜食外，还可制成山楂片、山楂糕、果丹皮、山楂酒等。干制后入药，对消化不良、降血压及降血脂等有很好效果。山楂果实深红色，可提取天然红色素。目前，北京地区山楂的大果变种山里红 *C. pinnatifida* var. *major*，已成为普遍栽培品种。但山楂基本还处于野生状态，每年有大量的野生资源自生自灭。野生山楂是北京地区广泛分布的一种优质野果，除了果实较小外，在其他方面都强于栽培的山里红，应当从中筛选优质的种质资源加以保护。

北京地区应加强大量野生山楂资源的开发利用，除直接食用或做成食品外，还可栽培成绿篱或观赏树，秋季结实累累，经久不落，颇为美丽。另外，山楂幼苗还可作嫁接山里红的砧木。

北京还有另外一种山楂属植物甘肃山楂 *C. kansuensis*，仅分布在门头沟区东龙门涧、江水河村及延庆县玉渡山、松山兰角沟等处。甘肃山楂果实小而软，熟透时非常面，只可现摘现吃。由于其野生资源量很少，应给予合理保护。

（7）山荆子 *Malus baccata*（L.）Borkh.

蔷薇科（Rosaceae）苹果属植物。又名山丁子、林荆子、糖李子、石枣等。

形态特征 落叶乔木，高达10m。单叶互生，椭圆形或卵形，边缘有细锐锯齿。伞形花序，具花4~6朵，花梗细长。花萼筒状，花瓣5，白色，雄蕊15~20，花柱基部有长毛。梨果近球形，径8~10mm，红色或黄色，萼片脱落，萼洼微凹。花期4~6月，果期8~9月。

分布与生境 分布于东北、华北及西北等地区。北京见于各区（县）山区，其中门头沟区东灵山、百花山、小龙门、东峪沟，延庆县松山、玉渡山、石窑沟、西大庄科，密云县花园村、雾灵山坡头，怀柔区喇叭沟门，昌平区南口等地有较多分布，多生长在海拔200~1500m间的山坡、沟谷、林缘及杂木林中。适应性较强，特别抗寒，喜微酸性沙质土壤。

营养成分 果实含糖约9.7%，总酸量约2.3%。种子含油16.1%~22.8%，干叶含水分9.63%、蛋白质9.38%、粗脂肪9.5%、粗纤维13.55%、无氮浸出物50.25%、粗灰分7.62%。

采收加工 9~10月间采收果实，多用手摘。可生食亦可加工成制品，去掉果胶，压成圆饼，晒干后可常年食用。如利用种子榨油，可将果实捣碎或沤烂，取出种子晒干，剩余果肉可发酵造酒。

资源开发与保护 山荆子的营养成分高于苹果，其中有机酸的含量超过苹果1倍以上，适用于加工果脯、蜜饯和清凉饮料。山荆子果实较小，成熟果实变软，可鲜食，酸甜可口，稍有涩味，也可以酿酒，出酒率在10%左右。种子可榨油，供制肥皂和其他工业用。树皮可提取黄绿色燃料。

山荆子在北京山区随处可见，在杂木林中常有成片分布，可从多个方面加以综合利用。山荆子与栽培苹果品种嫁接亲和力强，因此，各地多选用山荆子一年生的幼苗作苹果乔木砧木。该种是苹果属最抗寒的野生种质资源，是育成耐寒苹果新品种的原始材料。山荆子树姿较美观，抗逆能力较强，生长较快，遮阴面大，春天开放白色花朵，秋季满树结成红黄色的小果，可用作行道树或园林绿化树种。

山荆子

（8）秋子梨 *Pyrus ussuriensis* Maxim.

蔷薇科（Rosaceae）梨属植物。又名花盖梨、酸梨、山梨、沙果梨等。

形态特征 落叶乔木，高达15m。单叶互生，卵形至广卵形，先端渐尖或尾尖，边缘具刺芒状细锐锯齿。伞形花序，花5~7朵。花萼筒状，萼片5，边缘有腺齿，花瓣5，白色。梨果近球形，径2~6cm，黄绿色，萼片宿存。花期5月，果期8~10月。

分布与生境 分布于东北、华北、西北等省（区）。北京远郊山区普遍栽培，野生常见于门头沟区小龙门、江水河村、清水胡同沟，延庆县珍珠泉乡上水沟、石窑沟、八达岭西沟、石峡，怀柔区渤海镇田仙峪大黑沟、喇叭沟门龙头沟、长哨营乡，密云县雾灵山坡头、南横岭、石城镇廊坊峪等地，分布于海拔200~1100m间的林缘、沟谷、路旁及杂木林中。本种适应性强，极抗寒，一般干燥地区也能正常生长。喜中性或微酸土壤。

营养成分　果实含有机酸2.26%、糖5.54%、单宁0.29%，种子含油24.2%。

采收加工　9月份采收，采收时间必须在成熟期，采摘后放置在温度较高的地方，经数日后方可食用。

资源开发与保护　秋子梨野生种果实较小，果肉石细胞较多，采收后经后熟变软。软时才可鲜食，酸甜可口，有芳香，也可进行冷冻，成冻梨食用。秋子梨栽培种品种较多，果实较大，果实形状和色泽因品种而异，石细胞较少，汁多，品质较佳，是北京鲜食梨的主要栽培种之一。其果实加工制成的梨汁、梨膏、果酒和其他食品颇受人们欢迎，还有一定的医疗作用。秋子梨也是我国极其宝贵的抗寒种质资源，是梨抗寒育种的良好原始材料。野生秋子梨生长势强，根系发达，与栽培品种嫁接亲和力强，接口愈合良好，是我国东北和华北地区梨树优良的抗寒乔木砧木。

北京地区梨属野生种还有杜梨 *Pyrus betulaefolia*。杜梨适应性强，抗旱，较耐寒冷，与白梨 *P. bretschneidri* 栽培品种嫁接亲和力强，接口愈合牢固，是该品种良好的砧木，具有结果早，易丰产等优点。

秋子梨

(9)山桃 *Prunus davidiana*(Carr.) Franch.

蔷薇科(Rosaceae)李属植物。又名野山桃、野桃、山毛桃等。

形态特征 落叶小乔木,高达10m,干皮紫褐色,有光泽,常具横向环纹,老时纸质剥落。单叶互生,狭卵状披针形,长6~10cm。锯齿细尖,稀有腺体,花淡粉红色或白色。果球形,径约3cm,果肉薄而干燥。花期4~6月,果期8~9月。

分布与生境 分布于东北、华北、西北等地区。北京各区(县)山区均有分布,生于山坡、山谷杂木林及灌丛,常与山杏、酸枣等旱生树种混生,也能形成山桃纯林。山桃是深根性树种,有明显的主根,侧根、须根发达。

营养成分 果实含有维生素B_1、维生素B_2、维生素C,还含有胡萝卜素、碳水化合物、钙、磷、铁、有机酸、蛋白质、脂肪等,特别是含铁量较高,并富含果胶。种仁含油50.9%,供食用或作润滑油。

采收加工 果实成熟时摘下,除去果肉,打破果核,取出种仁,晒干备用。晒干的种仁可用压榨法榨油,出油率约40%。药用桃仁,剥取山桃核,晒干,压破外壳收集种仁,晒干即可。

资源开发与保护 山桃果实可酿酒、制果酱及果脯,其种仁可榨油、作食用油,芳香可口,还可供制皂、油漆、润滑油、高级涂料和化妆品原料,医药工业上常用为软膏剂和注射的溶剂。此外,山桃叶、桃花、桃枝、桃根、桃胶、桃肉等均可入药。嫩枝叶可作饲料,成熟果的肉质果皮发酵也可做猪饲料。山桃木质坚柔,是优良的细木原料,枝皮纤维发达,枝条幼嫩时柔软,韧性强,当地常用作编筐。果核可做工艺品及活性炭,叶可做农药。山桃耐寒、抗旱,可做桃、

山桃

李、梅等果树的砧木，也可做观赏植物。山桃枝叶重叠，丛间交错，枝繁叶茂，根系发达，具有较强的固土能力和保持水土的作用，是适生地区山坡生态绿化优先选择的小乔木树种。它也是早春重要的蜜源植物。山桃在北京地区野生资源量非常丰富，但目前利用较少。可以考虑从多方面加以综合利用，发展潜力很大。

（10）山葡萄 *Vitis amurensis* Rupr.

野生山葡萄

栽培山葡萄

葡萄科（Vitaceae）葡萄属植物。又名野葡萄、阿穆尔葡萄等。

形态特征 木质藤本，枝条粗壮，长达15m。树皮暗褐色，成长片状剥离。卷须2~3分枝。单叶互生，宽卵形，基部心形，3~5裂或不裂，边缘具粗牙齿。圆锥花序，与叶对生，花序轴被白色柔毛；花雌雄异株，黄绿色，5基数。浆果球形，蓝黑色，径约8mm，种子2~3粒。花期5~6月，果期8~9月。

分布与生境 分布于东北、华北、华东等地区。山葡萄是葡萄属中在我国分布最北线的一种。北京市山区分布较为普遍，多生于山地林缘地带或灌丛中，常攀援在附近灌木或小乔木上。喜光，不耐干旱，极抗寒。

营养成分 果实含糖量10%~20%，单宁0.02%~0.15%，总酸1%~3%，每100g鲜果含维生素A 80~100mg、维生素C 1~12.5mg。蛋白质含量较少，主要存在于种子和果皮中。此外，还含有钾、钠、钙、镁、锰、铜、锌等微量元素。

采收加工 8月下旬至9月上旬采摘熟透的果实，用筐盛装，及时运输，避免果实破碎及霉烂。如距工厂较远，可以就地设立发酵站，进行前发酵，然后将原汁运往工厂。也可先利用果实酿酒，后收集种子洗净晒干供榨油。

资源开发与保护 山葡萄的成熟果实味酸甜，富浆汁，可生食，但主要用于酿制果酒，果汁色浓，含糖量10%以上，是北方酿造果酒的主要原料。山葡萄酒氨基酸含量较栽培葡萄酒低，但含有栽培葡萄酒所没有的酪氨酸和组氨酸，使山葡萄酒更具营养、口味更好、香气更浓，提高了酒的质量。制酒后的山葡萄渣可制醋和染料，果皮、葡萄叶等可提制化工原料、酒石酸及其他盐类，果渣可作混合饲料，果皮及蒸馏废液还可提取紫色食用色素等。山葡萄的种子含油率14%~18%，出油率达4.66%。根、藤、果还可入药。它是培育葡萄抗寒品种的良好亲本，也是美化街道庭院、改善生态环境的重要绿化植物，具有较高的经济价值、观赏价值和生态价值。山葡萄在北京资源丰富，但目前开发利用还很少，仅有当地少数农户在庭院移栽做观赏或采摘其果实食用。要想发挥其更大的经济效益，还要从深加工、精加工方面着手，并扩大人工栽培。

（11）软枣猕猴桃 *Actinidia arguta*（Sieb. et Zucc.）Planch. ex Miq.

猕猴桃科（Actinidiaceae）猕猴桃属植物。又名软枣子、藤枣、羊桃等。

形态特征 高大攀缘木质藤本，长达30m。髓片状。叶互生，有长柄，广卵形或长圆形，脉腋有簇毛，顶端锐尖或长尾尖，边缘有锐锯齿。腋生聚伞花序，花3~6朵；萼片5，花瓣5，黄绿色或白色，雄花具多数雄蕊，花药暗紫色。浆果长圆形，黄绿色，光滑无毛；种子多数。花期5~7月，果期8~10月。

分布与生境 分布于东北、华北、西北地区至长江流域。北京各区（县）山区、县都有不同程度分布，主要见于深山沟谷、阴坡灌丛及杂木林中，喜凉爽、湿润而肥沃的土壤，多攀缘于阔叶树上。

营养成分 果实营养丰富，含维生素C0.53%~1.43%，糖类4.2~9.8%，有机酸0.78%~2.48%，氨基酸多达18种，其中天冬氨酸含量最高。种子含油率35.62%。

采收加工 9~10月果实成熟后采摘，用筐盛装，防止破皮霉烂。采摘后立即加工，不耐贮存。

资源开发与保护 软枣猕猴桃是猕猴桃属在我国分布最广泛的野生果树之一，为著名果树中华猕猴桃的近缘种，是重要的野生种质资源，在东北地区资源最为丰富。软枣猕猴桃果实芳

野生软枣猕猴桃

栽培软枣猕猴桃

香多汁，富含维生素 C，营养价值很高，具有多种医疗保健功能，可以生食，而且易于加工，用以制作果酱、果汁、果酒等。花为白色，较小，具有百合的甜香气，可提取香精，也是很好的蜜源植物。种子含脂肪油，是一种较好的干性油，可作为优良的保健食用油。其叶片浓密，较为美观，也适宜作廊道垂直绿化植物栽培。

软枣猕猴桃是近年来发展的新兴野生浆果类果树，很有发展潜力。国外对软枣猕猴桃资源的开发利用较早，并对其进行了大量的研究工作。据报道，新西兰已培育出一些软枣猕猴桃品种，美国和智利把软枣猕猴桃作为“baby-kiwi”已大量人工栽培并出口到日本等国。在软枣猕猴桃开发利用中，日本处于领先地位，利用野生资源至今已培育出 9 个软枣猕猴桃品种。我国软枣猕猴桃资源非常丰富，但开发利用还很少。

通过本次调查，发现软枣猕猴桃在北京分布比以前报道的要广得多，各区（县）深山区均有生长，房山区浦洼龙潭浆沟、怀柔区黑坨山三岔、密云县雾灵山遥桥峪云岫谷及花园村数量较多，且长势良好。昌平区长陵镇大岭沟也有较多分布，还由此建立了“大岭沟猕猴桃谷风景区”。目前，北京除了一些村庄，如密云县花园村，将野生软枣猕猴桃植株采来种植供观赏或供游人采摘果实生食外，尚无其他深入研究和开发利用。为了更好地开发利用北京这一宝贵的野生果树资源，建议如下：①加强野生资源调查工作，收集和保存优良种质资源，建立品种资源库，加强遗传多样性方面的研究；②开展野生种质资源优良选育和品种培育工作。软枣猕猴桃的开发利用和人工驯化栽培需要优良品种的培育。一是利用资源调查发现并筛选优良株系，培育新品种；二是在进行遗传多样性研究的基础上，进行杂交组合，培育出新的优良品种。另外，还可以用选出的软枣猕猴桃优良品种与中华猕猴桃进行种间杂交，培育抗寒、大果、无毛、耐贮运的新品种，使野生猕猴桃资源充分发挥出其潜力；③加强果实软化机理方面的研究。软枣猕猴桃虽有很多优点，但具有不耐贮藏的致命弱点。软化机理是果实贮藏、加工和运输的基础。而贮藏、加工和运输又是软枣猕猴桃大量人工栽培的前提条件，在某种程度上软化机理研究制约着软枣猕猴桃产业的发展，是其开发利用的关键问题；④加强加工技术研究。保持软枣猕猴桃所特有的色、香、味，开发出具有医疗保健功能的各种功能食品，才能带动软枣猕猴桃产业的发展。

（12）酸枣 *Ziziphus jujuba* Mill. var. *spinosa*（Bge.）Hu ex H. F. Chou

鼠李科（Rhamnaceae）枣属植物。又名棘、刺枣、野枣等。

形态特征 落叶灌木或小乔木，高可达 3m。幼枝“之”字形弯曲，紫褐色，节上具一长一短两个托叶刺。单叶互生，椭圆形或卵形，有光泽，3 出脉，边缘具钝锯齿。花小，2~5 朵簇生，聚伞状，黄绿色，具花盘和蜜腺。核果近球形，果核两端钝。花期 5~6 月，果期 9~10 月。

分布与生境 分布于中国大部分地区。北京各区（县）均有分布，极为普遍，生于海拔 600m 以下向阳或干燥山坡、山谷及路旁，常集生成小群落。酸枣适应性较强，耐瘠薄和干旱，但耐寒性较差。

营养成分 鲜果肉每 100g 含糖 20g 左右，维生素 C 830~1170mg；干果肉含糖 65%，蛋白质 1.2%~3.3%，脂肪 0.2%~0.4%。此外，还含钙、镁、磷、铁、核黄素、胡萝卜素、大枣酸、苹果酸盐、酒石酸盐、黏液质等。种仁含油 28%。

酸枣

采收加工 9 月至 10 月，根据不同需求目的适时采收。如直接鲜食或用鲜果加工时宜在硬红期采收。药用种仁和干果肉则可适时晚采。酸枣干制后比较耐贮，缸藏、屋藏均可。

资源开发与保护 酸枣果实味酸甜，含丰富的维生素 C，可直接食用，亦可酿酒、制果酱或果汁，干制后磨成粉可代替粮食，亦可加工成酸枣汁、酸枣露、酸枣酒、酸枣酱、酸枣醋等多种加工品。核壳可作活性炭和燃料。核仁供药用，名酸枣仁，为著名神经强壮药，又是滋补健胃和镇静药，治神经衰弱、失眠等症。酸枣木还可做手工艺品，如烟斗等。同时，酸枣也是非常重要的蜜源植物。北京地区酸枣资源极其丰富，但目前大多数处于野生状态，主要以秋季采收果实直接销售为主，近年来其芽及嫩叶被用来做药茶饮用，种子在有些地方榨油供食用。总而言之，酸枣目前开发利用还较少，可加大科研和开发力度，使其资源优势和经济效益得到充分发挥。

（13）拐枣 *Hovenia dulcis* Thunb.

鼠李科（Rhamnaceae）枳椇属植物。又名北枳椇、鸡爪树、万字果等。

形态特征 落叶乔木，高达10m。叶互生，纸质，卵圆形或椭圆形，顶端渐尖，基部截形，边缘具锯齿，无毛。聚伞圆锥花序顶生或腋生；花小，黄绿色，具花盘。花序轴结果时膨大，肉质。核果浆果状，近球形，熟时黑色。花期5~7月，果期8~10月。

拐枣

分布与生境 分布于华北、西北、华中、华东及西南地区。北京地区主要见于昌平区南口镇、大杨山和房山区上方山等地，生长于光线良好的山谷、沟边或杂木林中。为阳性树种，喜光、耐寒，喜石灰质土壤，适应性强。

营养成分 果柄每100g含水分59.1g、糖32.55g、脂肪0.07g、蛋白质0.03g、维生素C16.3mg。

采收加工 秋季霜降前后，肥厚的肉质果梗开始成熟，此时将果梗和果实一齐采下，置于通风处阴干。

资源开发与保护 拐枣因其果梗肉质膨大扭曲，味甘甜如枣，故而得名。其果梗含有30%~40%的糖（葡萄糖）和苹果酸钙，营养丰富，可生食或酿酒。特别是经过几次霜降后，其味香甜，生吃特有风味，"拐枣酒"还能治风湿症。果实入药，为清凉利尿药，并能解酒。木材硬度适中，纹理美，供建筑及制家具和美术工艺品等用材。此外，拐枣生长快，叶大而圆，叶色浓绿，树形优美，病虫害少，是理想的园林绿化树种。加之拐枣适应性广，种植容易，管理方便，是大有发展前景的经济树种。但它在北京分布很少，以前调查结果显示仅在房山区少数地区有零星分布，本次调查发现昌平区大杨山有较大面积拐枣林，且正常结果，天然更新良好，应当给予重点保护。拐枣、香椿、黄精被房山区当地群众誉为"上方山三宝"。我们在上方山调查时发现当地村民从野外采集果梗及果实销售，但数量不多。为了更好地保护和利用这一野生资源，应加强对其分布区的管理，杜绝破坏性采摘，同时也应根据其生态适应性，在当地大力开展人工栽培，从多方面加以开发利用。

（14）黑枣 *Diospyros lotus* L.

柿树科（Ebenaceae）柿树属植物。又名君迁子、软枣、野柿子。

形态特征 落叶乔木，高达15m。树皮暗黑色，老时成方块状裂。叶互生，椭圆形至长圆形，全缘。花单性异株，单生或簇生于叶腋；花萼4裂，密生柔毛，花冠钟形，淡黄色，4裂。浆果近球形，熟后黑色，萼片宿存。花期5~6月，果期9~10月。

分布与生境 分布于华北、华东、西北、中南及西南各地。北京各区（县）中低山区均有分布，生于山坡、山谷、灌丛。性强健，喜光，耐半荫，耐寒及耐旱性均比柿树强。

营养成分 果实含淀粉2.74%，糖18.23%。从北京取样分析：果实可食部分每100g含水分47.2g、蛋白质1.9g、脂肪0.22g、碳水化合物47.7g、粗纤维2.0g、灰分1.0g，维生素C 97.93mg。

采收加工 果实宜在将成熟时采摘。采后应立即进行加工或制成成品贮存，防霉烂。

资源开发与保护 黑枣经霜后果甜，可生食，也可加工果酱、酿酒、制醋、熬糖。叶含丰富的维生素C和黄酮类化合物等成分，可制成茶作饮料用。果实及叶提取出的维生素C浓缩剂，可用于食品及医药上。此外种子可榨柿油供工业用，嫩材及未成熟果可榨取柿漆，植物体内含鞣质可作为栲胶原料等。黑枣在北京低山区分布广泛，资源量丰富，目前主要用作嫁接柿树的砧木，偶有当地群众采集其果实食用或在景区等地向游人出售。另外，黑枣在城区也普遍做观赏植物栽培，常可见到几十年的老树。今后应从多角度加大其开发利用，尤其要注意深加工产业。

黑枣

（15）酸浆 *Physalis alkekengi* L. var. *franchetii*（Mast.）Makino

茄科（Solanaceae）酸浆属植物。又名洋姑娘、红姑娘、挂金灯、灯笼草等。

形态特征 多年生草本，高 30~60cm。茎有纵棱，节稍膨大。单叶互生，或在茎上部 2 叶双生，广卵形，叶缘波状或具粗齿。花单生叶腋，白色，花萼钟状，5 裂，花冠辐状，5 浅裂。浆果球形，橙红色，包于膨胀的宿存萼内。种子多数，淡黄色。花期 6~7 月，果期 8~10 月。

分布与生境 分布全国各地。北京各区（县）均有分布，常见于山坡道旁、田间和村庄附近的阴湿地。

营养成分 果实含维生素 C、酸浆素、胡萝卜素、咖啡酸、桂皮酸、柠檬酸等。种子含油率 14.85%~293%。

采收加工 9~10 月间，宿存萼片变红时采摘，摘取带萼的浆果，鲜食或晒干。

资源开发与保护 酸浆原产于中国，南北均有野生资源分布。酸浆在中国栽培历史较久，公元前 300 年的《尔雅》中即有酸浆的记载。目前在东北地区种植较广泛，其他地区种植较少，仍属稀特果品。

酸浆药食两用。果实可供食用，成熟浆果色泽艳丽，甜美清香，富含维生素 C，是营养丰富的绿色水果，可生食、糖渍、醋渍或做果酱。同时果实还有清热利尿功效，外敷可消炎；膨大的宿存萼片也可入药，有清凉、化痰、镇咳、利尿之功效，山区农村经常将酸浆果实

野生酸浆

栽培酸浆

采集后用线绳穿起来挂在门框上或室外墙上，让其自然风干后泡水饮用。此外，酸浆全株还可配制杀虫剂。目前北京一些农贸市场上经常有酸浆果实出售，但多产自河北及东北各省。北京野生的酸浆多呈零星状分布，资源贮藏量有限且不易采集，可考虑在当地通过人工集中栽培进行开发利用。

（16）地梢瓜 *Cynanchum thesioides*（Freyn）K. Schum.

萝藦科（Asclepiadaceae）鹅绒藤属植物。又名小丝瓜、地瓜瓢。

形态特征 多年生草本，高 15~25cm。茎细弱，自基部分枝，具柔毛。单叶对生，线形，中脉隆起。伞形聚伞花序腋生，3~8 朵花；花萼 5 裂，花冠黄白色，5 深裂，副花冠杯状，5 裂。蓇葖果纺锤形，中部膨大。种子顶端有绢毛。花期 6~8 月，果期 8~10 月。

分布与生境 分布于东北、华北、华东、西北等地。北京各区（县）常见，生于河岸、林间隙地、山坡、沙丘、路旁，阳坡灌丛中最为多见，多为小片状丛生。

营养成分 果实含谷甾醇、胡萝卜甙、阿魏酸、琥珀酸、蔗糖、槲皮素等。

地梢瓜

采收加工 夏秋成熟前采集幼果。

资源开发与保护 地梢瓜是一种药食两用植物。全草、果实均可入药，具益气、通乳之功效，同时其嫩果又是很有特色的野生果品，形状像瓜，含丰富的乳汁，营养价值高，是很好的天然补品。民间自古以来就有直接采食地梢瓜嫩果实的习惯，或把嫩果凉拌食用。地梢瓜在北京常见，但野生的地梢瓜呈零星状分布，不易采集。鉴于地梢瓜对生境要求不高，容易栽培成活，具有耐寒、耐旱、耐瘠薄、适应性强的特点，且一年种植，多年受益，因此，通过人工集中栽培进行开发利用很具发展潜力。

（三）野生饮料植物资源

野生饮料植物资源是指能够提供人类作为饮料食品等加工原料的野生植物。随着人民生活水平的提高，人们对饮料食品的要求也越来越高。用野生植物加工制作的保健饮料（包括茶、果汁、果酱、果酒等），具有营养丰富、风味独特、不受污染和保健防病等特点，兼有食、疗两方面作用，深受大众欢迎和青睐。目前，已开发数十种野生植物资源，研制出多种果汁、果酒、果茶等保健饮料，一些地方还专门建立了以野生植物（如山杏、酸枣、沙棘等）为原料的饮料加工厂。

1. 北京的野生饮料植物

根据调查，确定北京地区饮料资源植物 18 科 29 属 33 种（表 2–9）。由于许多野生饮料来自植物果实，故有一些种类与野果植物种类相同。

表 2-9 北京市野生饮料植物种类

科名	种名	拉丁名	利用部位及方法	利用	数量
桦木科	白桦	*Betula platyphylla*	茎液可制饮料或酒	4~5 月	+++
	平榛	*Corylus heterophylla*	果仁可制蛋白饮料	9~10 月	+++
马齿苋科	马齿苋	*Portulaca oleracea*	全草可加工浓缩马齿苋汁	4~6 月	+++
毛茛科	金莲花	*Trollius chinensis*	花可制茶	7~8 月	+
虎耳草科	东北茶藨子	*Ribes mandshuricum*	果实制酒或果酱	8~9 月	++
	刺果茶藨子	*Ribes burejense*	果实制酒或果酱	8~9 月	+
蔷薇科	齿叶白鹃梅	*Exochorda serratifolia*	嫩叶和花制茶俗称“白花茶”	5~6 月	+
	刺玫蔷薇	*Rosa davurica*	果实制饮料	8~9 月	+
	山楂叶悬钩子	*Rubus crataegifolius*	果实制果酱	5~7 月	+++
	金露梅	*Potentilla fruticosa*	叶和花可制茶	5~7 月	+
	山楂	*Crataegus pinnatifida*	果实制饮料或果脯	9~10 月	++
	甘肃山楂	*Crataegus kansuensis*	果实制饮料或果脯	9~10 月	+
	山里红	*Crataegus pinnatifida* var. *major*	果实制饮料或果脯	9~10 月	+++
	山杏	*Prunus sibirica*	种仁制饮料	7~8 月	+++
	毛樱桃	*Prunus tomentosa*	果实制饮料	6~7 月	+
豆科	豆茶决明	*Cassia nomame*	嫩叶制茶	4~5 月	+
	葛	*Pueraria lobata*	根为饮料葛粉原料	全年	+++

科名	种名	拉丁名	利用部位及方法	利用	数量
鼠李科	鼠李	*Rhamnus davurica*	嫩叶及芽可制茶	8~9月	++
	酸枣	*Ziziphus jujuba* var. *spinosa*	果实制饮料，嫩叶制茶	8~9月	+++
	拐枣	*Hovenia dulcis*	果实及果序轴制饮料	8~10月	+
葡萄科	山葡萄	*Vitis amurensis*	果实可制酒	9~10月	++
猕猴桃科	软枣猕猴桃	*Actinidia arguta*	果实制饮料或果酱	9~10月	++
胡颓子科	沙棘	*Hippophae rhamnoides*	果实制饮料，嫩叶制茶	5~7月	+
五加科	刺五加	*Eleutherococcus senticosus*	嫩叶及芽可制茶	5~7月	++
木犀科	流苏树	*Chionanthus retusus*	嫩叶及芽可制茶	5~6月	+
忍冬科	接骨木	*Sambucus williamsii*	果实制饮料	8~9月	++
夹竹桃科	罗布麻	*Apocynum venetum*	嫩叶制茶	5~6月	+
柿树科	黑枣	*Diospyros lotus*	果实制果酱或果脯	10~11月	+++
唇形科	黄芩	*Scutellaria baicalensis*	嫩叶及芽可制茶，俗称野山茶	7~8月	+++
	岩青兰	*Dracocephalum rupestre*	嫩叶制茶，俗称毛尖	7~8月	++
茄科	酸浆	*Physalis alkekengi* var. *francheti*	果实可制饮料	8~9月	++
	枸杞	*Lycium chinense*	果实可与山楂等配制保健饮料	8~9月	+
菊科	蒲公英	*Taraxacum mongolicum*	根可制蒲公英咖啡，全草可加工饮料	3~5月	+++

2. 野生饮料植物的利用部位

作为饮料资源植物，其根、茎、叶、花、果实均有利用的可能。在饮料植物中，根据人们所取植物器官的不同，又可分为花类饮料植物（取花做原料）、果类饮料植物（用植物果肉、果仁或种子、种仁加工或直接晒干做原料）、叶类饮料植物（取芽或幼叶加工或直接晒干做原料）、根、茎类饮料植物（利用植物根、茎加工做原料）（表2–10）。

在北京野生饮料植物中，果类和叶类饮料植物较多，果类种类主要有山楂、山杏、酸枣、山葡萄、沙棘等，叶类种类主要有黄芩、岩青兰、酸枣、刺五加、流苏树等；花类及根、茎类饮料植物较少，前者有金莲花、齿叶白鹃梅、金露梅等，后者有白桦、马齿苋、葛根、蒲公英等。

表2-10 北京市野生饮料食品植物利用部位统计

类型	科	属	种	类型	科	属	种
花类	2	3	3	果类	10	16	19
叶类	7	10	10	根、茎类	4	4	4

3. 北京野生饮料食品植物资源开发利用现状

北京山区野生饮料植物种类虽较多，资源量也较大，但目前真正被开发利用并产生较好经济效益的种类很少。对于种类最多的果类饮料植物，如山杏、酸枣、黑枣等，果实采摘后主要是被鲜食，并没有开发成饮料产品，致使大量资源得不到更充分的深加工利用。花类饮料植物如金莲花和齿叶白娟梅由于分布局限，资源量小，不易采集和保存，仅当地居民在其开花时期少量采集自饮。在根、茎类种类中，用白桦茎加工成饮料或酒目前我国仅在东北小兴安岭地区有所报道，由于产量极少且生产条件苛刻，所以价格昂贵，北京目前尚未开发利用。另一种资源量大的植物是豆科的葛藤，其根可制葛粉。葛粉在南方省（市）开发利用较多，但北京本地资源尚无利用。目前北京地区开发利用较多、经济效益较好的是叶类饮料种类，主要有黄芩、岩青兰、酸枣和刺五加，这些植物的叶芽和幼叶被加工成茶来饮用，在当地统称“野山茶”。茶本来是由山茶科山茶属植物的叶经熏蒸炒制等加工而成，但近年来，“茶”的概念已发生了很大的变化，制茶的原料已不仅限于茶树的叶，许多山区的群众把当地一些野生药用或芳香植物的芽、叶子、花或整个全草进行加工，生产出“不是茶叶，胜似茶叶”的替代茶品。如在北京的几个山区，“黄芩茶”的原料是黄芩的芽和嫩叶，“枣茶”的原料是酸枣的芽和嫩叶，“毛

野山茶加工厂及部分产品

尖茶”的原料是岩青兰的嫩叶。由于这些野山茶取自当地资源非常丰富的野生植物，制作成本低，风味独特，还有一定疾病治疗和保健作用，再加上使用起来十分方便，因此在民间很受人们欢迎，具有广阔的开发利用前景。其中，北京地区目前开发利用最好、经济效益最高的是“黄芩茶”。

4. 北京野生饮料植物资源保护利用建议

（1）借助先进手段，研究营养成分，研制各种饮料和食品

以前由于受分析测试手段的限制，对许多野生饮料植物的化学成分等认识不足，难以广泛利用。今天，随着科技水平的提高，完全可以借助各种先进的科学分析手段，加速北京地区野生饮料植物的应用研究与开发，根据其各自不同的营养成分，研制出不同风格的、符合广大消费者口味的自然型饮料。也可综合其各自的特点，用科学的配比制成新型保健饮料及保健食品。

（2）做好一物多用的综合性开发

如山葡萄的果汁可酿制果酒、制作饮料，果皮可提取天然食用色素，种子可榨油，种仁可加工成活性炭，叶子可提取氨基酸等。同时还要注重对饮料植物保鲜方面的研究，延长贮藏的时间。

（3）在开发利用的同时，要做好饮料植物的产地保护

坚决制止野蛮的采摘方式，保护好植物基因库。并通过扩大人工栽培减少对野生资源的需求，从而达到永续利用的目的。

5. 北京主要野生饮料（野山茶）资源植物介绍

（1）黄芩 *Scutellaria baicalensis* Georgi

唇形科（Labiatae）黄芩属植物。

形态特征　多年生草本。主根粗壮，略呈圆锥形，棕褐色。茎4棱形，多分枝，近无毛。叶对生，无柄，披针形或条状披针形，全缘，下面密被下陷的腺点。总状花序顶生，花冠紫红色或蓝色，二唇形，雄蕊4，2强。小坚果卵圆形，具瘤。花期7~8月，果期8~9月。

分布与生境　分布于东北、华北和西北等地区。北京各区（县）山区均有分布，生于山坡、林缘、路旁等向阳较干燥的地方。延庆县、门头沟区等地有大量人工栽培。

利用部位　药用部位为根，嫩茎和叶被大量用来制茶，在北京称为“黄芩茶”。

采收与加工　黄芩茶的制备方法，分采集、冲洗晾晒、杀菌切碎和包装四部工艺。①采集：在7~10月份采集叶、茎；②冲洗晾晒：常温下自来水冲洗，时间1min以内，晾晒至水分少于7~8%；③杀菌切碎：用紫外线灯，照射30~60min，然后切碎到0.5cm以下；④包装：包装后得商品黄芩茶。

资源开发与保护　黄芩在北京各区（县）山地均有分布，以门头沟、延庆、怀柔较多，资源量较大。黄芩除了根为著名中药外，其茎叶也可以制成一种具有很高保健作用的野山茶，此茶具有清热、解毒、去火、降血压、降血脂的功效。黄芩目前在北京除了作为药材收购外，门头沟区清水镇、延庆县四海镇和千家店镇等多个地方还设有专门制作黄芩茶的茶厂。这些工厂从当地的农民手中收购黄芩茎叶原材料，然后对其进行一定程度的加工，包装后销售。生产的黄芩茶品种多样，包装精美，可满足不同人群的需求，经济效益较好。黄芩茶除了泡茶饮用外，有的还将其

野生黄芩及采收

黄芩茶加工及产品

下脚料作为枕头填充物，做成具有保健功能的“野山茶枕”，从而做到了资源的高效利用。

除了药用以外，作为野山茶系列产品的主要原材料，更加大了北京地区黄芩市场需求量，从而导致野生资源盲目采挖严重，黄芩野生资源逐年减少，同时严重破坏了山区的生态环境。

随着黄芩产品种类的不断增多，仅依靠野生黄芩的采收已不能满足市场的需求，必须以人工栽培加以解决。在北京山区大面积人工种植黄芩，不但可以有效保护野生黄芩资源，满足市场需求，还可以拓宽农民就业渠道，提高经济收入。近年来，北京一些区（县）政府及相关部门加大了对于黄芩的开发投入和重视程度，积极指导当地村民开发利用黄芩，使北京的黄芩人工种植得以大规模发展。目前，在门头沟区、房山区、延庆县都有大面积的黄芩人工种植，在部分地区已经形成了较大的规模，达到了数千亩。同时又相继建立了几处规模较大的黄芩茶饮品加工基地，取得了很好的经济效益、社会效益和生态效益。

另外，黄芩作为我国传统中药材，应用历史悠久，市场需求量很大，是全国中药材大品种之一，也是北京地区大宗野生药材之一，经济效益巨大（参见“野生药用植物资源”）。

黄芩茶

黄芩人工栽培

（2）岩青兰 *Dracocephalum rupestre* Hance

唇形科（Labiatae）青兰属植物。又名毛建草、毛尖等。

形态特征　多年生草本，全株被毛。茎斜生，多分枝。基生叶具长柄；茎生叶为三角状卵形，叶缘具三角形牙齿。轮伞花序密集成头状，苞片倒卵形，齿具翅；花萼紫色，花冠蓝色，二唇形，雄蕊 4，2 强。小坚果长卵圆形。花期 8~9 月，果期 9~10 月。

分布与生境　分布于华北和西北等省（区）。北京见于怀柔慕田峪、密云雾灵山、延庆松山、昌平南口、房山浦洼，门头沟百花山、东灵山等地，生于海拔 800m 以上石质山坡或路旁。

利用部位 茎叶可提取芳香油，芽和嫩叶可制茶。

采收加工 采集嫩叶经晾晒加工后制茶。

资源开发与保护 岩青兰为唇形科植物，全草含芳香油，具香气，可代茶用，河北、山西一带土名“毛尖”。目前北京部分地区（如门头沟区清水镇）已将其嫩叶和芽做成成品野山茶出售。但由于野生植株较少，且分散不容易采收，所以可利用资源量较少，产量很小，价格很高，限制其进一步推广利用。岩青兰适应性强，耐旱、耐瘠薄，进行人工驯化栽培不仅可以解决野生资源量不足及不容易采集的问题，而且还可以作为当地观赏植物及香料植物综合开发利用。

岩青兰及其制作的毛尖茶

（3）刺五加 *Eleutherococcus senticosus* (Ruper. et Maxim.) Maxim.

五加科（Araliaceae）五加属植物。又名老虎撩子、刺拐棒等。

形态特征 落叶灌木，高达6m。多分枝，密生向下的细直皮刺。掌状复叶互生，常具5小叶，叶柄具糙毛或生细刺。伞形花序单个顶生或2~6个组成圆锥花序，花紫黄色，5基数。浆果近球形，黑色，有5棱，具宿存花柱。花期6~7月，果期8~10月。

分布与生境 分布于东北、华北等地。北京各区（县）深山区均有分布，房山区浦洼、门头沟区小龙门、怀柔区喇叭沟门及密云县云蒙山和雾灵山数量较多，多见于杂木林下、林缘及

刺五加及其制作的茶

酸枣茶

阴坡灌丛中。

利用部位 根皮入药，芽和嫩叶可以做成刺五加茶。

采收与加工 春天采其嫩叶，按制烘青绿茶的方法，制成刺五加毛茶，再经精制后即成刺五加茶。也有的将它加入茉莉鲜花，按花茶制作工艺，制成刺五加茉莉花茶。

资源开发与保护 刺五加用途广泛，价值较高。其茎皮、根皮入药，具有补中益气、强身健体、提高免疫力的功能，也可制“五加皮”药酒，具有强壮剂的作用。种子可榨油，制肥皂用。嫩芽和幼叶既可食用，也可做茶。刺五加茶香味醇厚、回味甜润、质地厚实，甚为可口，常饮不厌。由于刺五加主要分布在东北地区，近年来刺五加茶在这些地区开发利用较好，已有许多不同类型的产品，经济效益良好。北京地区刺五加茶的开发利用还没有形成产业及自己的产品，只是有些村民少量采集后在一些农贸市场零散出售。刺五加茶含多种甙，其中部分甙与人参皂甙有相似的的生理活性，所以又称“五加参茶”，是药食两用的优良保健食品，具有明显的抗疲劳作用，非常适合当今社会竞争激烈、压力巨大的都市人群使用，可减轻神经衰弱，改善睡眠质量，因而具有巨大的发展潜力。但刺五加在北京野生数量较少，目前为北京市重点保护植物，所以野生资源应以保护为主，在开发利用方面应以人工栽培为主。

北京五加属植物还有另一种无梗五加*E. sessiliflorus*，常与刺五加混生，用途同刺五加，但数量更少，应给予重点保护。

北京地区目前除以上几种野山茶外，还有一种野酸枣茶，利用野生酸枣的芽和嫩叶做茶。用酸枣叶加工制作的酸枣茶具有安神、利尿、消炎等多种保健功能。北京野生酸枣极其丰富，应加大其综合利用，除药用、油脂、蜜源等价值外，酸枣茶也具有很大的开发潜力。

二、北京野生药用植物资源

1. 野生药用植物资源的概念

药用植物资源是指含有药用成分，对人类有直接或间接医疗作用和保健护理功能，可以作为植物性药物开发利用的植物总称。药用植物资源开发利用的产品主要是用于人类防病治病的中药（包括民族药和民间草药）、植物药、保健品等，此外还包括兽药、农药、功能性饲料添加剂等相关产品。

在植物界的各个科属中，广泛分布着药用植物，几乎凡具有特殊化学成分及生理作用的植物（主要为草本）都可作为药用植物。许多药用植物资源往往具有多种用途，既可以直接入药，又能从中提取制药的原料，有的还有利于保护环境和维持生态平衡。除主要供药用外，有些药用植物资源还可用于食品、保健、日用化工、轻工、农林、园艺等方面。药用植物的不同部位又往往具有不同的成分和功效。对药用植物资源实施多方位、多目标的立体开发，进行综合利用研究，是当前开发利用的重要内容。

2. 野生药用植物的分类

对于野生药用植物的分类，有不同的方法：①医学上一般按药物性能和药理作用分类。中医学常按药物性能分为解表药、清热药、祛风湿药、理气药、补虚药等类别；现代医学常按药理作用分为镇静药、镇痛药、强心药、抗癌药等。②药用植物学按植物系统分类，则可反映药用植物的亲缘关系，以利形态解剖和成分等方面的研究。③中药鉴定学、药用植物栽培学常按药用部分分类，分为根、根茎、茎皮、叶、花、果实、种子、全草等类，便于药材特征的鉴别和掌握其栽培特点。

3. 野生药用植物的利用部位

药用植物的各组成部分，如根、茎、叶、皮、花、果实、种子等，含有不同的有效成分，其疗病效用也不同。植物药用利用部位大致可分以下几类。

①全草药用。系指植物全部或其地上部分供药用的植物。

②根及根茎药用。系指根及地下部分的统称，根茎通常包括块茎、鳞茎、球茎、块根等供药用。

③茎类药用。系指带叶或不带叶的地上茎或茎的一部分（如枝刺、茎翅等）供药用。

④树皮药用。系指木本植物根和茎干形成层以外的部分（包括韧皮部、皮层及周皮）供药用。

⑤叶类药用。用植物完整的叶供药用。

⑥花类药用。用植物完整的花序或单花，或仅采用花的一部分（如花粉）供药用。

⑦果实药用。用完整的果实或果实的一部分供药用。

⑧种子药用。用成熟的种子或种子的一部分（如种仁）供药用。

4. 北京野生药用植物的种类

北京市野生药用植物资源是北京市野生植物资源的重要组成部分，在各类资源植物中种类最多。北京地区药用植物资源较为丰富，是华北地区野生药用植物资源相对集中的地区之一，是华北地区药用植物资源的重要基因库。

经过实地的野外调查，在进行标本采集和鉴定的基础上，结合相关文献资料，确定北京市野生药用植物共计 89 科、251 属、341 种、10 变种，其中蕨类植物 8 科、8 属、11 种、1 变种，裸子植物 3 科、3 属、5 种，被子植物 78 科、240 属、325 种、9 变种（表 2–11）。

表 2-11 北京地区野生药用植物种类

科名	种名	拉丁名	药用部位	生境	数量
卷柏科	卷柏	*Selaginella tamariscina*	全草	生于向阳干旱岩石缝	+++
	垫状卷柏	*Selaginella pulvinata*	全草	生于山坡及沟谷石缝	++
木贼科	木贼	*Equisetum hyemale*	全草	生于山坡湿地、疏林下	+
	节节草	*Equisetum ramosissimum*	地下茎	生于路边、水边、沙质地上	++
	问荆	*Equisetum arvense*	全草	林内、灌木草丛、山沟中	+++
蕨科	蕨	*Pteridium aquilinum* var. *atusculum*	根状茎	生于路边、水边、沙质地上	++
中国蕨科	银粉背蕨	*Aleuritopteris argentea*	全草	生于沟旁沙质地、湿地上	+++
铁线蕨科	团羽铁线蕨	*Adiantum capillus–junonis*	全草	生于林下阴湿岩壁	++
	掌叶铁线蕨	*Adiantum pedatum*	全草	生于含有石灰质的岩石缝	+
铁角蕨科	过山蕨	*Camptosorus sibiricus*	全草	生于潮湿岩石脚下	+

（续）

科名	种名	拉丁名	药用部位	生境	数量
鳞毛蕨科	绵马鳞毛蕨	*Dryopteris crassirhizoma*	全草	生于林下阴湿处、阴湿沟谷	+
水龙骨科	有柄石韦	*Pyrrosia petiolosa*	叶片	生于山地裸露岩石或岩石缝	++
松科	油松	*Pinus tabuliformis*	松节、松针、松油、花粉	生于海拔 800~1500m 山地阴坡和半阴坡	++
柏科	侧柏	*Platycladus orientalis*	枝叶、种子	生于山坡岩石上、石缝中	++
麻黄科	木贼麻黄	*Ephedra equisetina*	草质茎	生于干旱的山地及沟崖	+
	草麻黄	*Ephedra sinica*	草质茎、根	生于山地草坡、干燥荒地	+
	单子麻黄	*Ephedra monosperma*	全草	生于高山山坡石缝中	+
金粟兰科	银线草	*Chloranthus japonicus*	全草	生于山林阴湿处	+
杨柳科	毛白杨	*Populus tomentosa*	花序	海拔 1500m 以下平原地区	++
	山杨	*Populus davidiana*	树皮	生于海拔 1100m 以上山坡	++
	皂柳	*Salix wallichiana*	根	生于山坡或华树林中	+
榆科	榆树	*Ulmus pumila*	果实、树皮	生于阴山坡、山谷杂木林中	+++
	小叶朴	*Celtis bungeana*	树皮	生于山间灌丛、向阳山坡	++
桑科	桑	*Morus alba*	根皮、桑葚	生于向阳山坡、平原、低地	++
	蒙桑	*Morus mongolica*	叶、根皮	生于向阳山坡、平原、低地	++
	华忽布	*Humulus lupulus* var. *cordifolius*	花	生于山坡、山谷林缘灌木林	+
	葎草	*Humulus scandens*	全草	生于沟边、路旁、荒地	+++
荨麻科	宽叶荨麻	*Urtica laeteviren*	全草	生于林下沟边、林缘、路旁	++
	狭叶荨麻	*Urtica angustifolia*	全草	生于山地林边、沟边	++
	麻叶荨麻	*Urtica cannabina*	全草	生于干燥山坡、路旁	+
	墙草	*Parietaria micrantha*	全草	生于阴湿的墙缝、阴湿沟边	+
檀香科	百蕊草	*Thesium chinense*	全草	生于山地草坡、林缘	++
桑寄生科	北桑寄生	*Loranthus tanakae*	茎枝、叶	常寄生于栎树、桦树、榆树	+
	槲寄生	*Viscum coloratum*	茎枝、叶	常寄生于栎树、榆树、杨树	+
马兜铃科	北马兜铃	*Aristolochia contorta*	根、茎叶、果实	生于山沟灌丛、路旁、山坡	+++
蓼科	苦荞麦	*Fagopyrum tataricum*	根茎	村边、荒地、田边、路旁	+
	萹蓄	*Polygonum aviculare*	全草	生于路旁、荒地、沟边湿地	++
	酸模叶蓼	*Polygonum lapathifolium*	全草	生于路旁湿地和沟边	+++
	尼泊尔蓼	*Polygonum nepalense*	全草	生于水边、路旁湿地或林下	++
	两栖蓼	*Polygonum amphibium*	全草	生于山沟水边、平原潮湿处	++
	小箭叶蓼	*Polygonum sieboldii*	全草	生于山沟水边、湿地	++
	杠板归	*Polygonum perfoliatum*	全草	生于山沟水边、林缘	++
	刺蓼	*Polygonum senticosum*	全草	生于山地水边、林缘	++
	珠芽蓼	*Polygonum viviparum*	根状茎	生于草坡上、林下	+
	拳蓼	*Polygonum bistorta*	根状茎	生于亚高山草甸，常成群落	+

（续）

科名	种名	拉丁名	药用部位	生境	数量
蓼科	支柱蓼	*Polygonum suffultum*	根茎	生于山沟湿地、林缘、林下	++
	河北大黄	*Rheum franzenbachii*	根	生于林下、阴坡、沟谷石缝	++
	酸模	*Rumex acetosa*	根	生于路边、荒地或沟谷湿处	++
	巴天酸模	*Rumex patientia*	根	生于水沟、路旁、田边、荒地	+++
	长刺酸模	*Rumex trisetifer*	全草	生于河边、荒地湿处	+
藜科	地肤	*Kochia scoparia*	种子	生于田边、路旁、荒地	+++
	藜	*Chenopodium album*	全草	生于路旁、荒地、田间	+++
	猪毛菜	*Salsola collina*	全草	生于村边、路旁、荒地、含盐碱的沙质土壤上	++
苋科	反枝苋	*Amaranthus retroflexus*	全草	生于山坡、路旁、旷野、荒地、田边、沟旁、河岸等处	+++
	牛膝	*Achyranthes bidentata*	根	生于屋旁、林缘、山坡草丛	+
商陆科	商陆	*Phytolacca acinosa*	根	生于疏林下、林缘、路旁、山沟等湿润的地方	+
马齿苋科	马齿苋	*Portulaca oleracea*	全草	生于路旁、荒地较湿的地方	+++
石竹科	灯心草蚤缀	*Arenaria juncea*	根	生于山坡石缝中	++
	叉歧繁缕	*Stellaria dichotoma* var. *lanceolata*	根	生于低山、平原水边湿地	++
	鹅肠菜	*Myosoton aquaticum*	全草	生于疏林下、林缘、路旁、山沟等湿润的地方	+++
	旱麦瓶草	*Silene jenisseensis*	根	生于山坡草地、石质山坡上	++
	霞草	*Gypsophila oldhamiana*	根	生于山坡草地、石质山坡上	+
	瞿麦	*Dianthus superbus*	全草	生于山坡草地、林缘、疏林下亚高山草甸上	++
	石竹	*Dianthus chinensis*	全草	生于向阳山坡草地、丘陵坡地、林缘灌丛间	+++
睡莲科	莲	*Nelumbo nucifera*	藕、叶、莲心、莲子	生于池塘	++
毛茛科	草芍药	*Paeonia obovata*	根	山坡草地、林缘、杂木林下	+
	金莲花	*Trollius chinensis*	花	生于高山草甸	+
	升麻	*Cimicifuga dahurica*	根状茎	生于山地林缘、灌丛中	++
	单穗升麻	*Cimicifuga simplex*	根茎	生于山坡草地、灌丛中	+
	牛扁	*Aconitum barbatum* var. *puberulum*	根	山坡草地、林缘、杂木林下	++
	草乌	*Aconitum kusnezoffii*	块根	生于疏林中、山坡草地	++
	翠雀	*Delphinium grandiflorum*	根	生于山地草坡、丘陵沙地	++
	瓣蕊唐松草	*Thalictrum petaloideum*	根	生于较高海拔山坡草地	+++
	贝加尔唐松草	*Thalictrum baicalense*	根	生于山坡草丛、林下	++
	白头翁	*Pulsatilla chinensis*	根	生于山坡草地、路边	++
	棉团铁线莲	*Clematis hexapetala*	根	生于山地林边、草坡	+++
	芹叶铁线莲	*Clematis aethusifolia*	全草作透骨草药用	生于路边、低山山坡	++

（续）

科名	种名	拉丁名	药用部位	生境	数量
毛茛科	黄花铁线莲	*Clematis intricata*	全草作透骨草药用	生于路边、山坡、灌丛中	++
	茴茴蒜	*Ranunculus chinensis*	全草	生于湿草地、沟边	++
	毛茛	*Ranunculus japonicus*	全草	生于沟坡林下，灌木丛	++
	石龙芮	*Ranunculus sceleratus*	全草	生于山地溪边草地、林边	++
小檗科	类叶牡丹	*Caulophyllum robustum*	根、根茎、	生于林下、山沟阴湿处	+
	细叶小檗	*Berberis poiretii*	根皮、茎皮	生于山地及丘陵坡地、沟边	++
	大叶小檗	*Berberis amurensis*	根皮、茎皮	生于林缘、灌丛间、林下	+
	刺叶小檗	*Berberis sibirica*	根皮、茎皮	生于山坡灌丛、山谷阴湿处	+
防已科	蝙蝠葛	*Menispermum dauricum*	根茎、藤	生于山坡路旁、沟边	+++
五味子科	五味子	*Schisandra chinensis*	果实	生于山地灌丛中	++
罂粟科	白屈菜	*Chelidonium majus*	全草、根	生于平原、山野沟边阴湿处	+++
	野罂粟	*Papaver nudicaule*	果实	生于山坡、亚高山草甸	+
	地丁草	*Corydalis bungeana*	全草	生于荒地、山麓、平原上	+
	角茴香	*Hypecoum erectum*	全草、根	生于干燥山坡、砾质碎石地	+
十字花科	独行菜	*Lepidium apetalum*	种子	生于田野，各地均有分布	+++
	荠菜	*Capsella bursa-pastoris*	全草	生于草地、田边、耕地	+++
	葶苈	*Draba nemorosa*	种子	生于高山山顶岩石缝间	++
	蔊菜	*Rorippa indica*	全草	生于路旁、河边潮湿地	+++
	豆瓣菜	*Nasturtium officinale*	全草	生于小溪、流动的浅水中	++
	小花糖芥	*Erysimum cheiranthoides*	全草	生于草地、山坡、林缘	++
	糖芥	*Erysimum amurense*	全草	生于山坡、田边、林缘	++
	播娘蒿	*Descurainia sophia*	种子作葶苈子入药	生于草地、田边、耕地	++
景天科	瓦松	*Orostachys fimbriata*	全草	生于山坡草地、石质山坡上	++
	红景天	*Rhodiola rosea*	块根	生于高山山坡、林下	+
	小丛红景天	*Rhodiola dumulosa*	块根	生于高山山坡、石隙	+
	狭叶红景天	*Rhodiola kirilowii*	根	生于山地多石草地上	+
	景天三七	*Sedum aizoon*	全草	生于石质山坡、灌丛间	+++
	垂盆草	*Sedum sarmentosum*	全草	生于山坡岩石上	+
虎耳草科	扯根菜	*Penthorum chinense*	全草	生于山谷湿地、流水沟边	+
	红升麻	*Astilbe chinensis*	根	生于山谷湿地、流水沟边	++
蔷薇科	山楂	*Crataegus pinnatifida*	果实	生于山谷杂木林中	++
	龙芽草	*Agrimonia pilosa*	全草	生于山坡、谷地、林内	+++
	蚊子草	*Filipendula palmata*	全草	生于林内、林缘	+
	地榆	*Sanguisorba officinalis*	根	生于山沟、溪旁、路旁	+++
	牛叠肚	*Rubus crataegifolius*	果实	生于山坡、林缘、砍伐迹地，常成片分布	+++
	委陵菜	*Potentilla chinensis*	全草	生于低海拔荒地、山坡和路旁	+++

（续）

科名	种名	拉丁名	药用部位	生境	数量
蔷薇科	翻白草	*Potentilla discolor*	根	生于山坡、路边、山林草丛	++
	山杏	*Prunus sibirica*	种子	生于干燥山坡	+++
	欧李	*Prunus humilis*	种子	生于干燥山坡、灌丛中	++
	毛樱桃	*Prunus tomentosa*	种子	生于林内、林缘	++
豆科	皂荚	*Gleditsia sinensis*	枝刺、果实	生于路边、沟旁、住宅附近	+
	苦参	*Sophora flavescens*	根	生于山野、路旁、荒地山上	++
	草木犀	*Melilotus officinalis*	全草	生于山坡草地、沟边、路旁	++
	苦马豆	*Sphaerophysa salsula*	果实	生于盐碱地、河滩林下	+
	米口袋	*Gueldenstaedtia multiflora*	全草	生于田边、路旁、山坡草地	++
	扁茎黄耆	*Astragalus complanatus*	种子作“沙苑子”入药	生于向阳草地、山坡、路边及轻碱性草地	++
	膜荚黄耆	*Astragalus membranaceus*	根	生于向阳山坡、林缘、草地	+
	甘草	*Glycyrrhiza uralensis*	根	生于向阳干燥的山坡草地	+
	胡枝子	*Lespedeza bicolor*	根	生于山坡、山谷灌丛中	+++
	绒毛胡枝子	*Lespedeza tomentosa*	根	生于干山坡草地及灌丛间	++
	长萼鸡眼草	*Kummerowia stipulacea*	全草	生于山坡、路旁、田边	++
	山野豌豆	*Vicia amoena*	全草	生于山坡、林缘、灌丛	+++
	野大豆	*Glycine soja*	根、茎、荚果、种子	生于潮湿河岸、草地、灌丛	+
	葛藤	*Pueraria lobata*	根、花	生于山坡、沟边、灌丛	+++
	披针叶野决明	*Thermopsis lanceolata*	全草	生于山坡、草地、水边	+
酢浆草科	酢浆草	*Oxalis corniculata*	全草	生于山坡荒地、河边、林下	++
牻牛儿苗科	牻牛儿苗	*Erodium stephanianum*	全草	生于山坡荒草地、田埂、路边及村庄住宅附近	++
	老鹳草	*Geranium wilfordii*	全草	生于山坡、草地及路旁	+++
蒺藜科	蒺藜	*Tribulus terrestris*	果实	生于钙质土地、荒野、田间	+
芸香科	臭檀	*Evodia daniellii*	种子	生于山坡、沟边、山谷疏林	++
	白鲜	*Dictamnus dasycarpus*	根皮	生于山坡草地、疏林下	+
	黄檗	*Phellodendron amurense*	树皮	生于山谷杂木林中	+
苦木科	臭椿	*Ailanthus altissima*	树皮、根皮	生于低山山地、田边、路旁	+++
	苦木	*Picrasma quassioides*	根皮	生于山坡、沟边、山谷疏林	++
远志科	西伯利亚远志	*Polygala sibirica*	根	生于山坡草地、灌丛、林缘	+++
	远志	*Polygala tenuifolia*	根	于山坡草地、灌丛间、林缘	+
大戟科	地构叶	*Speranskia tuberculata*	全草	生于干燥山坡草地、多石砾干山坡、干燥沙质地	+
	铁苋菜	*Acalypha australis*	全草	生于沟谷、草地、路边	++

（续）

科名	种名	拉丁名	药用部位	生境	数量
大戟科	一叶萩	*Securinega suffruticosa*	花、叶	生于沟谷、灌丛	++
	地锦草	*Euphorbia humifusa*	全草	生于田野路旁	++
	猫眼草	*Euphorbia esula*	全草	生于山坡草地、灌丛、林缘	+++
漆树科	盐肤木	*Rhus chinensis*	茎叶	生于山坡、杂木林、灌丛	++
	黄栌	*Cotinus coggygria* var. *cinerea*	枝、叶	生于向阳山坡、山谷沟边	++
卫矛科	卫矛	*Euonymus alatus*	木栓翅枝	生于山谷、山坡林缘、灌丛	++
	南蛇藤	*Celastrus orbiculatus*	根、果实	生于山坡灌丛林中	+++
鼠李科	拐枣	*Hovenia dulcis*	果实、树皮	生于阳光充足的沟边、山谷	+
	酸枣	*Ziziphus jujuba* var. *spinosa*	果皮、果仁	向阳山坡、山谷沟边、路旁	+++
	小叶鼠李	*Rhamnus parvifolia*	果实	生于山坡、沟边、林缘灌丛	++
葡萄科	山葡萄	*Vitis amurensis*	根、藤、果	生于山沟、山地林缘	++
	葎叶蛇葡萄	*Ampelopsis humulifolia*	根皮	生于山沟、山地林缘	+++
	乌头叶蛇葡萄	*Ampelopsis aconitifolia*	根	生于沟边灌丛	+
	白蔹	*Ampelopsis japonica*	全草、块根	生于山地、路旁草丛中	+++
藤黄科	红旱莲	*Hypericum ascyron*	全草	生于灌丛、湿地	++
瑞香科	狼毒	*Stellera chamaejasme*	根	生于亚高山草甸	+
柽柳科	柽柳	*Tamarix chinensis*	嫩枝、叶	常生于盐碱土上	+
胡颓子科	沙棘	*Hippophae rhamnoides*	果实	生于高山山沟灌丛	+
堇菜科	鸡腿堇菜	*Viola acuminata*	全草	生于杂木林下或山坡草地、河谷湿地等处	++
	紫花地丁	*Viola philippica*	全草	生于山坡草地、路旁	+++
秋海棠科	中华秋海棠	*Begonia grandis* subsp. *sinensis*	全草、块根	生于山坡阴湿处石缝	++
五加科	东北土当归	*Aralia continentalis*	根	生于沟谷林缘或林内	+
	楤木	*Aralia chinensis*	根皮	生于林缘、林下、灌丛	+
	刺五加	*Eleutherococcus senticosus*	根皮	生于山地林缘或杂木林中	++
	无梗五加	*Eleutherococcus sessiliflorus*	根皮	生于山地林缘或杂木林中	+
伞形科	峨参	*Anthriscus sylvestris*	根	生于林缘草地、山沟溪边	+
	窃衣	*Torilis scabra*	果实	生于山坡、山路边、荒地上	++
	北柴胡	*Bupleurum chinense*	根、根茎	生于向阴山坡路边或草丛中	++
	红柴胡	*Bupleurum scorzonerifolium*	根、根茎	生于向阳山坡、林缘	++
	黑柴胡	*Bupleurum smithii*	根、根茎	生于山坡草地、山谷	+
	毒芹	*Cicuta virosa*	根	生于沼泽地、水边或沟边	+
	葛缕子	*Carum carvi*	果实	生于平原草地、撩荒地	+
	防风	*Saposhnikovia divaricata*	根	生于丘陵草坡、干山坡	+++
	水芹	*Oenanthe decumbens*	全草、根	生于平原浅水中、山坡湿地	++

（续）

科名	种名	拉丁名	药用部位	生境	数量
伞形科	蛇床	*Cnidium monnieri*	果实	生于弱碱性稍湿草地、河沟旁、田间路旁	++
	辽藁本	*Ligusticum jeholense*	根、根状茎	生于山坡林下阴湿处	++
	白芷	*Angelica dahurica*	根	生于山坡草地、林缘、灌丛	++
	石防风	*Peucedanum terebinthaceum*	根	生于山地林缘	+
	短毛独活	*Heracleum moellendorffii*	根	山坡林下、林缘、山沟溪边	++
鹿蹄草科	日本鹿蹄草	*Pyrola japonica*	全草	生于林下阴湿处	+
杜鹃花科	照山白	*Rhododendron micranthum*	叶	生于山地林下及灌丛中	++
	迎红杜鹃	*Rhododendron mucronulatum*	叶	生于山地林下及灌丛中	++
报春花科	点地梅	*Androsace umbellata*	全草	生于山野草地或路旁	++
	狼尾花	*Lysimachia barystachys*	全草	生于山坡灌丛、山道边	+++
蓝雪科	二色补血草	*Limonium bicolor*	全草	生于多盐碱地	+
木犀科	小叶白蜡树	*Fraxinus bungeana*	树皮	生于山地阔叶林下	++
龙胆科	达乌里龙胆	*Gentiana dahurica*	根、根茎	生于山坡、草地	+
	秦艽	*Gentiana macrophylla*	根	生于高山草坡、湿地	++
	当药	*Swertia diluta*	全草	生于山坡、草地	+
夹竹桃科	罗布麻	*Apocynum venetum*	嫩枝、叶	河滩、沙质地及盐碱荒地	++
萝藦科	杠柳	*Periploca sepium*	根皮、茎皮	生于低山丘陵的沟谷、林缘、河边、荒坡灌丛中	++
	萝藦	*Metaplexis japonica*	全草、果实	生于低山荒地、山坡、河岸、路旁、沟边、林缘及灌丛中	+++
	徐长卿	*Cynanchum paniculatum*	根茎	生于山坡、路旁、田边草丛	+
	地梢瓜	*Cynanchum thesioides*	全草、果实	生于田边、河岸、山坡	++
	竹灵消	*Cynanchum inamoenum*	根	生于山地灌丛中、疏林内、山坡草地上	+
	白薇	*Cynanchum atratum*	根	生于山坡草地、山谷、河岸、林下及荒地草丛中	+
	白首乌	*Cynanchum bungei*	根	生于山谷、山坡、河岸、路边的灌丛中	++
	变色白前	*Cynanchum versicolor*	根	生于山坡、山谷的灌丛中	++
	鹅绒藤	*Cynanchum chinensis*	全草	生于山坡、河岸、田边、路旁灌丛中	+
	牛皮消	*Cynanchum auriculatum*	根	生于山坡林缘及路旁灌木丛	+
旋花科	圆叶牵牛	*Pharbitis purpurea*	种子	生于路边、野地和篱笆旁	+++
	裂叶牵牛	*Pharbitis nil*	种子	生于路旁、荒地上	+++
	北鱼黄草	*Merremia sibirica*	全草、种子	生于田边、山坡草丛或灌丛	+
	田旋花	*Convolvulus arvensis*	全草	生于荒地及荒坡上	+++
	打碗花	*Calystegia hederacea*	根	生于荒地、田间、路旁	+++

（续）

科名	种名	拉丁名	药用部位	生境	数量
旋花科	南方菟丝子	*Cuscuta australis*	种子	寄生于豆科、菊科蒿属、马鞭草科牡荆属等植物上	+++
	金灯藤	*Cuscuta japonica*	种子	生于田边、荒地、灌丛中，寄生于草本植物上	+++
紫草科	紫筒草	*Stenosolenium saxatile*	全草	生于低山丘陵的石质坡地	+
	紫草	*Lithospermum erythrorhizon*	根	生于低山石质草坡、田野	+
	鹤虱	*Lappula myosotis*	果实	生于沙性土壤上、田边	+
	附地菜	*Trigonotis peduncularis*	全草	生于田野、路旁、荒地	+++
马鞭草科	三花莸	*Caryopteris terniflora*	叶、果实	生于山坡灌丛、路旁	+
	荆条	*Vitex negundo* var. *heterophylla*	叶、果实	生于山坡灌丛、路旁	+++
唇形科	丹参	*Salvia miltiorrhiza*	根	生于山谷、林下、草坡上	++
	荫生鼠尾草	*Salvia umbratica*	全草	生于山坡、谷地、路旁	++
	荔枝草	*Salvia plebeia*	全草	生于山坡、路旁、沟边	++
	大齿黄芩	*Scutellaria macrodonta*	全草	生于沟谷、山坡潮湿地上	+
	黄芩	*Scutellaria baicalensis*	根	生于向阳山坡、荒地上	++
	并头黄芩	*Scutellaria scordifolia*	根状茎	生于草坡上、湿草地上	++
	白苞筋骨草	*Ajuga lupulina*	全草	生于高山草地、石缝中	+
	筋骨草	*Ajuga ciliata*	全草	生于山谷沟边、阴湿的草地、林下、路边草丛中	+
	内折香茶菜	*Rabdosia inflexa*	全草	生于山坡、山谷、林下	+
	蓝萼香茶菜	*Rabdosia japonica* var. *glaucoalyx*	全草	生于山谷、林下、草坡上	+++
	碎米桠	*Rabdosia rubescens*	全草	生于山坡、林地灌木丛中	+
	夏至草	*Lagopsis supina*	全草	生于路旁、田野、荒地上	+++
	香薷	*Elsholtzia ciliata*	全草	生于路边、山坡、沟旁	++
	木香薷	*Elsholtzia stauntoni*	叶	生于石质山坡、沟谷	++
	裂叶荆芥	*Schizonepeta tenuifolia*	全草、花穗	生于山坡路旁、沟边、林缘	++
	活血丹	*Glechoma longituba*	全草、茎叶	生长在较荫湿的荒地、山坡林下及路旁	++
	糙苏	*Phlomis umbrosa*	根	生于山地草坡、林内	+++
	益母草	*Leonurus japonicus*	全草	生于各种生境	+++
	錾菜	*Leonurus pseudomacranthus*	全草	生于草坡及灌丛中	++
	百里香	*Thymus mongolicus*	全草	生于高山山坡石缝中	++
	薄荷	*Mentha haplocalyx*	全草	生于水旁潮湿地	++
茄科	龙葵	*Solanum nigrum*	全草	生于田边、荒地、路旁	+++
	青杞	*Solanum septemlobum*	全草	生于向阳山坡、林下、水边	+

（续）

科名	种名	拉丁名	药用部位	生境	数量
茄科	酸浆	*Physalis alkekengi*	果实	生于山坡、道旁的阴湿处	++
	枸杞	*Lycium chinense*	果实、树皮	生于沟岸边、田埂	+
	泡囊草	*Physochlaina physaloides*	根、全草	生于山坡、山沟、草地	+
	天仙子	*Hyoscyamus niger*	根、种子	生于林边、田野、路旁	+
	曼陀罗	*Datura stramonium*	花、种子	生于村边、路边、草地	+++
玄参科	阴行草	*Siphonostegia chinensis*	全草	生于低山山坡或草地上	++
	山罗花	*Melampyrum roseum*	全草、根	生于山坡林下及林缘	++
	返顾马先蒿	*Pedicularis resupinata*	根	生于山地林下	+
	松蒿	*Phtheirospermum japonicum*	全草	生于沟谷草地、灌丛	++
	北玄参	*Scrophularia buergeriana*	根	生于低山荒坡、湿草地上	+
	地黄	*Rehmannia glutinosa*	根茎	生于道旁、荒地	+++
	弹刀子菜	*Mazus stachydifolius*	全草	生于路旁、田野	+
	水蔓菁	*Veronica linarifolia*	叶	生于山坡草地、灌丛间	++
	水苦荬	*Veronica undulata*	有虫瘿全草	生长于水田或溪边	++
	草本威灵仙	*Veronicastrum sibiricum*	全草	路边、山坡草地及山坡灌丛	++
紫葳科	角蒿	*Incarvillea sinensis*	全草	生于山地、路边、田野	++
列当科	黄花列当	*Orobanche pycnostachya*	全草	生于沙丘、山坡、草地	++
	列当	*Orobanche coerulescens*	全草	生于沙丘、向阳山坡、林缘	++
苦苣苔科	牛耳草	*Boea hygrometrica*	全草	生于山坡石缝潮湿处	++
	珊瑚苣苔	*Corallodiscus cordatulus*	全草	生于岩石上	+
透骨草科	透骨草	*Phryma leptostachya* var. *asiatica*	全草	生于林下、沟谷水边	++
车前科	平车前	*Plantago depressa*	种子、全草	生于路旁、田野、村庄附近	+++
	车前	*Plantago asiatica*	种子、全草	生于田野、沟谷、河边	+++
	大车前	*Plantago major*	全草	生于山谷、路旁湿润处	++
茜草科	茜草	*Rubia cordifolia*	根	生于道旁草丛、灌丛中	+++
	猪殃殃	*Galium aparine*	全草	生于路旁、草坡上	++
	砧草	*Galium boreale*	全草	生于林荫地	+
	蓬子菜	*Galium verum*	全草	生于林缘、山地草坡	++
忍冬科	鸡树条荚蒾	*Viburnum opulus* var. *calvescens*	叶、果实	生于山坡、林缘及杂木林中	++
	接骨木	*Sambucus williamsii*	枝叶	生于山地灌丛、林下、林缘	
败酱科	缬草	*Valeriana officinalis*	根、根茎	生于沟谷、山坡、灌丛中	+
	黄花龙牙	*Patrinia scabiosifolia*	根	生于山坡草丛中	+++
	异叶败酱	*Patrinia heterophylla*	根、全草	生于山坡、沟边、路旁草丛	++
川续断科	日本续断	*Dipsacus japonicus*	根	生于山坡草地、灌丛阴湿处	++

（续）

科名	种名	拉丁名	药用部位	生境	数量
葫芦科	盒子草	*Actinostemma tenerum*	全草、种子	山坡阴湿处草丛、沟边灌丛	+
	土贝母	*Bolbostemma paniculatum*	鳞茎	生于山坡、平地	+
	赤瓟	*Thladiantha dubia*	块根、果实	生于林缘、沟谷、草丛	++
桔梗科	桔梗	*Platycodon grandiflorus*	根	生于山坡草丛及灌丛	++
	党参	*Codonopsis pilosula*	根	生于山地林内、灌丛中	++
	羊乳	*Codonopsis lanceolata*	根	山地灌丛中、林下、沟谷	++
	展枝沙参	*Adenophora divaricata*	根	生于山坡草地、林边	++
	荠苨	*Adenophora trachelioides*	根	生于山地草坡、林缘、灌丛	+
	石沙参	*Adenophora polyantha*	根	生于山地草坡、灌丛边	++
	沙参	*Adenophora stricta*	根	生于山地草坡、林缘、灌丛	++
	多歧沙参	*Adenophora wawreana*	根	生于草地、林边、山路旁	+++
	紫斑风铃草	*Campanula puncatata*	全草	生于阴坡山地、林缘灌丛	+
菊科	林泽兰	*Eupatorium lindleyanum*	全草	湿润草地、水边湿地、沟谷	++
	阿尔泰狗哇花	*Aster altaicus*	全草、根	生于原野、山地、路旁	+++
	东风菜	*Doellingeria scaber*	根、全草	生于山地林缘、灌丛间	++
	款冬	*Tussilago farfara*	花蕾	生于河边、沟谷水边	+
	紫菀	*Aster tataricus*	根、根茎	生于山地灌丛、草地	++
	三褶脉紫菀	*Aster ageratoides*	全草	生于山坡、林缘	+++
	火绒草	*Leontopodium leontopodioides*	全草	生于山坡草地、石砾地	++
	铃铃香青	*Anaphalis hancockii*	全草	生于亚高山顶、山坡草地	+
	旋覆花	*Inula japonica*	头花	生于湿润的农田、路旁	+++
	烟管头草	*Carpesium cernuum*	全草	生长于山坡、草地、林缘	++
	苍耳	*Xanthium sibiricum*	果实	生于田野、路边	++
	腺梗豨莶	*Siegesbeckia pubescens*	全草	路边荒地、林间、灌丛中	++
	鬼针草	*Bidens bipinnata*	全草	生于荒地、路边、山坡	+++
	小花鬼针草	*Bidens parviflora*	全草	生在山坡、路旁或农田中	+++
	狼杷草	*Bidens tripartita*	全草	生于水边或湿地	++
	高山蓍	*Achillea alpina*	全草	生于山坡、林缘	++
	甘菊	*Dendranthema lavandulifolium*	花序	生于低山区多砾石的山坡上	+++
	小红菊	*Dendranthema chanetii*	花序		+++
	大籽蒿	*Artemisia sieversiana*	全草	生于路旁、山坡、荒地	+++
	茵陈蒿	*Artemisia capillaris*	幼嫩茎叶	生于路边草地、山坡、荒地	+++
	黄花蒿	*Artemisia annua*	全草	生于山坡、林缘、荒地	+++

（续）

科名	种名	拉丁名	药用部位	生境	数量
菊科	南牡蒿	*Artemisia eriopoda*	全草	生于山坡、林缘、草坡上	++
	艾蒿	*Artemisia argyi*	叶	生于山坡、林缘、灌丛	++
	野艾蒿	*Artemisia lavandulifolia*	全草	生于山坡草地、路旁荒地	+++
	兔儿伞	*Syneilesis aconitifolia*	根	生于山坡、荒地、林缘	++
	羽叶千里光	*Senecio argunensis*	全草	生于山地林下、河谷山坡	++
	蓝刺头	*Echinops sphaerocephalus*	根、花序	生于林缘、干燥山坡	++
	苍术	*Atractylodes lancea*	根状茎	生于山坡、林下、山坡草地	+++
	牛蒡	*Arctium lappa*	根、叶	生于村落路边、草地、山坡	++
	飞廉	*Carduus nutans*	地上部分	生于山谷、田边或草地	++
	刺儿菜	*Cirsium segetum*	全草	生于路旁、荒地	+++
	烟管蓟	*Cirsium pendulum*	全草	生于田埂、沟旁、湿地	++
	祁州漏芦	*Stemmacantha uniflora*	根	生于干山坡、向阳地、草地	+++
	大丁草	*Leibnitzia anandria*	全草	生于山坡林下	++
	猫儿菊	*Hypochaeris ciliata*	根	生于向阳山坡、草地、林缘	+
	细叶鸦葱	*Scorzonera pusilla*	根	生于道旁、荒地、山坡上	++
	桃叶鸦葱	*Scorzonera sinensis*	根	生于路边荒地、山坡草地上	+++
	毛连菜	*Picris japonica*	全草	生于林下、林缘、沟谷	++
	蒲公英	*Taraxacum mongolicum*	全草	生于田野、路旁、林缘	+++
	白花蒲公英	*Taraxacum pseudo-albidum*	全草	生于田野、路旁、林缘	++
	白缘蒲公英	*Taraxacum platypecidum*	全草	生于田野、路旁、林缘	++
	苦苣菜	*Sonchus oleraceus*	全草	生于耕地、村舍、荒地上	++
	苦荬菜	*Ixeridium sonchifolia*	全草	生于路旁、山坡、荒地	+++
	秋苦荬菜	*Ixeris denticulata*	全草	生于山地荒野、路边	+++
	苦菜	*Ixeris chinensis*	全草	生于路边及田野间	+++
香蒲科	香蒲	*Typha angustifolia*	花粉	生于水边湿地	++
眼子菜科	眼子菜	*Potamogeton distinctus*	全草	生于池沼、浅水中	++
	篦齿眼子菜	*Potamogeton pectinatus*	全草	生于池沼、浅水中	++
泽泻科	泽泻	*Alisma plantago-aquatica*	球茎	生于浅水池塘、水沟中	+
	野慈姑	*Sagittaria trifolia*	球茎	生于浅水池塘中	+
禾本科	芦苇	*Phragmites australis*	根状茎	生于浅水中或低湿地	+++
	狗尾草	*Setaria viridis*	全草	生于田间、路旁	+++
	白茅	*Imperata cylindrica*	根状茎	生于低山平原及河岸草地	++
	芨芨草	*Achnatherum splendens*	茎，种子	生于低洼河谷、河床、河岸	++
	荩草	*Arthraxon hispidus*	茎叶	生于山坡潮湿地	+++

（续）

科名	种名	拉丁名	药用部位	生境	数量
莎草科	荆三棱	*Scirpus yagara*	块茎	生于沼泽地水中	+
	扁秆藨草	*Scirpus palniculmis*	块茎	生于湖沼、河渠边、近水处	++
天南星科	菖蒲	*Acorus calamus*	根茎	生于池塘、浅水区、沼泽地	+
	独角莲	*Typhonium giganteum*	块茎	生于山谷阴湿处	+
	东北南星	*Arisaema amurense*	块茎	生于阴坡较为阴湿的林下	++
	一把伞南星	*Arisaema erubescens*	块茎	生于林下阴湿地	++
	半夏	*Pinellia ternata*	块茎	生于林下阴湿地	++
	掌叶半夏	*Pinellia pedatisecta*	块茎	野生于山坡、田野阴湿处	++
鸭跖草科	鸭跖草	*Commelina communis*	全草	生于路旁、林缘阴湿处	+++
	竹叶子	*Streptolirion volubile*	全草	生于山谷、杂木林或密林下	++
百合科	曲枝天门冬	*Asparagus trichophyllus*	块根	山坡、路旁、田边、荒地上	++
	北重楼	*Paris verticillata*	根茎	生于山坡林下潮湿处	+
	铃兰	*Convallaria majalis*	全草	生于山地阴湿处或林缘灌丛	++
	轮叶贝母	*Fritillaria maximowiczii*	鳞茎	生于山顶草甸、林间坡地	
	知母	*Anemarrhena asphodeloides*	根状茎	生于山坡、草地或路旁较干燥或向阳的坡上	++
	小黄花菜	*Hemerocallis minor*	根	生于亚高山草地、林缘灌丛	++
	沿阶草	*Ophiopogon japonicus*	肉质块根	生于山谷阴湿处	+
	鞘柄菝葜	*Smilax stans*	全草	生于山坡、林下、灌丛中	++
	草菝葜	*Smilax riparia*	根状茎	生于山坡草丛、林下、灌丛	+
	黄精	*Polygonatum sibiricum*	根状茎	生于林下、灌丛、山坡上	+++
	二苞黄精	*Polygonatum involucratum*	根茎	生于林下、阴湿山坡上	++
	玉竹	*Polygonatum odoratum*	根茎	生于林下、林间、灌丛	+++
	热河黄精	*Polygonatum macropodium*	根茎	生于山坡、河边、灌丛中	++
	宝铎草	*Disporum sessile*	根状茎	生于山坡、林缘	+
	鹿药	*Smilacina japonica*	根茎	生于林下阴湿处	++
	薤白	*Allium macrostemon*	鳞茎	生于杂草中及山地较干燥处	++
	细叶韭	*Allium tenuissimum*	鳞茎	生于山坡、草地	+
	山韭	*Allium senescens*	鳞茎	生于山坡、草地、沙滩	++
	藜芦	*Veratrum nigrum*	根、全草	生于山坡、草地	++
	有斑百合	*Lilium concolor* var. *pulchellum*	鳞茎	生于山地草甸、山沟及林缘	+
	山丹	*Lilium pumilum*	鳞茎	山坡草地、林间草地、路旁	++
薯蓣科	穿山龙（穿龙薯蓣）	*Dioscorea nipponica*	根茎	生于山坡、灌木林中	+++
鸢尾科	马蔺	*Iris lactea* var. *chinensis*	种子	生于山坡、路边、杂草丛中	++
兰科	手参	*Gymnadenia conopsea*	块根	生于草甸、山坡、林间草地	+
	绶草	*Spiranthes sinensis*	全草	生于山坡、路边、杂草丛中	++
	角盘兰	*Herminium monorchis*	块茎	生于山坡草地、林下、沟边	+

5. 北京野生药用植物的生活型

北京地区药用植物的生活型具有多样性，按其生活类型的不同可分为一、二年生草本，多年生草本，草质藤本，木质藤本，乔木，灌木 6 种类型（表 2–12，表 2–13）。

草本类药用植物总计共有 290 种（包括变种），占药用植物总数的 82.62%。其中，多年生草本类占绝对优势，占药用植物总数的 58.69%。代表种类主要有白头翁、北柴胡、黄芩、半夏、知母等。一、二年生草本类主要有窃衣、香薷、曼陀罗、列当等。草质藤本类有萝藦、党参、羊乳等。

表 2-12 北京地区草本药用植物生活型统计

草本类药用植物	科	百分比 (%)	属	百分比 (%)	种	百分比 (%)
多年生草本	62	46.62	132	52.59	206	58.69
一、二年生草本	30	22.56	68	27.09	77	21.94
草质藤本	4	3.01	5	1.99	7	1.99
合计	96	72.18	205	80.88	290	82.62

木本类药用植物总计共有 61 种（包括变种），占药用植物总数的 17.38%。其中，乔木类主要有油松、黄檗、山楂、桑等；灌木类有北桑寄生、无梗五加、酸枣、细叶小檗、枸杞、鞘柄菝葜等；木质藤本类有北五味子、葛、南蛇藤、山葡萄等。

表 2-13 北京地区木本药用植物生活型统计

木本类药用植物	科	百分比 (%)	属	百分比 (%)	种	百分比 (%)
乔木	13	9.77	19	7.57	21	5.98
灌木	18	13.53	23	9.16	31	8.83
木质藤本	6	4.51	7	2.79	9	2.56
合计	31	27.82	48	19.12	61	17.38

6. 北京野生药用植物的科属分布

从表 2–14 可见，含 2~5 个种的寡种科有 30 个科（包括变种），占总科数的 33.71%，但种数仅 46 种；含 20 个种以上的大科有 19 个科，占总科数的 21.35%，虽在科数上不占优势，但总种数却占北京药用植物种数的 53.56%（表 2–14）。

表 2-14 北京地区药用植物不同科所含种数的统计

不同种数的科	科数	百分比(%)	各类科举例	总种数	百分比 (%)
区域单种科（1 种）	6	6.74	蕨科、防己科、五味子科、透骨草科等	6	1.71
区域寡种科（2~5 种）	30	33.71	麻黄科、远志科、列当科、车前科等	46	13.11
区域中等科（6~10 种）	15	16.85	小檗科、芸香科、鼠李科、葡萄科、五加科等	39	11.11
区域较大科（11~20 种）	19	21.35	桑科、荨麻科、景天科、萝藦科、旋花科等	72	20.51
区域大科（20 种以上）	19	21.35	豆科、唇形科、菊科、百合科等	188	53.56

从表 2–15 可见，含 2~5 个种的寡种属（包括变种）有 112 个属，略占优势，占总属数的 44.62%，所含种数占总种数的 43.59%。

表 2-15 北京地区药用植物各类属所含种数的统计

不同种数的属	属数	百分比（%）	各类属列举	总种数	百分比（%）
区域单种属（1 种）	97	38.65	大黄属、五味子属、罗布麻属、白茅属、知母属等	97	27.64
区域寡种属（2~5 种）	112	44.62	毛茛属、红景天属、柴胡属、党参属等	153	43.59
区域中等属（6~10 种）	33	13.15	小檗属、景天属、沙参属、黄精属等	71	20.23
区域较大属（11~20 种）	6	2.39	铁线莲属、李属、堇菜属、葱属等	13	3.70
区域大属（20 种以上）	3	1.20	蓼属、委陵菜属、蒿属等	17	4.84

7. 北京野生药用植物的分布类型

北京地区野生药用植物在其生境内的分布可分为 3 类。

（1）广布型（分布大于 5 个区、县）

此型的药用植物共 183 种，占 52.14%。代表种有：石竹、草乌、瓦松、黄芩、北柴胡、防风、地黄、桔梗、沙参、穿龙薯蓣等。

（2）区域型（分布于 3~5 个区、县内，对生境有一定的要求）

此型的药用植物有 139 种，占 39.60%。代表种有：野罂粟、裂叶荆芥、薄荷、松蒿、慈姑、泽泻、芦苇、半夏等。

（3）局域型（分布不多于 2 个区、县，生境特殊）

此型的药用植物有 29 种，占 8.26%。代表种有：槲寄生、草芍药、金莲花、黄檗、盒子草、知母等。

通过实地调查还发现，在不同的植被群落类型中，野生药用植物的种类、数量也有一定的差别。

寒温性针叶林主要是华北落叶松人工林，在海拔较高的山区有较大面积分布。林下灌木稀疏，主要分布的药用植物代表种类有白头翁、刺五加、糙苏等。

温性针叶林包括油松林和侧柏林，特别是油松林在北京的分布范围很广，主要生于海拔 600~970m 的阴坡、半阴坡。主要的药用植物代表种类有油松、圆叶鼠李、荆条、篮萼香茶菜、茜草、鸭跖草、竹叶子、玉竹等。

落叶阔叶林是北京山地面积最大、分布最广的基本森林类型，包括了蒙古栎林、白桦林、山杨林、黑桦林、核桃楸林、硕桦林等林型，该景观带分布的药用植物种类最多，主要代表种有山杨、葎草、北五味子、龙牙草、升麻、山葡萄、鸡树条荚蒾、黄花蒿、三脉紫菀、秋苦荬菜、鬼针草、狗尾草、知母、铃兰等。

落叶阔叶灌丛的主要灌丛类型有荆条灌丛、三裂绣线菊灌丛、胡枝子灌丛、柔毛绣线菊灌丛、小叶鼠李灌丛等。该景观带分布的药用植物也很丰富，代表种有荆条、圆叶鼠李、小叶鼠李、蝙蝠葛、北柴胡、茜草、南牡蒿、兔儿伞、大丁草、小花鬼针草、荩草等。

山地草甸群落类型较少，主要的药用植物也较少，但有许多特殊的种类，代表种有拳蓼、狼毒、华北大黄、野罂粟、金莲花、缬草等。

北京市拥有大小河流200余条，建有大、中、小水库80余座，湿地面积约500km^2，湿地植物种类较为丰富，湿地植物群落主要的药用植物代表种有莲、芦苇、眼子菜、香蒲、菖蒲等。

8. 北京野生药用植物的特点

（1）药用部位的多样性

北京地区野生药用植物不同种的入药部位差别很大，有的多个部位同时入药，如北马兜铃、桑、莲等。以每种药用植物最重要的入药部位为准，将药用植物分为根类、根茎类、茎类、皮类、叶类、花类、果实类、种子类、全草类9种类型。

①根类：共有93种，占药用植物总数的26.5%。代表种有白头翁、草乌、秦艽、地榆、白首乌、防风、白芷、紫草、苦参、丹参、桔梗、党参、沙参、手参等。

②根茎（块根、鳞茎、球茎等）类：共有31种，占药用植物总数的8.83%。代表种有升麻、拳蓼、慈姑、芦苇、玉竹、有斑百合、山丹、土贝母等。

③茎类：共有32种，占药用植物总数的9.12%。代表种有小叶朴、大叶小檗、卫矛、柽柳、百里香等。

④皮类：共有5种，占药用植物总数的1.42%。代表种有榆、黄檗、小叶白蜡、刺五加等。

⑤叶类：共有12种，占药用植物总数的3.42%。代表种有柄石韦、侧柏、一叶荻、艾蒿等。

⑥花类：共有10种，占药用植物总数的2.85%。代表种有金莲花、荫生鼠尾草、旋覆花、甘菊、款冬等。

⑦果实类：共有26种，占药用植物总数的7.41%。代表种有苍耳、北五味子、酸浆、沙棘、窃衣、野罂粟等。

⑧种子类：共有21种，占药用植物总数的5.98%。代表种有侧柏、山杏、毛樱桃、酸枣、独行菜、南方菟丝子等。

⑨全草（株）类：共有121种，为主要入药类型，占药用植物总数的34.47%。代表种有卷柏、问荆、瓦松、马齿苋、荔枝草、香薷、藿香、薄荷、列当、蒲公英、鬼针草等。

（2）基本药用功能的多样性

北京野生药用植物基本药用功能的区别也很大，在临床上具有多种药用功能。按照临床应用划分的标准，北京地区野生药用植物可分为以下19种类型（每种药材仅选择最重要的临床药用功能）。

①安神药类：共有4科4属5种，主要种类有侧柏、远志、酸枣等。

②拔毒化腐生肌药类：共有10科10属12种，主要种类有毒芹、曼陀罗、掌叶半夏、北重楼等。

③补虚药类：共有11科23属34种，主要的种类有红景天、刺五加、甘草、党参、沙参、枸杞、南方菟丝子等。

④攻毒杀虫收湿止痒药类：共有6科6属6种，主要种类有蒺藜、蛇床、藜芦等。

⑤化湿药类：共有5科6属7种，主要的种类有香薷、苍术、半夏等。

⑥化痰止咳平喘药类：共有16科27属31种，主要种类有木贼麻黄、北马兜铃、桔梗、独角莲等。

⑦活血化瘀药类：共有15科20属22种，主要种类有牛膝、窃衣、沙棘、丹参等。

⑧解表药类：共有13科19属24种，主要种类有柽柳、防风、北柴胡、藿香、薄荷等。

⑨利尿药类：共有10科10属10种，主要种类有瞿麦、平车前、香蒲等。

⑩利湿药类：共有3科3属3种，主要的种类有毛茛、茵陈蒿等。

⑪清热药类：共有44科78属103种，主要种类有地黄、车前、甘菊、蒲公英、知母、白茅等。

⑫驱虫药类：共有3科3属3种，主要的种类有翠雀、狼毒等。

⑬祛风湿药类：共有23科35属42种，主要种类有牛扁、草乌、白芷、大丁草等。

⑭收涩药类：共有7科7属8种，主要种类有野罂粟、盐肤木等。

⑮消食药类：共有5科6属6种，主要种类有苦荞麦、山楂等。

⑯泻下药类：共有6科6属7种，主要种类有商陆、狼毒、慈姑等。

⑰行气药类：共有7科8属8种，主要种类有地锦草、徐长卿等。

⑱止痛药类：1科1属1种，即白屈菜。

⑲止血药类：共有14科17属19种，主要种类有地榆、景天三七、荔枝草等。

（3）药用植物其他应用价值的多样性

药用植物除了作为药用植物资源外，还大多有其他的利用价值。北京野生药用植物的其他用途主要有食用、油料、淀粉、农药、饲用、芳香、蜜源、材用、观赏、水土保持等。

①可以作为油料植物的有：问荆、榆、葎草、蝙蝠葛、五味子、葶苈、蒺藜、臭檀、臭椿、盐肤木、南蛇藤、酸枣、小叶鼠李、山葡萄、刺五加、白芷、鸡树条荚蒾、苍耳、苍术、牛蒡等。

②可以作为食用植物的有：榆、蒙桑、藜、马齿苋、莲、升麻、山楂、牛叠肚、毛樱桃、甘草、拐枣、酸枣、山葡萄、鸡腿堇菜、薄荷、枸杞、鸡树条荚蒾、有斑百合、山丹等。

③可作为酿酒的植物资源有：蒙桑、拐枣、酸枣、山葡萄等。

④可作为茶叶的有：黄芩、酸枣、刺五加等。

⑤可作为驱虫剂或农药的有：龙牙草、苦参、地榆、酢浆草、苦木、盐肤木、野漆树等。

⑥可作为淀粉植物的有：苦荞麦、莲、白蔹、变色白前、菖蒲等。

⑦可作为纤维植物的有：榆、麻叶荨麻、宽叶荨麻、一叶萩、鸡树条荚蒾等。

⑧可作为造纸原料的有：小叶朴、桑、蒙桑、葎草、狭叶荨麻、蝙蝠葛、葛、蒺藜、罗布麻、变色白前、香蒲、芦苇、白茅、荆三棱等。

⑨可作为观赏植物的有：油松、侧柏、毛白杨、莲、草芍药、臭椿、柽柳、牵牛、荆条、鸡树条荚蒾、桔梗、鸭跖草等。

⑩可作为饲料的有：桑、草木犀、胡枝子、葛、水芹、苍术、苦苣菜、苦荬菜、苦菜、眼子菜、芦苇、狗尾草、荩草等。

⑪可作为木材的有：油松、侧柏、榆、小叶朴、臭檀、黄檗、臭椿、苦木、拐枣、酸枣、鼠李等。

⑫可提取芳香油、挥发油、香精的有：银线草、五味子、葛缕子、蛇床、窃衣、裂叶荆芥、藿香、百里香、薄荷、铃铃香青等。

⑬可作为固堤、固沙、水土保持植物的有：胡枝子、葛、酸枣、小叶鼠李、枸杞、白茅等。

⑭可作为染料的有：黄檗、小叶鼠李、黄栌、山葡萄、茜草、荩草等。

⑮可作为洗涤剂的有：葶苈、臭椿、刺五加、皂荚、鸡树条荚蒾、苍耳等。

⑯可提取栲胶的有：红升麻、柽柳、黄栌等。

⑰可作为绿肥的有：草木犀、胡枝子等。

⑱有毒植物有：牛扁、草乌、芹叶铁线莲、茴茴蒜、毛茛、石龙芮、瓦松、毒芹、青杞、黎芦等。

9. 北京野生药用植物资源分布与利用现状

通过野外走访调查发现，北京各区（县）山区均有药用植物分布，但种类、数量和利用现状有所差异。

（1）延庆县

延庆县的野生药用植物主要分布在北部的松山国家级自然保护区、玉渡山自然保护区、张山营镇、千家店镇、珍珠泉乡、四海镇等几个植被较丰富的地区。另外，有一些著名的药用植物如木贼麻黄、草麻黄、白鲜等在北京只有延庆县少数地方有分布，应给予重点保护。

松山自然保护区地形比较复杂，多数山地海拔在1200~1600m之间，形成中山山地峡谷，山势险峻陡峭。多变的地形地貌和小气候特点为药用植物创造了多样的生态环境。根据调查，松山保护区现有野生药用植物54科107属144种，包括全草类、根茎类、根类、根皮树皮类、果实类、叶类药材。分布较多的重要药用植物有党参、沙参、北柴胡、苦参、白头翁、蝙蝠葛、南蛇藤、糙苏、木香薷等，而利用最多的是黄芩，既可以入药，也可以代茶。在当地还有少量人工栽培的党参。作为一种重要的资源，可以对当地的药用植物进行适度的开发利用。但同时也要注意加强保护，杜绝“乱掘滥挖”“乱砍滥伐”“抢青抢收”等不良现象，也可通过人工栽培来增加经济收入。

延庆县野生药材收购

千家店镇、四海镇、珍珠泉乡占据了延庆整个东北部，整个地区的药材主要有穿龙薯蓣、柴胡、防风、黄芩、苍术、知母、玉竹、黄精、桔梗、北沙参等。在这3个乡（镇）里，共有两个长期营业的小型药材收购部，位于千家店镇河南农贸市场内和四海镇四海大街。从药材收购部收购的情况来看，各种药材的年收购量大小依次是穿龙薯蓣、苍术、黄芩、柴胡、桔梗、玉竹、北沙参、知母。由此可见该地区的大宗野生药材主要是穿龙薯蓣、黄芩、苍术和柴胡等。从我们实际调查的情况来看，也符合这一结论。同时由于近年来政府实行退耕还林，许多农民从土地中解放出来，有更多的时间进行野生药材的采集和买卖。这里大多数的村庄都有专门的人员从事野生药材的收购，通常有较好的经济效益。

另外，近年来千家店镇还鼓励当地村民大量种植黄芩，给村民有偿提供种子和一些管理技术，同时还提供销路，这样使得该镇的黄芩人工种植面积迅速增加。除了药用以外，目前在千家店河南农贸市场还有一个黄芩茶加工厂，从村民手中收购黄芩叶就地加工成茶叶，装袋包装后销售。

（2）密云县

密云县的药用植物主要集中分布在雾灵山、云蒙山、云峰山等山区。

雾灵山国家级自然保护区是华北地区植物资源最丰富的地区之一，有“天然植物园”、和“天然物种基因库”之称。经调查统计，雾灵山野生药用植物较为丰富，有61科146属192种。其中有一些是当地特有种，如雾灵沙参、轮叶贝母等，应给予重点保护。经走访调查发现，当地群众主要利用的野生药用植物有穿龙薯蓣、五味子、黄芩、防风、西伯利亚远志、北柴胡、知母等，其中最大量的是穿龙薯蓣。此外还有马兜铃、黄檗等，但是规模不大，局限于“摆小摊”的形式。其他多数种类尚未得到利用，其开发潜力很大。雾灵山植被丰富，地理环境优越，建议在此地发展药材产业，建立药用植物引种和培育基地，促进药用植物产业经济增长。

云蒙山位于密云县和怀柔区交界处，是北京市著名的国家级森林公园。云蒙山植被丰富，地理环境优越，经调查统计，云蒙山野生药用植物共55科135属185种。在众多的药材中，穿龙薯蓣的数量仍是最多，有人专门到山上采挖，村里也定期有人来收购晾晒干的穿龙薯蓣。柴胡、防风、知母在当地也有很大数量，平时生活中也会使用到它们。

值得一提的是国家二级保护植物，同时也是著名药用植物的芸香科的黄檗，在北京其他区域均为散生，但在雾灵山和云蒙山有较大的居群，特别是在坡头的一个居群中有30余株，生长状况良好，但分布在居民点附近的植株有明显被破坏的痕迹。另外，另一种芸香科中的药用和食用植物崖椒在云蒙山也首次被发现有较大面积分布，而且长势良好，高达5m，呈小乔木状生长。

云峰山风景区坐落于密云水库北不老屯镇，东靠密云古北口、司马台长城、雾灵山风景区，西接云蒙山风景区。经调查统计，云峰山野生药用植物共47科99属129种，利用较多的药材主要有苍术、知母等。

（3）怀柔区

怀柔区的药用植物主要集中分布在喇叭沟门自然保护区、西栅子、黑坨山、慕田峪等山区和林区。

喇叭沟门自然保护区是北京市最大的天然林区，区内生态系统良好，资源植物种类丰富。经调查统计，喇叭沟门自然保护区共有野生药用植物67科109属242种。其中较著名的有北

怀柔区喇叭沟门濒危植物园

五味子、黄檗、紫草、辽藁本、连翘、黄精、苦参、紫菀、升麻、柴胡、西伯利亚远志、苍术、山杏、桔梗、防风等。尽管喇叭沟门林区药用植物种类很多，但多数尚未得到开发，药材部门经常收购的仅有 20 多种，其开发潜力很大，可凭借有利的自然条件和人工栽培措施促进药用植物产业经济增长。

慕田峪地区地貌以 400~1000m 的中低山为主，其最高峰黑坨山海拔 1534m。在调查区内，保存有较为完好的山杨林、蒙古栎林、黑桦林、鹅耳枥林。在林中数量较多的重要药用植物主要有山杏、葛藤、穿龙薯蓣、地榆、苦参、山葡萄等。值得一提的是，这一地区的葛藤由于种群繁殖过多过快，数量极多，在局部地区已经近于成灾，影响其他植物生长。葛藤是豆科的木质藤本植物，因其耐旱能力强，全株蔓延，覆盖地面，一直被当做良好的水土保持树种来推广，葛藤的茎皮又是纺织、造纸原料，块根可提取淀粉供食用，花可解酒、化湿热，是一种重要的经济树种，可给予合理开发利用。另外，在慕田峪长城 23 号台北侧沟内发现大面积党参，为北京地区少见，可合理开发利用。数量较少的种类有刺楸、盐肤木、苦木、臭檀等，应该给予重点保护。其中刺楸为北京市一级保护植物，在我们调查范围内也只发现一株。

黑坨山是军都山的主要山峰之一，海拔 1534m，位于怀柔区西北约 40km 的西栅子村。黑陀山主要药用植物有无梗五加、黄檗、五味子、华北白前、银线草、苍术、藿香、木香薷、桔梗、罗布麻等。而且还发现了较少见的风箱果、齿叶白娟梅等。其中罗布麻为怀柔分布新记录。这一地区人为活动较少，多数资源植物尚未得到利用。

值得一提的是，怀柔区当地的林业部门在喇叭沟门乡雕窝村建立了北京市首个“濒危植物园”。该植物园占地 30 亩左右，种植了 170 多种濒危植物，其中药用植物主要有金莲花、苦参、龙胆、刺五加、穿龙薯蓣、党参、羊乳、桔梗、萱草、知母等，成为一处生态教育研究实践基地，对拯救濒危野生植物、保存濒危植物种质资源和普及植物知识起到了积极作用。

（4）平谷区

平谷区的药用植物主要集中分布在四座楼自然保护区、三羊古火山风景区以及黄松峪等山区和林区。

四座楼自然保护区位于平谷区的北部山地，保护区平均海拔 400~500m，最高峰狗脊岭海拔 1200m。本地区分布有较大面积的天然侧柏林、油松林、栓皮栎林、核桃楸林等。数量较多的药用植物主要有地黄、蒲公英、西伯利亚远志、沙参、穿龙薯蓣、玉竹、柴胡、苦参等，这些资源植物可合理开发利用。

三羊古火山风景区位于平谷区东北方向 19km 的熊耳寨乡境内、花峪村南，野生药用植物主要有白首乌、防风、北柴胡、苦参、穿龙薯蓣、景天三七、有柄石韦、夏至草、益母草、桔梗、荠苨、热河黄精、山丹、沙参等。

（5）房山区

房山区的药用植物主要集中分布在蒲洼自然保护区、上方山自然保护区和十渡风景区。由于该区山区多为石灰岩山地，因此以喜钙的物种分布较多，如侧柏、银粉背蕨、中国蕨、青檀、小叶朴、黄连木、臭椿、鸡桑、鹅耳枥、脱皮榆等。另外特有种也较多，有些植物在北京只有房山有分布或主要在房山分布，如槭叶铁线莲、独角莲、青檀、省沽油、房山紫堇、少脉雀梅藤等。

蒲洼自然保护区位于房山区南部，由于人类活动较少，仍然保存着大面积的辽东栎林、核桃楸林、山杨林等天然林。药用植物主要在林下，有紫堇、杠柳以及较多的银线草（四块瓦）和天南星科植物，另外还有其他地方较少见的大齿黄芩和华北散血丹等。

上方山位于房山区韩村河镇，最高峰海拔 860m。作为一处保存完好的原始次生林，上方山的森林覆盖率达 90% 以上，植物种类繁多，药用植物有 100 多种，其中主要有黄精、穿龙薯蓣、知母、拐枣、马兜铃、丹参、独根草、酸枣等，天南星科的独角莲在上方山有较多分布。上方山黄精的采集量很大，主要是当药材出售或炒菜或泡酒。据了解，当地主要经营的药材有穿龙薯蓣、马兜铃、拐枣、酸枣、黄精、丹参等，每年都会有收购商去收购，也向游客兜售。黄精、拐枣、香椿为上方山 3 大特产，称为“三宝”。

（6）门头沟区

门头沟区的药用植物主要集中分布在小龙门林场、东灵山、百花山以及妙峰山等自然保护区和林区。

小龙门林场和东灵山大部分地区海拔 1000~1400m，其中东灵山主峰海拔 2303m，为北京市最高峰，植被垂直分带明显，资源植物种类较多。通过统计，本地区重要的药用植物主要有马兜铃、河北大黄、拳蓼、类叶升麻、白头翁、金莲花、地榆、苦参、黄檗、西伯利亚远志、刺五加、无梗五加、白芷、防风、蛇床、柴胡、藿香、益母草、丹参、黄芩、缬草、桔梗、玉竹、苍术、知母等。其中，黄檗、刺五加、无梗五加、知母等均为重点保护植物，数量稀少，受干扰程度较高，应给予重点保护。另外麻黄科的单子麻黄仅生长在东灵山顶峰的岩石缝中。

百花山自然保护区资源植物与东灵山基本相同。

妙峰山镇位于门头沟区东北部，是连接门头沟深浅山区的纽带。妙峰山野生药用植物主要有地榆、刺儿菜、苍耳、地黄、酸浆、穿龙薯蓣、阴行草、党参、桔梗、萝藦、苦参、酸枣等。

走访调查发现，在门头沟区清水镇杜家庄有一个规模较大的药材收购站，主要收购黄芩、穿龙薯蓣、柴胡、苍术、知母、西伯利亚远志等药材，还有简单的药材加工机器，如脱皮机、切片机等。收购来的药材一般经过晒干、脱皮、切片等简单的加工工序再转销到大型药材集散市场。

门头沟区野生药材收购

（7）昌平区

昌平区的药用植物主要集中分布在南口（包括大杨山、双龙山和虎峪）、十三陵林场、莽山以及沟崖等自然保护区和林区。

昌平区地处平原和山区的交错带，整体海拔变化不大，且因离城区较近，植被受人为干扰较大。相对于以上几个区（县）来说，植物种类较少。南口、十三陵林场、莽山等地海拔较低，植物种类多为低山常见种，药用植物主要有防风、黄花龙牙、沙参、菟丝子、苦参、鬼针草、益母草等比较耐干旱的种类，其中鬼针草、黄花龙牙、菟丝子、益母草数量较多。经走访调查，当地对野生药用植物利用较少，很少有人山上挖药材进行交易。值得注意的是，这一带由于距离城区较近，人类活动较多，造成外来入侵植物在此处扩散数量也较多，如三叶鬼针草、通奶草、虱子草等，应给予一定关注。

沟涯自然保护区由于地形复杂，生境多样且较少人为干扰，植物资源较为丰富。其中，药用植物主要有党参、五味子、桔梗、知母、穿龙薯蓣、紫草、藿香、苍术、益母草、防风、柴胡、黄精、牛皮消等。沟涯保护区石灰岩山地较多，其生境及植物种类与房山区十渡、上方山等地有相似之处。

10. 北京市重点保护的野生药用植物

药用植物由于其具有特殊的利用价值和经济价值，是所有野生植物资源中受威胁程度最高的资源类型。在2008年发布的《北京市重点保护野生植物名录》80种重点保护植物中，药用植物占了很大的比例。

北京市一级保护植物有8种，其中有2种药用植物，分别是刺楸和轮叶贝母。刺楸为五加科植物，该种在北京云蒙山桃源仙谷有少量植株分布，已相当濒危，且极易遭受破坏，为防止其在北京绝灭，应重点保护。轮叶贝母为百合科植物，是著名的药用植物。该种在密云雾灵山有分布，但数量已相当稀少，在北京濒于绝灭。

北京市二级保护植物共有72种，其中包含多种著名的药用植物。麻黄属植物是医治风寒感冒、全身疼痛、咳嗽和气喘等疾病的良药，也是提取麻黄素的唯一原料。近年来，由于国际市场上天然麻黄素需求量增加，价格连续上涨，麻黄加工厂家竞相提价收购，导致对野生麻黄的破坏性采收，使野生麻黄资源日益锐减。北京分布有木贼麻黄、草麻黄和单子麻黄3种，但资源量均很少，仅有零星分布，特别是单子麻黄，在北京仅见于东灵山顶峰的岩石缝中，相当稀有，应给予重点保护。草芍药和长毛银莲花都是非常珍贵的观赏植物，同时也是药用植物，但人为破坏十分严重。如不加以保护，很容易造成该类植物濒危。红景天属植物都是重要的药用植物，其中小丛红景天和狭叶红景天多生长于海拔较高的亚高山草甸上，在门头沟区百花山、东灵山、延庆县松山等地有分布。红景天则数量更少，仅存在于密云县雾灵山和门头沟区百花山。膜荚黄耆是著名的中草药，在北京分布范围窄，当属濒危物种，应当保护，其他许多省份也已将该种列为保护植物。甘草，药之国老，不但国内需求巨大，同时也是我国传统出口商品，年需求量达4万多吨，是我国用量最大的中药材品种。多年来，由于人们乱采滥挖，全国野生甘草的面积也在急剧下降，不少原主产地资源濒临枯竭，在北京地区也已很难见到。白鲜属芸香科，主要分布于东北和华北，在北京只有延庆大海坨山有分布，非常稀有，是极其漂亮的野生花卉，同时其根皮入药，有怯湿、解毒之功效。辽东楤木为五加科植物，既可药用，其嫩芽也可作山珍食用。本次调查在密云雾灵山和云蒙山发现有辽东楤木的分布，但数量不多。刺五加是著名的中药，一直被列入国家保护植物名录。无梗五加与刺五加同属，但相对来说要稀有得多，不仅分布地点有限，且种群数量也少。同刺五加一样，该种也是中药植物，应当保护。鹿蹄草属植物在北京分布数量很少，其全草入药，有怯风湿、强筋骨、解毒、止血等功效。由于其体型小，很难被人发现，但该种属于强阳性植物，当地人常在下雪时找到它的踪迹，并有采摘其叶片饮茶的习惯，破坏性较大。秦艽又名大叶龙胆，为常用中药，北京主要见于门头沟区百花山、东灵山，延庆县松山等高海拔山坡草地，近年来被滥采滥挖，其资源和生境破坏严重，应加强保护。白首乌为萝藦科植物，该种在北京虽然分布较广，但由于当地群众常将其误认为著名药用植物何首乌（蓼科），对其地下根的采挖十分严重，造成资源的极大破坏。丹参和黄芩均为唇形科植物，在北京分布较广，但二者都是重要的药用植物资源，如不加以保护，很可能使该类植物遭受严重的破坏。前者目前采挖现象严重，后者由于人工大规模种植而使野生种群得到较好保护。土贝母鳞茎入药，在北京只有房山、门头沟和海淀有零星分布，已不多见，为濒危植物。桔梗、党参和羊乳都为桔梗科植物，是著名的中药材，同时三者也是非常漂亮的野生花卉资源。天南星科的独角莲在北京只有房山区上方山有分布，为濒危物种。百合科中的知母、黄精等植物虽然在北京分布较广，但由于它们均为著名的药材，盗挖和采摘现象十分严重。如不加以保护，这类资源很快就遭受严重的破坏而造成易危甚至濒危。穿龙薯蓣又名穿山龙，在北京各山区均有分布。但该种的根是目前北京地区最大宗的野生药材，近年来采挖现象比较严重，也应给予适当保护。

东灵山大叶龙胆破坏性采挖

11. 北京野生药用植物资源保护与利用建议

北京地区的药用植物种类丰富，无论从种类、生活类型、科属结构，还是从入药部位、药用功效等方面，都显示出明显的多样性。为了更好地保护好北京地区野生药用植物种质资源，提出以下几条保护建议。

（1）加大保护力度，制定管理制度和规划

加大对野生药用植物保护和宣传力度，并健全和完善管理制度。应在充分调查研究、广泛征求意见的基础上，结合对北京市重点保护植物的需要，制定统一全面、切实可行，有利于资源利用、保护与可持续发展的地方法规条例。同时，在野生药用植物资源开发利用过程中，要制订详细的短期、中期和长期发展规划，要有明确的方向性、原则性和长期性，坚决制止“杀鸡取卵”“竭泽而渔”等短期掠夺式开发利用方式，在注重经济效益的同时，更要注重生态效益和社会效益。在当前大力开发生态旅游资源的同时，更要保护现有的自然资源。另外，还应建立完整的财政支持机制，采取多种途径，确保资源保护规划和措施的实施。

（2）加大研究力度，合理开发利用

合理开发利用，必须注意保持药用植物资源增长量与开发利用量相一致。药用植物资源具有可再生性，是可更新资源，但是其再生过程需要一定的周期，在开发利用时必须注意保持一定的资源储量，维持其再生能力，才能达到开发与更新的平衡。我国曾一度对甘草、麻黄等疗效好、用量大的药用植物过度开发利用，导致其野生资源难以有效更新，甚至面临濒危。目前北京一些药用植物也面临这样的境况，因而应受到足够重视。

合理开发利用，争取效益最大化。对药用植物资源进行综合开发利用，大力开发饮片、提取物、配方颗粒、功能食品、食品添加剂等不同产品，可以在一定程度上缓解野生资源的压力，提高资源效益。同时，加强药用植物资源副产物的开发利用，可有效地降低成本，提高资源的利用率，例如利用药材加工的废弃物、药渣等生产家禽家畜等所用的饲料。

对于已成为濒危植物或重点保护植物的药用植物，还应加强科学研究，从生殖生物学、遗传多样性、生理生态、传粉生物学特征和种群动态等方面分析致濒的内在机制和外在因素，建立完善的珍稀濒危物种和资源蕴藏量的预警系统。有关部门应该加大投入，建立小型的专种药用植物保护区、药用植物园、珍稀濒危药用植物保护中心、种质基因库等，有效保护好这些植物资源。

（3）加强对大宗野生药用植物产业化开发，扩大产业规模

以穿龙薯蓣、黄芩、柴胡、丹参、苍术等道地、大宗野生药用植物为重点，以 GAP * 为标准，把分散栽培和集中连片种植相结合，因地制宜、合理布局，构建试验、示范、辐射推广相结合的中药材规范化生产示范推广体系，实现中药材种植的集约化、规范化和标准化。

同时，应充分与北京地区及其周边的众多大中型中药生产企业或相关生物高科技开发公司建立产销合作关系，把当地 GAP 药用植物栽培基地变成这些生产企业的原料供应基地，由这些企业和工厂统一收购作为其生产原料，这样既可保证原药材的质量，扩大产业规模，节省运输成本和中间环节费用，还可带动地方就业和地方经济的发展。

---

* GAP 指《中药材生产质量管理规范》

12. 北京主要野生药用资源植物

（1）草麻黄 *Ephedra sinica* Stapf

麻黄科（Ephedraceae）麻黄属植物。

形态特征 草本状小灌木，高 20~40cm，木质茎短或呈匍匐状。小枝丛生，直立，具节。叶膜质鞘状，基部合生，上部 2 裂。花单性，雌雄异株，雄花序有多数雄花，常成复穗状；雌花序卵形，苞片膨大成肉质并变为红色，内含 2 粒种子。花期 5~6 月，种子成熟期 8~9 月。

分布与生境 分布于华北和西北等地。北京见于延庆县、昌平区、门头沟区，常生于山地草坡、干燥荒地、沟谷、河床等处，耐干旱。

药用部位与功能主治 以干燥草质茎和干燥根入药，具发汗散寒、宣肺平喘、利水消肿之功效，主治支气管炎、气喘，也用于治疗枯草热、休克等症。

理化成分 主要含麻黄碱和伪麻黄碱。其中，主要有效成分麻黄碱为提取麻黄素等药物的主要原料植物。麻黄碱盐类用作血管收缩剂、扩瞳剂、交感神经系统兴奋剂。

采收与加工 秋季麻黄碱含量最高，一般在 9 月下旬 ~10 月中旬采集全株，采后去泥土，阴干。

资源利用与保护 麻黄属植物均含麻黄碱，为重要的药用植物。除草麻黄外，北京地区麻

草麻黄

黄属植物还有木贼麻黄 *E. equisetina* 和单子麻黄 *E. monosperma* 两种。3 种麻黄中，木贼麻黄生物碱的含量较高，为提制麻黄碱的重要原料，但近年来野生的木贼麻黄已非常少见。草麻黄尽管生物碱含量稍次之，但资源量较大，且木质茎少，加工提炼相对容易，再者由于常生于平原、山坡、河床、草原等处，易于采收，因而成为我国提制麻黄碱的主要植物。单子麻黄也含有麻黄碱，可以药用，但由于植株矮小，数量稀少，又生长于人迹罕至的高海拔地区，因此一般很少开发利用。

麻黄属植物除主要供药用外，其雌球花的苞片熟时肉质多汁，俗称“麻黄果”营养丰富，可以作为野果食用。

北京地区 3 种麻黄数量均很少，目前均已被列为北京市重点保护植物。除自身不易繁殖等原因外，其生境的恶劣性也是造成种群数量不断下降的因素之一。随着山区旅游的兴起，人为干扰也会进一步对其生长产生不利影响，因而应给予重点保护，目前不宜开发利用。

（2）北马兜铃 *Aristolochia contorta* Bunge

马兜铃科（Aristolochiaceae）马兜铃属植物。又名马兜铃、天仙藤、青木香、后老婆罐、

北马兜铃

臭瓜蛋等。

形态特征 多年生草质藤本，根细长，有香气。茎缠绕，具纵沟，有气味。叶互生，三角状卵形，基部深心形，全缘。花 2~8 朵簇生叶腋，花被 1 轮，绿色带紫色，基部球形，中部弯管状，上部扩大成舌状，先端成丝状尾尖。蒴果倒卵形，下垂，熟时 6 裂。种子扁平三角状。花期 7~8 月，果期 9~10 月。

分布与生境 分布于东北、华北各地。北京各区（县）海拔 800m 以下山地均有分布，多见于山沟灌丛间、路旁、林缘，缠绕在其他植物上。耐寒，喜湿。

药用部位与功能主治 成熟果实、茎叶和根均可入药。果实味苦、微辛、性寒，有清肺降气、化痰止咳之功效；根味辛、苦、性寒，有行气降压、镇痛消肿之功效；茎叶味苦，性温，有行气活血、利尿消肿之功效。

理化成分 果实含马兜铃酸 A、马兜铃酸 C 和马兜铃酸 D，木兰碱苦味酸盐及 β－谷甾醇；根含马兜铃酸 A、木兰碱、尿囊素、马兜铃酮、β－谷甾醇及胡萝卜甙。

采收与加工 秋季果实由绿变黄时，连柄带果摘下晒干，用时搓去筋；茎叶枯萎时挖取根部，除去须根、泥土，晒干；茎叶在秋后采收，晒干。

资源利用与保护 《本草衍义》曰："马兜铃蔓生，附木而上，叶脱时铃尚垂之，其状如马项铃，故得名。然熟时则自拆，拆开有子。全者采得时须八九月间。"马兜铃干燥果实、茎叶和根均可入药，药材名称果实为"马兜铃"，根为"青木香"，茎叶为"天仙藤"。马兜铃在北京非常常见，资源量丰富。作为药用植物，北京地区目前对其利用率还很低，只有少量果实在一些农贸市场上有零售。

需要注意的是，近年来有报道称马兜铃含有的马兜铃酸毒性较强，剂量过大可能会对肾脏造成损伤，因此在使用本药时需谨慎，不可以长期或大量连续服用，应在医师指导下进行安全使用。

（3）拳蓼 *Polygonum bistorta* L.

蓼科（Polygonaceae）蓼属植物。又名紫参、草河车、刀剪药。

形态特征 多年生草本，高 50~90cm。根茎粗大，肥厚扭曲，黑褐色，内部紫色。基生叶具长柄，披针形或宽披针形，沿叶柄下延成翅。茎生叶渐小，具短柄，披针形或线形。穗状花序顶生，圆柱形，花密集。花白色或粉红色。瘦果 3 棱形，红褐色，具光泽。花期 6~7 月，果期 8~10 月。

分布与生境 分布于东北、华北、西北等地。北京生于东灵山、百花山等海拔 1600~2000m 的亚高山草甸、阴湿山坡、草丛、林下，常聚集成片生长。

药用部位与功能主治 干燥根状茎入药，为收敛药。主治肝炎、细菌性痢疾、慢性气管炎、痔疮出血、子宫出血；外用治口腔炎、牙龈炎、痈疖肿毒、毒蛇咬伤。

理化成分 根状茎含鞣质、鞣花酸、没食子酸、儿茶酚、羟基甲基蒽醌、黄酮类等。

采收与加工 春秋两季挖取根状茎，去掉茎叶及须根，洗净，直接晒干或切片晒干备用。

资源利用与保护 拳参出自《本草图经》："拳参，生淄州田野。叶如羊蹄，根似海虾，黑色。五月采。"拳蓼的根茎入药称"紫参"和"拳参"，有清热解毒，凉血止血的功效。另外，其根茎还含有丰富的鞣质（单宁），而且纯度较高，是重要的鞣料植物。北京地区拳蓼资源较为丰富，但尚未开展有效利用，仅有少数当地民众采集其根状茎做药材自用，综合开发利用潜力很大。

拳蓼

（4）五味子 *Schisandra chinensis*（Turcz.）Baill.

五味子科（Schisandraceae）五味子属植物。又名五味子。

形态特征 落叶木质藤本。单叶互生，柄细长，叶片椭圆形或倒卵形，边缘具稀疏腺齿。花单性异株，单生或数朵簇生于叶腋，花梗细长，花被片 6~9，乳白色，轮状排列。浆果近球形，直径 5~7mm，成熟时呈深红色，肉质，排列在伸长的花托上，形成穗状聚合果。花期 5~6 月，果期 8~9 月。

分布与生境 分布于东北、华北、华中等地。北京各区（县）山区均有分布，以房山、门头沟、密云、延庆、怀柔等地较多。生长于偏阴湿的沟谷、溪旁、林间或山坡地带，常缠绕在

五味子

其他植物的茎上。

药用部位与功能主治 果实入药，为收敛药。性温、味酸、甘，具有敛肺滋肾、敛汗生津、固精止泻、宁神安神之功效。茎、叶、种子均可提取芳香油，供调制椰子香精等。

理化成分 果皮及成熟种皮含木脂素，是五味子的药用有效成分，主要为五味子素及其类似物 α－五味子、β－五味子、γ－五味子、δ－五味子、ε－五味子素、去氧五味子素、新五味子素、五味子醇等。果实中含芳香油 0.89%，主要成分为枸橼醛。

采收与加工 秋季采摘成熟的五味子果实，捡去果枝及杂质，晒干即可。近年研究表明，茎也可代果实药用。采收的果实、茎枝晒干或阴干。

资源利用与保护 《本草纲目》收载，所谓五味，是指“皮肉甘、酸，核中辛、苦，都有咸味，此则五味具也”。又记载“茎赤色，花黄、白，子生青熟紫，亦具五色”。又记载“五味今有南北之分，南产者色红，北产者色黑，入滋补药必用北产者乃良”。中医学界认为北五味子具有滋阴强壮、补中益气的功效，可以养五脏、壮筋骨。现代医学实验证明北五味子对中枢神经有兴奋作用，可提高大脑皮层的调节作用，增强神经过程的灵活性，对呼吸也有兴奋作用，对血压、胃液的分泌有调节作用，能提高人的视力和听力。除药用外，五味子还有多种其他用途：春季采摘嫩叶可以食用，叶片可制茶叶和香料；茎、叶和果实可提取芳香油，种仁含脂肪油；其果汁用于制酒和饮料也已有几十年的历史。五味子在国内外市场上很受欢迎，市场潜力大，价值高。利用林间空地，林缘河流两岸大量空地栽培五味子是一项很有前途的产业，可卖鲜果，可晾干贮存，可发展深加工，对于山区经济发展有积极意义。五味子在北京各区（县）山区有分布，但多为零星生长，植株均较矮小，资源蕴藏量不大，物种受威胁程度较大。目前利用仅限于民间，如用其果实泡酒，用其叶子炖肉等。尚未被真正开发利用，可效仿东北地区大面积栽培，进而发挥其经济效益。

（5）白头翁 *Pulsatilla chinensis*（Bge.）Regel.

毛茛科（Ranunculaceae）白头翁属植物。又名老公花、毛姑朵花。

形态特征 多年生草本，高 10~40cm，全株密被白色柔毛。根圆锥形，有纵纹。叶基生，4~5 片，具长柄，3 出复叶，中央小叶 3 深裂，侧生小叶 2~3 深裂。花单生；萼片 6，蓝紫色，花瓣状，雄蕊、心皮多数。聚合果，瘦果顶端具羽毛状宿存花柱。花期 4~5 月，果期 6~7 月。

分布与生境 分布于东北、华北、华东、西北等地。北京各区（县）山区中低山都有分布，以阳坡为多，生于山坡、草地、林缘。

药用部位与功能主治 根供药用，为治痢疾的特效药，对阿米巴痢疾疗效更为显著，其醇浸液对体外枯草杆菌及金色葡萄球菌有抑制作用。又可治疗鼻衄、痔疮出血等症。

理化成分 根含三萜类皂甙、香豆素和有机酸。全草含白头翁素、原白头翁素。

采收与加工 3~5 月开花季节采挖根品质较好。去泥土，晒干即可。

资源利用与保护 白头翁出自《神农本草经》。《别录》中记载“白头翁生高山山谷及田野，四月采”，《唐本草》中记载“白头翁，其叶似芍药而大，抽一茎，茎头一花，紫色，似木堇花，实大者如鸡子，白毛寸余。正似白头老翁，故而得名焉。根甚疗毒痢，似续断而扁”。白头翁根入药味苦性寒，为赤痢特效药，因为它除了有苦寒清热的作用外，还能宣通肠胃郁火，

白头翁

使热毒能散能清。白头翁在北京分布广泛，资源量较大，有较高的经济效益。同时，白头翁在园林中还可作自然栽植，用于布置花坛、道路两旁，或点缀于林间空地。其花期早，植株矮小，是理想的地被植物品种，果期羽毛状花柱宿存，形如头状，极为别致。

需要注意的是，白头翁的茎叶与根作用不同，具有强心作用，有一定毒性，使用时必须注意。

（6）地榆 *Sanguisorba officinalis* L.

蔷薇科（Rosaceae）地榆属植物。又名黄瓜香、山地瓜、血箭草。

形态特征 多年生草本，高 50~150cm。根粗壮，纺锤形，木质化。茎有棱，光滑。奇数羽状复叶互生，小叶 2~6 对，长圆形，有粗锯齿。直立穗状花穗，顶生，先从顶端开花，萼筒喉部收缩，萼片 4，暗紫红色，花瓣状。瘦果，包于宿萼内。花期 6~8 月，果期 8~9 月。

分布与生境 中国各地均有分布。北京各区（县）山地常见，生于山坡、林缘、草甸及灌丛间。

药用部位与功能主治 根及根茎入药，具有收敛、止血、止泻之功效，可治疗肠胃炎或出血、吐血、月经过多等症，又可治疗烫伤及烧伤等。

理化成分 含鞣质、地榆素、地榆皂角甙，全草可作农药杀虫。

采收与加工 春秋两季均可采收，以春季为好，挖出根，除去地上部分，洗净晒干，或切成斜片晒干。

资源开发与保护 地榆小叶似榆树叶，初生时布地，故而得名。将新鲜嫩叶揉碎可闻到一股生黄瓜气味，故又称“黄瓜香”。地榆根及根茎药用，为收敛止血药，外敷治烫伤，痈肿疮毒。根、叶作农药，防治棉蚜虫、红蜘蛛、大豆蚜虫，全草水浸液，对防治小麦秆锈病有效。此外，春、夏季采地榆嫩叶，开水浸烫后，换清水浸去苦味，可炒食；根含淀粉，可酿酒；根、茎、叶均含有鞣质，可提制栲胶，是重要的鞣料植物。地榆花朵密集，色泽艳丽，可用于花坛、花境的绿化，同时也是优良的蜜源植物。地榆为多年生草本，适应性强，微酸至微碱土壤均可生长，便于人工栽培种植，目前在药用植物园多有栽培。地榆在北京地区广泛分布，野生资源蕴藏量大，可合理利用。

地榆

（7）甘草 *Glycyrrhiza uralensis* Fisch. ex DC.

豆科（Fabaceae）甘草属植物。又名蜜草、甜草。

形态特征 多年生草本，株高30~100cm。根茎圆形，粗壮，木质部干时呈黄色。叶互生，奇数羽状复叶，小叶7~17，椭圆状卵形。总状花序腋生，蝶形花冠，淡紫红色。荚果长圆形，有时呈镰刀状或环状弯曲，密被棕色刺毛状腺毛。扁圆形种子。花期6~7月，果期7~9月。

分布与生境 分布于西北、华北和东北等地。多生于干旱沙地、河岸沙质地、山坡草地及盐渍化土壤中。北京偶见于门头沟区百花山、延庆县松山等地，零星分布，数量稀少。

药用部位与功能主治 根及根茎入药，为补气药。性干、味甜，补脾益气、清热解毒、止咳祛痰、调和诸药。近年新用途为治疗慢性肝炎、甲型淤胆型肝炎及抗肝癌药物。

甘草

栽培甘草

理化成分 根含有大量的三萜皂甙类成分，主要为甘草甜素 5%~11%，系甘草酸的钾、钙盐，并含皂甙原次酸 3%~7%。还含少量甘草甙葡萄糖和蔗糖，苦味成分甘草苦素。

采收与加工 春秋两季均可采收，将挖出的根茎除去土和杂质，晒至半干，捆成小把，再晒至全干，使用时剥去外表红色栓皮。

资源开发与保护 甘草入药已有悠久历史，早在 2000 多年前，《神农本草经》就将其列为药之上品。南朝医学家陶弘景将甘草尊为“国老”，并言“此草最为众药之王，经方少有不用者。国老，即帝师之称”。把甘草推崇为药之帝师，其原因正如李时珍在《本草纲目》中所释“诸药中甘草为君，治七十二种乳石毒，解一千二百草木毒，调和众药有功，故有国老之号”。甘草根作为著名中药，是临床最常用的药品。生甘草能清热解毒、润肺止咳，同时用作矫味，缓冲和解毒剂，调和诸药性；炙甘草能补脾益气，临床用量大。

除药用外，甘草根也可提取芳香物质（甘草膏、甘草浸膏），用作食品、饮料、烟草香精的原料。甘草浸膏是制造巧克力的乳化剂，还能增加啤酒的酒味及香味，提高黑啤酒的稠度和色泽，制作某些软性饮料和甜酒。甘草还是我国民间传统使用的一种甜味剂，在一般食品中使用可代替部分蔗糖，也可作调味剂，赋予食品以特有的风味和甜味。

甘草分布很广泛，在中国北方各地均有生长。甘草地下根和根茎发达，横生根茎和直立根茎的芽萌发后，向上生长，形成新的直立根茎，适当采挖可刺激甘草的无性繁殖。但由于其经济效益显著，近年来遭到掠夺性采挖，加之生境被不断破坏，致使甘草野生资源骤减。由于甘草市场需求巨大，近年来已有不少地方进行人工种植。甘草适应性强，抗逆性强，抗干旱，抗风沙，在干旱地区及沙地大量人工种植甘草不仅具有巨大的经济效益，还能产生良好的生态效益。现北京药用植物园等地有少量栽培。目前野生甘草在北京地区已很稀少，仅延庆县和门头沟区的一些干旱山坡偶见生长，濒临灭绝，应给予重点保护。

（8）苦参 *Sophora flavescens* Ait.

豆科（Fabaceae）槐属植物。又名苦骨、地槐、山槐子。

形态特征 亚灌木或多年生高大草本，高 60~130cm。主根圆柱形，长可达 1m，外皮黄色。幼枝密生黄色细毛。奇数羽状复叶，小叶 15~25，线状披针形或窄卵形。总状花序顶生，蝶形花冠，

苦参

黄白色。荚果圆柱形，呈不明显的念珠状，先端有长喙。花期 6~7 月，果期 8~9 月。

分布与生境 分布于全国各地。北京各山区均有分布，生于山坡草地、砂质地、山谷、路旁及草丛中。在房山区霞云岭，延庆县松山、玉渡山，怀柔区喇叭沟门，密云县不老屯，昌平区沟涯较多，但多为零星分布。在大兴区、丰台区一些沙地或向阳山坡草丛中也有少量生长。

药用部位与功能主治 根入药，清热燥湿，祛风，杀虫，主治疮症肿痛、便血、血痢、小便赤黄等症。亦可作农业杀虫剂。

理化成分 根含多种生物碱（1%~2.5%），包括苦参碱、氧化苦参碱、羟基苦参碱、脱氧苦参碱、d- 异苦参碱、苦参啶、去甲苦参酮、苦参醇以及金雀花碱、N- 甲基金雀花碱等。种子含油量 14.76%。

采收与加工 药用根于春、秋季采挖，去掉根头、细根和杂质，洗净、切片、晒干即可。

资源利用与保护 苦参的根外皮黄色，有刺激性气味，味极苦而持久，故而得名。作为著名药用植物，具有清热燥湿、祛风、利尿、健胃、杀虫之功效。目前已开发出多种产品如苦参注射液、苦参丸、苦参片、苦参素、苦参凝胶及苦参栓等，经济价值显著。苦参根、茎、种子亦可作农业杀虫剂。同时，苦参茎皮纤维发达，可以纺织麻袋、制绳、造纸。种子油可制肥皂、润滑油。北京地区苦参广泛分布，多生于比较干燥的生境中，资源蕴藏量大。近年来山区群众经常采挖出售，因主要用其根，故在采挖时应注意合理保护。

(9) 西伯利亚远志 *Polygala sibirica* L.

远志科（Polygalaceae）远志属植物。又名卵叶远志。

形态特征 多年生草本，高10~40cm。根圆柱形，长达40cm，肥厚。茎丛生，有毛。单叶互生，卵状披针形，全缘。总状花序腋生，花少数，蓝紫色。萼片5，花瓣状，花瓣3，下面中央1片龙骨瓣状，顶部具纤毛附属物，雄蕊8，下部合生成筒。蒴果倒心形，具窄翅。花期5~7月，

西伯利亚远志

果期 7~9 月。

分布与生境 主要分布于西北、东北、华北地区。北京见于各区（县）山地，生于较干燥的田野、路旁、山坡，主要常见于低山阳坡灌丛、灌草丛中。

药用部位与功能主治 根入药，为养心安神药。性温，味苦、辛，具益智安神、祛痰消肿之功效。

理化成分 根含多种三萜皂甙，主要有远志皂角甙，约 0.65~1%，以皮部含量最高；还含有去水甘露醇、树脂、脂肪油。

采收与加工 春、秋两季采挖远西伯利亚志根，以立秋后采收为宜。洗去泥土，晒干，搓去外皮，抽去木质部即可。

资源利用与保护 中药远志主要以西伯利亚远志以及远志 *P. tenuifolia* 的干燥根入药，为我国传统大宗药材之一。近 10 多年来，远志市场需求呈逐年上升之势，大货成交量直线上升，价格也不断上扬。西伯利亚远志野生资源因生长缓慢、植株矮小、单株产量低、生长分散和不易采寻等原因使收购日趋困难。同时，大量采挖的结果也使得野生资源量日渐下降。为保护天然资源，必须开展西伯利亚远志的人工栽培、良种繁育工作。由于远志果实成熟开裂，种子易散落地面，难于采收，给人工栽培带来一定的困难。目前利用远志叶片作为外植体进行人工培养，为人工栽培及良种繁育提供了新的途径。北京地区远志和西伯利亚远志均有分布，以后者为多，资源量较为丰富。根据实地调查，近年来北京西伯利亚远志的采挖量较大，部分地区野生资源及其生境破坏较为严重，应给予合理保护。可通过人工栽培等措施来缓解对野生资源的需求。

（10）黄檗 *Phellodendron amurense* Rupr.

芸香科（Rutaceae）黄檗属植物。又名黄柏、黄菠萝。

形态特征 落叶乔木，高 10~15m。树皮厚，外皮灰褐色，木栓发达，不规则网状纵沟裂，内皮薄，鲜黄色。叶柄下芽。奇数羽状复叶对生，小叶卵状披针形，基部偏斜，边缘有细锯齿和缘毛。聚伞状圆锥花序顶生。花单性异株，黄绿色，5 基数。核果浆果状，球形，熟后紫黑色。花期 5~7 月，果期 7~10 月。

分布与生境 分布于东北和华北地区。北京多个区（县）山区有分布，如门头沟区小龙门、房山区上方山、怀柔区黑坨山、延庆县松山等，但是数量不多，多星散生长，在密云县雾灵山和云蒙山有较大群落。多生于海拔 1000m 以下中山地带阔叶林中，喜光，耐干旱及湿冷。

药用部位与功能主治 树皮（内皮）供药用。为健胃药，有解热强壮作用，治疗胃肠炎、细菌性痢疾、腹痛、黄疸病等。

理化成分 树皮含小檗碱，干皮含量 2.31%、栓皮含量 2.03%、小枝含量 1.59%，果实含有甘露醇及挥发油。

采收与加工 在 8 月采收最佳，其药物含量最高，剥下树皮，晒干即可。

资源利用与保护 黄檗是中国北方珍贵树种，具有多种重要经济价值。其树皮木栓发达，可作软木塞、浮标、救生圈或用于隔音、隔热、防震等。内皮为著名中药，味苦，名“关黄柏”。另外还可作黄色染料，古人为避免蠹虫蛀书，书写时会先将纸张浸入由黄檗树皮熬制的汁液，使用该黄色纸的书称为“黄卷”。黄檗木材纹理美观，切面有光泽，材质坚韧，耐水湿及耐腐性强，不翘不裂，为珍贵用材，与核桃楸和水曲柳一起并称“东北三大硬木”。此外，其叶可提取芳香油；花是很好的蜜源。果实含有甘露醇及不挥发的油分，可榨油供工业及医药用。黄檗由于具有多种用途，经济价值较大，近年来被过度采伐，同时其生境也遭受一定程度的破坏，种群更新受到较大影响，资源越来越少，因而被定为国家二级保护树种。北京地区黄檗野生资源量小，多为零散分布，对现有资源特别是母树应加以保护，同时进行繁殖栽培，扩大其资源储备。

黄檗

(11) 柴胡 *Bupleurum chinense* DC.

伞形科（Umbelliferae）柴胡属植物。又名北柴胡、硬苗柴胡、竹叶柴胡。

形态特征 多年生草本，高 40~80cm。主根粗大木质，多分枝，棕褐色，破根皮有中药味。茎上部分枝，呈“之”字形弯曲。单叶互生，长圆状披针形，顶端芒尖，全缘，具 7~9 条平行或弧形叶脉。复伞形花序多数，伞梗 5~10，花黄色。双悬果长圆形，果棱狭翼状。花期 7~8 月，果期 9~10 月。

分布与生境 分布于东北、华北、西北、华东等地。北京见于各区（县）山区，常生于海拔 1800m 以下较干燥的山坡、林中空隙地、草丛、路边。喜温暖湿润的气候，耐寒性强，抗干旱，怕水浸。

柴胡

药用部位与功能主治　根入药，为辛凉解表药。性微寒，味苦，有和解退热、疏肝解郁、升举阳气之功效。

理化成分　根含皂甙 2%~2.5%，主要皂甙有柴胡皂甙 a、柴胡皂甙 c、柴胡皂甙 d，甙元有柴胡皂甙元 f、柴胡皂甙元 e、柴胡皂甙元 g，还含侧金盏花醇、柴胡醇、白芷素及多种甾醇。根和果实含挥发油和脂肪油，果实尚含多种皂甙。

采收与加工　春秋两季均可采收，通常挖掘全株，除去茎叶和泥，晒干供药用。贮存在干燥通风的地方。

资源利用与保护　柴胡根为著名中药，名“北柴胡”，用于感冒发热、上呼吸道感染、疟疾等症。柴胡始载于《神农本草经》，列为上品。历代本草对柴胡的植物形态多有记述。《本草图经》载“（柴胡）今关、陕、江湖间，近道皆有之，以银州者为胜。二月生苗，甚香，茎青紫，叶似竹叶稍紫，七月开黄花，根赤色，似前胡而强。芦头有赤毛如鼠尾，独窠长者好。二月八月采根”。柴胡作为一种常用中药，需求量较大。柴胡野生资源曾经很丰富，尚能满足传统用药需求，但后来随着对其开发利用的加大，国内外需求迅速增加，野生资源濒临枯竭。20 世纪 80 年代，北方一些省份开始进行柴胡野生变家种的试验，经过 20 余年的努力，在柴胡栽培方面有了相当规模的发展，成为当今商品柴胡的主要资源。目前柴胡种植面积和在市场中影响最大的省份分别是甘肃、山西和陕西，除满足国内市场外，部分商品还出口日本、韩国等地。北京地区柴胡属植物资源较为丰富，是当地主要的大宗野生药材，每年都有大量采挖和收购。但目前仍以供应原料药材为主，尚未进行深入开发利用。柴胡主要用其根部，地上部分未被充分利用，应进一步开展全草有效成分及应用研究。

北京地区柴胡属药用植物还有红柴胡 *B. scorzonerifolium*，入药称“南柴胡”，功效与北柴胡相同，分布较北柴胡少。

（12）防风 *Saposhnikovia divaricata*（Turcz.）Schischk.

伞形科（Umbelliferae）防风属植物。又名关防风、北防风。

形态特征　多年生草本，高 30~100cm。根粗壮，长而直，近圆柱形，根茎密被纤维状叶柄残基。茎多分枝，“之”字形曲折。基生叶丛生，叶柄扁平鞘状，叶片 2~3 回羽状全裂，茎上部叶简化。复伞形花序多数，伞梗 5~10。花白色，5 基数。双悬果长卵形，具疣状突起。花期 7~8 月，果期 8~9 月。

分布与生境　分布于东北、华北、西北等地。北京各区（县）山区常见，生于多石山坡、干草地及路旁沙质地。

药用部位与功能主治　根入药，为辛温解表药。性微温，味辛，具解表、祛风、止痛、止痒之功效。

理化成分　根含多种香豆素类成分，有补骨脂素、佛手柑内酯、前胡内酯、珊瑚菜素及其水解产物前胡甙元等。此外，尚含挥发油、甘露醇、β－谷甾醇及其甙、多糖类和有机酸等。

采收与加工　为了避免有些植株在秋季开花而影响药材质量，多在春季植株返青时采收，故有“春采防风，秋挖桔梗”之说。

资源利用与保护　防风属植物仅 1 种，被《中国药典》定为防风正品入药，但作为商品防风在市场上还有伞形科其他属的 10 余种植物，其植物来源比较复杂。防风，古代名“屏风”，喻御风如屏障也。其味辛甘，性微温而润，为“风药中之润剂”，主治外感风寒、头痛目眩、风疹瘙痒、关节酸痛、四肢痉挛等症。防风主产于黑龙江、吉林、内蒙古、河北等地，尽管分布比较广泛，而且代用品也比较多，但其作为大宗常用药材之一，需求量大，野生资源近年来迅速减少。北京地区防风资源量较大，品质也较好，目前为本地主要大宗野生药材。但随着采挖量逐渐增加，野生资源也在日趋减少，并且采挖防风的根对植被也造成了一定程度的破坏。为了保护野生资源及环境，进行地道防风药材的栽培基地建设势在必行。

防风

（13）秦艽 *Gentiana macrophylla* Pall.

龙胆科（Gentianaceae）龙胆属植物。又名大叶龙胆。

形态特征 多年生草本，高 30~60cm。直根粗大，淡黄色或暗褐色。茎单一，粗壮。基生叶莲座状，茎生叶对生，长圆状披针形，基部连合，全缘，5 脉。聚伞花序，多花密集成头状，萼一侧开裂，花冠蓝紫色，筒状，裂片 5，裂片间有小褶。蒴果长圆形。花期 7~8 月，果期 9~10 月。

分布与生境 分布于东北、华北、西北、西南各地。北京主要见于门头沟区百花山、东灵山，延庆县松山，密云县雾灵山等地高海拔阴坡灌丛、林下及山顶草甸，数量较少。

药用部位与功能主治 根入药，用作苦味健胃剂。具有祛风湿、舒筋络、清虚热及治疗湿热黄胆之功效。

理化成分 根含有秦艽碱甲、秦艽碱乙、秦艽碱丙三种植物碱及龙胆苦甙和獐牙菜苦甙。

采收与加工 春秋两季均可采挖，以秋天采挖的质量高。挖出根部后，去掉茎叶，洗净晒干即可。

资源利用与保护 《本草纲目》谓“秦艽出秦中，以根作罗纹交纠者佳，故而得名秦艽、

秦艽

秦纠”。秦艽是中国传统中药之一，始载于《神农本草经》“秦艽主寒热邪气，寒湿风痹，肢节痛、下水、利小便”列为中品。除药用外，全草还可作植物杀虫剂，花可提取色素。野生秦艽在北京主要见于百花山、东灵山及松山等几个海拔较高的亚高山地区，水分、温度等条件较为苛刻，种群更新能力较低，因此分布零散，资源量较少。由于近年来市场需求量大，价格较高，野生植株经常被滥采滥挖，致使资源及生境受到严重破坏。在门头沟区东灵山进行野外调查时，就看到有些人正在草甸采挖秦艽，凡是采挖处，植被和环境均被严重破坏。同时，由于本种茎粗、叶大、花密，具有很强的观赏价值，而高山草甸现在正逐步成为旅游热点地区，游客的增多也会对其生长产生潜在威胁。应采取措施加强保护。

（14）白首乌 *Cynanchum bungei* Decne.

萝藦科（Asclepiadaceae）鹅绒藤属植物。别名山东何首乌、戟叶牛皮消、柏氏白前。

形态特征　多年生缠绕草本。块根粗壮，近圆锥形。茎细而韧，表面灰紫色。单叶对生，戟形，基部心形，被短毛。伞状聚伞花序，腋生，花萼 5 深裂，花冠辐状，白色，5 裂，裂片反卷，副花冠 5 深裂，内有 1 舌状附属物，花药顶端具白色膜片。蓇葖果长角状。花期 6~7 月，果期 7~9 月。

白首乌

分布与生境 分布于东北、华北、华东等地。北京见于各区（县），生于河岸、沟谷、低山灌丛，常缠绕于其他植物而向上生长。

药用部位与功能主治 块根入药，具安神补血之功效。主治体虚失眠、健忘多梦、皮肤瘙痒，并能收敛精气，乌须黑发。

理化成分 含白薇素，能引起强心甙反应。

采收与加工 以早春采收最好。块根挖出后洗净泥土，除去残茎和须根，晒干，或切片晒干。

资源利用与保护 白首乌块根为我国传统中药材，补肝益肾、养血安神，为滋补珍品。山东泰山四大名药“泰山何首乌、四叶参、黄精、紫草”中的泰山何首乌实际上就是白首乌，而非蓼科的何首乌。但由于二者均为藤本植物，药用部位均为肉质膨大的块根，其药效也有相似之处，均为滋补强壮药，故经常被人们混淆。白首乌根亦可提取淀粉、挥发油，茎皮纤维可为造纸原料。北京地区白首乌分布较为广泛，各区山区均有，但均为零星分布，数量不多。在调查中发现，当地群众长期以来均把该植物的块根当做蓼科的何首乌来用，采挖量较大，导致野生资源数量不断较少，有些地方趋于消失。另外，由于藤本植物需要缠绕在其他植物上生存，采挖白首乌块根的同时也破坏了被缠绕植物的生境。对于这一宝贵野生资源，应该通过多种途径加强保护，禁止滥采滥挖。同时可开展引种、驯化、栽培等相关研究，促进资源的合理开发利用。

（15）丹参 *Salvia miltiorrhiza* Bunge

唇形科（Labiatae）鼠尾草属植物。又名赤参、紫丹参、木羊乳等。

形态特征 多年生直立草本，高 40~80cm。根肥厚肉质，外表朱红色，内面白色。茎直立。四棱形，全株被毛。奇数羽状复叶对生，小叶 3~5 枚，卵形或椭圆状卵形。轮伞花序排成总状花序，花萼钟形，紫色，花冠二唇形，蓝紫色，能育雄蕊 2。小坚果椭球形，黑色。花期 4~7 月，果期 7~8 月。

分布与生境 分布于东北、华北、华东、西南地区。北京各区（县）山区均有分布，生于山坡、林下、草丛、沟边，多见于低山阴坡灌丛和阴坡林下。

理化成分 根内含 3 种结晶性色素：丹参酮甲（红棕色结晶）、丹参酮乙（红色结晶）、丹参酮丙（红色结晶）。丹参酮是治疗心脑血管疾病的有效成分。此外尚含维生素 E，效用和麦芽相当。

采收与加工 秋天采收，挖出根后，剪去残茎，洗去泥土，晒干。

资源利用与保护 丹参始载于《神农本草经》，列为上品。《本草纲目》记载“处处山中有之，一枝五叶，叶如野苏而尖，青色，皱皮。小花成穗如蛾形，中有细子，其根皮丹而肉紫”。丹参含有丹参酮，经磺化后生成易溶于水的丹参酮硫酸钠，有增加冠脉流量等作用，是著名的治疗心血管疾病药物，目前已开发出多种药剂，如复方丹参片、丹参滴丸、丹参胶囊、丹参注射液等，经济价值巨大。丹参虽然在北京地区分布较为广泛，但是由于近年来市场需求较大，目前已成为北京大宗野生药材之一，所以药农常大肆采挖，或出售或自用，对其种群的繁衍、更新形成较大压力。应通过扩大人工栽培的方式来缓解野生资源的压力，在引种栽培中还应注意收集、保存丹参的种质资源，以便永续利用。

丹参

（16）黄芩 *Scutellaria baicalensis* Georgi

唇形科（Labiatae）黄芩属植物。

形态特征 多年生草本。主根粗壮，略呈圆锥形，棕褐色。茎四棱形，多分枝，近无毛。叶对生，无柄，披针形或条状披针形，全缘，下面密被下陷的腺点。总状花序顶生；花冠紫红色或蓝色，二唇形，雄蕊4，二强。小坚果卵圆形，具瘤。花期7~8月，果期8~9月。

分布与生境 分布于东北、华北、西北、华东、西南等地。北京见于各区（县），多生于阳坡干燥处、山坡草地、石质地的灌丛中。

药用部位与功能主治 根入药。味苦，性寒，为清凉解热药。具有清热解毒、止血安胎之

黄芩

功效。小剂量又有苦味健脾的作用。

理化成分 根含多种黄酮类衍生物，主要有黄芩甙、汉黄芩甙、黄芩素、汉黄芩素、黄芩黄酮、木蝴蝶素等。另含 β－谷甾醇、油菜素甾醇、豆甾醇等。其有效成分主要是黄酮类化合物。

采收与加工 春秋两季采挖，挖出根部，除去残茎、须根，晒干。棕黄色为好，贮存于干燥通风处备用。栽培黄芩生长到 2~3 年采挖为宜。

资源利用与保护 黄芩根为著名中药，为清凉解热消炎药，具有较广的抗菌谱，对呼吸道感染，急性肠胃炎等细菌性疾病均有功效。近年来研究发现黄芩根还具有降压、降血脂、利尿作用。其干根还可提取芳香油，经浸提后可作烟草香料。目前市场上商品黄芩主要是野生资源，由于人们过度采挖，资源量日益减少，已被列为国家三级保护植物。北京地区黄芩野生资源量较为丰富，但因其用量巨大，除了采挖根作为药材收购外，其茎叶也被大量用于制作黄芩茶，资源受到一定的威胁，应该采取合理的保护措施。目前多个区（县）大力发展人工种植，一定程度上缓解了野生资源的压力。

(17) 展枝沙参 *Adenophora divaricata* Franch. et Sav.

桔梗科（Campanulaceae）沙参属植物。别名南沙参、四叶菜。

形态特征 多年生草本，具白色乳汁。根粗壮，倒圆锥形，灰黄褐色，具皱纹。茎单一直立。茎生叶3~4片轮生，叶片椭圆形或披针形，边缘有锯齿。圆锥状花序塔形，多分枝，花下垂，花冠钟形，蓝紫色，裂片5，花柱与花冠近等长。蒴果卵圆形。花期7~8月，果期9月。

分布与生境　分布于东北、华北、华东、华中、西南地区。北京各区（县）中低山区均有分布，多生于山坡草地、林下、林间草地及灌丛中。

药用部位与功能主治　根入药，具有清肺热、去痰、止咳之功效。

理化成分　根含三萜类皂甙、南沙参皂甙、挥发油、香豆素、生物碱、三萜酸、甾醇类、沙参素等成分。

采收与加工　春秋两季采挖，洗净泥土，除去栓皮、晒干。

资源利用与保护　沙参属植物的根为著名中药，名“南沙参”，养阴润肺、化痰止咳、益胃生津。此外，还有提高淋巴细胞转化率，升高白细胞，延长抗体存在时间等作用，故可提高和促进免疫功能。《本草纲目》记载“沙参白色，宜于沙地，故名”。陶弘景云“此与人参、玄参、丹参、苦参是为五参，其形不尽相类，而主疗颇同”。王好古认为“人参性温，补五脏之阳，沙参性寒，补五脏之阴”。药材里还有一种“北沙参”，为伞形科多年生草本植物珊瑚

展枝沙参

菜的根，应注意区别。除药用价值外，沙参属植物嫩苗或嫩茎叶品质、风味上乘，营养丰富，还是大众喜食的野菜之一。此外，由于花样玲珑，色彩艳丽，可栽培观赏。

北京地区沙参属植物分布较广，资源量较大，常见的还有石沙参 *A. polyantha*、多岐沙参 *A. wawreana* 和荠 *A. trachelioides*，主根粗壮，均可作南沙参入药，目前当地均有利用。

（18）桔梗 *Platycodon grandiflorus*（Jacq.）A. DC.

桔梗科（Campanulaceae）桔梗属植物。别名道拉基、和尚帽子、铃铛花。

形态特征 多年生草本，高 20~80cm。全株光滑无毛，具白色乳汁。根粗壮肉质，圆锥形，表皮黄褐色。叶轮生或上部对生和互生，卵形，边缘具锐齿。花大顶生，单一或数个，花萼钟形，花冠蓝色，钟形，先端 5 浅裂，雄蕊 5，柱头 5 裂，线形，反卷。蒴果倒卵形。花期 7~9 月，果期 8~10 月。

分布与生境 分布于东北、华北、华东、华中、西南地区。北京见于各区（县）山地，以密云县雾灵山、云蒙山及延庆县松山等地分布较为集中，多生于山坡草地、灌丛及林间灌草丛中。

药用部位与功能主治 根药用，为祛痰药，对气管性咳嗽、肺脓肿有特效作用，亦是刺激性药物。

理化成分 根含有桔梗皂角甙、植物固醇及菊糖等。种子含油脂，可榨油。

采收与加工 秋季采挖根部，剪去茎叶，洗去泥土，刮去栓皮，晒干即可。

资源利用与保护 《本草纲目》记载“此草之根结实而梗直”，故而得名。桔梗药食两用，

栽培桔梗

野生桔梗

根部入药，具有明显的祛痰作用，可治气管炎、咽喉炎，而且其肉质根经加工、腌制成咸菜，不仅可口，还是滋补身体的佳品，春季采摘桔梗嫩茎叶也可供食用。此外，桔梗花大美丽，可供观赏，是难得的集食用、药用、观赏于一身的重要经济植物。由于市场需求量逐年增加，而野生资源逐年减少，各地均开展了不同程度的人工栽培种植。桔梗适应性强，产量高，效益可观，全国各地均可栽培。

桔梗在北京地区野生资源量较为丰富，目前对其利用仍以野生资源为主，主要是采集根作为药材，食用较少。在延庆及怀柔部分地区有少量栽培供观赏。桔梗在北京虽然目前利用强度不是很高，但由于生境受人为干扰较大，野生资源受威胁程度仍较高，存在面临濒危风险，因而被确定为北京市二级保护植物。为了对其进行有效的保护，并提高目前的利用水平，更好地发挥经济和生态效益，可对其进行扩大栽培并从药用、食用、观赏等多方面加以综合利用。

（19）党参 *Codonopsis pilosula*（Franch.）Nannf.

桔梗科（Campanulaceae）党参属植物。别名山胡萝卜、山地瓜。

形态特征 多年生草质藤本，具乳汁。根肥大，长圆柱形，表面浅灰色。茎细长而多分枝，光滑，缠绕。叶互生或近对生，卵形，具波状齿。花1~3朵顶生，黄绿色，花萼5裂，花冠宽钟形，5浅裂，带紫色斑点。蒴果圆锥状，萼片宿存。种子小，褐色有光泽。花期7~8月，果期8~9月。

分布与生境 分布于东北、华北、西北、西南等地。北京见于各区（县）山区，但主要在深山区林下、灌丛中，多为零星分布，在腐殖质深厚的土壤上通常成片群生，在怀柔慕田峪西栅子一带山沟有较大面积分布。

药用部位与功能主治 根入药，为补气药和强壮剂，有增加血色素的作用，又有利尿、健胃、镇咳、祛痰之效。可治疗肺结核、神经衰弱、贫血等症。

理化成分 根含多种糖类、酚类、甾醇、挥发油、黄芩素葡萄糖甙、皂甙，另含微量生物碱、维生素 B_2 和大量菊糖。种子含油脂，可榨油。

采收与加工 在10月将生长3~6年的根挖出，洗去泥土，晒半干，再用板搓揉，使皮和木质部贴紧，再晒干即可。

资源利用与保护 《植物名实图考》记载“党参，山西多产。长根至二三尺，蔓生，叶不对，节大如手指，野生者根有白汁，秋开花如沙参，花色青白，土人种之为利”。党参药食两用，其根部为著名强壮滋补药，具有益气、补脾、养血、生津的功效，适用于各种气虚不足者，常与黄芪、白术、山药等配伍应用。同时其嫩茎叶和根都可以食用，营养丰富，口味独特；种子含油脂，可榨油。党参主要分布于我国东北、华北、西北部分地区，山西党参产量最高，甘肃、陕西、四川等地党参品质最佳。党参与人参的功能相似，但价格远比人参低，所以其利用程度很高，致使被大量采挖。由于野生资源日趋减少，远不能满足市场需求，目前已有许多地方大量栽培。党参抗寒性、抗旱性、适生性都很强，很适合北方引种栽培。党参在北京地区虽分布比较广泛，但目前受威胁程度仍然较高，尤其在一些局部地区，如门头沟区妙峰山和密云县云蒙山，采集的人比较多，生境也受人为干扰较大。目前北京仅在一些药用植物园等地有少量栽培，可以通过扩大人工栽培以满足市场需求，同时减少对野生资源的破坏。

党参

北京还有另外一种党参属植物羊乳 *C. lanceolata*，别名四叶参和轮叶党参，其用途与党参相似，数量较党参少，应以保护为主。

栽培党参

（20）苍术 *Atractylodes lancea*（Thunb.）DC.

菊科（Compositae）苍术属植物。又名赤术、青术。

形态特征 多年生草本，高 30~100cm。根状茎肥大，呈结节状。叶倒卵形至椭圆状披针形，革质，坚硬，具光泽，边缘有具硬刺的牙齿。头状花序，单生枝端，总苞钟状，总苞片多层，管状花白色。瘦果圆柱形，密生银白色毛，冠毛污白色。花果期 7~9 月。

分布与生境 分布于东北、华北、西北、华中、华东及西南等地。北京各区（县）山地常见，生于山坡、山坡岩石、林下及山坡草地。

药用部位与功能主治 根状茎药用，为健胃、发汗和利尿药，有兴奋作用，具祛风、健脾、止痛之功效，对慢性胃炎及肠炎亦有功效。

理化成分 根状茎含芳香油，主要成分是苍术醇、β－桉油醇及微量苍术酮，还含有维生素 A、维生素 B 和糠醛等。

采收与加工 春秋两季可采挖根茎，以秋季为好，除去茎叶、须根及泥土，晒干。

资源利用与保护 苍术因其根皮苍黑，故而得名。《神农本草经》列为上品，原名“术”。梁代陶弘景《名医别录》提到：“术”有白（即白术）赤（即苍术）之分。故又名“赤术”。《本草纲目》称其为“仙术”。目前苍术分为“南苍术（茅苍术）”和“北苍术”两类，分别为茅苍术和北苍术的干燥根茎。目前市场上用的多数为北苍术，我国各大制药厂用其作为主要原料开发的药物多达数十种，另外还广泛应用于各种临床药方的配伍中，属于常用大宗药材品种之一。苍术根茎含芳香油约 5%~9%，现代医学研究发现其在临床上对肝癌有一定的疗效。苍术根茎的芳香油还可提制苍术硬酯，具有强烈的木香、辛香、奶香等混合气息，经处理后用于配制晚香玉、紫丁香、葵花等类型的香精，亦可作保香定型剂。此外，随着饲养业的发展，苍术还可作为牲畜饲料、兽药的原料。

苍术资源主要来自于野生，少有家种。内蒙古东部是我国主要产区，近年来，苍术价格逐年提高，致使当地人们疯狂采挖，严重破坏了野生资源，导致目前市场上供求矛盾日益尖锐，缺口很大。苍术在北京地区分布广泛，易采收，产量大，是北京目前最大宗野生药材之一，经济效益显著。利用比较多的是门头沟区和延庆县，由于有固定的药材收购部，采集量很大。另

苍术

外，在春季部分当地人也会将其嫩叶用做野菜食用，用水将其苦味浸去后，再用来凉拌或是做成炒菜。尽管目前北京野生苍术资源还比较多，但在大量采集的同时也应注意合理保护，做到可持续开发与利用。

（21）黄精 *Polygonatum sibiricum* Delar. ex Red.

百合科（Liliaceae）黄精属植物。又名鸡头黄精、黄鸡菜、鸡头参。

形态特征 多年生草本，高 50~80cm。根状茎横生，肥大肉质，黄白色，略呈扁圆形，节

黄精

部膨大。茎直立，单一。叶通常 4~6 枚轮生，披针形，先端卷曲成钩状，全缘。花 2~4 朵，具总花梗，伞状，花被片 6，下部合生成筒，白色，先端 6 裂。浆果球形，熟时黑色。花期 5~6 月，果期 7~9 月。

分布与生境 分布于东北及华北、西北、华东地区。北京见于各低海拔山区，生于山坡、草地、灌丛及林下。

药用部位与功能主治 根状茎入药，为强壮药，具补脾润肺、益气养阴之功效。主治肾虚亏损、脾胃虚弱、肺虚燥咳、体倦乏力等症。

理化成分 根茎含糖类、甾体皂苷、黄酮及蒽醌类化合物、生物碱、强心苷、木脂素、维生素等。

采收与加工 4~10 月采收，春天采收质量高。根茎挖出后，去除须根，洗净，晒干，或放入锅中煮沸，捞出再晒干。

资源利用与保护 《本草纲目》有记载“仙家以为芝草之类，以其得坤土之精粹，故谓之黄精”。《神农本草经》云“黄精，味甘，平，无毒。主补中益气，除风湿，安五脏，久服轻身，延年不饥”。《神仙芝草经》载“黄精宽中益气，使五脏调良，肌肉充盛，骨髓坚强，其力增倍，多年不老，颜色鲜明，白发更黑，齿落更生”。黄精是黄精属多种植物根茎的总称，《中国药典》（2005 版）收载了 3 种植物为其原生药，除黄精本种外，另两种是滇黄精 *P. kingianum* 和多花黄精 *P. cyrtonema*，民间药用较药典规定更为广泛，有十多个种。传统医学认为，黄精性平、味甘、入脾、肾、肺经，是驻色延年保健佳品，具有补肾益精、滋阴润燥之功效。现代医学研究表明，黄精具有抗衰老、调节免疫能力、抗疲劳、抑制肿瘤细胞等作用，且安全无毒。另外，黄精根状茎含淀粉，可供食用，还可用于制饮料、做蜜饯、加工保健品和护肤品。

黄精属植物在全国各地分布比较普遍，野生资源相对丰富，只要合理地开发和利用，应有广阔的前景。北京地区的黄精资源也比较丰富，而且易采收，加工方便，已成为当地主要野生药材之一，经济效益显著。在房山区上方山等地，黄精还被誉为当地“三宝”之一（另两者是拐枣和香椿）。当地群众除了采挖黄精根茎直接销售以外，还经常自家泡酒饮用。由于近年来采挖量较大，部分地区生境被破坏，野生资源量日趋减少，目前已被列为北京市二级保护植物。因此，应结合生态环境保护、农村种植业结构调整等有利条件，大力开展人工栽培黄精。

另外北京地区黄精属野生植物还有热河黄精 *P. macropodium* 和二苞黄精 *P. involucratum* 等几种，民间均作黄精入药，功效与黄精相近，数量较黄精更少。

（22）玉竹 *Polygonatum odoratum*（Mill.）Druce

百合科（Liliaceae）黄精属植物。又名铃铛菜、玉参、竹叶、萎蕤等。

形态特征 多年生草本，高 20~70cm。根状茎圆柱形，细长，具节。叶互生，椭圆形或长圆形，全缘。花序具 1~2 花，生于叶腋，下垂，花淡黄绿色或白色，芳香，花被片下部合生成筒，先端 6 裂。浆果圆球形，蓝黑色。花期 5~6 月，果期 7~9 月。

分布与生境 分布于东北、华北、西北、华东、华中等地区。北京常见于各地山区，生于山坡、林缘、林下及灌丛。

药用部位与功能主治 根状茎入药，为补益药，具养阴润燥、生津止渴之功效。主治身体虚弱及多汗、多尿、遗精等症。

理化成分 根状茎含玉竹粘多糖、玉竹果聚糖 A、玉竹果聚糖 B、玉竹果聚糖 C、玉竹果聚糖 D。还含黄精螺甾醇、黄精螺甾醇甙、黄精呋甾醇甙等甾族化合物。

采收与加工 秋后采收为好。挖出根茎，除去地上部分，洗去泥土，晒干，或放入锅中蒸片刻，晒干即可。

资源利用与保护 《本草经集注》云“茎干强直，似竹箭杆，有节”，故有玉竹之名。《本草纲目》称玉竹为萎蕤，“处处山中有之。其根横生似黄精，差小，黄白色，性柔多须，最难燥。其叶如竹，两两相值”，同时还记载了其药用价值“久服去面黑，好颜色润泽，轻身不老”，以及其食用价值“萎蕤，性平，味甘，柔润可食”“嫩叶及根并可煮淘食茹”。玉竹自古就是常用的药材，《神农本草经》将其列为上品之药，能润肺止咳、生津止渴。近年的研究证明玉竹还有降压、强心的功效。玉竹的根状茎含有淀粉，还可以当功能性野菜食用或酿酒，幼苗亦可食用，但其浆果有毒不可食用。另外，玉竹茎叶挺拔，花白色，钟形下垂，清雅可爱，可用于花境或林缘作观赏地被植物，也可盆栽观赏。

北京地区玉竹分布较广，资源量较黄精大，采挖量也较大，是当地重要野生药材之一，可在不破坏资源和环境的前提下合理综合利用。

玉竹

（23）知母 *Anemarrhena asphodeloides* Bunge

百合科（Liliaceae）知母属植物。又名连母、水须、地参。

形态特征 多年生草本。根状茎横生，上有黄褐色纤维，下生多数须根。叶基生，线形，具多条平行脉，无明显中脉。花莛直立，不分枝，花 2~3 朵成一簇，着生于顶部成穗状；花被

知母

栽培知母

6片，2轮，花粉红色、淡紫色至白色。蒴果长圆形，具体6条纵棱。花期5~8月，果期8~9月。

分布与生境 分布于东北、华北、西北等地。北京见于各区（县）山区，生于山坡、草地或路旁较干燥之地或向阳的坡上，耐寒耐旱，适应性强。

药用部位与功能主治 根状茎入药，性苦、寒，具清热泻火、滋阴润燥之功效。主治烦热消渴、肺热咳嗽、大便秘结及小便不利等症。通常用于发热、口渴、祛痰、心烦的热性病以及肺热久咳、肺结核的燥热症和尿道炎等。

理化成分 根状茎含有知母皂甙A、知母皂甙B，还含黄酮、鞣质、黏液质、烟酸、胆碱、泛酸及芒果甙等。

采收与加工 春秋两季均可采挖，除去纤维状残基及须根，连皮的根茎（称毛知母）或鲜时剥去外皮的根茎（称光知母或知母肉）晾干或鲜用。

资源利用与保护 知母为我国著名传统中药，始载于《神农本草经》，列为中品。《本草纲目》记载“弘景曰：今出彭城。形似菖蒲而柔润，叶至难死，掘出随生，须枯燥乃止。颂曰：……四月开青花如韭花，八月结实”。知母有“毛知母”和“知母肉”两种，在全国各地均广泛应用，但也有部分地区误以鸢尾科的鸢尾根茎作为知母入药，其实二者功效不同。

目前市场上知母主要来源于野生资源，主产于河北、山西、安徽及东北三省等地。随着对知母药用成分及其药用价值认识的逐步深入，近年来国内外大型制药企业开发了许多以知母为主要原料的新药，所需知母数量呈逐年上升之势。知母虽然在北京各区（县）皆有分布，但多数为零星或小片生长，资源量较少。由于需求量巨大，目前知母已成为北京地区最大宗野生药材之一。我们在野外调查时经常能够见到采挖知母的当地群众以及采挖好的成袋的知母根茎。对其大规模采挖不仅使近年来野生种群数量大幅减少，同时，由于知母生长的环境均为生态比较脆弱的干旱山坡、草地，因而对当地生境也造成了很大的威胁。鉴于此，目前知母已被列为北京市二级重点保护植物。除了对野生资源加大保护力度外，为了满足市场需求，同时应扩大驯化栽培，建立栽培基地。

（24）穿龙薯蓣 *Dioscorea nipponica* Makino

薯蓣科（Dioscoreaceae）薯蓣属植物。又名穿山龙、穿地龙、穿龙骨等。

形态特征 多年生缠绕草本，长可达 5m。根状茎粗壮，横走，圆柱形，多分枝，栓皮层显著剥离。叶具长柄，卵形，基部心形，边缘 3~5 裂，下面叶脉隆起。花雌雄异株，雄花序穗状，单一，雌花序穗状，下垂。花小钟形，淡黄绿色，6 基数。蒴果倒卵形，具 3 翅。花期 5~7 月，果期 7~9 月。

分布与生境 分布于东北、西北、华东、华中地区。北京常见于各区（县）山地，多生于山坡、灌木丛、稀疏杂木林内及林缘，喜肥沃、疏松、湿润、腐殖质土层较深厚的壤土。

药用部位与功能主治 根状茎入药，为祛风湿药。性温，味苦、甘，具祛风止痛、舒筋活血、止咳平喘之功效。用于风湿性关节炎、腰腿疼痛、麻木、慢性支气管炎、咳嗽气喘等症。

理化成分 根茎有效成分主要为甾体皂甙类，包括薯蓣皂甙、纤细薯蓣皂甙和水溶性皂甙。总皂甙水解产生薯蓣皂甙元。此外，含鞣质 0.58%、淀粉 17.31%、可溶性糖 9.98%。

采收与加工 5~6 月采收，此时采挖的根茎其有效成分薯蓣皂甙含量最高，质量最佳。采收时切记不可将全部根茎悉数取出，而应留下部分根茎作为繁殖材料，继续生长。采收后去掉外皮及须根，切段后在阳光下晒干。

穿龙薯蓣

资源利用与保护 穿龙薯蓣根状茎入药，其有效成分主要为甾体皂甙类，所含总皂甙有强心、增加冠状动脉血流量、增加耐缺氧能力及抗凝作用；薯蓣皂甙及其水解终产物薯蓣皂甙元是合成可的松、黄体酮等激素类药物的重要原料，水溶性苦味成分具有镇咳、祛痰及平喘作用。自从甾体激素类药物在临床上证明对治疗风湿性关节炎、心脏病、阿狄森症、红斑狼疮效果较好，并可以作为止血、抗肿瘤药以后，受到了极大重视。而穿龙薯蓣中薯蓣皂甙元又是合成甾体激素的主要原料之一，薯蓣皂甙元的发现和利用为获得资源丰富和经济的天然甾体原料开辟了途径。因此，人们逐渐开始重视穿龙薯蓣的资源开发，从其有性繁殖、生物学特性、野生变家种的试验等来研究其驯化为人工栽培的可能性；同时，不断探索薯蓣皂甙元和薯蓣皂甙的提取工艺，提高其产率。随着野生资源逐渐减少，这方面的研究日益受到重视。

目前，我国约有千余家制药企业和中药饮片加工厂以穿龙薯蓣为主要原料生产新药、特药、中成药和中药饮片。同时，东北、华北、西北、华南等地区不少植物提取物厂家用穿龙薯蓣提取薯蓣皂甙，出口到许多国家和地区。目前供应国内外市场的穿龙薯蓣 90% 以上来自野生，由于需求量和价格呈逐年增长之势，受利益驱动，乱采乱挖现象严重，许多地区野生资源已近枯竭。根据药材市场相关信息，目前各地已少有大批货源进入市场。由于穿龙薯蓣人工栽培起步晚、规模小、产量低，市场缺口逐年加大。

北京地区山地众多，其气候和生态条件非常适合穿龙薯蓣的生长，野生资源量较大，品质也较好。穿龙薯蓣在各地被使用的别名不一，主要有穿地龙、山姜、穿龙骨等。本次实地及走访调查显示，穿龙薯蓣已成为目前北京各区（县）产量和交易量最大宗的野生药材，尤其以延

穿龙薯蓣药材

庆县和密云县最多。据北京各区（县）药材收购站的调查统计，近几年北京每年穿龙薯蓣的收购量约在 30~40 万 kg，经济效益巨大。密云县穿龙薯蓣的收购主要集中在春季和秋季。而在延庆县，穿龙薯蓣在部分乡镇如四海镇、千家店镇等地都有固定的收购地点和人员，收购时可以是鲜的，也可以是干的。在各个村子里，也有许多村民在本村收购当地或者附近林区村民采回的鲜穿龙薯蓣，然后晒干再卖到当地的药材收购点及一些外来药材商人手里，从中赚取一定的差价或是把药材晒干的劳务费。除主要作为商品药材来出售外，也有许多当地人自采自用，将其泡水或泡制成药酒内用或外用，用于治疗风湿痛、风湿性关节炎及筋骨麻木等。另外，在一些离市区较近的自然风景区，如海淀区凤凰岭风景区，也有少数村民将山上采来的穿龙薯蓣进行一定的粗加工，去掉须根和剥落的根外皮，洗净，然后切成薄片，装成小袋出售给游客，也有一定的经济效益。北京地区穿龙薯蓣尽管分布广泛，但由于近年来大规模采挖，资源量也在日趋减少，质量也在不断下降，因而也被列为北京市二级保护植物。为达到保护其野生资源的目的，一方面要采取保护措施，挖取野生药材应注意取大留小，以促进其自然更新，实现野生资源的持续利用；另一方面，应加强栽培、种植基地建设研究，促进对森林资源及生态环境的保护，从而达到经济效益和生态效益双赢的局面。

三、北京野生油脂植物资源

1. 油脂植物资源的特性

油脂是油和脂的总称。一般在室温（约 20℃）条件下呈液体的称为油，呈固体的称为脂。油脂植物资源是指植物体内含有油脂的一群植物。植物体内的油脂大都为多种混甘油酯的混合物。甘油酯是由多种高级脂肪酸跟甘油生成的，而脂肪酸约占其含量的 90%。脂肪酸常分为两大类：①饱和脂肪酸（常见的有硬脂酸、花生酸、癸酸、棕榈酸等）；②不饱和脂肪酸（常见的有油酸、亚油酸、亚麻油酸、芥子油酸等）。

油脂的用途十分广泛，具有较高的经济价值，它不仅是重要的工业原料，可直接用于榨油、制蜡烛、肥皂和各种润滑油以及油漆等，同时也是人类食物的重要组成部分。在我国，油脂还是一种重要出口物资。大力开发利用油脂植物资源，对发展国民经济具有重要的战略意义。目前我国植物油脂主要来源于栽培植物，其产量还不能充分满足人们食用及工业用油的需要。进一步充分开发利用野生油脂植物资源，深入研究、发掘新油源，是一项艰巨和长远的任务。

油脂植物广泛存在于植物界，它们的果实、种子、花粉、孢子、根、茎、叶等器官都含有油脂，由于其部位不同，含油量也各不相同，但一般以种子含油量最为丰富。另外，不同植物种类，其含油量、油脂成分、利用价值等也有很大差别，故应进行深入细致地研究，充分合理地进行开发利用。

2. 北京野生油脂植物的种类

据调查统计，北京共有野生油脂植物 163 种，隶属于 59 科 130 属（表 2-16）。

表 2-16 北京地区野生油脂植物种类

科名	种名	拉丁名	含油部位	含油量(%)	生境	数量
松科	华北落叶松	*Larix principis-rupprechtii*	种子	18.27	海拔 1400m 以上的山梁、阴坡	++
	油松	*Pinus tabuliformis*	种子	30~40	生于海拔 1300m 以下的阴坡	+++
柏科	侧柏	*Platycladus orientalis*	种子	8.2~17.5	生于海拔 800m 以下的山地阳坡，尤其习见于石灰岩山地	+++
胡桃科	核桃楸	*Juglans mandshurica*	种仁	57.9~70	生于山沟、山坡、杂木林中	+++
	野核桃	*Juglans cathayensis*	种仁	34~68.6	生于山沟、山坡、杂木林中	+
桦木科	白桦	*Betula platyphylla*	种子	11.43	生于 1000m 以上的山坡上	+++
	平榛	*Corylus heterophylla*	种仁	51.6	阔叶林中以及被破坏的林地上	+++
	毛榛	*Corylus mandshurica*	种仁	63.77	生于 1000m 以上的灌丛、林下	+++
	虎榛子	*Ostryopsis davidiana*	种仁	10	生于山坡、杂木林中	+
	鹅耳枥	*Carpinus turczaninowii*	种子	21	生于山地阴坡、山坡杂木林中	++
榆科	榆树	*Ulmus pumila*	种子	25.5	生于平原或丘陵地带	+++
	黑榆	*Ulmus davidiana*	种子	26	生于向阳山坡上	++
	春榆	*Ulmus japonica*	种子	28	生于向阳山坡、山谷岩石缝间	++
	大果榆	*Ulmus macrocarpa*	种子	29.1	生于向阳山坡上、岩石缝中	+++
	裂叶榆	*Ulmus laciniata*	种子	20.2	生于阴湿的山坡、沟谷中	+
	小叶朴	*Celtis bungeana*	种子	13.9~21	多生于向阳的山坡、平地上	++
	大叶朴	*Celtis koraiensis*	种子	13.9	生于向阳山坡上、沟谷石缝中	+
	青檀	*Pteroceltis tatarinowii*	果实	12.9	多生于石灰岩的低山坡	+
桑科	桑	*Morus alba*	种子	27.6~35	北京各山区常见野生或栽培	+++
	蒙桑	*Morus mongolica*	种子	25	生于向阳山坡、平原、低地	+++
	鸡桑	*Morus australis*	种子	不详	生于向阳山坡、平原、低地	+
	构树	*Broussonetia papyrifera*	种子	30.1	生于山坡、平地、路边	+++
	柘树	*Cudrania tricuspidata*	种子	不详	生于阳光充足的山坡、灌木林	+
蓼科	巴天酸模	*Rumex patientia*	种子	16	生于水沟、路旁、田边、荒地、也见于山区的沟边潮湿处	+++
	皱叶酸模	*Rumex crispus*	种子	18.37	生于沟边湿地	++
大麻科	葎草	*Humulus scandens*	种子	22.5	生于沟边、路旁、荒地	+++
荨麻科	狭叶荨麻	*Urtica angustifolia*	种子	18.2	生于山地林边、沟边	+++
	宽叶荨麻	*Urtica laeteviren*	种子	20	生于林下沟边、林缘路旁	++
	蝎子草	*Girardinia suborbiculata*	种子	22	生于沟边、林缘、路旁、山坡	++
藜科	藜	*Chenopodium album*	种子	5.5~14.8	生于路旁、荒地、田间	+++
	地肤	*Kochia scoparia*	种子	16	生于田边、路旁、荒地	++
	碱蓬	*Suaeda glauca*	种子	28.49	生于洼地、荒野的盐碱土上	+
	盐地碱蓬	*Suaeda salsa*	种子	26.15	生于盐碱土上	+

（续）

科名	种名	拉丁名	含油部位	含油量（%）	生境	数量
苋科	牛膝	*Achyranthes bidentata*	种子	11	生于沟边、山脚阴湿处	+
	反枝苋	*Amaranthus retroflexus*	种子	7	生于田边、路旁、荒地	+++
商陆科	商陆	*Phytolacca acinosa*	种子	12.8	生于山沟、林下、林缘路旁的潮湿处	+
毛茛科	草乌	*Aconitum kusnezoffii*	种子	不详	生于疏林中、山坡草地	++
	大叶铁线莲	*Clematis heracleifolia*	种子	14.56	中、低山阴坡的灌丛和灌草丛	+++
	华北耧斗菜	*Aquilegia yabeana*	种子	不详	生于山坡、林缘、山沟石缝间	++
	展枝唐松草	*Thalictrum squarrosum*	种子	不详	生于山坡草地	++
小檗科	大叶小檗	*Berberis amurensis*	种子	不详	生于低山灌丛	+
防己科	蝙蝠葛	*Menispermum dauricum*	种子	16.94	生于山坡路旁、沟边	+++
石竹科	石竹	*Dianthus chinensis*	种子	31	生于向阳山坡草地、林缘灌丛	++
五味子科	五味子	*Schisandra chinensis*	种仁	33~38.3	生于山地灌丛中	+
罂粟科	野罂粟	*Papaver nudicaule*	种子	不详	生于亚高山草甸	+
	白屈菜	*Chelidonium majus*	种子	34~40	生于山野沟边阴湿处	+++
十字花科	二月兰（诸葛菜）	*Orychophragmus violaceus*	种子	35.8	生于平地、宅边、路边	+++
	独行菜	*Lepidium apetalum*	种子	19~22	生于庭园、路旁、村舍附近	+++
	荠菜	*Capsella bursa-pastoris*	种子	20~30	生于草地、田边、耕地	+++
	光果葶苈	*Draba nemorosa* var. *leiocarpa*	种子	不详	生于田野、山坡、田间	+
	豆瓣菜	*Nasturtium officinale*	种子	28	生于小溪、流动的浅水中	++
	沼生焯菜	*Rorippa islandica*	种子	不详	生于湿地、路旁、田边	+++
	糖芥	*Erysimum amurense*	种子	不详	生于道旁草地、山坡、林缘	++
	播娘蒿	*Descurainia sophia*	种子	34.8~39	生于荒地、路边、住宅附近	+++
	硬毛南芥	*Arabis hirsuta*	种子	不详	生于山坡、草地、山谷、荒地	+
虎耳草科	东北茶藨子	*Ribes mandshuricum*	种子	不详	生于山地杂木林、山谷林下	++
	风箱果	*Physocarpus amurensis*	种子	19.9	生于山沟中、阔叶林缘	+
	龙芽草	*Agrimonia pilosa*	种子	19.1	生于山坡、草丛、林缘林内	+++
	水杨梅	*Geum aleppicum*	种子	13~23.05	生于洼地、水边、湿地、林缘	++
	山荆子	*Malus baccata*	种子	16.1~22	生于山坡杂木林中、山谷灌丛	++
	美蔷薇	*Rosa bella*	种子	10.5	生于山坡、灌丛、杂木林中	+
	地榆	*Sanguisorba officinalis*	种子	10.3	生于山沟、溪旁、路边	+++
	毛樱桃	*Prunus tomentosa*	核仁	43.14	生于山地林缘及杂木林中	++
	山杏	*Prunus sibirica*	种仁	49.9	生于向阳坡地、林缘	+++
	山桃	*Prunus davidiana*	核仁	45.9~50	生于向阳坡地、林缘	+++
	榆叶梅	*Prunus triloba*	种子	不详	生于山坡、林缘	++

（续）

科名	种名	拉丁名	含油部位	含油量（%）	生境	数量
虎耳草科	欧李	*Prunus humilis*	核仁	54.54	生于干燥山坡、灌丛中	++
	稠李	*Padus avium*	核仁	38.79	生于山地杂木林中	++
豆科	皂荚	*Gleditsia sinensis*	种子		生于山沟路旁、多石山坡	++
	野皂荚	*Gleditsia microphylla*	种子	不详	生于山沟路旁、多石山坡	+
	胡枝子	*Lespedeza bicolor*	种子	11.34	生于山坡、山谷灌丛中、林缘	+++
	葛	*Pueraria lobata*	种子	15	生于山坡、沟边、灌丛、林缘	+++
	苦参	*Sophora flavescens*	种子	14.76	生于山野、路旁、荒地山上	++
	花木蓝	*Indigofera kirilowii*	种子	16.6~18	生于阳坡的灌丛中、疏林内	++
	野大豆	*Glycine soja*	种子	18~22	生于潮湿的河岸、草地、灌丛	+
牻牛儿苗科	牻牛儿苗	*Erodium stephanianum*	种子	18.72	生于山坡荒草地、田埂、路边	++
亚麻科	野亚麻	*Linum stelleroides*	种子	44	生于干燥山坡、草地、路旁	++
蒺藜科	蒺藜	*Tribulus terrestris*	种子	11.63	生于钙质土地、荒野、田间	+
芸香科	黄檗	*Phellodendron amurense*	种子	7.76~29	生于山地杂木林中阴湿处	+
	崖椒	*Zanthoxylum schinifolium*	种子	40	生于山地疏林、坡地或岩石旁	+
	臭檀	*Evodia daniellii*	种仁	39.7	生于山坡、沟边、山谷疏林中	++
苦木科	臭椿	*Ailanthus altissima*	种仁	24.9~35	生于山坡、田边、路旁	+++
	苦木	*Picrasma quassioides*	果实	30.5	生于山坡、山谷灌丛、杂木林	++
无患子科	栾树	*Koelreuteria paniculata*	种子	35.89	生于低山及平原	++
	文冠果	*Xanthoceras sorbifolium*	种仁	58.6	远郊山地栽培，部分逸为野生	+
漆树科	漆树	*Toxicodendron vernicifluum*	种子	31.16	生于向阳山坡的杂木林中	++
	盐肤木	*Rhus chinensis*	果实 种子	40.3 17.3	生于山坡、山谷杂木林、灌丛	++
	黄连木	*Pistacia chinensis*	种子	42.46	生于石灰质山坡疏林中	+
卫矛科	南蛇藤	*Celastrus orbiculatus*	种仁	16.3	生于山谷、山坡的灌丛、疏林	+++
	卫矛	*Euonymus alatus*	种子	42.4	生于山谷、山坡林缘、灌丛中	++
省沽油科	省沽油	*Staphylea bumalda*	种子	17.6	生于山谷、山坡疏林中	+
槭树科	元宝槭	*Acer truncatum*	种子	36.3	生于山坡、山谷、平地杂木林	++
鼠李科	酸枣	*Ziziphus jujuba* var. *spinosa*	种子	38.6	生于向阳山坡、山谷沟边	+++
	冻绿	*Rhamnus utilis*	种子	30	生于山地灌丛、疏林中	++
	圆叶鼠李	*Rhamnus globosa*	种子	26.7	生于山坡杂木林、灌丛中	++
	锐齿鼠李	*Rhamnus arguta*	种子	26	生于山坡杂木林中	++
	鼠李	*Rhamnus davurica*	种子	27.5	生于低山山坡、林缘、杂木林	++
葡萄科	山葡萄	*Vitis amurensis*	种子	不详	生于山地林缘	+++

（续）

科名	种名	拉丁名	含油部位	含油量(%)	生境	数量
椴树科	糠椴	*Tilia mandshurica*	种子	18.52	生于山地杂木林中	++
	蒙椴	*Tilia mongolica*	种子	20	生于山地杂木林中	++
锦葵科	野西瓜苗	*Hibiscus trionum*	种子	16.8~22	生于道旁、荒地上	+
	苘麻	*Abutilon theophrasti*	种子	15	生于山坡荒草地、田埂、路边	++
猕猴桃科	软枣猕猴桃	*Actinidia arguta*	果核	27.9	生于深山沟谷、杂木林内	++
藤黄科	红旱莲	*Hypericum ascyron*	种子	26.7	生于灌丛、湿地	++
胡颓子科	沙棘	*Hippophae rhamnoides*	种子	8.4~18.8	生于海拔800m以上的阳坡和砾石质山坡	+
八角枫科	瓜木	*Alangium platanifolium*	种子	不详	生于路旁、灌木丛或杂木林	+
五加科	刺五加	*Eleutherococcus senticosus*	种子	12.39	生于杂木林或灌丛中	++
	无梗五加	*Eleutherococcus sessiliflorus*	种子	14	生于杂木林或灌丛中	+
	楤木	*Aralia chinensis*	种子	21	生于沟谷林缘、林下、灌丛	+
	辽东楤木	*Aralia elata*	种子	35.91	生于沟谷林缘或林内	+
	刺楸	*Kalopanax septemlobus*	种子	31.1	生于沟谷或灌丛中	+
伞形科	白芷	*Angelica dahurica*	种子	不详	生于山坡草地、林缘、灌丛间	++
山茱萸科	毛梾木	*Cornus walteri*	果实	28~35	生于向阳山坡	++
报春花科	狭叶珍珠菜	*Lysimachia pentapetala*	种子	32.24	生于山坡、路旁荒地	++
柿树科	黑枣	*Diospyros lotus*	种子	21~25	生于山坡、路旁或栽培	+++
木犀科	小叶白蜡树	*Fraxinus bungeana*	种子	不详	生于杂木林或灌草丛中	++
	大叶白蜡	*Fraxinus rhychophylla*	种子	不详	生于山地杂木林中	++
	暴马丁香	*Syringa amurensis*	种子	28.6	生于山坡杂木林中	++
	流苏树	*Chionanthus retusus*	种子	35.6	生于山坡沟谷、杂木林中	+
萝藦科	杠柳	*Periploca sepium*	种子	10	生于低山丘陵的沟谷、林缘、河边、荒坡灌丛中	+++
旋花科	牵牛	*Pharbitis nil*	种子	11.8	生于山坡、河谷、路边、宅园	+++
马鞭草科	荆条	*Vitex negundo* var. *heterophylla*	种子	9.2~16.5	生于山地阳坡上，常形成灌丛	+++
紫草科	鹤虱	*Lappula myosotis*	种子	不详	生于道旁、干旱草坡等地	+
车前科	车前	*Plantago asiatica*	种子	8.57~13.2	生于草甸、田野、沟谷、河边	+++
忍冬科	金花忍冬	*Lonicera chrysantha*	种子	35.79	生于沟谷、林下、灌丛中	+
	鸡树条荚蒾	*Viburnum opulus* var. *calvescens*	种子	26~28	生于林下、山谷、山坡	++
	接骨木	*Sambucus williamsii*	种子	27	生于山地灌丛、林缘	+++
唇形科	香青兰	*Dracocephalum moldavica*	种子	25	生于干燥山坡、河滩和道旁	+
	荆芥	*Nepeta cataria*	种子	20	生于路边、草丛中与山地阴坡	++
	藿香	*Agastache rugosa*	种子	25.4~37	生于沟旁和山坡草丛中和林下	++

（续）

科名	种名	拉丁名	含油部位	含油量（%）	生境	数量
唇形科	香薷	*Elsholtzia ciliata*	种子	33.85	生于路边、山坡、荒地、沟旁	+
	木香薷	*Elsholtzia stauntoni*	种子	32	生于石质山坡、沟谷、路边	++
	薄荷	*Mentha haplocalyx*	全株	不详	生于水旁潮湿地	++
	蓝萼香茶菜	*Rabdosia japonica* var. *glaucocaly*	果实	31.7	生于山谷、林下、草坡上	+++
	荔枝草	*Salvia plebeia*	全株	不详	生于山坡、路旁、沟边、田野、	++
	荫生鼠尾草	*Salvia umbratica*	全株	不详	生于山坡、谷地、路旁	++
	糙苏	*Phlomis umbrosa*	种子	20.34	生于山地草坡、林下	+++
	细叶益母草	*Leonurus sibiricus*	种子	37.5	生于石质及砂质草地上及林内	+++
	益母草	*Leonurus japonicus*	种子	42	生于多种生境，如山坡、道边	+++
茄科	天仙子	*Hyoscyamus niger*	种子	25~30	常生于山坡、路旁、河岸沙地	+
	曼陀罗	*Datura stramonium*	种子	16~29	生于村边、宅旁、路边、草地	++
	野海茄	*Solanum japonense*	果实 种子	19.5 50.7	生于林下、灌丛山坡、水边	+
	枸杞	*Lycium chinense*	种子	不详	生于山坡、荒地、盐碱地	+
玄参科	草本威灵仙	*Veronicastrum sibiricum*	种子	不详	生于山坡草地、山地灌丛中	++
葫芦科	盒子草	*Actinostemma tenerum*	种子	25~29	喜生于水边、河滩岸上	+
桔梗科	党参	*Codonopsis pilosula*	种子	29	生于山地林内、灌丛中	++
	桔梗	*Platycodon grandiflorus*	种子	30.45~34	生于山坡草地、林间灌草丛中	++
菊科	苍耳	*Xanthium sibiricum*	种子	42.5	生于田野、路边	++
	苍术	*Atractylodes lancea*	种子	不详	生于山坡、林下、山坡草地	++
	腺梗豨莶	*Siegesbeckia pubescens*	种子	不详	生于路边荒地、林间、灌丛中	++
	烟管头草	*Carpesium cernuum*	种子	不详	生于山谷、林缘、沟边等地	++
	大籽蒿	*Artemisia sieversiana*	种子	19.4	生于农田、路旁、山坡、荒地	+++
	黄花蒿	*Artemisia annua*	种子	28.75	生于山坡、沟谷、荒地	+++
	狼杷草	*Bidens tripartita*	种子	23.78	生于水边或湿地	++
	鬼针草	*Bidens bipinnata*	种子	24	生于田边、荒地、路边、山坡	++
	小花鬼针草	*Bidens parviflora*	种子	27.3	生于田野、荒地、路边	++
	三叶鬼针草	*Bidens pilosa*	种子	不详	生于路边荒地上	+
	牛蒡	*Arctium lappa*	种子	15.5	生于山坡草地	++
	飞廉	*Carduus nutans*	种子	20.8~29	生于荒野路边、田边	++
	甘菊	*Dendranthema lavandulifolium*	种子	15.89	生于山坡林缘、灌丛及沟边	+++
百合科	知母	*Anemarrhena asphodeloides*	种子	不详	生于山坡、草地或路旁较干燥或向阳的坡上	+
鸭跖草科	鸭跖草	*Commelina communis*	种子	25~30	生于山坡、林缘阴湿地处	++
鸢尾科	马蔺	*Iris lactea* var. *chinensis*	种子	37.04	生于向阳的沙质地和山坡上	++

3. 北京野生油脂植物的科属分布

在北京野生油脂植物中，蔷薇科、唇形科、菊科最多，均为 13 种，其次是十字花科 9 种，榆科、豆科各 8 种，接下来依次是桑科 6 种，五加科、鼠李科、桦木科各 5 种，藜科、毛茛科、木犀科、茄科各 4 种，荨麻科、漆树科、忍冬科、芸香科各 3 种，2 种的有松科等共 13 科，其余均只有 1 种，共有 32 科。

4. 北京野生油脂植物的生活型

表 2-17 北京野生油脂植物生活型统计

植物类型	生活型	科数	属数	种数
草本类油脂植物	一、二年生草本	15	33	41
	多年生草本	19	34	36
	草质藤本	5	5	5
木本类油脂植物	木质藤本	5	5	5
	灌木	19	29	37
	乔木或小乔木	17	26	39

由表 2–17 可知，北京野生油脂植物中，木本类植物和草本类植物种类相近，其中木本类植物 41 科 60 属 81 种，草本类植物 39 科 72 属 82 种。

5. 北京野生油脂植物的含油部位及含油量

北京野生油脂植物中，含油部位绝大多数为果实、果仁、种子或种仁，少数为茎、叶等部位如藿香、薄荷等。这与整个油脂植物含油部位的状况一致。这些植物含油量平均都在 10% 以上，其中，含油量较高的主要为木本类植物，在 50% 以上的有核桃楸、平榛、毛榛等，40% 以上的有山杏、毛樱桃、卫矛、黄连木、崖椒、益母草、苍耳等。这些都是具有开发利用价值的重要野生油脂植物。要根据油脂植物的种实特点，明确油脂植物的主要产油部位，再结合种子和果实的成熟期，及时采收，以避免盲目开发利用，造成不必要的损失。

6. 北京野生油脂植物的利用现状

北京野生油脂植物尽管种类较多，资源也比较丰富，但真正被开发利用的种类还很少，目前主要有山杏、核桃楸、毛樱桃、酸枣等几种木本类植物，其中利用率最高、经济效益最大的为蔷薇科的山杏。

北京已开发的几种野生植物油（野亚麻油、山杏油、核桃楸油、毛樱桃油、酸枣油）

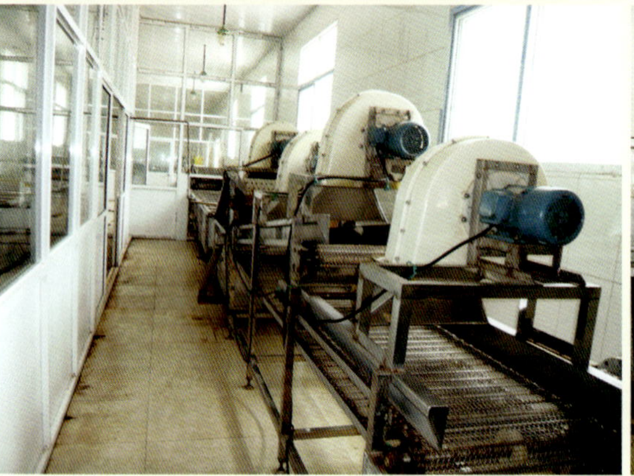

北京野生杏仁油加工厂及设备

北京野生杏仁油产品

山杏在北京各区（县）山区分布广泛，资源量极其丰富。北京各区（县）山区当地群众均有吃野生山杏油的习惯。门头沟、延庆、怀柔等区（县）还有专门的野生杏仁油加工厂，每年都会利用大量的山杏来加工杏仁油，主要销往城区及北京周边地区。另外一些村庄里一部分上了年纪的人还会自己人工榨取杏仁油，不过这只是很少量的加工，主要是满足自家食用需要，没有将它作为商品销售。村民用山杏仁自制杏仁油的方法为：将杏仁去种皮后，切碎再压成粉末，加水煮，在水温达到 80℃左右时用手拧或搓出杏仁油。这个过程虽然看似很简单，但是每一个小步骤都要十分到位才能榨出油来，温度和水是其中最主要的两个因素。根据当地有经验的村民介绍，人工加工的杏仁油的出油率是 20%，而加工厂的出油率可达 35%。

尽管北京各区（县）对当地野生杏仁油的开发利用较多，但其油脂的成分和含量并没有详细的数据。作者对门头沟区、延庆县和怀柔区 3 个产地的野生杏仁油的脂肪酸成分及含量在北京林业大学分析测试中心做了测定（图 2-1，图 2-2，图 2-3，表 2-18，表 2-19，表 2-20）。

（1）怀柔区产地杏仁油

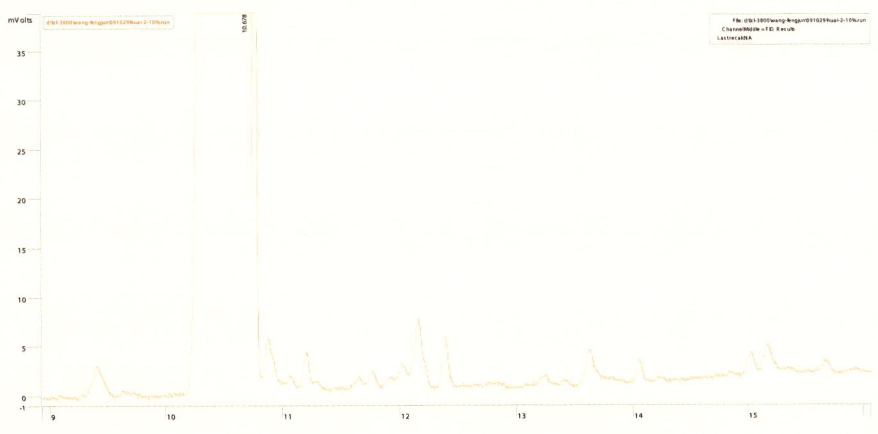

图 2-1 北京怀柔地区野生杏仁油脂肪酸气相色谱

表 2-18 北京怀柔地区野生杏仁油脂肪酸组成

Peak No.	Peak Name	Result ()	Time (min)	Offset (min)	Area (counts)	Sep. Code	1/2 (sec)	Status Codes
1	棕榈油酸	0.5421	8.426	0.000	120766	BV	4.2	
2	棕榈酸	3.3044	8.678	0.000	736133	VB	4.0	
3	亚油酸 + 油酸	95.1206	10.706	0.000	21190644	BV	13.1	
4	硬脂酸	0.7577	10.760	0.000	168804	VB	1.7	
5	0.1336	12.158	0.000	29763	BP	3.9		
6	0.0755	12.391	0.000	16825	PB	2.6		
7	0.0662	13.624	0.000	14738	BB	4.1		
	Totals:	100.0001	0.000	22277673				

（2）门头沟区产地杏仁油

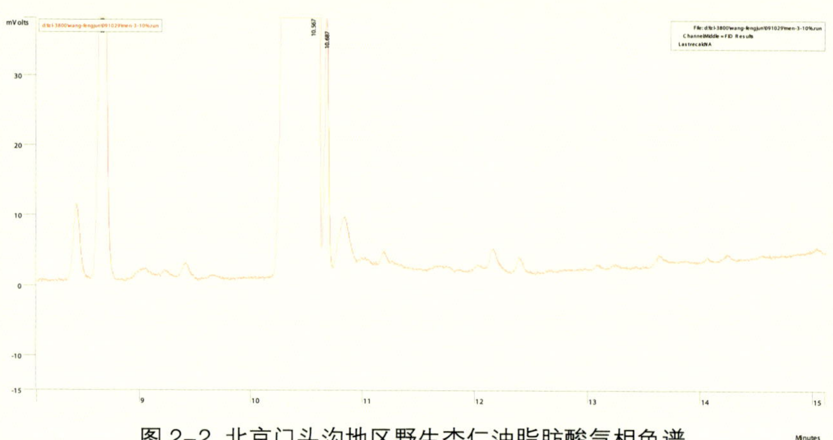

图 2-2 北京门头沟地区野生杏仁油脂肪酸气相色谱

表 2-19 北京门头沟区野生杏仁油脂肪酸组成

Peak No.	Peak Name	Result ()	Time (min)	Offset (min)	Area (counts)	Sep. Code	1/2 (sec)	Status Codes
1	棕榈油酸	0.3964	8.426	0.000	43076	BV	3.7	
2	棕榈酸	3.2838	8.670	0.000	356873	VB	3.6	
3	0.0796	9.407	0.000	8650	BB	3.9		
4	亚油酸 + 油酸	95.2725	10.592	0.000	10353947	BV	10.0	
5	0.8360	10.677	0.000	90850	VB	2.3		
6	0.0799	12.155	0.000	8684	BB	3.1		
7	花生酸	0.0519	12.390	0.000	5640	BB	3.0	
Totals:	100.0001		0.000	10867720				

（3）延庆县产地杏仁油

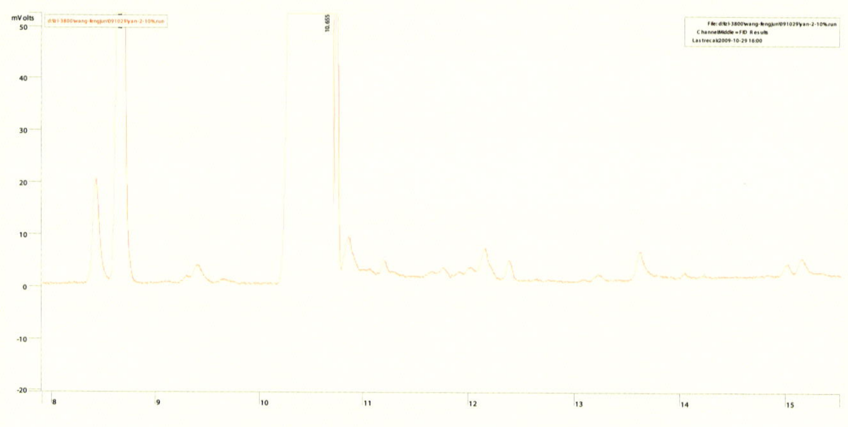

图 2-3 北京延庆地区野生杏仁油脂肪酸气相色谱

表 2-20 北京延庆地区野生杏仁油脂肪酸组成

Peak No.	Peak Name	Result ()	Time (min)	Offset (min)	Area (counts)	Sep. Code	1/2 (sec)	Status Codes
1	棕榈油酸	0.4405	8.420	0.000	88725	BV	4.1	
2	棕榈酸	3.3420	8.671	0.000	673143	VB	3.8	
3	0.0556	9.392	0.000	11202	BB	3.7		
4	亚油酸 + 油酸	95.2605	10.683	0.000	19187386	BP	12.9	
5	0.4537	10.741	0.000	91376	PB	1.8		
6	0.0337	12.012	0.000	6779	BV	4.2		
7	二十碳烯酸	0.1461	12.150	0.000	29419	VP	4.1	
8	花生酸	0.0604	12.382	0.000	12160	PB	2.6	
9	0.1202	13.618	0.000	24204	BB	4.3		
10	0.0268	15.021	0.000	5391	BP	3.2		
Totals:	100.0002	0.000	20142014					

从分析测试结果可以看出，北京地区的野生杏仁油主要含有亚油酸、油酸、棕榈酸、棕榈油酸、二十碳烯酸及花生酸等 5 种脂肪酸，各区（县）间无明显差异。其中人体不能合成的必需脂肪酸亚油酸和油酸的含量均高达 95% 以上，由此得出，野生杏仁油是一种高级保健食用油。

杏仁油除直接食用外，因其香气自然独特，平和而无刺激，常用作合成制造月桂酸、月桂醛、品绿、亚苄基丙酮等的原料，广泛应用于化妆品、食品、印染和油漆等行业中。杏仁油质轻、渗透力强而无味，宜作面部按摩油使用，能使皮肤增加光泽，是理想的精调化妆品的高级植物油。同时杏仁油具有良好的氧化稳定性，可以用于油画行业和化妆品行业，而且在医疗上还可用作缓泻药，皮肤烧伤外用药。因其凝固点低（-20℃），故还是一种较理想的工业润滑油。

除了野生杏仁油利用量较大以外，北京地区另外几种野生食用油酸枣油、山核桃油、野樱桃油及野亚麻油均较少。酸枣在北京的资源量也极其丰富，作者对酸枣油也做了分析测定（图 2-4，表 2-21），结果显示其亚油酸和油酸的含量较低，二者合计仅为 66.6%，远低于杏仁油，但另有一种未知成分高达 24.4%，因此有必要做进一步深入的分析和研究，以便能够有效开发利用。

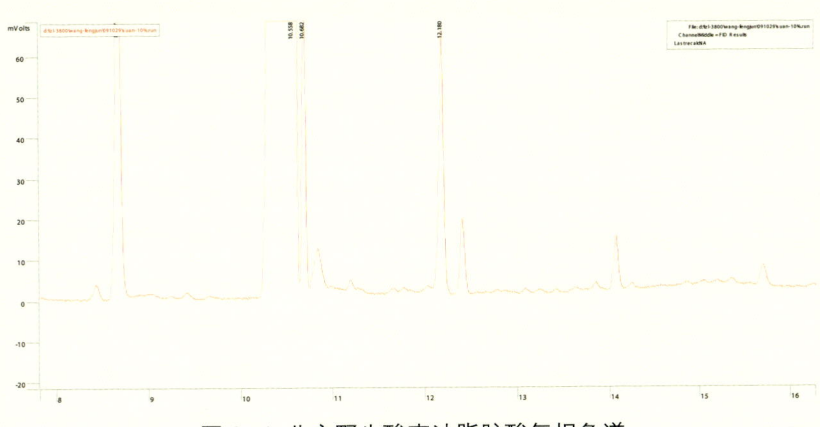

图 2-4 北京野生酸枣油脂肪酸气相色谱

表 2-21 北京野生酸枣油脂肪酸组成

Peak No.	Peak Name	Result ()	Time (min)	Offset (min)	Area (counts)	Sep. Code	1/2 (sec)	Status Codes
1	棕榈油酸	0.0946	8.427	0.000	10828	BB	3.1	
2	棕榈酸	3.7281	8.671	0.000	426704	BB	3.6	
3	亚油酸 + 油酸	66.6575	10.544	0.000	7629298	BV	16.4	
4		24.3939	10.587	0.000	2792013	VV	3.9	
5		1.9030	10.685	0.000	217810	VB	2.4	
6	二十碳烯酸	1.9634	12.181	0.000	224718	BB	3.2	
7	花生酸	0.5700	12.402	0.000	65238	BB	3.3	
8		0.4190	14.067	0.000	47962	BB	3.4	
9		0.2109	15.697	0.000	24133	BB	4.5	
10		0.0595	19.899	0.000	6810	BB	0.2	
	Totals:	99.9999		0.000	11445514			

7. 北京野生油脂植物资源开发利用与保护建议

（1）种类较多，具有重要的经济价值和开发利用前景

对于能食用的油脂种类来说，可根据其特有的风味及营养成分，按照“药膳同源”的原则，开发研制出不同系列的保健食品。目前的开发利用还局限于少数几种，产品单一，没有形成有特色的系列产品。同时，虽然北京几个区（县）山区有一些杏仁油加工企业，但普遍都规模较小、产量小，贮藏、生产、检验等设备条件也较落后，产品质量得不到保证，在市场上形成不了有竞争力的高价值产品。因而，当地政府和企业应加强这方面的投入力度，与相关科研机构合作，进一步研究改进加工工艺，最好能建立大型的标准化杏仁油生产加工基地，扩大生产规模，形成产业化发展，共同开发利用好北京这一丰富的油脂植物资源。

（2）重视综合性开发，提高资源利用率

如山杏的种仁可加工食用油，其果肉可供鲜食或加工成杏脯、杏干及杏酒，杏仁还可制成杏仁饼、杏仁露、杏仁酪、杏仁酱、杏仁点心等，树干分泌的胶质，可用作粘接剂及赋形剂，干燥果皮可制炭，同时它还是山区优良的水土保持树种。

（3）加强科研攻关

如运用转基因技术，将控制野生油脂植物优良性状的基因转移到普通的植株上，生产出抗逆性强、经济性状好的种苗。通过组织培养等手段来增加幼苗的数量，提高扦插、分株的成活率，并将一些优良的品种在当地进行大面积推广。同时做好对油脂植物深层次的开发，把北京山区的资源优势变成强大的经济优势。

8. 北京主要野生油脂资源植物

(1) 西伯利亚杏 *Prunus sibirica* L.

蔷薇科（Rosaceae）李属植物。又名山杏。

形态特征 落叶小乔木，高 2~3m。单叶互生，卵圆形，先端长尾尖，边缘具钝锯齿。花单生，先叶开放；萼筒钟状，萼裂片 5，花后反折，花瓣 5，粉红色至白色，雄蕊多数。核果近球形，径约 2.5cm，黄色带红晕，熟时开裂，肉质薄，多纤维，核扁圆形或扁卵形，边缘平薄锐利，表面粗糙，有较明显的网纹。花期 3~4 月，果期 6~7 月。

分布与生境 分布于东北、华北各地。北京见于各区（县）低山向阳坡地及灌木丛中，极为普遍。

理化性质 种仁含油 49.9%。油的碘值 104.1、皂化值 182.8。果肉含糖、果胶、醋酸、多

西伯利亚杏

野生西伯利亚杏采收利用

野生杏仁油产品

种维生素、矿物质和碳水化合物。杏仁含蛋白质21%、脂肪50%，以及多种游离氨基酸、苦杏仁甙、苦杏仁酶、维生素和矿物质盐类。

采收加工 用途不同，采收的时间也不同：若作青杏果脯用，应早采；作其他用，应在果实成熟后采。采收的成熟果实，先将果肉加工成各种制品或酿酒，再将种子洗净、晒干、去硬壳后榨油。

资源开发与保护 西伯利亚杏在当地一般都称为山杏，具有多种应用价值。果肉虽薄，却含有较丰富的营养成分和药用成分，如果糖、果胶、醇、醋酸和鞣质等。青山杏味酸能增进食欲，但生吃味道不佳，可酿酒、作醋或加工制成杏干、杏脯、杏酱等食品。山杏杏仁营养丰富，可制作糕点、糖果、杏仁露、杏仁霜及冷饮食品，用山杏仁盐渍成的咸菜等，味香而脆，甚为可口，是常见的野菜之一。但需注意，山杏仁含杏仁甙，水解后生成氢氰酸、苯甲醛和葡萄糖。氢氰酸有毒，食之过量易发生中毒现象。山杏仁味苦，还可入药，具有祛痰、止咳、平喘之功效。杏核壳可做活性炭或提制栲胶。此外，山杏耐寒性强，还可做桃、李、杏的砧木。

野生西伯利亚杏综合利用

西伯利亚杏在北京地区分布十分广泛，资源蕴藏量大，目前当地最主要的用途是用其杏仁榨取杏仁油。杏仁油脱毒后清香味美，是优良的食用油，具有较高的经济价值和开发利用潜力。

北京地区还有另外一种山杏 *Prunus armeniaca* var. *ansu* Maxim.，也称野杏，是杏树的变种，既有野生也有栽培，其果实较西伯利亚杏肉质多汁，成熟时不开裂。用途同西伯利亚杏，山区群众常不加区分，混合利用。

（2）胡桃楸 *Juglans mandshurica* Maxim.

胡桃科（Juglandaceae）胡桃属植物。又名核桃楸、东北山核桃、楸子等。

形态特征 落叶乔木，高达 30m。树皮灰色，浅纵裂。树冠广卵形。奇数羽状复叶大型，小叶 9~19，长圆形，具细锯齿。雄柔荑花序腋生下垂，雌穗状花序于新枝顶生，具花 4~10。核果卵球形，外果皮密被腺毛，果核具 8 条纵脊及雕刻状花纹。花期 5 月，果期 8~9 月。

分布与生境 分布于华北、东北地区。北京各区（县）山区均有分布，主要见于海拔 500m 以上湿润的沟谷、阴坡林缘，常形成带状的胡桃楸疏林。

理化性质 种仁含油量 40%~50%，最高可达 60% 以上。油的比重 0.93，折光率 1.48，皂化值 188~220，碘值 129.6~158.1，脂肪酸组成为棕榈酸 2.9%、硬脂酸 0.6%、油酸 19%、亚油酸 76%、亚麻油酸 2%。种仁还含蛋白质 15%~20%，糖 1%~1.5%，以及钙、磷、铁、钾、胡萝卜素和维生素 C 等多种营养物质。枝叶含纤维素 29.37%、水分 72%、灰分 3.87%、木质

胡桃楸

胡桃楸综合利用

素 16.83%。树皮纤维量鲜物中含 19.47%，干物中含 29.50%。

采收处理 9~10 月果实成熟，果实穗状着生，容易采摘，但要防止将大量枝条摘下。采收后集中堆放，上盖柴草，加快青皮腐烂，脱皮后洗净晒干，待以后加工。

资源开发与保护 胡桃楸果实属坚果类，可以食用，其可食部分为种仁，可生食，也可炒食，以生食为好。在食品工业中已广泛用作糕点、糖果等高级滋补食品的添加剂。种仁还可榨油和入药，具有润肺、止咳、消肿等功效。成熟果实或果皮、叶、树皮等也可入药，叶和树皮可用于杀虫，果壳可制活性炭。胡桃楸木材质地坚细，不翘不裂，为东北地区三大硬木之一。其树干笔直，树冠广圆形，枝叶繁茂，树型美观，可作绿化树种，也可作栽培核桃砧木及育种材料。

胡桃楸适应能力强，能在多种环境中生长。北京各山区常见，资源量很大，当地主要利用其果实食用或是榨油，少量利用枝条、树皮做绳索使用。胡桃楸也是北京森林生态系统中主要的建群树种之一，具有重要生态价值，对北京山地多种动物的生存也具有重要意义。一旦该物种遭受较大程度破坏，势必将对北京森林生态系统安全造成重大影响，所以要提高警惕，做好保护工作。

（3）黄连木 *Pistacia chinensis* Bunge

漆树科（Anacardiaceae）黄连木属植物。又名黄楝树、楷树。

形态特征 落叶乔木，树冠近圆球形，树皮薄片状剥落。偶数羽状复叶，小叶披针形或卵状披针形，长 5~9cm，先端渐尖，基部偏斜，全缘。雌雄异株，圆锥花序，雄花序淡绿色，雌花序紫红色。核果径约 6mm，初为黄白色，后变红色至蓝紫色，若红而不紫多为空粒。花期 3~4 月，果期 9~11 月。

分布与生境 分布于华北、华东、中南、西南等地。北京主要分布在房山区上方山、浦洼、十渡以及门头沟区潭柘寺等地，生于山坡疏林中。

理化性质 种子含油率 35%~42.46%，出油率 22%~30%；果壳含油率 3.28%，种仁含油率 56.5%。油的碘值 95.8、皂化值 192、酸值 4，脂肪酸组成为肉豆蔻酸微量、棕榈酸 23.35%、硬脂酸 1.7%、十六碳酸 1.9%、油酸 41.6%、亚油酸 1.55%。

采收处理 夏秋间采鲜叶蒸馏芳香油。9~10 月果实变为铜绿色时含油量最多，采后及时晒干备榨。

资源开发与保护 黄连木鲜叶有香味，可提取芳香油。种子含油率较高，油可作食用油、润滑油，或制肥皂。黄连木油脂肪酸碳链长度集中在（C_{16}~C_{18}）之间，由黄连木油脂生产的生物柴油的碳链长度集中在（C_{17}~C_{20}）之间，与普通柴油主要成分的碳链长度（C_{15}~C_{19}）极为接近，因此，非常适合用来生产生物柴油，作为生物能源树种的前景看好。

除此以外，黄连木还有重要药用价值，树皮、叶均可入药，其味微苦，具有清热解毒、祛暑止渴的功效。其木材为黄色，坚固致密，是雕刻、装修的优质材料；树皮、叶、果，分别含鞣质，可提制栲胶；果和叶还可制作黑色染料；根、枝、皮可制成生物农药；嫩叶、嫩芽可食用或制茶。而且黄连木观赏价值很高，春季嫩叶呈红色，树冠开阔，秋季枝繁叶茂，红叶满树，是优良园林树种。

黄连木在北京地区对生境要求比较严格，分布较少，资源蕴藏量少，物种本身很脆弱，应该加以保护。如要发展能源林建设，必须因地制宜，开展优良种质资源选育及引种驯化栽培。

黄连木

四、北京野生淀粉糖类植物资源

绿色植物通过光合作用形成淀粉和糖。淀粉糖类植物是指那些在植物体的某些器官（如根、块根、根茎、鳞茎、果实、种子等）中贮藏有大量淀粉和糖的植物。这些淀粉和糖对植物生长发育有极其重要的作用，同时又是人类赖以生存的主要食物来源之一，而且也是工业重要原料之一。

1. 糖类的分类、性质和用途

糖类亦称碳水化合物，是植物光合作用的直接产物，根据其水解状况一般可分为单糖（如葡萄糖、果糖）、双糖（如蔗糖、麦芽糖）和多糖（如淀粉、纤维素）。植物体含有的糖类有的可直接食用，有的用来制糖果、糕点、罐头等食品，或作为酿酒、造纸、制化妆品的原料等。

淀粉是植物体内贮藏的高分子碳水化合物，它可以分解成葡萄糖、麦芽糖等成分。淀粉有直链淀粉和支链淀粉两类，二者的含量因植物种类而异，而含量的多寡也决定了淀粉的性质和用途。淀粉以淀粉粒的形式贮存于植物体内。淀粉的用途广泛，无毒的野生植物淀粉可制成粉丝、粉皮等食品或直接食用，在食品工业上还可用作乳化剂、增稠剂、胶粘剂等。由于淀粉的高分子性，糊化温度、膨胀度、粘度稳定性等特性较好，在工业上被广泛使用。

2. 野生淀粉糖类植物的识别

我国野生淀粉糖类植物资源非常丰富，但野外识别较困难。通常可采用抓捏法来辨别，即用手抓捏植物的果实或块茎、块根等部位，看是否易折断，如易断且断面有白色粉状物或有凹凸不平的颗粒，并且颗粒能挤出白色粉状物者，可初步判定该植物含有淀粉，这是因为淀粉多呈淀粉粒大量贮存于植物的种子、果实、块根、块茎、茎干髓等部位的薄壁细胞中。除抓捏法外，还可用 1%~2% 的碘化钾溶液滴入样品上，如果样品表面变成蓝紫色或黑色，表明它含有淀粉。

3. 北京野生淀粉糖类植物的种类

经调查统计，北京地区共有野生淀粉糖类植物 32 科 61 属 92 种（表 2–22）。

表 2-22 北京市野生淀粉糖类植物种类

科名	种名	拉丁名	含淀粉和糖部位	生境	数量
蕨科	蕨	*Pteridium aquilinum* var. *latiusculum*	根状茎	生于山坡、草地、林下	++
壳斗科	栓皮栎	*Quercus variabilis*	种子	生于低山阳坡	+++
	槲树（柞栎）	*Quercus dentata*	种子	生于山地阳坡上	++
	蒙古栎	*Quercus mongolica*	种子	生于低山的坡上，常成纯林	+++
	槲栎	*Quercus aliena*	种子	生于山地阳坡上	++
	板栗	*Castanea mollissima*	种子	生于砂质土壤的山坡	+++
桦木科	毛榛	*Corylus mandshurica*	果实	生于 1000m 以上灌丛、林下	+++
	榛	*Corylus heterophylla*	果实	生于杂木林及被破坏的林地	+++
榆科	榆树	*Ulmus pumila*	果实	生于平原或低山地带	+++
	大果榆	*Ulmus macrocarpa*	果实	生于向阳山坡上、岩石缝	+++
	黑榆	*Ulmus davidiana*	果实	向阳山坡、干燥多岩地带	++
	裂叶榆	*Ulmus laciniata*	果实	生于阴湿山坡和沟谷	+
桑科	桑	*Morus alba*	果实	生于向阳山坡、平原、低地	++
	蒙桑	*Morus mongolica*	果实	生于向阳山坡、平原、低地	+++
	柘树	*Cudrania tricuspidata*	果实	生于向阳山坡、灌木林	+
	构树	*Broussonetia papyrifera*	果实	生于山坡、平原、低地	++
蓼科	苦荞麦	*Fagopyrum tataricum*	果实	生于田边、路旁、荒地	+
	水蓼	*Polygonum hydropiper*	果实	生于水沟边、潮湿处	++
	拳蓼	*Polygonum bistorta*	根状茎	生于亚高山草甸、林下	+++
	珠芽蓼	*Polygonum viviparum*	根状茎	生于山地草坡上、林下	++

（续）

科名	种名	拉丁名	含淀粉和糖部位	生境	数量
蓼科	皱叶酸模	*Rumex crispus*	种子、根	生于沟边湿地	++
	巴天酸模	*Rumex patientia*	种子、根	生于水沟、路旁、田边、荒地及山区的沟边潮湿处	+++
	齿果酸模	*Rumex dentatus*	种子、根	生于沟边、河边湿地、荒地	+
藜科	沙蓬	*Agriophyllum squarrosum*	种子	生于河边河滩、砂质土上	+
睡莲科	莲	*Nelumbo nucifera*	果实	生于池塘或水田内	++
	芡实	*Euryale ferox*	果实	生于池塘或水田内	+
苋科	反枝苋	*Amaranthus retroflexus*	种子	生于田边、路旁、荒地	+++
毛茛科	华北耧斗菜	*Aquilegia yabeana*	根	生于山坡、林缘、石缝间	++
虎耳草科	刺果茶藨子	*Ribes burejense*	果实	生于山地溪流边、林中	+
	东北茶藨子	*Ribes mandshuricum*	果实	山地杂木林、山谷林下	++
	瘤糖茶藨子	*Ribes himalense* var. *verruculosum*	果实	山地灌丛、林缘、沟谷	+
	小叶茶藨子	*Ribes pulchellum*	果实	山地灌丛、山坡、沟谷	+
蔷薇科	美蔷薇	*Rosa bella*	果实	生于山坡疏林中及林缘	+
	刺玫蔷薇	*Rosa davurica*	果实	生于山坡、灌丛、杂木林	+
	鹅绒委陵菜	*Potentilla anserina*	块根	生于田边湿地、河滩沙地	++
	山楂叶悬钩子	*Rubus crataegifolius*	果实	山坡、林缘、砍伐迹地	+++
	地榆	*Sanguisorba officinalis*	根	生于山沟、溪旁、路边	+++
	山楂	*Crataegus pinnatifida*	果实	生于山地杂木林中	++
	山里红	*Crataegus pinnatifida* var. *major*	果实	生于山地杂木林中，野生或栽培	++
	杜梨	*Pyrus betulifolia*	果实	生于寒冷干旱山地	++
	山荆子	*Malus baccata*	果实	生于山坡杂木林、山谷灌丛	++
	水榆花楸	*Sorbus alnifolia*	果实	生于山坡杂木林、山谷灌丛	+
	北京花楸	*Sorbus discolor*	果实	生于山沟杂木林或灌丛中	++
	花楸树	*Sorbus pohuashanensis*	果实	生于山坡杂木林中	++
	山桃	*Prunus davidiana*	果实	生于向阳坡地、林缘	+++
豆科	葛	*Pueraria lobata*	块根	生于沟边、灌丛、林缘	+++
	米口袋	*Gueldenstaedtia multiflora*	根	生于田边、路旁、山坡草地	++
	草木犀状黄芪	*Astragalus melilotoides*	根	生于林缘、草地	++
	歪头菜	*Vicia unijuga*	种子	林缘、草地、山谷、岸边	+++
鼠李科	拐枣	*Hovenia dulcis*	果实	阳光充足的沟边、山谷中	+
	酸枣	*Ziziphus jujuba* var. *spinosa*	果实	生于向阳山坡	+++
葡萄科	山葡萄	*Vitis amurensis*	果实	生于山地林缘	+++
	桑叶葡萄	*Vitis heyneana* subsp. *ficifolia*	果实	生于山坡灌丛及林缘	++
	白蔹	*Ampelopsis japonica*	块根	生于山沟、山坡林缘	+++
猕猴桃科	软枣猕猴桃	*Actinidia arguta*	果实	生于沟谷杂木林中	+

（续）

科名	种名	拉丁名	含淀粉和糖部位	生境	数量
胡颓子科	沙棘	*Hippophae rhamnoides*	果实	生于海拔 800m 以上山沟	+
菱科	格菱	*Trapa pseudoincisa*	果实	生于池塘中	+
柿树科	君迁子	*Diospyros lotus*	果实	生于山坡、路旁、山谷	+++
萝藦科	变色白前	*Cynanchum versicolor*	种子	生于山坡、山谷灌丛中	++
茄科	酸浆	*Physalis alkekengi* var. *francheti*	果实	生于山坡、路旁、草地	+
旋花科	打碗花	*Calystegia hederacea*	根状茎	生于荒地、田间、路旁	++
桔梗科	党参	*Codonopsis pilosula*	根	生于山地林内、灌丛中	++
	羊乳	*Codonopsis lanceolata*	根	生于山地灌丛中、林下	++
	石沙参	*Adenophora polyantha*	根	生于山地草坡、林缘、灌丛	++
	展枝沙参	*Adenophora divaricata*	根	生于山坡草地、林边	+++
	荠苨	*Adenophora trachelioides*	根	山地草坡、林缘、灌丛中	++
	多歧沙参	*Adenophora wawreana*	根	生于草坡、林边、山路旁	+++
	桔梗	*Platycodon grandiflorus*	根	生于山地草坡、林缘、灌丛	++
泽泻科	野慈姑	*Sagittaria trifolia*	球茎	生于郊区池塘、水稻田中	+
花蔺科	花蔺	*Butomus umbellatus*	根状茎	生于池塘、河边浅水中	+
禾本科	芦苇	*Phragmites australis*	根状茎	生于河岸、河溪边多水地区	+++
	狗尾草	*Setaria viridis*	种子	生于道旁、山野、荒地上	+++
	金色狗尾草	*Setaria glauca*	种子	生于路旁、荒地、山坡上	++
	白茅	*Imperata cylindrica*	根状茎	生于河滩沙地、山坡、草地	++
	稗	*Echinochloa crusgalli*	种子	生于杂草地、耕地、稻田中	++
	家稗	*Echinochloa frumentacea*	种子	生于田野、路旁、水塘	++
	光头稗	*Echinochloa colona*	种子	生于田野、路旁	++
	野黍	*Eriochloa villosa*	种子	生于旷野、山坡、潮湿地上	+
	止血马唐	*Digitaria ischaemum*	种子	生于水边、荒野湿润地方	++
	马唐	*Digitaria sanguinalis*	种子	生于农田、路旁、撩荒地	++
莎草科	荆三棱	*Scirpus yagara*	根状茎	生于浅水中	++
	扁秆藨草	*Scirpus planiculmis*	块茎	生于湖沼、河渠边、近水处	++
天南星科	菖蒲	*Acorus calamus*	根状茎	生于山谷湿地、河滩湿地	+
	半夏	*Pinellia ternata*	块茎	生于山沟阴湿地	++
	天南星	*Arisaema heterophyllum*	块茎	生于山地阴湿林下	++
百合科	山丹	*Lilium pumilum*	鳞茎	生于山坡草地、林间草地	+
	玉竹	*Polygonatum odoratum*	根状茎	生于林下、林间、灌丛	++
	黄精	*Polygonatum sibiricum*	根状茎	生于林下、灌丛、山坡上	++
	绵枣儿	*Scilla scilloides*	鳞茎	山坡、草地、路旁、林缘	+
	知母	*Anemarrhena asphodeloides*	根状茎	生于山坡、草地或路旁较干燥或向阳的坡上	++

（续）

科名	种名	拉丁名	含淀粉和糖部位	生境	数量
薯蓣科	穿龙薯蓣	*Dioscorea nipponica*	根状茎	生于山坡灌丛中	+++
鸢尾科	马蔺	*Iris lactea* var. *chinensis*	种子	生于路旁、向阳山坡上	++

就科属分布而言，蔷薇科最多，有9属13种，其次是禾本科6属10种。接下来所含种类依次是桔梗科和蓼科各7种，壳斗科6种，百合科和桑科各5种，豆科和虎耳草科各4种，榆科、葡萄科、天南星科各3种，桦木科、睡莲科、鼠李科、莎草科各2种，其余16科各含1种。其中，含淀粉较多的科有壳斗科、豆科、睡莲科、禾本科、百合科等，含糖分较多的科有蔷薇科、桑科、葡萄科、猕猴桃科、柿树科、鼠李科等。

4. 北京野生淀粉糖类植物的利用部位及用途

北京野生淀粉糖类植物的贮藏部位主要有果实、种子、根、块根、根状茎、块茎、鳞茎、球茎等几类，其中以果实和种子最多，占到了总数的一半以上（表2–23）。

表2-23 北京野生淀粉糖类植物利用部位统计

类型	科	属	种	类型	科	属	种
果实	15	29	46	根状茎	8	11	13
种子	7	7	13	块茎	3	4	4
根	4	7	11	鳞茎	1	2	2
块根	2	2	2	球茎	1	1	1

这些含淀粉和糖的植物的用途主要可以分为3类：一是作为粮食、水果等经过加工后食用；二是用来酿酒；三是作为药材使用。可以直接食用的一般都是野果类的，例如山楂、杜梨、软枣猕猴桃等，还有一些坚果，如榛子和毛榛。经过加工可以食用的多是块根或者不能生吃的，如豆科葛根须经过加工生产成葛根粉后才可以食用，百合科山丹等则需要熟食，还有壳斗科栎类的种子。另外，可以用来酿酒的大都可以食用，如茶藨子、山葡萄、沙棘等。还有一些含淀粉糖类的植物是常见的药材，如桔梗、党参等。

5. 北京野生淀粉糖类植物的生活型

表2-24 北京野生淀粉糖类植物生活型统计

植物类型	生活型	科数	属数	种数
草本类植物	一、二年生草本	7	11	15
	多年生草本	16	26	35
	草质藤本	2	3	3
木本类植物	木质藤本	3	4	5
	灌木	5	6	11
	乔木或小乔木	6	12	23

由表 2-24 可知，北京野生淀粉糖类植物中，草本类植物种类较多，共有 25 科 40 属 53 种，木本类植物较少，共有 14 科 22 属 39 种。但木本类植物生物量大，几种主要的淀粉植物如蒙古栎、栓皮栎、葛藤等均为木本植物。

6. 北京野生淀粉糖类植物资源的保护和利用建议

北京地区开发利用野生淀粉糖类植物的历史悠久，特别是一些淀粉含量高的植物对于以前弥补粮食供给不足、改善生活质量、调整饮食结构及饲养家禽家畜都具有十分重要的意义。比如，将榆树皮粉碎混在面粉中增加了冷面的柔韧性；用桔梗、党参等腌渍咸菜；用金色狗尾草、马唐、野稗等果实充填杂粮；直接食用山楂、酸枣、山葡萄、软枣猕猴桃等。随着经济的发展和人们生活水平的提高，目前将野生淀粉糖类植物直接作为粮食或食物食用的越来越少（除一些含糖量高的野果外），更多的则是将这些淀粉糖类植物加工，进而用于酿酒、制糖、制药或其他工业、农业用途。

需要注意的是，利用野生植物的淀粉或糖类制作食品时，须考虑到有些植物含有毒物质，在尚未确定之前应先作工业原料利用，暂不食用。如在对蕨、皱叶酸模、天南星、穿龙薯蓣等淀粉植物进行生产时，要特别注意有毒成分存在的部位、采收的时间及加工的方法，同时，还要加强对有毒化学成分的分离和提取。此外，在开发利用过程中还要注重“一物多用”的综合性开发，发挥出株体最大的经济效益。如蒙古栎，其果实可提取淀粉，用做纺织工业浆纱粉和饲料或用于酿酒，树叶可做柞蚕饲料，废料还可以做木耳的培养基等等。对一些植物除传统的利用方式外，还要加大力度开发新的产品，提高经济效益。如著名的淀粉糖类植物葛根，除主要用作提取淀粉或加工成葛粉供食用外，近几年一些地区和企业将其开发成新产品“葛根口香糖”。以天然原料葛根制造的口香糖，没有传统胶姆基口香糖的粘质残渣，是一种理想的可以咀嚼而又健康环保的好产品，使其资源价值得到了极大提升，市场发展潜力巨大。

特别值得一提的是，对淀粉植物资源的开发利用近年来有了新的发展前景，就是从淀粉植物资源中获取生物质液体燃料——乙醇，这是继油脂植物开发生物质液体燃料—生物柴油的又一再生能源资源，它的开发对缓解石化能源的供需矛盾，保障国家能源安全，促进经济社会可持续发展具有重要的现实意义。北京地区野生淀粉植物资源较为丰富，在发展生物能源产业方面具有很大的潜力，希望能够引起相关部门的重视，充分利用北京的科技和人才优势，加大对一些重点淀粉资源植物的研究和利用，力争在这一领域也走在全国的前列。

7. 北京主要野生淀粉糖类资源植物

（1）芡实 *Euryale ferox* Salib.

睡莲科（Nymphaeaceae）芡实属植物。又名鸡头米、鸡头子。

形态特征 一年生水生草本。初生叶沉水，箭形，后生叶浮于水面，叶柄长，表面生多数刺，叶片圆状盾形，表面深绿色，有蜡被，具多数隆起，背面深紫色，叶脉凸起。花单生，花梗粗长，多刺，萼片 4，有刺，花瓣多数。浆果球形，海绵质，紫红色，外被皮刺。种子球形，黑色，坚硬，具假种皮。花期 6~9 月，果期 7~10 月。

分布与生境 除西北外，全国各地均有分布。北京较少见，一般见于海淀及顺义等区（县），生于池沼湖塘浅水中。

利用部位与理化性质 成熟种子。种仁含淀粉 75.39%，每 100g 种仁含蛋白质 4.4g、脂肪 0.2g、碳水化合物 32g、粗纤维 0.4g、灰分 0.5g、钙 9mg、磷 110mg、铁 0.4mg、维生素 B_1 0.40mg、维生素 B_2 0.08mg、维生素 C 6mg。

采收与加工 采收分多次采收和一次采收法。多次采收法在 8 月下旬采收，一次采收法在 9 月下旬采收。采摘后除去果皮、假种皮和种壳。

资源开发与保护 芡实种仁富含淀粉，可酿酒。它不仅是重要的淀粉植物资源，也是著名的滋养强壮药，有固肾涩精、补脾止泻之功用。芡实目前作为食用比药用更为普遍，其嫩叶柄、嫩花茎可炒食；茎秆、花秆剥皮后腌成咸菜，味道鲜美；种仁可做羹汤、甜食。芡实现各地有

芡实

栽培，多在超市供应，是八宝粥和药膳原料。同时，芡实还是美丽的水生花卉，全株栽培供观赏。目前北京市芡实资源量较少，列为北京市二级保护植物，除主要作观赏外，利用较少。

（2）榆树 *Ulmus pumila* L.

榆科（Ulmaceae）榆属植物。又名白榆、家榆、榆钱树、钱榆等。

形态特征 落叶乔木，高达25m。树冠广卵圆形。树皮暗灰色，深纵裂。单叶互生，卵形至卵状披针形，基部偏斜，边缘具锯齿，羽状侧脉明显。花小，两性，早春先叶开花或花叶同放，紫褐色，簇生于上一年生枝条叶腋。翅果近圆形，光滑，顶端有凹缺。种子位于果实中部。花期3月，果期4~5月。

分布与生境 分布于东北、华北、西北及西南各地。北京见于各区（县）平原及海拔600m以下低山地带，栽培或野生。阳性树种，喜光、耐旱、耐寒、耐瘠薄，不择土壤，适应性很强。

利用部位与理化性质 嫩叶、幼果（俗称榆钱、榆荚）。每100g鲜叶含糖类9g、蛋白质6g、脂肪0.6g、胡萝卜素6.74mg、抗坏血酸43mg；每100g幼果含糖类7g、蛋白质5.1g、脂

榆树

肪 1g、钙 280mg、磷 100mg、铁 22mg。

采收与加工 生长季内及时采摘嫩叶、幼果，随采随用。采摘后也可经干制处理后用塑料袋分袋、密封后，存放于干燥处。

资源开发与保护 中国自古以来就有栽培、食用榆的历史。唐代诗人李贺和宋代诗人分别有诗“榆荚相催不知数，沈郎青钱夹城路”“我行汴堤上，厌见榆阴绿”，可见当时榆树数目之多。唐代诗人岑参曾写道：“道旁榆叶青似钱，摘来沽酒君肯否？”明代诗人吴宽在《咏榆》中说：“生钱闻可食，贫者当果。”可见古人食榆之广。此外《本草纲目》中载有榆叶、榆钱的食法。榆树叶和果实除食用外，还可以入药，榆叶可利小便、消水肿，榆果可清湿热、杀虫。另外，榆树木材坚硬，弹性强，耐腐性好，可作建筑、车辆、农具及家具等用材；茎皮纤维强韧，可代麻制绳、麻袋或作人造棉和造纸原料；种子可以榨油。同时，榆树根系发达，抗风力、保土力强，萌芽力强，耐修剪，是重要的防护林树种，常栽植为行道树、绿墙、绿篱等。榆树在北京分布很广，既有栽培也有野生，主要集中在低山及平原，资源量较大，但野生资源破坏严重，应给予保护。

北京地区榆属野生种类常见的还有大果榆 *Ulmus macrocarpa*，用途同榆树。

（3）板栗 *Castanea mollissima* Blume

为壳斗科（Fagaceae）栗属植物。又名栗、栗子树、大栗。

形态特征 落叶乔木，高达 20m。老树树皮纵裂。单叶互生，长圆形，侧脉直伸，在叶缘成芒状锯齿，叶背被灰白色毛。花单性同株，雄花序穗状，雌花数个着生于雄花序基部，2~3 朵生于总苞内。壳斗具刺，全包坚果。内藏坚果 2~3 个，成熟时常裂为 4 瓣。坚果半球形或扁球形，暗褐色，直径 2~3cm。花期 4~6 月，果期 9~10 月。

分布与生境 原产中国，多见于山地，各地已广泛人工栽培。北京各区（县）山区常见栽培或成半野生，生于向阳干燥的砂质土壤。

利用部位与理化性质 利用其坚果的种仁。种子含淀粉 56% ~72%、蛋白质 4.8%、脂肪 15%。每 100g 板栗种子含钙 15mg、磷 91mg、铁 17mg，此外，还含有维生素 C、维生素 B_1、维生素 B_2、胡萝卜素、多种氨基酸、纤维素等。

采收与加工 果实 9 月下旬至 10 月采收，去壳斗、晒干。及时加工，以免种子生虫或发芽霉蛀。

资源开发与保护 板栗果实富含淀粉，为著名坚果，俗称栗子，素有“千果之王”的美誉，与桃、杏、李、枣并称“五果”，属于健脾补肾、延年益寿的上等果品，对高血压、冠心病、动脉粥样硬化等具有较好的防治作用。板栗在中国的应用历史悠久，西汉司马迁在《史记》中就有“燕，秦千树栗……此其人皆与千户侯等”的明确记载。栗子除直接食用外，还可制作糖水罐头、板栗泥罐头及栗蓉饼等。

北京地区板栗资源非常丰富，主要为栽培，有些为半野生状态，目前已成为北京产地著名干果，经济效益显著。在当地，群众还常将其雄花序晒干后燃烧用以驱蚊虫。

板栗

(4)栓皮栎 *Quercus variabilis* Blume

为壳斗科（Fagaceae）栎属植物。又名软木栎。

形态特征 落叶乔木，高达30m。树皮粗糙，木栓发达。单叶互生，具柄，椭圆状披针形，叶背密被星状毛，具芒状锯齿。花单性，雌雄同株，雄花形成柔荑花序，雌花腋生，单生于总苞内。壳斗半包坚果，苞片钻形，反卷。坚果近球形或宽卵形，径（高）约1.5cm，顶端圆，果脐突起。花期4~5月，果期翌年9~10月。

分布与生境 分布于除西北部外的中国各地。北京常见于各区（县）低山地区，生于山地阳坡上，海拔 800m 以下，常见大面积的栓皮栎林。喜土层深厚、排水良好的沙壤土。

利用部位与理化性质 利用其坚果的种仁。种子含淀粉 51.83%、单糖 6.27%、螺质 9.60%、蛋白质 1.96%、维生素 B_2 0.765%、纤维素 5.24%、灰分 2.10%，树皮含鞣质 1.42%，壳斗含鞣质 16.3%。

采收与加工 果实成熟后连壳斗采下，晒干后除去壳斗和果皮。将种仁晒干，贮存于干燥处。

资源开发与保护 壳斗科栎属树种在民间统称为橡树，其果实称为橡子或橡果。橡子淀粉含量超过 50%，是我国分布最广，数量最大的一种野生木本淀粉植物资源。人们食用橡子的历史可以追溯至很早。在过去，橡子一直是许多山区人民的主要食物。唐代皮日休在《橡媪叹》

栓皮栎

中写道“秋深橡子熟，散落榛芜冈，伛伛黄发媪，拾之践晨霜。移时始盈掬，尽日方满筐，几曝复几蒸，用作三冬粮……”从中可以看出，唐代末期橡子还是民间的一种粮食。栓皮栎是栎属中分布较广的树种，以其树皮具有发达的栓皮层而得名。栓皮栎用途广泛，其木材坚实、耐腐性能好，是重要的用材树种；种子含淀粉供食用、酿酒或作精饲料；壳斗、树皮富含单宁，是优良的栲胶原料；木栓极厚可作软木塞、救生圈等多种软木制品。

北京地区栓皮栎分布广泛，为低山地区主要的森林组成树种之一。由于其根系发达、适应性强，不仅是抗蚀护坡和优良水土保持树种，也是荒山造林的理想树种。虽然栓皮栎在北京资源量较为丰富，但目前利用较少，很有开发潜力。

此外，北京地区栎属植物还有蒙古栎 *Q. mongolica*、槲栎 *Q. aliena*、槲树 *Q. dentata* 等，其中以蒙古栎分布最广，数量最多，用途与栓皮栎相似。

（5）葛藤 *Pueraria lobata*（Willd.）Ohwi

豆科（Fabaceae）葛属植物。又名野葛、葛根、粉葛等。

形态特征 多年生木质缠绕藤本，全株被黄褐色硬毛，块根肥厚膨大。3 出羽状复叶，顶端小叶较大，菱卵形，全缘或 3 浅裂，侧生小叶斜卵形。总状花序腋生，花多数，萼钟状，蝶形花冠，紫红色。荚果条形，密生硬毛。种子长椭圆形，红褐色。花期 6~8 月，果期 8~9 月。

分布与生境 我国除新疆和西藏外各地都有分布。北京各区（县）山区常见，生于阳光充足的路旁、山地灌木丛和灌草丛中。对土壤适应性强，山坡、荒地、石缝都可生长。

利用部位与理化性质 地下膨大的块根。每 100g 鲜根含淀粉 20g 以上，含总糖 27.8g、水分 68.6g、蛋白质 2.1g、脂肪 0.1g、纤维素 0.1g、灰分 1.4g、钙 15mg、磷 18mg、铁 0.6mg，此外，还含有异黄酮类化合物、葛根甙、皂角甙、三萜类化合物及多种人体必需的氨基酸。

采收与加工 10~11 月采挖块根，此时淀粉含量最高。采挖时要挖大留小，以利繁殖。挖取后洗去泥土，刮去外层粗皮，切片晒干或直接制成葛粉保存。制葛粉时，将葛根切成小块、粉碎，加水过滤，去掉杂质，取沉淀的淀粉晒干即成。花于夏季采收，茎皮纤维于 7~8 月采收为宜，将较嫩的藤子割下后，经加工处理成葛麻。

资源开发与保护 葛藤原产中国，在古代广为种植，应用亦广。早在秦、汉时期，劳动人民已经懂得用葛藤纤维纺线织布。古书中有关“葛麻”的记载指的就是葛藤纤维，用这种纤维织成的布叫“葛布”或“夏布”。葛根在我国还是中医常用的去风解表药之一，汉代张仲景的《伤寒论》中就有“葛根汤”这一著名方剂，至今仍是重要的解表方。《神农本草经》《本草纲目》中也有利用葛根治疗消渴、身热等症的记载。

长期以来，葛藤作为食品开发利用最为普遍，从鲜葛根中提取的葛粉，质地洁白、细嫩，除富含大量淀粉外，还含有维生素、矿物质及多种生理活性物质，可研制各种功能性保健食品和药膳食品。国内外已开发的葛根系列保健食品有葛根口服液、葛根面条、葛根面包、葛根粉丝、葛根冰淇淋、葛根饮料、葛粉红肠等，经济价值巨大。葛藤不仅是重要的淀粉植物资源，也是新兴的药用植物资源。葛藤块根中因含异黄酮类活性成分，而成为近年来的研究热点之一。该成分具有促进心脑血管及视网膜血流的作用，具有抗癌、抗氧化、降血糖、降血脂及解酒等作用。此外，民间还利用葛根酿酒；利用葛花作解酒剂；利用种子榨油；利用茎纤维做绳索，

葛藤

用于编织及制造人造棉等。同时，葛藤易生易长，枝叶茂密，是良好的覆被植物，特别适合于荒山的水土保持和土壤改良。

北京地区葛藤野生资源极其丰富，有些局部地区由于过度蔓延甚至造成灾害，但目前对其利用还很少，因而开发潜力极大。

五、北京野生芳香植物资源

芳香植物是指植物器官中含有芳香油或芳香物质成分的一类植物。芳香植物主要用来生产芳香油。芳香油又称精油或香料油，是植物的根、茎、叶、花、果实或其他结构经过加工所得到的一种挥发性油类，是植物体内代谢过程中产生的一种次生物质。植物体中芳香油的含量通常很少，在植物体内新陈代谢中起着一定的作用。

芳香油常为无色或黄色液态油，味道通常都具有辛辣、芳香清凉等特点。绝大多数的芳香油都较水轻，比重通常在 0.85~0.99 之间，但也有较水重的如丁香油。一般芳香油不溶于水，易溶于有机溶剂，如汽油、酒精、动物油脂及各类醚类、苯、二硫化碳等溶剂中。芳香油是一种复杂的混合物，通常含有多种成分，主要有醇、酮、醛、酚、酸酯等化合物。从芳香植物中提取芳香油的方法较多，有蒸馏法、浸提法、压榨法等。

除芳香油外，芳香植物也是提取香料、香精的主要原料，其制品广泛用于香皂、牙膏、化妆品、卷烟、糖果、糕点饮料、调味和医药卫生、杀虫剂、冷食以及其他化学工业方面。随着科技应用的进步，芳香油、香料、香精的应用范围日益扩大。在工业中，亦有采用芳香油作为主要原料和辅助原料的，如在稀有金属矿石的浮选方面和彩色显影剂的合成方面等。

芳香植物的发现与利用，极大地丰富了人类的生活，提高了人类的生活质量。随着人们生活水平和生活质量的提高，对天然野生芳香产物的需求将越来越大。因此，野生芳香植物的开发利用有着非常广阔的空间，野生芳香植物相关产业的发展在国民经济发展中也将发挥越来越重要的作用。

北京野生芳香植物种类较多，资源量较大。应充分利用北京山区的地理、气候等条件，对芳香类植物进行大量的繁殖、栽培和利用，其经济效益将十分显著。

1. 北京野生芳香植物种类组成

经过野外调查和室内统计，北京市共有野生芳香植物 30 科 69 属 98 种（表 2–25）。

表 2-25 北京市野生芳香植物种类

科名	种名	拉丁名	利用部位	具体用途	数量
松科	华北落叶松	*Larix principis–rupprechtii*	全株	芳香油	++
	油松	*Pinus tabuliformis*	针叶	芳香油	+++
柏科	侧柏	*Platycladus orientalis*	针叶	芳香油	+++
金粟兰科	银线草	*Chloranthus japonicus*	根茎	芳香油	+
五味子科	五味子	*Schisandra chinensis*	茎、叶、种子	芳香油	++
桑科	华忽布	*Humulus lupulus* var. *cordifolius*	种子	芳香油	+
石竹科	石竹	*Dianthus chinensis*	花	芳香油、高级香精	++
十字花科	独行菜	*Lepidium apetalum*	种子	芳香油	+++
虎耳草科	太平花	*Philadelphus pekinensis*	花	芳香油	+

（续）

科名	种名	拉丁名	利用部位	具体用途	数量
蔷薇科	刺玫蔷薇	*Rosa davurica*	花	玫瑰酱、香精	+
	美蔷薇	*Rosa bella*	花	玫瑰酱、香精	++
豆科	刺槐	*Robinia pseudoacacia*	花	芳香油	+++
	甘草	*Glycyrrhiza uralensis*	根	食品、饮料、烟草香精	+
	黄香草木犀	*Melilotus officinalis*	全草	烟草香精	++
	草木犀	*Melilotus officinalis*	叶、花	芳香油	++
	多花胡枝子	*Lespedeza floribunda*	花、根	芳香油	+++
芸香科	崖椒	*Zanthoxylum schinifolium*	果实	香料、榨油	+
	白鲜	*Dictamnus dasycarps*	根	入药、杀虫剂	+
	臭檀	*Euodia daniellii*	枝、叶	芳香油	+
	黄檗	*Phellodendron amurense*	皮、果实	芳香油	+
漆树科	黄栌	*Cotinus coggygria* var. *cinerea*	茎、枝、叶	芳香油	+++
	黄连木	*Pistacia chinensis*	种子、叶	芳香油	+
椴树科	蒙椴	*Tilia mongolica*	树皮、叶	芳香油	+++
	糠椴	*Tilia mandshurica*	树皮、叶	芳香油	++
猕猴桃科	软枣猕猴桃	*Actinidia arguta*	花果	芳香油	++
瑞香科	草瑞香	*Diarthron linifolium*	花	芳香油	+
	狼毒	*Stellera chamaejasme*	花	芳香油	+
五加科	刺五加	*Eleutherococcus senticosus*	树皮、叶	芳香油	++
	楤木	*Aralia chinensis*	根茎	芳香油	+
	东北土当归	*Aralia continentalis*	根茎	芳香油	+
伞形科	白芷	*Angelica dahurica*	根	芳香油、香料	+++
	蛇床	*Cnidium monnieri*	根茎	芳香油、香料	++
	窃衣	*Torilis scabra*	根	精油	++
	丝叶藁本	*Ligusticum filisectum*	根	芳香油	++
	辽藁本	*Ligusticum jeholense*	根	芳香油	+
	变豆菜	*Sanicula chinensis*	根	芳香油	+++
	红柴胡	*Bupleurum scorzonerifolium*	根	芳香油	++
	北柴胡	*Bupleurum chinense*	全株	芳香油	+++
	短毛独活	*Heracleum moellendorffii*	果实	芳香油	+++
	大齿山芹	*Ostericum grosseserratum*	全株	芳香油	+
	葛缕子	*Carum carvi*	果实	芳香油	+
	石防风	*Peucedanum terebinthaceum*	果实、根	芳香油	+

（续）

科名	种名	拉丁名	利用部位	具体用途	数量
杜鹃花科	照山白	*Rhododendron micranthum*	叶、花	芳香油	++
	迎红杜鹃	*Rhododendron mucronulatum*	花	芳香油	++
木犀科	流苏	*Chionanthus retusus*	花	芳香油	+
	暴马丁香	*Syringa amurensis*	花	芳香油	+++
萝藦科	白薇	*Cynanchum atratum*	花	芳香油	+
紫草科	砂引草	*Messerschmidia rosmarinifolia*	花	芳香油	+
马鞭草科	荆条	*Vitex negundo* var. *heterophylla*	枝叶	香精	+++
唇形科	藿香	*Agastache rugosa*	茎、叶	入药、香料、芳香油	++
	香青兰	*Dracocephalum moldavica*	全草	香料做糖果、化妆品	+
	香薷	*Elsholtzia ciliata*	全草	香料、芳香油	++
	海洲香薷	*Elsholtzia splendens*	全草	芳香油	+
	密花香薷	*Elsholtzia densa*	全草	芳香油	+
	木香薷	*Elsholtzia stauntoni*	全草	芳香油	++
	黄芩	*Scutellaria baicalensis*	干根	烟草香料	+++
	北京黄芩	*Scutellaria pekinensis*	全株	烟草香料	++
	并头黄芩	*Scutellaria scordifolia*	全株	烟草香料	++
	岩青兰	*Dracocephalum rupestre*	全草	芳香油	++
	荆芥	*Nepeta cataria*	全草	芳香油	++
	裂叶荆芥	*Schizonepeta multifida*	全草	芳香油	++
	百里香	*Thymus mongolicus*	茎、叶	调料、香料、芳香油	++
	薄荷	*Mentha haplocalyx*	茎、叶	食用、香料、芳香油	++
	紫苏	*Perilla frutescens*	全株	食用	+
忍冬科	北京忍冬	*Lonicera elisae*	花	芳香油	+
	金花忍冬	*Lonicera chrysantha*	花	芳香油	++
败酱科	缬草	*Valeriana officinalis*	根	入药、精油	++
	异叶败酱	*Patrinia heterophylla*	根	入药、精油	++
	糙叶败酱	*Patrinia scabra*	根	入药、精油	++
	黄花龙牙	*Patrinia scabiosifolia*	根	入药、精油	+++
菊科	林泽兰	*Eupatorium lindleyanum*	茎、叶	芳香油	++
	苍术	*Atractylodes lancea*	根茎	提取香精、可作保香剂	+++
	高山蓍	*Achillea alpina*	全草	调香原料	++
	铃铃香青	*Anaphalis hancockii*	茎、叶、花	芳香油	+
	黄花蒿	*Artemisia annua*	全草	入药、芳香油	+++

（续）

科名	种名	拉丁名	利用部位	具体用途	数量
菊科	青蒿	*Artemisia caruifolia*	全草	芳香油、香精	++
	艾蒿	*Artemisia argyi*	茎、叶	入药、灭蚊、香料	+++
	野艾蒿	*Artemisia lavandulifolia*	叶	入药、灭蚊、香料	+++
	茵陈蒿	*Artemisia capillaris*	茎、叶	入药、芳香油	+++
	矮蒿	*Artemisia lancea*	茎、叶	芳香油	+
	牡蒿	*Artemisia japonica*	茎、叶	芳香油	++
	蒙古蒿	*Artemisia mongolica*	茎、叶	芳香油	+++
	猪毛蒿	*Artemisia scoparia*	茎、叶	入药、香料	++
	大籽蒿	*Artemisia sieversiana*	种子	芳香油	+++
	白莲蒿	*Artemisia sacrorum*	枝、叶	芳香油	+++
	小红菊	*Dendranthema chanetii*	花、叶	芳香油	+++
	甘菊	*Dendranthema lavandulifolium*	花、叶	芳香油	+++
	紫花野菊	*Dendranthema zawadskii*	花、叶	芳香油	++
	飞蓬	*Erigeron acer*	茎、叶	芳香油	++
	小蓬草	*Conyza canadensis*	茎、叶	芳香油	++
	兔儿伞	*Syneilesis aconitifolia*	根茎	入药、芳香油	++
	旋覆花	*Inula japonica*	干根	入药、芳香油	+++
禾本科	茅香	*Hierochloe odorata*	根、茎	调香原料	+
莎草科	香附子	*Cyperus rotundus*	根、茎	调料、芳香油	+
天南星科	菖蒲	*Acorus calamus*	根、茎	化妆品、皂用香精	+
百合科	野韭	*Allium ramosum*	全株	食用	++
	铃兰	*Convallaria majalis*	花	精油	++
	山丹	*Lilium pumilum*	花	食用	+

2. 北京野生芳香植物科属及生活型统计

在北京 98 种野生芳香植物中，种数超过 10 种的有 3 个科，其中菊科最多，有 10 属 22 种，其次是唇形科 9 属 15 种，伞形科 10 属 12 种。接下来依次是豆科 4 属 5 种，芸香科 4 属 4 种，败酱科 2 属 4 种，百合科 3 属 3 种，五加科 2 属 3 种，木犀科、瑞香科、漆树科各 2 属 2 种，松科、蔷薇科、椴树科、忍冬科、杜鹃花科各 1 属 2 种，其余 14 个科均只有 1 属 1 种。

就生活型而言，北京野生芳香植物中，草本类植物种类占绝大多数，共有 17 科 50 属 70 种，其中多年生草本最多，有 16 科 35 属 47 种，木本类植物共有 20 科 22 属 28 种（表 2–26）。这样就形成了木本植物生物量大而草本植物资源分布多、密度大的二者优势互补的局面。

表 2-26 北京野生芳香植物生活型统计

		科数	属数	种数
草本类植物	一、二年生草本	6	14	22
	多年生草本	16	35	47
	草质藤本	1	1	1
木本类植物	木质藤本	2	2	2
	灌木	11	10	13
	乔木或小乔木	7	11	13

3. 北京野生芳香植物利用部位及利用方式

北京野生芳香植物的利用部位大致可以分为 6 类。

（1）根茎含芳香油

这类植物的地下根或膨大根茎或根茎的皮可以用来提取芳香油。其多为灌木和草本，如银线草、甘草、异叶败酱、黄花龙牙、苍术、黄芩、缬草、大齿山芹、辽藁本、菖蒲等。

（2）树皮和茎皮含芳香油

大多是乔木或小乔木，如椴树、刺五加等。

（3）茎叶含芳香油

这类植物的叶子，叶柄和幼嫩的枝条通常含有芳香油。乔木如侧柏、臭檀等，灌木如黄栌、荆条、照山白等，草本主要包括唇形科、菊科蒿属的一些植物。

（4）花含芳香油

这类植物的花一般都气味芬芳。木本植物如美蔷薇、刺玫蔷薇、太平花、流苏、暴马丁香等，草本植物如甘菊、山丹、铃兰等。

（5）果实和种子含芳香油

果实可以提炼芳香油的如崖椒、黄连木等，种子可以提炼芳香油的主要是一些菊科、十字花科及伞形科的草本植物。

（6）全株均可提炼芳香油

这类植物多是唇形科和菊科蒿属的一些草本植物。

4. 北京野生芳香植物资源利用现状及建议

我国是利用芳香植物历史最长的国家之一。早在 5000 多年前，我国就已将香料用于敬天祭神、调味和治病祛瘟等日常生活中。我国古代文献中有不少关于芳香植物加工和利用的记载，人们把芳香植物用于调味、医疗保健、制酒、熏茶、化妆品、防蛀驱虫、提神醒脑、避邪逐秽、净化空气等。除使用的历史悠久外，我国也是最早进行芳香植物贸易的国家之一。芳香植物中的香料是我国最早的对外贸易的重要物资之一，对推动社会经济的发展起到了重要作用。我国有丰富的芳香植物资源，是芳香植物制品的生产大国之一，精油的出口量在国际市场上占有举足轻重的地位。

近年来，随着国民经济的发展和人们生活水平的提高，各地越来越重视芳香植物资源的开发利用。如野生薄荷已被大量栽培，用以提制薄荷油；如野花椒及崖椒的果实可用于做芳香提味剂和提制芳香油等。但是，还有大量的资源未被充分开发利用。经过调查发现，北京地区目前对野生芳香植物的应用并不是很多，而且主要集中在当地民间，使用的常见芳香植物主要是菊科蒿属及唇形科的一些种类，如艾蒿、黄花蒿、薄荷、藿香等，主要用于除虫、调味、药用和食用等方面，尚未形成系统的产业，开发利用率较低。

北京今后对野生芳香植物的利用方式主要包括以下几个方面，都是对芳香植物潜能的进一步开发：①利用植株的器官：芳香植物的根、茎、叶、花、果实等器官及整个植株直接用作花草茶、烹饪膳食、饮料、酒、醋等的原材料或辅助材料；②利用植株器官散发的香味：芳香植物的芳香油分子通过嗅觉感，被上呼吸道黏膜吸收后，能增强体内免疫蛋白的功能，提高机体的免疫力，调节人体植物神经的平衡，从而达到治疗某些慢性病的特殊功效；③利用芳香植物器官提取的精油：从芳香植物的器官提取芳香化学物质——精油，除食用外，主要通过熏香、沐浴、按摩等方法用于美容、美发、美体、医疗保健、调节身心健康等；④绿化美化香化环境：芳香植物植株盆栽及其组合，用于生活居室及办公场所、商场等公众场所，以及用于在园林绿地或休闲观赏园中布置，利用其本身所散发的芳香气味，达到愉悦身心、提神醒脑、杀菌消毒、净化空气、美化香化环境、改善生态环境等目的。

为了合理有效开发利用北京地区野生芳香植物资源，应首先加强种质资源的调查评价，将综合调查与单科单属单种的专项调查相结合，掌握植物的分布和数量，对分布广、蓄积量大的植物可充分开发利用，如侧柏、石竹、地榆、蒿属（黄花蒿、茵陈蒿等）、苍术、甘菊、木香薷、岩青兰、白芷等，而对窄域性分布、资源量较小的种类如刺玫蔷薇、崖椒、白鲜、缬草、藿香、香青兰等既要合理利用，又要注意保护，还要开展主要资源特性、经济和加工性状的系统评价以及丰产栽培和深加工工艺等实用技术研究。不同的芳香植物，只有采用适宜的工艺才能最大限度地将其有用的芳香油和香精成分提取出来。其他药用、保健等成分的提取和综合利用技术也需开发研究。同时，北京地区野生芳香植物资源的开发利用，需以人工栽培为主。利用各种保护地设施，运用良种选育、引种、驯化、无性繁殖和密植丰产等措施，进行野生芳香植物人工栽培研究，实现野生芳香植物栽培集约化生产，提高产量和质量，保证资源的可持续利用和发展。

5. 北京主要野生芳香资源植物

（1）侧柏 *Platycladus orientalis*（L.）Franch.

柏科（Cupressaceae）侧柏属植物。又名扁柏、香柏等。

形态特征 常绿乔木，可达 20m，胸径达 1m。树皮暗灰色，条状纵裂。幼树树冠尖塔形，老时广圆形。小枝扁平。叶鳞形，背面有腺点，对生。雌雄同株，球花单生枝顶。球果卵球形，近熟时蓝绿色被白粉，种鳞木质，红褐色，种鳞 4 对，当年成熟，熟时张开。种子卵形，灰褐色，有棱脊。花期 4~5 月，球果成熟期 9~10 月。

分布与生境 分布几遍全国。北京各区（县）广泛栽培，天然分布于海拔 800m 以下的山地阳坡，尤其习见于石灰岩山地，在悬崖绝壁处多为灌木状。

利用部位与理化性质 枝叶含油量 0.6% ~2%，主要成分为侧柏酮及松油烃、龙脑以及松柏苦味素、侧柏甙及鞣酸、树脂等。种子含油量 14%。

采收与加工 叶全年均可采收，以秋季为好。剪下碎叶，置于通风处阴干即可。种子在冬季成熟时采收，将种子晒干，去掉杂质后榨油，或碾去种壳而得柏子仁。

资源开发与保护 侧柏为中国特有树种，人工栽培遍及全国。侧柏有多种用途，作为芳香植物，通常多利用枝叶提取“侧柏叶油”，可用作配制皂用香精的原料。木材有香气，含有柏木油，为香料化妆品的配料。材质细致，坚实耐腐，为建筑、家具、舟车、器具等用材。树皮含鞣质，可提炼烤胶；种子可榨油，供制皂、食用或药用；种仁即中药柏子仁，为滋补强壮药；枝叶为苦味健胃药，称侧柏叶，作清凉收敛药，适用于各种出血症。

北京地区侧柏自古以来就常栽植于寺庙、陵墓和庭园中，有许多百年和数百年以上的古树。侧柏耐旱耐寒，常作为北京山区阳坡重要造林树种，也是北京应用最广泛的园林绿化树种之一，因而被定为北京市市树之一（另一种是国槐）。侧柏在北京地区资源虽然较为丰富，但目前对其开发利用尚很少，发展潜力很大。

侧柏

（2）薄荷 *Mentha haplocalyx* Briq.

唇形科（Labiatae）薄荷属植物。又名仁丹草、亚洲薄荷、土薄荷等。

形态特征 多年生草本，高 20~60cm。全株密被短毛，香气较浓。茎 4 棱。叶对生，长圆状披针形或椭圆形，基部以上边缘有锯齿，两面沿脉密生毛或腺点。轮伞花序腋生，花萼管状，齿尖，花冠淡紫色，二唇形，雄蕊 4，2 强，外伸。小坚果黄褐色，长圆形。花期 7~9 月，果期 8~10 月。

分布与生境 分布于中国各地。北京各区（县）山区均有分布。生于河岸、水沟边及水旁潮湿地。

利用部位与理化性质 全草可提取薄荷原油。新鲜茎叶含薄荷油 0.8%~1.0%，干燥茎叶含 1.3~2.0%。薄荷油主要成分为薄荷醇，含量 77%~87%，其次为薄荷酮，含量 8%~12%，此外，

薄荷

还含有薄荷酯等。

采收与加工 每年可采收2次。第1次在6~7月盛花未到时，第2次在9~10月花开未落时。采收后置阴凉处晾干，勿晒，以免香气损失。

资源开发与保护 薄荷是一种药食兼用的植物，广泛分布于全国各地。李时珍在《本草纲目》中记载："薄荷，人多栽莳。二月宿根生苗，清明前后分之。方茎赤色，其叶对生，初时形长而头圆，及长则尖。吴、越、川、湖人多以代茶，入药以苏产为胜。"作为常用中草药之一，薄荷是辛凉性发汗解热药，治流行性感冒、头疼、目赤、身热、咽喉、牙床肿痛等症，外用可治神经痛、皮肤瘙痒、皮疹和湿疹等。作为野菜，春季采摘其嫩茎叶供食用，可凉拌、炒食、炸食，或做羹汤、制酒，也可与桑叶、菊花、香薷、芦根、荆芥等配伍制作各种保健茶或清凉饮料。

薄荷也是著名的芳香植物。薄荷茎叶提取的芳香油叫薄荷原油，为无色至淡黄或绿黄色的油状液体，主要用于提取薄荷脑。薄荷脑与薄荷素油（提取薄荷脑后的油）均具有特殊的芳香、辛辣和清凉感，主要用于制作糖果、饮料、医药制品（如仁丹、清凉油等）、轻工业制品（如牙膏、香皂、洗发水等）。

北京地区薄荷虽在各区（县）均有分布，但仅限于河边及潮湿地生长，资源量小，目前利用主要采其嫩茎叶食用，也有少量药用。为保护野生资源，今后对其应用应以栽培为主。

（3）藿香 *Agastache rugosa*（Fisch. et A.C Mey.）O.Kuntze

唇形科（Labiatae）藿香属植物。别名排香草、野苏子、猫尾巴香等。

形态特征 多年生草本，高达1m，有香气。茎4棱，上部分枝。叶对生，卵形至披针状卵形，叶缘粗锯齿，上面橄榄绿色，近无毛，下面略淡，被微柔毛及点状腺体。轮伞花序组成顶生穗状花序，花萼管状钟形，花冠二唇形，淡紫蓝色，雄蕊4，2强。小坚果卵状长圆形，褐色。花期6~9月；果期9~11月。

分布与生境 分布遍及全国。北京常见于各区（县）山区，生于山坡、灌草丛或林下。

利用部位与理化性质 茎叶含油量0.2~0.5%，主要成分为胡椒粉甲醚、广藿香酮、苯甲醛、丁香油酚、桂皮醛、柠檬烃、柠檬酸等。

采收与加工 提取芳香油，宜在抽穗或部分开花时收割，收后略晒。作为药材"藿香"，于7~9月采收地上全株，放置干燥通风处阴干，以免油分挥发。

资源开发与保护 藿香药食兼用，分布较广，常见栽培。藿香幼苗、茎叶及花序均可食用，是著名的调香调味菜，某些比较生僻的菜肴和民间小吃中常利用其丰富口味，增加营养价值。其全草入药有止呕吐、祛暑解表、化湿和胃的功效。民间常用藿香煮汤防治伤寒感冒，适合开发野菜汤料，即食软包装小菜及保健饮料。藿香叶及茎均富含挥发性芳香油，有特异而浓郁的香味，可提取芳香油，用作调配香精的名贵香料，又为芳香健胃、清凉退热药，有止呕和清暑之效。此外，藿香花序顶生，花朵密集、花色鲜艳，还可用作园林或庭院栽植美化香化环境。

野生藿香在北京各区（县）都有分布，数量较多，但多为零星分布。由于各地对其利用较多，因而人工种植也较广泛。藿香易栽培繁殖，是难得的集食用、药用、芳香、绿化于一身的野生资源植物，有很大的利用价值。

藿香

（4）缬草 *Valeriana officinalis* L.

败酱科（Valerianaceae）缬草属植物。又名满坡香。

形态特征 多年生草本，高达 1.5m。根茎细长，有强烈气味。茎中空，有纵棱，被白毛。叶对生，羽状深裂。聚伞花序顶生，多花密集成伞房状，花冠管状，粉红色或白色，顶端 5 裂，雄蕊 3。瘦果，顶端具白色羽状冠毛，具 1 种子。花期 6~7 月，果期 7~8 月。

分布与生境 分布于东北至西南各地。北京各区（县）山地常见，生于山坡草地、林下、沟边灌丛。

利用部位与理化性质 根及根状茎含挥发油 0.5% ~2%，主要成分为戊酸及其酯类和丁酸酯类等。戊酸酯类以异戊酸龙脑酯为主，此酯类易被酶分解成异戊酸，发出酸败味。

采收与加工 9~10 月采挖其根及根状茎，洗净、阴干并切成小块后加工。

资源开发与保护 缬草精油是一种颜色从黄绿色到黄棕色的芳香油，具有强烈的刺激性气味，主要用于调配烟、酒、食品、化妆品、香水香精。这种精油存在于干燥的根中，由于缬草所处自然区域和生态环境的不同，精油含量从0.5%~2%不等，一般在干燥、石质的土壤中，缬草根中精油含量比在湿润、肥沃的土壤中更丰富。通常，缬草精油的化学性质比较稳定，在较长时间内不会失去药效。此外，缬草的根及根茎还具有重要的药用价值，药性辛、甘、温，有养心安神、理气、活血止痛的功效。缬草在欧美发达国家开发利用较早，已形成一定规模，经济效益显著。中国的缬草资源较为丰富，但目前开发利用尚很少。若能吸取国际成功经验，制定科学发展规划，在合理利用野生资源的同时，考虑资源再生，扩大引种栽培，将有巨大的发展潜力。

缬草

(5) 艾蒿 *Artemisia argyi* Lévl. et Van.

菊科（Compositae）蒿属植物。又名艾草、艾叶、家艾。

形态特征　多年生草本，高45~120cm。茎圆形有棱，外被灰白色软毛。叶互生，具短柄，叶片卵状椭圆形，羽状深裂，边缘具粗锯齿，正面深绿色，背面灰绿色，有灰色绒毛。头状花序无梗，多数密集成总状，总苞密被白色绵毛。瘦果长圆形，有毛或无毛。花期8~9月，果期9~10月。

分布与生境　全国各地均有分布。北京各区（县）常见，生长于山地灌丛、灌草丛中及撂荒地上。其适应性强，只要是向阳而排水良好的地方都可生长，但以湿润肥沃的土壤较好。

利用部位与理化性质 干植株含芳香油 0.33~0.5%，主要成分有桉叶油素、樟脑、龙脑、胡椒脑、毕澄茄烯、蛇麻烯等。

采收与加工 5~7 月叶茂盛时花未开前，割下叶晒干或阴干即可。以无杂质、香味浓为好，放于通风处保存。

资源开发与保护 艾蒿的叶子（艾叶）历来就在我国民间被广泛利用，是很重要的民生植物，有的用它治疗养病；有的用它来食用，煮粥或煎汤；还有的用它作为辟邪驱毒的信物，每当端午节之际，人们总是将艾置于家中以“避邪”。很多农村习惯在夏天把野生的艾蒿采割回家搓成绳，制成熏烟驱蚊蝇。艾叶性味苦、辛、温，具有回阳、理气血、逐湿寒、止血安胎等功效，现代医学的药理研究表明艾叶还是一种广谱抗菌抗病毒药物，对多种病毒和细菌都有抑制和杀灭作用。艾叶亦常用于针灸术的“灸”，就是拿艾叶点燃之后熏、烫穴道。《本草》载“艾叶能灸百病”。我国民间用拔火罐的方法治疗风湿病时，以艾草作为燃料效果更佳。

艾蒿

艾蒿的茎叶含芳香油，具有异香，可用作调香原料，并逐步向保健、美容等方面拓展。全草还可作卫生香、祭祀香和驱蚊香的原料。艾蒿在北京各区（县）均有大量分布，资源蕴藏量大，易采收，加工简单，经济效益显著，具有广泛的开发利用价值。

（6）黄花蒿 *Artemisia annua* L.

菊科（Compositae）蒿属植物。又名青蒿、臭蒿、黄蒿等。

形态特征　一、二年生草本，高达 1m，有香味。茎粗壮，具深沟，多分枝。叶两面无毛，

黄花蒿

基部和下部叶有柄，中部叶 3 回羽状深裂，裂片短线形，具齿。头状花序多数，近球形，下垂，密集排成大圆锥花序，花黄色，全为管状花。瘦果长圆形，淡褐色，无毛。花期 8~9 月，果期 9~10 月。

分布与生境 广布于全国各地。北京各区（县）低海拔山区及平原地区路旁、草地、杂草地及荒地普遍分布，极常见。

利用部位与理化性质 全草含芳香油 0.3~0.5%，以开花期为最高，主要成分为樟脑、b–石竹烯、α–荜澄茄烯、青蒿酸等。

采收与加工 7~8 月开花时采收，趁新鲜时加工，水蒸气蒸馏；供药用时捆成小捆，放在通风干燥处，晒干即可。

资源开发与保护 黄花蒿全株可提取芳香油，为著名香料植物。风干茎叶经水蒸气蒸馏，可得到带微绿有佳香的精油。精油含有率以开花期为最高，新鲜植物比久藏植物含有率高。黄花蒿也是我国传统中药，由于含青蒿素，全草作青蒿药用，能清热凉血，退虚热，解暑，对治疗结核病、疟疾有效。目前青蒿素用于疟疾防治的价值已被人们普遍认识和接受，世界卫生组织已把青蒿素的复方制剂列为国际上防治疟疾的首选药物。

北京地区黄花蒿分布广泛，资源量大，易采收，如合理开发利用，应能取得显著效益。

（7）铃兰 *Convallaria majalis* L.

为百合科（Liliaceae）铃兰属植物。又名君影草、风铃草。

形态特征 多年生草本，高 20~40cm。根状茎细长，匍匐，节上生须根。叶 2 枚，基生，具长叶柄，叶片长圆形或卵状披针形，全缘，弧形脉。花莛由根状茎抽出，比叶短；总状花序下垂，偏向一侧，着生 6~10 朵花。花广钟形，乳白色，芳香，下垂。浆果球形，熟后红色。种子椭圆形，扁平。花期 5~6 月，果期 6~7 月。

分布与生境 分布于东北、华北、西北、华东、华中等地。北京见于各区（县）山地，生于阴坡林下、林缘草地，有时成片状生长。

利用部位与理化性质 铃兰花可提取铃兰浸膏，主要成分有苯乙醇、苯丙醇、香茅醇、肉桂醇、苄醇、香叶醇、棕榈酸、蜂花醇等。

采收与加工 花于 5 月盛花期进行采摘，采后置阴凉通风处。鲜花用石油醚浸提，经过浓缩，得到铃兰浸膏。

资源开发与保护 铃兰花有芳香，广钟形，下垂，状似铃，故而得名铃兰。铃兰的花含挥发油，可制高级香水，为名贵的香料植物。铃兰浸膏有清甜鲜幽的香韵、清和的香势、雅淡的香调，留香颇久，故用途很广，可调制各种花香型香精，用于化妆品及香皂等产品。目前，提取铃兰香料的技术已经成熟，一般以石油醚为溶剂，通过溶剂萃取法，可使铃兰浸膏的提取率达到 0.4%~0.6%。制备铃兰精油是在浸膏的基础上进行的，目前铃兰精油的提取率也已达 0.35%~0.45%，提取率达鲜花芳香油含量的 90% 以上。铃兰根茎还可入药，含铃兰苦甙，有强心、利尿作用，特别是其强心效果明显，是一种有发展前途的强心药。但本品有毒，用时需遵医嘱，勿过量。此外，铃兰植株矮小，花幽雅清丽，芳香宜人，是一种优良的地被和盆栽植物。

铃兰在北京多数区（县）山区均有分布，但资源蕴藏量总体较小，生境易受到破坏，在利用的同时应给予合理保护。

铃兰

六、北京野生蜜粉源植物资源

1. 蜜粉源植物资源特点

蜜粉源植物是指具有蜜腺且能分泌甜蜜或能产生花粉并能被蜜蜂采集利用的植物，它是蜜蜂食料的主要来源之一，也是发展养蜂生产的物质基础。其中，能供蜜蜂采集花蜜或兼有少量花粉的植物称为蜜源植物；只能为蜜蜂提供花粉或兼有少量花蜜的植物称为粉源植物。近年来的研究报道大多集中于蜜源植物，较少涉及粉源植物，或笼统地把蜜源和粉源植物统称为蜜粉源植物。蜜粉源植物又分为主要蜜粉源植物和辅助蜜粉源植物。除蜂群自用外，还有多余的能取到商品蜜或花粉的蜜粉源植物，称为主要蜜粉源植物，否则称为辅助蜜粉源植物。与栽培蜜粉源植物相比较，野生蜜粉源植物具有种类丰富、分布较广、开花时间交错、花期较长以及自然无污染和产蜜品质优良等特点。利用蜜蜂从野生蜜粉源植物资源中直接（蜂蜜、花粉）或间接（蜂王浆、蜂蜡、蜂胶等）获取蜂产品，既可增加当地经济收入，还可给植物传粉，兼具经济效益和生态效益。

蜜粉源植物资源的调查有一定的特殊性，考虑到蜜粉源植物的种类、资源量及实际利用状况等方面具有明显的地域性差异，除野外调查外，还需要从有经验的蜂农处了解当地可供利用的主要蜜粉源植物资源现状及其特点。在走访考察中，以走访北京地区定点养蜂蜂农为主。具体方法是首先在各郊区（县）主要山区选取养蜂较集中、时间较长的养蜂户，通过咨询蜂农，记录当地从春季开始到秋季结束蜜蜂利用的主要及辅助蜜粉源植物，包括种类、分布、蜜粉量、蜜粉质量、泌蜜规律及其他用途，同时还了解当地的养蜂群数、年蜂蜜产量及养蜂过程中存在的问题等。

2. 北京野生蜜粉源植物种类

北京市地质地貌复杂，生态环境多样，生长着丰富的野生蜜粉源植物，为养蜂业的发展提供了良好的资源条件。通过调查与统计，确定北京地区共有野生蜜粉源植物 201 种，隶属于 60 科 156 属，分别占北京市维管植物种类（169 科、869 属、2056 种）的 35.5%、18.0%、9.8%。其中，被子植物占绝大多数，共有 58 科 154 属 199 种，裸子植物仅有 2 科 2 属 2 种。就所在科而言，包含 10 种以上的共有 4 科，占北京野生蜜粉源植物的 43.8%，其中菊科所含种类最多，有 32 种，接下来依次是豆科 22 种、蔷薇科 19 种、唇形科 15 种。此外，包含 5 种 ~10 种的有 6 科，占 15.9%；3 种 ~4 种的有 9 科，占 13.9%；包含 2 种的有 12 科，占 11.9%；仅有 1 种的共 29 科，占 14.4%（表 2–27）。

如表 2–28 所示，如果将蜜源植物和粉源植物分开统计（许多科兼有蜜源和粉源种类），其中蜜源种类 35 科 83 属 100 种，粉源种类 43 科 81 属 101 种，可见在北京地区野生蜜源和粉源植物的种数大致相当。但对于不同的科，蜜源和粉源植物所占比例有明显的差别。豆科、蔷薇科、唇形科、木犀科、忍冬科、椴树科等科主要以蜜源种类为主，前 3 个科即占到蜜源植物总数的近 50%；菊科、百合科、蓼科、壳斗科等科则主要是以粉源种类为主，仅菊科就占到粉源植物总数的近 30%。这样的结果一方面是因为这几个科都是植物界种类多、分布广的大科，另一方面也与这些植物在协同进化过程中所形成的花的结构特点有关，如豆科的雄蕊常合生成管状，其基部内面有蜜腺，只有蜜蜂一类具长口吻的昆虫才能采到蜜，唇形科的多数种类也是由藏在唇形花冠深处的蜜腺来吸引蜜蜂，且其花形结构有利于所泌蜜不因风雨日晒而损失，菊科植物吸引蜜蜂的特点则是头状花序，花的数量多，花药聚合，花粉量大。

表 2-27 北京市野生蜜粉源植物主要科统计

科名	蜜粉源植物（种）	占北京所有蜜粉源植物比例	科名	蜜粉源植物（种）	占北京所有蜜粉源植物比例
菊科	32	15.9%	伞形科	4	2.0%
豆科	22	10.9%	桑科	3	1.5%
蔷薇科	19	9.5%	毛茛科	3	1.5%
唇形科	15	7.5%	十字花科	3	1.5%
木犀科	7	3.5%	鼠李科	3	1.5%
忍冬科	5	2.5%	葡萄科	3	1.5%
杨柳科	5	2.5%	椴树科	3	1.5%
蓼科	5	2.5%	萝藦科	3	1.5%
百合科	5	2.5%	桔梗科	3	1.5%
桦木科	5	2.5%	桦木科	5	2.5%

表 2-28 北京市野生蜜源和粉源植物主要科统计

科名	粉源植物 / 蜜粉源植物	科名	粉源植物 / 蜜粉源植物
豆科	20 / 22	菊科	30 / 32
蔷薇科	14 / 19	蔷薇科	5 / 19
唇形科	14 / 15	百合科	5 / 5
木犀科	5 / 7	蓼科	4 / 5
忍冬科	4 / 5	桦木科	3 / 5
十字花科	3 / 3	杨柳科	3 / 5
鼠李科	3 / 3	毛茛科	3 / 3

3. 北京野生蜜粉源植物的生活型

北京市野生蜜粉源植物按生活型可分为乔木，灌木，木质藤本，多年生草本，一、二年生草本及草质藤本 6 种类型（表 2–29）。

表 2-29 北京市野生蜜源植物生活型统计

生活型	蜜源植物					
	科数	比例 (%)	属数	比例 (%)	种数	比例 (%)
乔木	13	21.7	19	12.2	24	11.9
灌木	11	18.3	26	16.7	31	15.4
木质藤本	5	8.3	5	3.2	5	2.5
木本合计	23	38.3	48	30.8	60	29.9
多年生草本	14	23.3	28	17.9	30	14.9
一、二年生草本	5	8.3	8	5.1	10	5
草质藤本	0	0	0	0	0	0
草本合计	16	26.7	36	23.1	40	19.9
总计	**35**	**58.3**	**83**	**53.2**	**100**	**49.8**

表 2-30 北京市野生粉源植物生活型统计

生活型	粉源植物					
	科数	比例 (%)	属数	比例 (%)	种数	比例 (%)
乔木	7	11.7	7	4.5	11	5.5
灌木	11	18.3	12	7.7	14	7.0
木质藤本	2	3.3	2	1.3	2	1.0
木本合计	18	30.0	20	12.8	27	13.4
多年生草本	17	28.3	41	26.3	51	25.4
一、二年生草本	8	13.3	12	7.7	13	6.5
草质藤本	6	10.0	6	3.8	6	3.0
草本合计	29	48.3	60	38.5	74	36.8
总计	**43**	**71.7**	**81**	**51.9**	**101**	**50.2**

从表 2–29 可知，北京野生蜜源植物种类中木本植物占优势，共计 23 科 48 属 60 种，分别占本地区蜜粉源植物科、属、种总数的 38.3%、30.8%、29.9%，其中以灌木（31 种）和乔木（24 种）为主，所占比例分别为 15.4% 和 11.9%；草本植物共计 16 科 36 属 40 种，分别占本地区蜜粉源植物科、属、种总数的 26.7%、23.1%、19.9%，其中主要为多年生草本，共有 30 种，所占比例为 14.9%。乔木、灌木和多年生草本蜜源植物的泌蜜稳定性和丰产性要高于一年生草本植物，可见北京地区的蜜源植物泌蜜稳定性和丰产性比较好。在粉源植物种类中，如表 2–30 所示，草本植物占绝对优势，共计 29 科 60 属 74 种，分别占北京野生蜜粉源植物科、属、种总数的 48.3%、38.5%、36.8%。其中主要为多年生草本，达到 51 种，所占比例为 25.4%；木本植物共有 18 科 20 属 27 种，分别占总数的 30.0%、12.8%、13.4%。蜜源植物木本种类多，粉源植物草本种类多，这样就形成了木本植物生物量大、花量大、生长开花期长而草本植物资源分布多、密度大的二者优势互补的局面。

4. 北京主要野生蜜粉源植物种类

通过野外考察及走访调查，根据能否生产商品蜜、植物分布状况以及在蜜蜂养殖中的实际价值大小，确定了北京地区主要野生蜜粉源植物 9 种，隶属于 5 科 7 属，其中包括蜜源 5 种、粉源 4 种。这 9 种植物是目前北京地区分布最广、在蜜蜂养殖中价值最大的蜜粉源植物。从 5 月初开花的平原和浅山刺槐到 6~7 月的蒙椴、糠椴和六道木，最后到 8 月初深山里的荆条，已成为北京山区养蜂产业商品蜜的主要来源。葎草、甘菊和几种蒿类植物为北京地区最主要的野生粉源植物，均为草本，开花时间集中在夏末至秋季。

表 2-31 北京市主要野生蜜粉源植物

种名	拉丁名	科名	蜜、粉量		花期（月）	生活型	生境
			蜜	粉			
荆条	*Vitex negundo var. heterophylla*	马鞭草科	+++	+	6~8	灌木	常生于山地阳坡上，形成大面积灌丛
刺槐	*Robinia pseudoacacia*	豆科	+++		4~5	乔木	北京各郊区（县）均有栽培，广泛分布
蒙椴	*Tilia mongolica*	椴树科	+++	+	6~7	乔木	生于杂木林中
糠椴	*Tilia mandshurica*	椴树科	+++	+	6~7	乔木	生于杂木林中
六道木	*Abelia biflora*	忍冬科	+++	++	6~7	灌木	生于山坡灌丛中
甘野菊	*Dendranthema lavandulifolium*	菊科	+	+++	9~10	多年生草本	生于平原荒地、山坡、河岸
葎草	*Humulus scandens*	桑科		+++	7~8	草质藤本	为北京常见杂草。生于沟边、路旁、荒地
黄花蒿	*Artemisia annua*	菊科		+++	8~9	多年生草本	生于山坡、沟谷、荒地、居民地附近
白莲蒿	*Artemisia gmeilinii*	菊科		+++	8~9	多年生草本	生于山坡、沟谷、荒地、居民地附近

如表 2–31 所示，以上几种主要的蜜源树种中，荆条因其适应性最强、分布最为广泛，成为北京大部分山区最主要的野生蜜源植物和商品蜜源，部分蜂农依据浅山、深山荆条花期不一致且前后衔接，进行小转地放蜂，产蜜量平均可增加近一倍。刺槐因近年来山区大量砍伐，数量有所下降，但因其花量大、流蜜量大，目前仍然是北京主要蜜源植物之一。六道木和两种椴

树主要生长于中山区和深山区，对生境要求较高，因此在分布和数量上有一定的局限性，产蜜量地区差异较大。

葎草、甘菊和几种蒿类植物为北京地区最主要的野生粉源植物，均为草本，开花时间集中在夏末至秋季。葎草花期较长，约 30 天左右，花粉量很大，但无蜜。由于葎草在浅山区及村庄、地边分布极多，是北京秋季主要粉源植物，对繁蜂十分有利。甘菊初花期在 9 月底，可以持续到 11 月份，是花期最晚的粉源植物。甘菊在北京山区分布广泛，花粉量大，在比较好的年份，如果春天雨水充足，还可以流蜜。蒿类植物是菊科中的风媒传粉类型，有粉无蜜，但蜜蜂仍喜采食其花粉，据调查在北京山区分布最广、数量最多的是黄花蒿和白莲蒿。

5. 北京主要野生辅助蜜粉源植物种类

根据对养蜂的利用价值、蜜粉量及蜜粉源植物在各区（县）山区分布情况，统计出北京主要野生辅助蜜粉源植物 44 种，隶属于 21 科 35 属，分别占北京山野生蜜粉源植物科、属、种的 35%、22.4%、21.9%。从花期上看，北京山区主要辅助蜜源多集中于繁蜂的季节春季和初夏，如山桃、山杏、大花溲疏、北京丁香和栾树等，为该季节繁殖蜜蜂提供了大量优质的蜜源。在秋季也有部分辅助蜜源植物，如木香薷和胡枝子等，用于蜜蜂越冬及繁殖越冬蜂。值得一提的是酸枣，因其在北京山区分布极为广泛，通常认为应该是北京的一个主要野生蜜源植物，但通过对当地蜂农的调查走访发现，北京山区产的酸枣蜜蜜质较稠，蜜蜂不容易将其吐出，容易伤蜂，所以蜂农一般不愿意让蜜蜂采集酸枣蜜。一般年份主要供蜂群消耗，好的年份每群蜂可生产酸枣蜜 5kg 左右，所取蜜一般不纯，混有六道木等的花蜜。因而在此将其作为春夏季的一个主要辅助蜜源。主要辅助粉源同样主要集中在春季繁蜂时期，如平榛、毛榛、榆树、一叶萩和苦荬菜等，对夏季荆条花期蜂群的群势强弱有着重要影响。同时还有部分重要的辅助粉源植物，如短尾铁线莲集中在椴树、荆条主要蜜源植物的流蜜期，对大流蜜期缺粉的情况起到重要的缓解作用（表 2–32）。

表 2-32 北京市主要野生辅助蜜粉源植物

种名	拉丁名	蜜粉源	生活型	花期（月）
侧柏	*Platycladus orientalis*	蜜源	乔木	4~5
旱柳	*Salix matsudana*	蜜源	乔木	4
水蓼	*Polygonum hydropiper*	蜜源	一年生草本	7~8
大花溲疏	*Deutzia grandiflora*	蜜源	灌木	4~5
山楂	*Crataegus pinnatifida*	蜜源	乔木	5~6
山荆子	*Malus baccata*	蜜源	乔木	4~5
山杏	*Prunus sibirica*	蜜源	乔木	3~5
山桃	*Prunus davidiana*	蜜源	乔木	3~4
紫穗槐	*Amorpha fruticosa*	蜜源	灌木	5~6
红花锦鸡儿	*Caragana rosea*	蜜源	灌木	4~5
野皂荚	*Gleditsia microphylla*	蜜源	灌木	4~5
胡枝子	*Lespedeza bicolor*	蜜源	灌木	7~8
臭椿	*Ailanthus altissima*	蜜源	乔木	6~7

（续）

种名	拉丁名	蜜粉源	生活型	花期（月）
黄栌	*Cotinus coggygria*	蜜源	灌木	4~5
栾树	*Koelreuteria paniculata*	蜜源	乔木	6
酸枣	*Ziziphus jujuba* var. *spinosa*	蜜源	灌木	5~6
山葡萄	*Vitis amurensis*	蜜源	木质藤本	6
北京丁香	*Syringa pekinensis*	蜜源	乔木	5
香薷	*Elsholtzia ciliata*	蜜源	一年生草本	6
木香薷	*Elsholtzia stauntoni*	蜜源	灌木	7~10
夏至草	*Lagopsis supina*	蜜源	多年生草本	5
益母草	*Leonurus japonicus*	蜜源	二年生草本	7~8
黄芩	*Scutellaria baicalensis*	蜜源	多年生草本	6~7
蒲公英	*Taraxacum mongolicum*	蜜源	多年生草本	3~8
平榛	*Corylus heterophylla*	粉源	灌木	4~5
毛榛	*Corylus mandshurica*	粉源	灌木	4~5
槲栎	*Quercus aliena*	粉源	乔木	4~5
槲树	*Quercus dentata*	粉源	乔木	4~5
大果榆	*Ulmus macrocarpa*	粉源	乔木	4
榆树	*Ulmus pumila*	粉源	乔木	3
短尾铁线莲	*Clematis brevicaudata*	粉源	草质藤本	7~8
东亚唐松草	*Thalictrum minus* var. *hypoleucum*	粉源	多年生草本	7~8
二月兰	*Orychophragmus violaceus*	粉源	一年生草本	3~4
龙芽草	*Agrimonia pilosa*	粉源	多年生草本	7~8
榆叶梅	*Prunus triloba*	粉源	灌木	4
一叶萩	*Flueggea suffruticosa*	粉源	灌木	5~7
葎叶蛇葡萄	*Ampelopsis humulifolia*	粉源	草质藤本	5~6
五叶地锦	*Parthenocissus quinquefolia*	粉源	草质藤本	7~8
艾蒿	*Artemisia argyi*	粉源	多年生草本	7~10
大籽蒿	*Artemisia sieversiana*	粉源	一年生草本	7~8
苦荬菜	*Ixeris sonchifolia*	粉源	多年生草本	4~7
苦苣菜	*Sonchus oleraceus*	粉源	多年生草本	4~5
矮苔草	*Carex humilis*	粉源	多年生草本	5~6
穿龙薯蓣	*Dioscorea nipponica*	粉源	草质藤本	6~8

6. 北京野生蜜粉源植物资源利用现状及存在问题

蜜粉作为野生植物资源的价值成分，主要是通过蜜蜂采集加工，后经人工提取形成商品蜜来实现的。北京是我国优质商品蜜的重要生产地之一，从早春到晚秋都有蜜粉源植物。发展养蜂产业，开发利用蜜粉源植物资源，是京郊农村特别是山区农村致富的优选项目。近年来，在各级政府的支持下，养蜂业已成为北京市房山、门头沟、延庆、密云、昌平和平谷等区（县）许多农村的主要副业之一。根据资料及走访调查统计，北京市目前有各类养蜂生产基地和重点养蜂镇、村共60多个，蜜蜂饲养量达 16.5 万群，蜂蜜年产量超过 600 万 kg。由于北京山区耕地面积小，人工蜜粉源只有少量的农作物（如玉米）及部分果树（如桃、杏、板栗等），所以山区的养蜂业主要利用野生蜜粉源植物。利用野生蜜粉源植物发展养蜂业，具有蜜源充足、采蜜期长、蜜质优良、无污染的优势，因而具有广阔的发展前景。

尽管如此，北京地区一些野生蜜粉源资源还没有得到充分利用。主要表现在：①在种类上，目前主要利用荆条、刺槐、蒙椴、糠椴、六道木等少数几种主要蜜粉源植物，其他种类利用较少，尤其对很多有很大潜力的主要辅助蜜粉源植物认识不到位，忽略了它们在繁蜂以及蜜蜂自采方面的重要作用，导致周围大量的辅助蜜粉源植物资源得不到充分利用。②在地点上，一方面山区养蜂以定地养蜂为主，小部分蜂农进行临近区（县）的小转地，如追赶荆条花期，采浅山、深山荆条，使得蜜粉源植物的利用大部分局限在村庄周围的山地，而较为偏远的资源得不到充分利用。另一方面，对野生蜜粉源植物的利用也主要集中在海拔 800m 以下的低山区，而对种类丰富、受干扰和污染较少的高海拔蜜粉源资源利用很少。这除了因为高海拔地区村庄分布较少，蜂农较少外，外来蜂种如意大利蜂——意蜂 *Apis mellifera* 的入侵和干扰使得本地山区原有的飞行能力和适应能力强的中华蜜蜂——中蜂 *Apis cerana* 逐渐消失，而意蜂的飞行能力及抗风、抗寒能力均较弱，从而影响了高海拔地区的蜜粉源资源利用。

由于目前北京山区对蜜粉源植物的利用都在村庄周围的地区，因此人为活动对蜜粉源植物的影响较大。从我们在调查途中观察及在蜂农处的调查中可了解到，现在对蜜粉源植物资源的破坏问题十分严重，其中主要有荒山造林造成大片的次生荆条灌丛消失、传统的村民进山挖药材造成的破坏，此外还有近年来气候变化反常尤其是降水减少造成的蜜粉源植物泌蜜不正常等原因。但总的来说北京市蜜粉源植物资源还是十分充足的，仍有一定的发展空间。

通过调查蜂农了解到，现在北京各地的山场仍有很大的发展空间，每年都会有大量的外地转地养蜂者到北京采荆条蜜，仍需继续鼓励支持蜂农扩大规模来充分利用充足的蜜粉源资源。如据测算延庆县可容纳蜂群 3~4 万群，通过几年的不断鼓励发展，近年来才发展了 2 万群左右，且主要集中在东南部的大庄科乡，今后仍有很大的发展潜力。

尽管近年来北京市的养蜂发展十分迅速，但在发展过程中也遇到了一系列的问题，如蜂农老龄化问题、蜂蜜销售问题、蜂蜜收购价格低等方面，这些都将广泛而深远地影响着北京地区的养蜂业发展。

（1）蜂农年龄偏大

在有关的文献中能看到一些专家们关于蜂农老龄化这一问题的担忧，在调查中我们也感觉到了蜂农自身对于这个问题的困扰。

（2）带动村民增加养蜂，为蜂产品找销路

在调查中我们发现门头沟、房山区、延庆县等的部分地区，蜂蜜销售存在问题，有很多蜂农一年甚至两年的蜂蜜还存在家里；另外在调查中蜂农普遍反映蜂蜜收购价格太低，有些垄断公司收购价格仅 3~4 元 / 斤*，与超市中十几二十多元的蜂蜜相比差距很大，甚至连超市里的白糖价格都比不上，这是限制蜂农养蜂积极性的重要原因。如果能抬高些蜂蜜收购价格将对蜂农的养蜂积极性有着极大的促进作用，对于充分利用北京山区丰富的蜜粉源也十分重要。

---

*1 斤≈ 0.5kg，全书同。

（3）蜂病治疗没有很好的方法

蜂病一直是困扰蜂农发展养蜂、扩大养蜂规模的一项关键因素，调查中有些蜂农的蜂箱前有成片的死蜂，昌平区北流村等地的蜂农表示很希望研究单位对蜂病进行研究，帮助蜂农解除螨虫、爬蜂等蜂病的困扰。有些养蜂较多的地方如密云县不老屯的蜂农通过闲时闲聊，互相交流经验对蜂病能有一定的防治效果，但也有相当的局限性，对于养蜂分散的地区更需要专业指导。

（4）扩大养蜂户群数

通过调查发现，在蜂农中有相当一部分人只是把养蜂当作一种生活的休闲，一种额外的收入，并没有完全把养蜂作为谋生手段；而养蜂群数大于 60 群的职业养蜂者只有不到一半的比例，从蜂农养蜂群数上来说北京市的养蜂产业还有很大的发展空间，如有更多的养蜂户能扩大群数，对整个北京市养蜂业发展、充分发挥北京市丰富的野生蜜粉源资源，将起到巨大的推动作用。

（5）中蜂养殖及保护问题

中华蜜蜂是我国的当家蜂种，有着悠久的饲养史。其具有耐寒、耐热、抗螨、飞行敏捷、嗅觉灵敏、能有效利用当地蜜粉源、在漫长的进化过程中与本土大多数植物建立了牢固的“相互适应性”以及在蜜蜂育种工作中的不可替代性等优良特性，是我国养蜂业的重要组成部分。但是自 20 世纪初引进西方蜜蜂种后，由于西方蜜蜂的竞争，使中华蜜蜂分布区和数量减少 75% 以上，中华蜜蜂的分布区域越来越小，尤其是在一些平原、丘陵和低海拔地区，中华蜜蜂基本上或者完全被外来蜂所取代。相关研究表明，外来蜂种引到哪里，不但在生产上取代当地中蜂，也将野生的中蜂群尽数毁灭，形成外来物种取代本地物种的生态现象。这种取代不但使本地物种的遗传基因丢失，还会引发起不良的生态效应。中蜂的灭绝会降低山林植物授粉总量，使多种植物授粉受到影响，植物多样性减少，以植物为生存基础的昆虫种类减少，进而使鸟类减少等，从而引发病虫大量发生。因此拯救和保护中华蜜蜂刻不容缓，对其进行妥善保存、深入研究、充分利用是非常重要和迫切的。

7. 影响野生蜜粉源植物泌蜜的因素

影响蜜粉源植物泌蜜产粉的因素有很多，有花本身的特点，如花的大小、形状、花的位置；气候因素，如降水、温度、湿度、风沙等；土壤因素；人为因素，如人为破坏野生蜜粉源植物生境产生的影响等。其中自然因素中的气候和土壤因素对实际生产中的蜜粉产量有决定性影响。

（1）气候因素

①降水：它是影响蜜源植物泌蜜的最重要因素之一。通过本次调查得到的蜂农经验是，对大多数蜜源植物，如果在花期前降水充足，则一般植物花期泌蜜较为丰富且持续时间较长；若花期遇到连续阴雨，则会影响泌蜜，或将蜜稀释，同时也会影响蜜蜂出巢的采集活动；而若花期过于干旱，同样会减少泌蜜。对于少部分蜜粉源植物，如荞麦、向日葵等，花期如遇适量间歇性阴雨，有利于泌蜜。北京地区气候干旱少雨，近年来春季较以前更为干旱，雨水不足，导致春季、夏季蜜源时常出现泌蜜量减少，甚至不泌蜜的情况。

②温度：它是影响蜜源植物泌蜜和花期长短的最重要因素之一，每种蜜源植物都有泌蜜的最适温度。多数植物在高温高湿条件下泌蜜最涌，如椴树、胡枝子。在蜜粉源植物花期如果突然出现反常天气，例如初春的倒春寒等，达不到泌蜜的适合温度，植物会泌蜜不足。同时由于今年来气温逐渐升高，使植物花期略有缩短，对泌蜜量也有一定影响。

③湿度：对蜜源植物泌蜜的影响主要在花期。一般花期如湿度较大，则泌蜜较涌；如果空气干燥则会严重影响泌蜜。近年来，北京地区的气候较以前更为干燥，对植物泌蜜较为不利。

④风沙：北京地区风沙较大的时期主要在冬、春季，冬季没有蜜源，因此风沙对春季蜜粉源影响较大。蜜粉源植物，特别是粉源植物，花期如遇上大风天气，花粉有很大损失，同时严重影响泌蜜。北京山区初春季节，主要是榆树、榛子、山桃等辅助粉源，对蜜蜂的春繁起重要作用。这些粉源植物花期本身较短，粉源不足，如遇上大风天气或倒春寒则对蜜蜂的春繁很不利，对这一年的蜜蜂群势有较大影响。

（2）土壤因素

土壤对蜜粉源植物泌蜜产粉的影响体现在物理性质和化学性质两方面。物理性质主要体现在质地、空隙度等方面，化学性质主要体现在土壤的酸碱性上。本次调查了解到木香薷、荆条等蜜源植物在煤山上泌蜜情况明显较好，如在房山的大安山矿上的木香薷、荆条等泌蜜量比其他地区相同条件下大。

（3）大小年现象

北京地区大小年现象比较明显的蜜源植物主要为椴树、六道木、荆条。大小年产量差异较大，特别是椴树和六道木在小年时常有无蜜的情况出现，损失较大。在有些椴树和荆条的量都较多的地区，因椴树和荆条的大小年经常相间出现，在一定程度上可以减少损失。在辅助蜜源中有个别种也存在大小年现象，主要有胡枝子、木香薷。胡枝子为东北地区主要蜜源植物，在北京地区泌蜜很不稳定，好几年间才会有一次流蜜，因此在利用上受到限制。木香薷也是北方很多地区的主要蜜源植物，在北京地区同样泌蜜不稳定，所以只能作为辅助蜜源。大小年现象是部分蜜源植物固有的特点，无法避免，因此我们应掌握各种植物的大小年现象产生规律，调整生产，减少损失。

（4）地区差异性

地区差异性是北京地区蜜粉源植物的一个重要特征。地区差异性的情况主要有两种：一是某种蜜粉源植物在某地区分布较为集中，量较大，而在其他地区虽然也有较多分布，但比较零散。蜜蜂，特别是意蜂等外国蜂种，一般不爱采集零星蜜源，而当蜜源比较集中时才采集。因此表现为一些植物，特别是辅助蜜源植物只在有些地区出现，如黄栌、黄芩、水蓼、皂荚、软枣猕猴桃等。二是一些蜜粉源植物在很多地区分布都很多且集中，但只有在其中一些地区泌蜜产粉，或泌蜜产粉较好，如柞树、胡枝子。这种现象的产生主要与地区自然条件差异有关，如海拔高度、土壤条件、降水条件、大风等因素的影响。由于北京山区蜜粉源植物的这种地区差异性，掌握各地的蜜粉源种类和特点，才能最大限度地发挥其作用，提高效益。

8. 北京野生蜜粉源植物资源保护和利用建议

为了更充分合理利用北京地区野生蜜粉源植物资源，遵守可持续发展的原则，利用与保护并举，需要妥善解决以下问题。

（1）注重野生蜜粉源植物资源的保护

在山区有些村庄周围经常见到把次生荆条、孩儿拳头等灌丛毁去，人工栽植侧柏纯林，实际上，保持灌丛原生状态对生物多样性、水土保持、蜜粉源植物资源的保护等都有很重要的作用。还有部分山区无序采挖药材或野菜，使得采挖点生境被成片破坏，严重影响了一些蜜粉源植物的生长发育。因此在这些方面的保护要得到足够的重视，加强宣传力度，以保持植物的多样性和蜜粉源资源的稳定性。

（2）扩大野生优质蜜粉源植物的栽培面积

结合道旁园林景观及荒山、荒地的绿化，因地制宜栽植具有多种应用价值的优质蜜粉源植物如大花溲疏、齿叶白娟梅、椴树、栾树、流苏树等，使蜜源、粉源植物合理搭配，既能达到美化及保护环境的目的，又能为养蜂业提供稳定充足的蜜粉源，培养新的发展模式。

（3）提高资源的综合利用程度

大多数野生蜜粉源植物并非仅是具有单纯的蜜粉源功能，如前所述，它们同时具有多种价值，要综合利用这类植物资源，充分挖掘其经济价值，开展野生蜜粉源植物资源的深加工，使经济效益和资源效益得到最充分有效地发挥。

（4）做好野生蜜粉源植物的研究工作

鼓励蜂农或养蜂合作社进行当地野生蜜粉源植物资源的调查工作，着力发现有较大发展潜力的蜜粉源植物作为抚育对象。组织各方面专家及当地有经验的蜂农，深入研究主要蜜粉源植物的消长规律、泌蜜规律、物候期、生态类型、生活环境等方面的内容，尤其注重主要蜜粉源的泌蜜规律与气候规律等方面的关系，指导蜂农对主要蜜粉源植物的泌蜜情况作出适当的预测。同时也要关注数量较大的辅助蜜粉源植物资源，使它们在促进蜂群发展、节约饲喂成本及提高经济效益上发挥更大的作用。

（5）在有条件的地方鼓励中蜂养殖

在北京山区鼓励发展养蜂的同时要以更优越的政策鼓励发展中蜂养殖，可以在有条件的地方，如意蜂较少分布而中蜂能够生存的高山地区或保护区内人为放养中蜂，或在人为干扰较少的地区尽量增加中蜂的数量，这样不仅有利于北京中蜂资源的保护和拯救，也能够为早春和晚秋较寒冷时节开花的植物更好地传粉，这对于保护北京山区的生物多样性和充分利用野生蜜粉源植物资源也具有十分重要的意义。

9. 北京主要野生蜜粉源植物

（1）荆条 *Vitex negundo* L. var. *heterophylla* （Franch.）Rehd.

马鞭草科（Verbenaceae）牡荆属植物。又名荆梢、荆子。

形态特征 落叶灌木，高1~3m。小枝、叶背和萼筒密被灰白色绒毛。掌状复叶对生，小叶5（稀3），边缘有缺刻状锯齿或羽状裂。聚伞花序顶生，花淡蓝色，花萼筒状，具5齿裂，宿存，花冠二唇形，顶端5裂，雄蕊4，2强。核果近球形，被宿萼所包。花期3~4月，果期6~7月。

分布与生境 分布于东北、华北、西北及西南等地。北京各区（县）山区极为普遍，常生于山地阳坡上，形成大面积灌丛，是低山区的优势植被。

资源开发与保护 荆条具有多种用途：叶、茎、果实和根均可入药。茎叶治疗久痢；种子为清凉性镇静、镇痛药；根可以驱蛲虫；花和枝叶可以提取芳香油；茎皮可以造纸及人造棉；枝条坚韧，为编筐、篮的良好材料；也可栽培作为观赏植物。

荆条开花时为优良的蜜源植物，是北京山区夏季最主要的野生蜜源植物。荆条主要分布在海拔1000m以下的阳坡，其中800m以上数量较少，泌蜜少，800m以下数量最多，泌蜜多，是荆条蜜的主要产地。荆条的花期较长，可持续30（20~40）天，浅山区从6月中旬到7月中旬，深山则

荆条

从 7 月中旬到 7 月底，特殊年份能维持到 8 月初。有些有条件的蜂农会在荆条花期进行小转地放蜂，追赶花期，先浅山后深山，能极大的提高产量。荆条花期前若雨水充足，花期气温高（最适为 33℃），则泌蜜较好；若花期碰上阴天、下雨则泌蜜少或不泌蜜。荆条产蜜量在正常年份平均为 35~50kg/ 群，歉收年平均为 20~30 kg/ 群，丰年平均为 60~70 kg/ 群，最高单产可达 80 kg。荆条蜜在北京又叫京白蜜，是四大名蜜（荆条蜜、枣花蜜、槐花蜜、荔枝蜜）之一，呈浅琥珀色，透明，气味清香，口感甜润、微酸，是蜂业法规中明确指出的一等蜂蜜，结晶后细腻白色。

荆条在北京地区资源量极为丰富，是低山区阳坡重要的水土保持树种，除主要作为蜜源植物外，当地群众经常将其割来做编筐之用。

（2）刺槐 *Robinia pseudoacacia* L.

刺槐

豆科（Fabaceae）刺槐属植物。又名洋槐。

形态特征　落叶乔木，高 10~25m。树皮灰黑褐色，纵裂。奇数羽状复叶，互生，小叶 9~19 片，卵形或卵状长圆形，全缘，叶柄基部常有 2 托叶刺。总状花序腋生，下垂，花冠蝶形，白色，芳香。荚果扁平，线状长圆形，深褐色，含 3~10 粒种子。花果期 5~9 月。

分布与生境　原产美国，中国各地普遍引种栽培。北京低海拔山区和平原地区广泛栽培，为强阳性树种。

资源开发与保护　刺槐虽原产北美洲，但在北京各区（县）山区或村庄周围均有大量栽培，在山区常成片、成坡、成沟分布，许多已成为野生或半野生状态，故将其视为野生蜜源植物。刺槐花期在浅山区从 5 月上、中旬开始，深山从 5 月底到 6 月初，均持续 10 天左右。整个花期产蜜量，分布较多地区可采 10~20kg/ 群，分布零散地区采蜜量较少，一般仅供蜜蜂食用。刺槐大小年现象不明显。刺槐的花为蝶形花，意蜂等外国蜂种的口器的长度较洋槐花冠的深度略短，因此意蜂一般在花开始发蔫塌软下来的时候采蜜。此种现象在其他有类似花型的蜜源植物上也有体现，如红花锦鸡儿、黄芩等。对于中华蜜蜂这种体型小、口器较短的蜂种无法深入洋槐花冠，采集花蜜。近年来，因山区刺槐数量减少，同时刺槐花期相对较短，所以进行转地追赶刺槐花期的蜂农很少。刺槐蜜白而透明，蜜质上乘，深受消费者欢迎。

除了作为著名的蜜源植物外，刺槐还有其他多种用途。其木材坚硬，耐水湿，可供矿柱、枕木、车辆、农业用材；叶含粗蛋白，是许多家畜的好饲料；嫩叶、花可食，现已成为城市居民的绿色蔬菜；种子榨油供做肥皂及油漆原料。

（3）糠椴 *Tilia mandshurica* Rupr. et Maxim.

椴树科（Tiliaceae）椴树属植物。又名大叶椴、辽椴。

形态特征　落叶乔木，高达 20m。树皮暗灰色，幼枝密生灰色星状毛。单叶互生，卵圆形，边缘具尖锯齿，背面密生灰色星状毛。聚伞花序，花 6~12 朵，苞片下部 1/3 与花序梗合生，萼片 5，花瓣 5，黄色，退化雄蕊 5。核果球形，被毛。花期 6~7 月，果期 8~9 月。

分布与生境　分布于东北、华北、华东等地。北京见于海淀、房山、密云、门头沟、怀柔、延庆等区（县），生于山地林下，常散生，亦可形成小面积纯林。

资源开发与保护　椴树在北京山区主要有两种，除糠椴外，还有另外一种蒙椴 *T. mongolica* Maxim. 也称小叶椴。两种椴树均为优良蜜源植物，花期 7 月初到 7 月中下旬，20 天左右，椴树盛花期与深山荆条的初花期部分重合。椴树产蜜量的地区差异较大，在有些地区椴树较少，蜂农一般在春天不取蜜，留作春季繁蜂用，只在荆条盛花期前取蜜，因此取出的蜜为椴树与山桃、山杏、荆条初期花蜜等的杂花蜜，平均为 10~30kg/ 群，有些地区或年份无法取蜜只能供蜜蜂食用；在椴树相对较多的地区，蜂农会在 7 月前将春天的杂花蜜取出来，同时因荆条花初期泌蜜较少，椴树花期可以取出相对较纯的椴树蜜，正常年份平均产蜜量为 20~30kg/ 群，丰收年可达到 35~50kg/ 群，歉收年也有无蜜的情况。

椴树蜜未结晶时，浅黄剔透，有油脂的光泽，结晶后晶莹洁白，色纯味香，营养丰富，含葡萄糖和果酸 70% 以上，还有多种维生素和无机盐、有机酸酶。用其入药，有补中益气、止咳、润肠、解毒、助消化等功能。另外，椴树蜜本身具有特殊的防腐作用，是制造中成药丸的主要

糠椴

原料。

糠椴还具有多种其他用途，树皮及茎皮富含纤维，质坚韧，可造纸、搓绳、织麻袋等；其花可入药，有解表发汗、镇静及解热作用。糠椴由于叶形较大，有特殊木香味道，被山区群众常用作蒸馒头时的笼屉衬物。除此以外，糠椴叶美观，树姿清幽，夏日浓荫铺地，黄花满树，芳香，是优良的庭荫树、行道树。

(4) 六道木 *Abelia biflora* Turcz.

忍冬科（Caprifoliaceae）六道木属植物。

形态特征 落叶灌木，高 1~3m。茎和枝具 6 条纵沟。单叶对生，卵状披针形，全缘或具缺刻状锯齿。花 2 朵并生于侧枝顶端，花萼 4 裂，叶状，花冠筒状，淡黄色，裂片 4，雄蕊 4，2 强。瘦果状核果，弯曲，萼片宿存。花期 6~7 月，果期 8~9 月。

分布与生境 分布于东北、华北等地。北京见于各区（县）山地，生于海拔较高的多石质的山坡林下和灌丛中。

资源开发与保护 六道木为北京山区主要的蜜源植物之一，其花蜜很丰富，蜜蜂喜爱采集。蜜源花期 5 月下旬至 6 月上旬，一般是刺槐花期结束后 1 周左右，盛花期 20~30 天。六道木蜜

六道木

源属于高温型蜜源，花期气温正常或偏高，花蕾期不受晚霜侵袭，无风、少雨，流蜜较涌。六道木的产蜜量地区差异较大，正常年份部分地区产蜜量仅供蜜蜂食用，有些地区如千家店单产为 40~80kg 不等，歉收年没有蜜或仅供蜜蜂食用。六道木的花冠筒较深，蜜蜂无法直接从正面采到，一般会在花筒的下部咬个口吸取花蜜。六道木的花粉为红色，相对较少，只供蜜蜂繁殖。六道木蜜属于小蜜种，味清香，结晶后似油脂，味道甘甜适口，品质优良，属上等蜜，具有清火润肺、益气补中的功能。

除作为蜜源植物外，六道木枝干坚硬，具 6 棱，当地群众常用来制作手杖；其叶形秀美，花形独特，芳香宜人，可栽培供园林观赏。

七、北京野生有毒植物资源

有毒植物为自然界中一类具有特殊含义的植物，一般定义为对人和家畜等能产生有害作用的植物，其致毒成分主要包括生物碱、苷类、萜类、酚类及其衍生物以及无机物、简单有机物和光敏感物质等。有毒植物并不是一个自然类群，其种类隶属于不同的科属。有毒植物的概念虽明确易懂，但因无具体的界定标准，实践过程中较难正确把握。此外，有毒植物在植物界的数量，至今没有确切的统计数据。1987 年出版的《中国有毒植物》是中国第一部比较系统地论述中国有毒植物的专著，书中共收录了约 1300 种分布在中国的有毒植物。随着人们对植物认识和研究的不断深入，有毒植物的种类也必将不断增加。

有毒植物尽管会对人和家畜造成一定的危害，但它并不简单等同于有害植物。事实上，许多有毒植物是重要的经济植物，或具有潜在的重要经济价值，它们可以同时是药用植物、食用植物、油脂植物、饲料植物、纤维植物、观赏植物、植物源农药和工业用原料等。开展地区性有毒植物资源的调查研究，不仅有利于减少和避免有毒植物对人、畜造成的危害，而且对更好地认识、了解有毒植物以及更好地开发利用有毒植物资源，均具有重要的意义。

1. 北京野生有毒植物种类组成

经过野外调查和室内统计，查明北京地区共有野生有毒维管植物 51 科、110 属、145 种，分别占北京维管植物科、属、种的 30.18%、12.66% 和 7.05%。其中蕨类植物 3 科 3 属 5 种，裸子植物 2 科 2 属 2 种，被子植物 46 科 105 属 138 种。与《中国有毒植物》收录的全国有毒植物已有种类相比，本次调查到的北京野生有毒植物科、属、种分别占全国野生有毒植物的 51.29%、25.45% 和 15.30%（表 2–33）。

表 2-33 北京市野生有毒植物种类

科名		种名	有毒部位	毒性	生境	数量
木贼科	木贼	*Equisetum hyemale*	全株	小毒	生于山坡湿地、疏林下	+
	节节草	*Equisetum ramosissimum*	全株	小毒	生于路边、水边或沙质地	++
	问荆	*Equisetum arvense*	全株	小毒	田边、沟旁沙质地、湿地	+++
蕨科	蕨	*Pteridium aquilinum* var. *latiuschlum*	全株	小毒	生于向阳山坡、疏林下	++

（续）

科名		种名	有毒部位	毒性	生境	数量
鳞毛蕨科	粗茎鳞毛蕨	*Dryopteris crassirhizoma*	根状茎	大毒	林下阴湿处、阴湿沟谷中	+
柏科	侧柏	*Platycladus orientalis*	枝、叶	小毒	生于山地阳坡、石灰岩山地	++
麻黄科	草麻黄	*Ephedra sinica*	全株	小毒	山地草坡、干燥荒地、沟谷	+
金粟兰科	银线草	*Chloranthus japonicus*	根状茎	中等毒	生于林荫下及沟谷草地中	+
胡桃科	核桃楸	*Juglans mandshurica*	叶、外果皮	小毒	生于湿润的沟谷、阴坡林缘	++
壳斗科	槲树	*Quercus dentata*	叶、壳斗	小毒	生于低山的阳坡	++
	槲栎	*Quercus aliena*	叶、壳斗	小毒	阳坡上，常与栓皮栎混生	++
荨麻科	宽叶荨麻	*Urtica laetevirens*	全株	小毒	生于林下沟边、林缘路旁	++
	狭叶荨麻	*Urtica angustifolia*	全株	小毒	生于山地林边、沟边	++
	麻叶荨麻	*Urtica cannabina*	全株	小毒	生于干燥山坡、草地、灌丛	+
马兜铃科	北马兜铃	*Aristolochia contorta*	全株有毒，种子大毒	中等毒	生于山沟灌丛、路旁、山坡	+++
蓼科	水蓼	*Polygonum hydropiper*	全株	中等毒	生于水沟边或潮湿处	++
	杠板归	*Polygonum perfoliatum*	全株	小毒	生于山沟、水边	++
	拳蓼	*Polygonum bistorta*	根状茎	小毒	生于亚高山草甸、林下	++
	巴天酸模	*Rumex patientia*	全株	小毒	生于水沟、路旁、山区沟边	+++
	酸模	*Rumex acetosa*	全株	小毒	生于山坡草地、荒地、路旁	++
	苦荞麦	*Fagopyrum tataricum*	根状茎	小毒	田边、路旁、荒地	+
藜科	藜	*Chenopodium album*	全株	小毒	生于路旁、荒地和田间	+++
苋科	牛膝	*Achyranthes bidentata*	根	小毒	生于沟边、山脚阴湿处	+
商陆科	商陆	*Phytolacca acinosa*	根	中等毒	生于山沟、林下、林缘路旁	+
石竹科	繁缕	*Stellaria media*	种子、茎和叶	小毒	田野、路边、林边杂草地	++
毛茛科	草乌	*Aconitum kusnezoffii*	全株有毒，块根剧毒	剧毒	生于疏林中、山坡草地	+++
	牛扁	*Aconitum barbatum* var. *puberulum*	全株大毒，茎叶枯死后最毒	大毒	生于山地疏林或山坡草地	++
	高乌头	*Aconitum sinomontanum*	根	小毒	生于山地林中或灌丛	+
	两色乌头	*Aconitum alboviolaceum*	根	小毒	生于山地灌丛间或林中	++
	翠雀	*Delphinium grandiflorum*	全株	中等毒	生于山地草坡、丘陵沙地	++
	茴茴蒜	*Ranunculus chinensis*	全株	中等毒	生于山区溪边或水田边	++
	毛茛	*Ranunculus japonicus*	全株	大毒	水边湿地或阴坡灌草丛	++
	石龙芮	*Ranunculus sceleratus*	全株大毒，茎叶枯死后最毒	大毒	生于山地溪边草地、林边	++
	芹叶铁线莲	*Clematis aethusifolia*	全株	中等毒	中、低山阳坡和阴坡的灌丛	++
	黄花铁线莲	*Clematis intricata*	全株	中等毒	中、低山阳坡和阴坡的灌丛	+++
	金莲花	*Trollius chinensis*	全株	小毒	生于 800~2200m 山坡草地	+
	单穗升麻	*Cimicifuga simplex*	全株	小毒	生于山坡草地或灌丛	
	兴安升麻	*Cimicifuga dahurica*	全株	小毒	山地林缘灌丛、山坡疏林	++

（续）

科名		种名	有毒部位	毒性	生境	数量
毛茛科	类叶升麻	*Actaea asiatica*	全株	大毒	生于山地阔叶林下	++
	白头翁	*Pulsatilla chinensis*	全株	小毒	生于向阳山坡及平地	+++
	瓣蕊唐松草	*Thalictrum petaloideum*	全株有毒，根毒性较大	小毒	生于阳坡草地	++
	贝加尔唐松草	*Thalictrum baicalense*	全株有毒，根毒性较大	小毒	生于林下、草坡	+
	东亚唐松草	*Thalictrum minus* var. *hypoleucum*	全株有毒，根毒性较大	小毒	生于林下、草坡	+
	耧斗菜	*Aquilegia viridiflora*	全株有毒，种子大毒	大毒	山沟石缝间或林缘灌草丛	++
	华北耧斗菜	*Aquilegia yabeana*	全株有毒，种子大毒	大毒	沟谷林下、道旁及石缝间	++
小檗科	类叶牡丹	*Caulophyllum robustum*	根状茎	小毒	生于林下、山沟阴湿处	+
防已科	蝙蝠葛	*Menispermum dauricum*	根状茎	小毒	生于山坡路旁和沟边	+++
罂粟科	白屈菜	*Chelidonium majus*	全株	小毒	生于山谷湿地、水沟边	+++
	地丁草	*Corydalis bungeana*	全株	小毒	低山区的湿润沟谷、荒地	+
	野罂粟	*Papaver nudicaule*	全株	小毒	生于山顶草甸	+
十字花科	播娘蒿	*Descurainia sophia*	全株	小毒	生于荒野、田边、河岸	++
	独行菜	*Lepidium apetalum*	种子	小毒	村舍附近、路旁、田间	+++
	小花糖芥	*Erysimum cheiranthoides*	全株	小毒	中低山阴坡、沟谷、路旁	++
景天科	瓦松	*Orostachys fimbriata*	全株	小毒	生于低山阳坡土质瘠薄的石质地、石缝处	+++
虎耳草科	扯根菜	*Penthorum chinense*	全株	小毒	生于水边湿地	+
	红升麻	*Astilbe chinensis*	全株	小毒	生于山谷湿地和流水沟边	++
蔷薇科	龙芽草	*Agrimonia pilosa*	全株	小毒	林下和阴坡的灌丛、灌草丛	+++
	地榆	*Sanguisorba officinalis*	全株	小毒	山地灌丛、灌草丛、林下	+++
	蛇莓	*Duchesnea indica*	全株	小毒	生于低山、丘陵的阴湿沟谷	++
	山杏	*Prunus sibirica*	杏仁	中等毒	生于低山、丘陵	+++
豆科	苦参	*Sophora flavescens*	根和种子	中等毒	生于山地灌丛、灌草丛中	++
	野皂荚	*Gleditsia microphylla*	豆荚及茎皮	中等毒	生于多石山坡、山地沟旁	+
	草木犀	*:Melilotus officinalis*	全株有毒，高温高湿霉变后，毒性增加	中等毒	生于山坡、路旁、河岸、荒地草丛	++
	苦马豆	*Sphaerophysa salsula*	全株	小毒	生于河滩草丛、盐碱化草地	+
	锦鸡儿	*Caragana sinica*	茎、叶、树皮	小毒	生于山坡灌丛中	+
	鬼箭锦鸡儿	*Caragana jubata*	全株	小毒	生于山坡或山顶灌丛中	+
	直立黄芪	*Astragalus adsurgens*	全株	小毒	山坡草地、林缘、灌丛中	++
	达乌里黄芪	*Astragalus dahuricus*	全株	小毒	向阳山坡、沟边、沙质地	+++

（续）

科名		种名	有毒部位	毒性	生境	数量
豆科	二色棘豆	*Oxytropis bicolor*	全株	小毒	较干燥的山坡荒地、砂地	+
	蓝花棘豆	*Oxytropis coerulea*	根	小毒	生于山坡草地、林缘、沟谷	+
	硬毛棘豆	*Oxytropis hirta*	全株	小毒	干旱山坡、草地、林缘	+
	荒子梢	*Campylotropis macrocarpa*	茎叶	小毒	山坡、沟谷、灌丛、林缘	++
	长萼鸡眼草	*Kummerowia stipulacea*	全株	小毒	山坡、路旁、荒地及田边	++
酢浆草科	酢浆草	*Oxalis corniculata*	全株	小毒	山坡荒地、河边、林下	++
蒺藜科	蒺藜	*Tribulus terrestris*	全株	小毒	生于荒地、路边、河边	++
芸香科	崖椒	*Zanthoxylum schinifolium*	茎、叶	中等毒	山地疏林中、坡地或岩石旁	+
	白鲜	*Dictamnus dasycarpus*	根皮	小毒	生于山坡草地、疏林下	+
苦木科	苦木	*Picrasma quassioides*	木质部、根皮	小毒	山坡、山谷灌丛、杂木林中	++
大戟科	京大戟	*Euphorbia pekinensis*	根	小毒	生于山坡荒地和灌草丛间	+
	猫眼草	*Euphorbia esula*	根	中等毒	山坡、山谷、田边、荒地	+++
	地锦	*Euphorbia humifusa*	全株	小毒	山地荒坡、河滩、路旁	++
	雀儿舌头	*Leptopus chinensis*	嫩苗、叶	小毒	山坡、田边、路旁、林缘	+++
	一叶萩	*Flueggea suffruticosa*	全株	小毒	低山阴被的灌丛、灌草丛	++
漆树科	漆树	*Toxicodendron vernicifluum*	树的汁液	小毒	生于向阳山坡的杂木林中	+
	盐肤木	*Rhus chinensis*	幼枝及叶	小毒	山坡、山谷杂木林、灌丛中	+
	黄连木	*Pistacia chinensis*	根、树皮	小毒	生于山坡疏林中	+
卫矛科	南蛇藤	*Celastrus orbiculatus*	全株	小毒	山谷、山坡的灌丛、疏林中	+++
鼠李科	锐齿鼠李	*Rhamnus arguta*	茎叶、种子	小毒	生于山坡杂木林中	++
	圆叶鼠李	*Rhamnus globosa*	果实	小毒	生于山坡杂木林、灌丛中	++
	小叶鼠李	*Rhamnus parvifolia*	果实	小毒	山坡、沟边、林缘灌丛中	+++
瑞香科	河朔荛花	*Wikstroemia chamaedaphne*	全株有毒，花蕾毒性较大	小毒	低山阳坡、半阳坡灌丛	++
	狼毒	*Stellera chamaejasme*	全株	大毒	生于海拔 1800m 以上山坡	+
五加科	楤木	*Aralia chinensis*	根皮	小毒	中山区灌丛或林缘、林下	+
	无梗五加	*Eleutherococcus sessiliflorus*	根皮	小毒	生于沟谷、林缘或灌丛中	+
伞形科	毒芹	*Cicuta virosa*	全株	大毒	生于山谷溪边、沟边湿地	+
	白芷	*Angelica dahurica*	根	小毒	深山区沟谷和阴坡灌丛间	++
杜鹃花科	照山白	*Rhododendron micranthum*	全株，幼叶最毒	中等毒	生于林下及灌丛中	++
萝藦科	杠柳	*Periploca sepium*	根皮、茎皮	中等毒	生于低山沟谷、河边、林缘及山坡灌丛中	++
	竹灵消	*Cynanchum inamoenum*	全株有毒，根毒性较强	小毒	山地灌丛中、山坡草地上	+
	牛皮消	*Cynanchum auriculatum*	根	小毒	生于山坡、路旁、河岸	++
	萝藦	*Metaplexis japonica*	根、茎	小毒	生于低山荒地、山坡、河岸、沟边、林缘	+++

（续）

科名		种名	有毒部位	毒性	生境	数量
旋花科	打碗花	*Calystegia hederacea*	根	小毒	生于荒地、田间、路旁	+++
	藤长苗	*Calystegia pellita*	全株	小毒	路边、田间或山坡草丛中	++
唇形科	薄荷	*Mentha haplocalyx*	全株	小毒	生于水沟边和潮湿地	++
	百里香	*Thymus mongolicus*	全株	小毒	生于多石山地、路旁	+
	益母草	*Leonurus japonicus*	种子	小毒	山坡、道边、田边和荒地	+++
茄科	青杞	*Solanum septemlobum*	全株	小毒	向阳山坡、林下、水边	+
	龙葵	*Solanum nigrum*	未成熟的浆果毒性较大	中等毒	田边、路旁、村庄附近	+++
	酸浆	*Physalis alkekengi*	全株有毒，根毒性较大	中等毒	山坡道旁、田间和阴湿地	++
	泡囊草	*Physochlaina physaloides*	全株	小毒	生于林缘、山坡草地	+
	天仙子	*Hyoscyamus niger*	全草	小毒	低山山坡、河岸沙地上	+
	曼陀罗	*Datura stramonium*	以种子毒性最大，嫩叶次之	中等毒	生于村边、路边和草地上	++
玄参科	地黄	*Rehmannia glutinosa*	全株	小毒	生于道旁、荒地上	+++
	草本威灵仙	*Veronicastrum sibiricum*	全株	小毒	生于山坡草地、山地灌丛	++
透骨草科	透骨草	*Phryma leptostachya*	全株有毒，根毒性较大	小毒	低山阴湿沟谷灌丛和林下	+++
忍冬科	接骨木	*Sambucus williamsii*	茎枝	小毒	林缘、山路旁及山坡灌丛中	++
败酱科	黄花龙牙	*Patrinia scabiosifolia*	根	小毒	山坡、林中湿地及林缘	+++
菊科	苍耳	*Xanthium sibiricum*	果实、特别是种子毒性较大	大毒	生于田野、路边	+++
	艾蒿	*Artemisia argyi*	全株	小毒	生于山地灌丛、灌草丛中	+++
	林泽兰	*Eupatorium lindleyanum*	全株	小毒	沟谷或湿润草甸、水边湿地	++
	烟管头草	*Carpesium cernuum*	全株	小毒	山地沟谷、林缘及沟边	++
	狼杷草	*Bidens tripartita*	全株	小毒	生于水边或湿地	++
	鬼针草	*Bidens bipinnata*	全株	小毒	向阳山坡、荒地、路边	+++
	小花鬼针草	*Bidens parviflora*	全株	小毒	生于田野、荒地、路边	++
	三叶鬼针草	*Bidens pilosa*	全株	小毒	生于路边荒地上	++
	高山蓍	*Achillea alpina*	全株	中等毒	生于山坡、沟旁、林缘	++
	北苍术	*Atractylodes lancea*	全株	小毒	山坡、林下及山坡灌草丛	+++
	三脉紫菀	*Aster ageratoides*	全株	小毒	生于山坡、林缘	+++
泽泻科	泽泻	*Alisma plantago-aquatica*	全株有毒，块茎毒性较大	小毒	生于浅水池塘、水沟中	+
禾本科	抱草	*Melica virgata*	全株	中等毒	生于山坡、岩石间	+
天南星科	菖蒲	*Acorus calamus*	全株有毒，根茎毒性较大	中等毒	山谷湿地、河滩湿地及溪旁	+
	天南星	*Arisaema heterophyllum*	全株有毒 块茎剧毒	大毒	生于阴湿的林下和灌丛间	+

（续）

科名		种名	有毒部位	毒性	生境	数量
天南星科	东北南星	*Arisaema amurense*	全株有毒，块茎大毒	大毒	生于林下阴湿地	++
	一把伞南星	*Arisaema erubescens*	全株有毒，块茎大毒	大毒	生于林下阴湿地	++
	掌叶半夏	*Pinellia pedatisecta*	全株有毒，块茎大毒	大毒	生于林下、山谷的阴湿处	++
	半夏	*Pinellia ternata*	全株有毒，块茎毒性较大	大毒	生于低山区山地阴湿处	++
	独角莲	*Typhonium giganteum*	块茎	小毒	生于山坡、水沟阴湿地	+
鸭跖草科	鸭跖草	*Commelina communis*	全株	小毒	生于山坡、林缘及沟谷湿地	+++
百合科	黄花菜	*Hemerocallis citrina*	全株有毒，根部毒性较大	小毒	生于山顶草甸、山坡灌丛中	++
	小黄花菜	*Hemerocallis minor*	全株有毒，根部毒性较大	小毒	生于中山灌丛、灌草丛、林间草甸	++
	北重楼	*Paris verticillata*	根状茎	小毒	生于中山阴坡林下和灌丛	++
	铃兰	*Convallaria majalis*	全株	小毒	海拔 800m 以上山地阴坡	++
	玉竹	*Polygonatum odoratum*	根茎	小毒	生于阴坡灌丛、灌草丛	+++
	绵枣儿	*Scilla scilloides*	全株	大毒	生于山坡、草地、林缘	++
	藜芦	*Veratrum nigrum*	全株	大毒	生于山坡林下或草甸	++
薯蓣科	穿龙薯蓣	*Dioscorea nipponica*	根状茎	小毒	生于灌丛中或疏林下	+++

2. 北京野生有毒植物科属分布

就所在的科而言，北京地区的野生有毒植物中，毛茛科所含种类最多，有 19 种；豆科、菊科次之，分别有 13 种和 11 种；包含种类在 3 种以上的依次为百合科（7 种）、天南星科（7 种）、茄科（6 种）、蓼科（6 种）、大戟科（5 种）、蔷薇科（4 种）、萝藦科（4 种）；仅含 1 种的科较多，共 26 个，占总科数的 50.98%。北京与全国有毒植物属、种数比较见表 2-34。

表 2-34 北京与全国有毒植物属、种数比较

科名	全国有毒植物属、种数		北京有毒植物属、种数		科名	全国有毒植物属、种数		北京有毒植物属、种数	
	属	种	属	种		属	种	属	种
蕨类植物	5（科）	13	3（科）	5	苦木科	2	2	1	1
柏科	1	1	1	1	大戟科	15	42	3	5
麻黄科	1	3	1	1	漆树科	4	8	3	3
金粟兰科	1	3	1	1	卫矛科	3	9	1	1
胡桃科	3	6	1	1	鼠李科	2	5	1	3
壳斗科	2	3	1	2	瑞香科	3	8	2	2
荨麻科	6	12	1	3	五加科	5	11	2	2

（续）

科名	全国有毒植物属、种数		北京有毒植物属、种数		科名	全国有毒植物属、种数		北京有毒植物属、种数	
	属	种	属	种		属	种	属	种
马兜铃科	2	12	1	1	伞形科	11	19	2	2
蓼科	3	12	3	6	杜鹃花科	10	68	1	1
藜科	5	8	1	1	萝藦科	12	29	3	4
苋科	0	0	1	1	旋花科	6	11	1	2
商陆科	1	2	1	1	唇形科	4	5	3	3
石竹科	6	6	1	1	茄科	14	33	5	6
小檗科	8	13	1	1	透骨草科	1	1	1	1
防己科	9	25	1	1	忍冬科	1	2	1	1
罂粟科	10	21	3	3	败酱科	2	4	1	1
十字花科	6	6	3	3	菊科	19	30	8	11
景天科	0	0	1	1	泽泻科	1	2	1	1
虎耳草科	5	5	2	2	禾本科	4	4	1	1
蔷薇科	5	5	4	4	天南星科	17	32	4	7
豆科	52	119	9	13	鸭跖草科	1	1	1	1
酢浆草科	1	1	1	1	百合科	18	31	6	7
蒺藜科	2	2	1	1	薯蓣科	1	4	1	1
芸香科	13	22	2	2					

3. 北京野生有毒植物生活型组成

北京地区 145 种野生有毒维管植物中，草本植物占绝对多数，共有 116 种，占有毒植物总数的 80%，木本植物 29 种，占总数的 20%。草本植物中，多年生草本种类最多，共有 89 种，占有毒植物总数的 61.38%，其次是一、二年生草本，共 26 种，草质藤本 2 种。木本植物中，乔木 9 种，灌木 19 种，木质藤本 1 种（表 2–35）。

表 2-35 北京市野生有毒植物生活型统计

植物类型	生活型	科	属	种	种的百分比 (%)
草本类植物	草质藤本	2	2	2	1.37
	一、二年生草本	13	23	26	17.93
	多年生草本	34	71	89	61.38
木本类植物	木质藤本	1	1	1	0.69
	灌木	12	16	19	13.10
	乔木	7	9	9	6.20

4. 北京野生有毒植物的有毒部位

在 145 种野生有毒植物中，全草或全株有毒的占绝大多数，共有 99 种，占总数的 68.28%。草本植物的多数种类均属此类，常见的如问荆、马兜铃、酸模、白头翁、白屈菜、龙芽草、猫眼草、鬼针草、铃兰等。主要以根、根皮、块根、根状茎为有毒部位的有 28 种，占 19.31%，常见种类如草乌头、蝙蝠葛、苦参、杠柳、玉竹、穿龙薯蓣等。以枝叶、树皮、块茎、鳞茎为有毒部位的种类有 20 种，占 13.79%，常见有侧柏、荛子梢、照山白、雀儿舌头、接骨木、天南星等。果实（或果皮）、种子、种仁等生殖部位有毒的较少，共有 12 种，占 8.27%，包括胡桃楸、独行菜、山杏、野皂荚、益母草、苍耳等。还有一些种类为其他特殊部位有毒，如槲树壳斗有毒，苦木木质部有毒，漆树汁液有毒。

实际上，多数有毒植物的有毒部位并不仅局限在某一器官，如许多草本植物几乎全株都有毒；有些种类则两个或多个部位有毒，如核桃楸的叶和外果皮、苦参的根和种子及杠柳的根皮和茎皮等。另一方面，许多种类不同有毒部位毒性大小也有所差异，如河蒴荛花、酸浆、透骨草、黄花菜等植物的根部毒性较大，马兜铃、楼斗菜、曼陀罗、苍耳等种子毒性较大，而草乌头、天南星、掌叶半夏等则以块根、块茎毒性最大。

5. 北京野生有毒植物的毒性

关于有毒植物毒性的大小到目前为止并无非常精确或定量化的统一划分标准，大多依据长期实践经验和文献记载，按照毒性剧烈的程度及使用量与中毒量接近的程度进行分级。根据实地调查访问并参考相关资料，我们将北京地区野生有毒植物的毒性按以下标准划分为 4 级：①分别是剧毒，指小剂量的植物有毒部分即可产生毒副反应，并且中毒症状剧烈，通常会很快造成人或牲畜死亡；②大毒，指一般中草药用量即可产生毒副反应，中毒症状较快且剧烈，可致人和牲畜死亡或者对身体器官造成严重伤害；③中等毒，指使用较大剂量或蓄积到一定程度才可使人或家畜致命，或者对身体器官造成一定的伤害，中毒症状较慢且轻；④小毒，指仅可以致人或家畜有不良中毒反应，一般较大量也不会致命或造成器官伤害，但有时也有例外。

根据以上标准，北京野生有毒植物中剧毒的仅有 1 种，即草乌头，占全体有毒植物的 0.69%。大毒的有 17 种，占 11.72%，包括牛扁、毛茛、类叶升麻、狼毒、毒芹、掌叶半夏、天南星等。对剧毒和大毒的部分种类，如草乌头、掌叶半夏、天南星等因分布较广，且都有块根或块茎，与可食植物相似，很容易使人误食而造成中毒甚至死亡，需要特别注意识别。中等毒的种类较多，有 21 种，占 14.48%，常见的有马兜铃、水蓼、芹叶铁线莲、茴茴蒜、苦参、猫眼草、杠柳等。在北京野生有毒植物中，大多数种类均为小毒，共计 102 种，占总种数的 73.10%。

应当指出的是，许多有毒植物随生长时间和外界环境条件的不同，所含毒物及其毒性也不相同，如龙葵未成熟的浆果毒性较大，照山白、雀儿舌头幼叶最毒，而牛扁和石龙芮则是其茎叶枯死后毒性最强。又如草木犀在正常环境下毒性很小，是很好的饲草，但在高温高湿霉变后毒性会增加，食用后可使牲畜中毒。

6. 北京野生有毒植物毒理作用类型

根据《中国有毒植物》及《中华人民共和国药典》记载，有毒植物的毒理作用一般分为精神性中毒、神经系统中毒、呼吸系统中毒、免疫系统中毒、器官损伤性中毒及皮肤黏膜刺激性中毒等 6 类。在北京野生有毒植物中，导致精神性中毒作用的主要有商陆、天仙子、曼陀罗和菖蒲等；神经系统中毒作用的种类较多，包括有草乌头、翠雀、野罂粟、白屈菜、茴茴蒜、苦参、苍术、照山白、藜芦和一把伞南星等；呼吸系统中毒作用的有毒植物较少，有山杏和升麻等；免疫系统中毒作用的也较少，主要有宽叶荨麻、狭叶荨麻等；器官损伤性中毒作用的有黄花菜和苍耳等；皮肤、黏膜刺激性中毒作用的有毒植物较多，如水蓼、杠板归、烟管头草、鬼针草、三脉紫菀等。还有一些有毒植物，如漆树、黄连木、猫眼草等含漆酚类成分，可引起接触性皮炎等症状。

7. 北京野生有毒植物的利用价值

（1）药用价值

有毒植物和药用植物在许多情况下是很难区分的，大部分有毒植物具有药用价值。同时，许多药用植物也都有不同程度的毒性，在允许剂量下有治疗作用，而过量使用即产生中毒效应。北京 145 种野生有毒植物中，具有药用价值的有 131 种，占全部种数的 90.34%。主要代表种类及其功效如金莲花、白头翁、地丁草、蝙蝠葛、苦参、白芷、苍术等具有清热解毒、祛风止痛，活血散瘀等功效；问荆、地榆、三脉紫菀等具有收敛止血、利尿发汗、通便等功效；草乌头、棉团铁线莲、野罂粟、天仙子、曼陀罗等具有镇静解痉等功效；地黄、益母草、玉竹等有滋阴补阳、温经止痛等功效；特别是穿龙薯蓣含薯蓣皂甙，主要用于治疗心血管方面的疾病，目前已经成为北京地区最大宗的野生药材。

目前大多数有毒药用植物的应用还只限于一般药物的配伍，加强其在药理、毒理方面的研究，必将发现更多具有高效生理活性的成分，充分发挥在医药方面的特色作用。我国历史上就有利用“以毒攻毒”的手段来治疗疑难杂症的传统。有毒植物在疑难病的治疗方面具有一定的潜力。

（2）食用价值

有毒植物虽然具有不同程度的毒性，但许多有毒植物还是可以食用的。北京野生有毒植物中，可以食用的种类大致分为以下几种情况：①植物体并不是所有的部位都有毒，无毒部位可以食用，如北京山区广为分布的山杏，虽杏仁有毒，但是果肉无毒。②某些植物在特定的发育阶段有毒，不可食用，但是在某些阶段无毒，如兴安升麻的食用方法是在未开花前采摘其嫩叶，开花后即不能食用。其他仅可食用嫩叶的还有蕨菜、商陆、苍术等。③有些有毒植物，直接吃会中毒，但经过一定的加工处理后，毒性会减弱甚至完全消失，人、畜食用后就不会再中毒。大多数可食用的有毒植物都需要采摘后先进行水煮，然后放入清水中充分浸泡后方可食用。如龙牙草的食用方法为采取嫩茎、叶洗净后，在开水或盐水中煮沸，然后捞出在清水中浸泡数小时，并不时换水，将浸后的植物捞出后可以炒食。④还有一些植物虽含有微量毒性，但食用少量不会引起中毒，如山杏的杏仁，但如果大量食用仍会引起中毒。因此野生植物的食用量应有一定限制，不能过量。

（3）植物源农药

许多有毒植物体内含有驱拒、干扰、毒杀害虫或抑制病菌和除草的物质，其有效成分多为生物碱、皂素、挥发油、鞣质、甙类树脂等，可以用来开发植物源农药。相比较化学农药，植物源农药具有在空气和土壤中易分解、无残留、无污染、不易产生抗药性等优点，是开发利用野生有毒植物的重要方面。植物源农药可分为杀虫剂类、杀菌剂类和除草剂类。北京野生有毒植物中，杀虫植物很多，如龙牙草对蚜虫具有很强的抑制作用，狼毒对螟虫、蚜虫等几种害虫具有很高的触杀和拒食作用，藜芦对天幕毛虫具有很好的毒杀作用等。杀菌植物如侧柏、核桃楸、水蓼、酸模、草乌头、白头翁、地榆、猫眼草等，其提取成分对防治小麦秆锈病均具有一定功效，而毛茛、瓦松、苦参、天仙子、龙葵、藜芦等，其提取成分则可用来防治马铃薯晚疫病和稻瘟病。可用来做除草植物的有狼杷草、三叶鬼针草和烟管头草等，其提取成分可除野燕麦、反枝苋等杂草。

（4）工业用途

北京野生有毒植物中一些种类还具有重要的工业用途，如木贼为工业磨光材料，华北耧斗菜、播娘蒿和独行菜的种子可榨油供工业使用，苍耳的种子油还可作为高级香料、油漆等工业原料；另外从瓦松中可提取草酸，从漆树中可提炼生漆，这些都是重要的工业原料。

（5）其他用途

北京野生有毒植物许多种类还具有材用、饲用、蜜源、观赏等价值，如藜、草木犀、藤长苗等为牲畜的饲料。还有一些有毒植物是较好的蜜源植物，如漆树、野皂荚、白屈菜、薄荷等。但有部分野生有毒植物的花粉或花蜜有毒，为有毒蜜源植物，如草乌头、藜芦、曼陀罗等。

8. 北京野生有毒植物资源保护和利用建议

（1）加强管理和保护

北京大部分为山区，自然风景名胜区众多，人员来往频繁，接触野生有毒植物的机会较多，误食误用有毒植物导致中毒甚至死亡的事件屡有发生。有些野菜植物从幼苗到成株，外形变化很大，似是而非，很难确认，再加上同名异物所造成的混乱，使得在采挖野菜，尤其是以幼苗为食用对象时，很容易发生错采、误食有毒植物，造成中毒，如毒芹与可食用的水芹 *Oenanthe javanica* 的幼苗很容易混淆。对当地的群众及游客应加强宣传，普及有毒植物的毒性、识别、预防等知识，使他们对本地区常见的有毒植物（尤其是剧毒和大毒植物）有所识别。同时也要使他们意识到生态、环境与资源平衡发展和可持续利用的重要性，改变把一些有毒植物简单当成有害植物而加以清除的观点，增强保护意识。对利用价值较好和利用量较大的一些种类，如药用的穿龙薯蓣、苍术及食用的蕨菜、黄花菜等，应严格杜绝掠夺式的采挖，使北京地区的有毒植物种质资源能得到有效保护。

（2）合理开发和利用

北京地区野生有毒植物种类多、分布广、蕴藏量大，具有很大的开发和利用潜力。当前本地区对有毒植物的利用主要侧重于药用和食用，前者如地榆、苦参、苍术、玉竹、穿龙薯蓣等，后者如蕨菜、杠柳、崖椒、薄荷、黄花菜等，大部分有毒植物仍处于自生自灭的原始状态，未被利用，许多种类被当成杂木、杂草除掉。一些常见种类也只停留在传统利用的水平上，如悬挂或燃烧艾蒿来驱散蚊蝇，综合加工、深加工等更高层次的开发利用还远远不够。北京地区科研机构多，科研能力强，应发挥这一优势，加强研究，充分认识与挖掘北京地区有毒植物资源的潜在价值，确定合理的开发利用方向，如开发成本低廉、无残留的杀虫农药等。

在利用野生有毒植物时，可选用分布较广、数量较多和繁殖较快的种类。对有广阔开发前景的有毒植物，可以考虑人工种植使之逐渐产业化。对于野生分布范围窄、数量较少和自然繁衍较差的种类如楤木、无梗五加、崖椒等，要先摸清其生态习性，并进行引种栽培试验，以扩大种群数量，解决野生资源不足的问题。这样既能提高当地的经济收入，又能减轻对野生资源的压力。在利用过程中，还要重视综合性开发，提高资源利用率，如山杏，可从药用、食用、工业用原料、环境保护等几个方面进行多部位、多用途和多方向的开发利用。

9. 北京主要野生有毒资源植物

（1）草乌 *Aconitum kusnezoffii* Reich.

毛茛科（Ranunculaceae）乌头属植物。又名北乌头、鸡头草。

形态特征 多年生草本，高 80~150cm。具块根，常 2~5 块连生，倒圆锥形，长 2.5~5cm，外皮黑褐色。单叶互生，五角形，掌状 3 全裂，中裂片近羽状深裂，侧裂片成不等 2 深裂。顶生总状花序，多花。萼片 5，蓝紫色，上萼片盔形，花瓣 2，距向后弯曲。蓇葖果直立。花期 7~8 月，果期 9 月。

分布与生境 分布于东北、华北等地。北京各区（县）山地常见，生于海拔 400~2000m 处山坡草地、疏林及林缘。耐寒性较强，喜阳光充足、凉爽湿润的环境。

草乌

化学成分 块根含生物碱 0.7%~1.3%，其中有乌头碱、次乌头碱、新乌头碱（为草乌中的主要生物碱）、去氧乌头碱、异乌头碱、素馨乌头碱和北草乌碱等。乌头碱水解后生成乌头原碱、醋酸及苯甲酸。叶中还含肌醇、鞣质、黄酮类、糖类、甾醇类等。

采收与加工 9 月间茎叶枯萎时采挖块根，采后除去残茎及须根，洗净泥土，晒干备用。生用或制用。

资源开发与保护 《神农本草经》记载草乌头："乌头味辛温。主中风……除寒湿痹、欬逆上气，破积聚一……其汁煎之，名射罔，杀禽兽，一名奚毒、一名乌喙。生山谷。"《本草纲目》记载："处处有之，根苗花实并与川乌头相同，但此系野生，又无酿造之法，其根外黑内白，皱而枯燥为异尔，然毒则甚焉"。又曰，"草乌头，射罔，乃至毒之药。非若川乌头、附子人所栽种，加以酿制，杀其毒性之比。自非风顽急疾，不可轻投。"

草乌头块根含有乌头碱，有剧毒，用之不当，极易引起中毒。多数中毒者经及时抢救可获恢复。但亦有少数由于中毒过重或抢救不及时，终因心脏麻痹而死亡。中毒可用阿托品、利多卡因、普鲁卡因酰胺等，也可用蜂蜜、绿豆、犀角等解毒。虽有剧毒，但经炮制后可入药，能祛风除湿，温经止痛。用于风寒湿痹、关节疼痛、心腹冷痛、寒疝作痛及麻醉止痛，亦可起发汗利尿作用。小剂量对心脏衰弱、贫血性衰弱等症亦有效。全草及根为农药，可做杀虫剂、杀菌剂。根提取液可喷治稻蝗、棉蚜、大豆蚜虫、蛆、苍蝇，杀虫效果较好。水浸液对小麦秆锈病有防治效果。

除此以外，草乌头的种子可榨油，含油率 15.6%；茎、叶含单宁 1.17%；花、叶美丽，可做观赏植物。草乌头在北京地区资源较为丰富，可以综合开发利用。

乌头属植物在北京地区常见的还有牛扁 *Aconitum barbatum* var. *puberulum*、高乌头 *A. sinomontanum*，其根都含有毒性很强的乌头碱，用途与草乌头类似。

（2）白屈菜 *Chelidonium majus* L.

罂粟科（Papaveraceae）白屈菜属植物。又名山黄连、土黄连。

形态特征 多年生草本，高 30~90cm。含黄色乳汁。茎多分枝，具白色长柔毛。叶互生，具长柄，1~2 回羽状全裂。花数朵排成伞形聚伞花序。萼片 2，早落，花瓣 4，亮黄色，雄蕊多数。蒴果细圆柱形，直立，熟时 2 瓣裂。种子多数，卵球形，黄褐色，有光泽及网纹。花期 5~7 月，果期 6~9 月。

分布与生境 分布于全国各地。北京各区（县）低山区常见，生于山谷湿润地、水沟边、林缘草地或草丛中、住宅附近。喜温暖湿润气候，耐寒。

化学成分 含有多种生物碱：白屈菜碱、白屈菜赤碱、二氢白屈菜赤碱、二氢白屈菜黄碱、血根碱、氧化血根碱、白屈菜子血碱、甲氧基白屈菜碱、类白屈菜碱、原鸦片碱、白屈菜胺。此外，还含维生素 A 和维生素 C。

采收与加工 5~7 月盛花期采收，割取地上部分，晒干，即成成品，置于通风干燥处保存。亦可鲜用。

资源开发与保护 白屈菜全草含多种生物碱，有毒性。植株所含黄色乳汁对皮肤有强刺激性，触及黏膜可使之肿大，内服则引起呕吐、腹痛和痉挛。全株和根可入药，性凉，味苦，清

白屈菜

热解毒，止痛，止咳。用于治疗胃炎、胃溃疡、腹痛、肠炎、痢疾、黄疸、慢性气管炎、百日咳。由于有毒，内服宜慎用。白屈菜亦可外用为疥癣药及消肿药，治水田皮炎、毒虫咬伤，以生汁涂布之或捣烂敷患处。全草的浸提液还可作农药防治菜青虫。洒在菜地，对驱除地蚕有特效。全草的水浸液对大豆蚜虫的杀虫率达 80%。

白屈菜在北京地区资源非常丰富，在开发生物农药方面很有开发潜力。

（3）猫眼草 *Euphorbia esula* Bunge

大戟科（Euphorbiaceae）大戟属植物。又名乳浆大戟、耳叶大戟等。

形态特征 多年生草本，高 25~50cm。具乳汁。茎丛生，多分枝。叶互生，长圆状披针形，全缘。花单性同株，由多数雄花和 1 雌花生于杯状总苞内组成，花序基部具苞叶，数个在枝顶排成伞房状。蒴果扁球形，3 裂。种子长圆形，长约 2mm。花期 5~6 月，果期 7~8 月。

分布与生境 分布于东北、华北及华东等地。北京各区（县）常见，生于山坡、林缘、疏林、草丛及荒地。

化学成分 地上部分含山柰酚、槲皮素、槲皮甙、鼠李糖甙、香豆精。根含三萜成分、生物碱、大戟甙等。种子含猫眼草素。

采收与加工 夏季采割地上部分，除去杂质，晒干。秋季茎叶枯萎时采挖根，除去残茎及须根，洗净晒干。生用，亦可鲜用。

资源开发与保护 猫眼草根含大戟甙、生物碱等，为“中国植物图谱数据库”收录的有毒植物，其提取物有刺激肠管而导泻的作用，能扩张毛细血管，对抗肾上腺素的升压作用，鲜汁多服能致口腔咽喉发麻、胃部不适、呕恶、腹泻，甚至眩晕等中毒现象。其乳汁直接接触皮肤黏膜有刺激作用，可以引起红肿等皮炎。

猫眼草

猫眼草全草可供药用，性寒，味苦，具镇咳、祛痰、平喘作用。此外，动物试验中表明其还具有消炎及利尿作用。猫眼草既是药用植物，又可作为开发植物农药的原料，水浸液可配制农业杀虫剂。由于当前合成农药对人畜造成的危害越来越被人们所认识，因此用植物农药取代合成农药将有较大市场潜力。

除猫眼草以外，北京地区常见的具有毒性的大戟属植物还有京大戟 *Euphorbia pekinensis*，用途与猫眼草类似。

（4）毒芹 *Cicuta virosa* L.

伞形科（Umbelliferae）毒芹属植物。又名走马芹、野芹、芹叶钩吻等。

形态特征 多年生草本，高 50~120cm。根茎粗短，节间相接，内部有横隔。不定根多数，肉质。茎粗，中空。叶为 2~3 回羽状复叶，羽片边缘有锯齿，基生叶及茎下部的叶有长柄，基部扩展成鞘状。复伞形花序，花白色。双悬果卵球形，有黄色粗棱。花期 7~8 月，果期 8~9 月。

分布与生境 分布于东北、华北、西北地区及四川等地。北京主要见于延庆、怀柔等区（县），生于湿地、水边或沟边。

化学成分 全株含毒芹碱、甲基毒芹碱和毒芹毒素。

采收与加工 春秋采挖，鲜用。

毒芹

资源开发与保护 毒芹全株有毒，以根茎最毒，中毒后恶心、呕吐、扩瞳、昏迷、痉挛、四肢麻痹，严重的可造成死亡。主要有毒成分为毒芹碱和毒芹毒素。毒芹碱是一种生物碱，为强碱性，具有特殊刺激性臭味，主要麻痹运动神经，对延脑中枢亦具有抑制作用，而毒芹毒素主要兴奋中枢神经系统。有些地区民间用此植物作成软膏或浸剂，外用治疗某些皮肤病及痛风或风湿、神经痛等。外用时，将其洗净后，以石器捣碎，晾干，研成细末，以鸡蛋清调后敷疮面，或用鲜毒芹捣碎调鸡蛋清敷疮面亦可。

毒芹因形态似芹菜，故在很多地区常被误食而中毒。在北京地区，还有另外两种生境与毒芹相似的伞形科植物水芹 *Oenanthe javanica* 和泽芹 *Sium suave*，它们与毒芹经常混生在一起，形态也比较相似，在野外需要仔细分辨。二者与毒芹的主要区别为水芹根茎内部无横隔，叶为1~2 回羽状复叶；泽芹的叶则为 1 回羽状复叶。

（5）照山白 *Rhododendron micranthum* Turcz.

杜鹃花科（Ericaceae）杜鹃花属植物。又名小花杜鹃、照白杜鹃、白镜子。

形态特征 半常绿灌木，高达 2.5m。多分枝，幼枝有褐色鳞片。叶集生枝顶，革质，长

照山白

圆形至倒披针形，全缘，背面密被鳞片。总状花序顶生，多花密集，花萼5裂，花冠钟状，白色，5深裂，雄蕊10。蒴果圆柱形，有鳞片，花柱宿存。花期5~7月，果期6~8月。

分布与生境 分布于东北、华北、华中、西南等地区。北京见于海淀、密云、怀柔、门头沟等区（县），生于山坡林下及灌丛中，常为优势种。

化学成分 枝叶含皂甙、鞣质、多糖类、黄酮类、油脂和挥发油等。黄酮类有槲皮素、棉花皮素、山柰酚。鲜叶中挥发油的含量为0.27%。

采收与加工 枝叶与花于夏、秋时采集，晒干即可。其他用途则于生长期采叶、花加工。

资源开发与保护 照山白全株有毒，春季的幼枝嫩叶比秋季枝叶毒性大10倍，牲畜误食易中毒死亡。人中毒常常发生在使用该植物叶作为药用的患者中。过量服用，在半小时后出现中毒反应，1h即达高潮，表现为频繁打喷嚏、项痛、出冷汗、黄视、无力、脉弱、心律不齐、血压下降以至休克。杜鹃花属植物多数有此特性，用时要特别注意。

照山白枝叶和花入药，味苦，性寒，具有祛风、通络、调经止痛、化痰止咳等作用，主治支气管炎、痢疾、产后身痛、骨折等症，但须去毒存正后方能使用。叶、花可提取芳香油。叶还有杀虫功效，可制土农药。此外，照山白枝繁叶茂，花色素白，盛花如白雪压枝，蔚为奇观，为良好的观花灌木。叶半常绿，叶期长，适宜制作盆景。

北京地区照山白分布较为广泛，资源量较大，在植物农药和观赏方面具有开发利用潜力。

（6）曼陀罗 *Datura stramonium* L.

茄科（Solanaceae）曼陀罗属植物。又名醉心花、狗核桃、大喇叭花等。

形态特征 一年生草本或半灌木状，高达1.5m。单叶互生，宽卵形，基部不对称楔形，边缘不规则波状浅裂。花单生叶腋或分叉处，白色或淡紫色，花萼筒状，具5棱，花冠漏斗状，5浅裂。蒴果直立，卵形，表面具硬针刺，规则4瓣裂。种子稍扁肾形，黑褐色。花期6~9月，果期7~11月。

分布与生境 全国各地均有分布。北京各区（县）常见，生于村旁、路边或草地上。

化学成分 种子含α东莨菪宁碱和β东莨菪宁碱、莨菪碱、东莨菪碱、陀罗碱、曼陀罗萜二醇、曼陀罗萜醇酮、阿托品、植物凝集素，种子油含亚油酸和油酸。

采收与加工 花于初放时采，将花连萼一齐摘下，曝晒至八成干，扎成小把，再晒至完全干。种子果实成熟时采，晒干打出种子即可。

资源开发与保护 曼陀罗全株有毒，其中以果实特别是种子毒性最大，嫩叶次之，干叶的毒性比鲜叶小。曼陀罗中毒为误食曼陀罗种子、果实、叶、花所致，其中毒成分主要为山莨菪碱、阿托品及东莨菪碱等。上述成分具有兴奋中枢神经系统，阻断胆碱反应系统，对抗和麻痹副交感神经的作用。临床主要表现为口干、咽喉发干、吞咽困难、声音嘶哑、脉快、瞳孔散大、产生幻觉、抽搐等，严重者进一步发生昏迷及呼吸循环衰竭而死亡。曼陀罗叶和种子有甜味，易为幼儿误食，因此要向群众和儿童宣传曼陀罗的毒性，家庭、村边、院落尽量不种此花，亦不能自用曼陀罗治病。一旦发生中毒，应迅速进行抢救。

曼陀罗叶、花、种子含有的天仙子碱等生物碱具有很强的镇静、镇痉效果，均可入药，味辛、性温，具有止咳平喘之功效，主治呼吸器官的痉挛性疾患。曼陀罗还可作麻醉药，其所含

曼陀罗

成分可使肌肉松弛，汗腺分泌受抑制，因此古人将此花所制的麻药取名为“蒙汗药”。传说中三国时期著名医学家华佗发明的麻醉方剂“麻沸散”的主要有效成分就是曼陀罗。曼陀罗种子还可榨油，油可供制皂、掺和油漆等工业用。

曼陀罗在北京各区（县）均有野生，资源量较为丰富，另有少量人工栽培，供药用或观赏。

(7) 东北南星 *Arisaema amurense* Maxim.

天南星科（Araceae）天南星属植物。又名山苞米、天南星、天老星。

形态特征 多年生草本，高15~60cm。块茎小，直径1~2cm，近球形，具多数须根。基生叶1~2枚，叶柄长，叶片鸟趾状全裂，裂片3~5，全缘。雌雄异株，肉穗花序，佛焰苞绿色，附属体棒状，雄花具短柄，雌花子房倒卵形。肉穗花序轴常于果期增大。浆果，熟时红色。种子红色，卵形。花期5~6月，果期8~9月。

分布与生境 分布于东北、华北、西北、西南及华中等地。北京见于各区（县），喜生于山地林下、林缘、沟边阴湿处。

化学成分 块茎含三萜皂甙、安息香酸、淀粉、氨基酸、β–谷甾醇–D–葡萄糖甙、3，4–

东北南星

二羟基苯甲醛等，果实中含类似毒芹碱的物质。

采收与加工　一般 8~9 月挖取块茎和根，洗净，鲜用或晒干。制土农药，可将块茎粉碎后，用水浸法提取。

资源开发与保护　天南星属植物多为有毒植物，其毒性为全株有毒，块茎毒性最大。皮肤接触有强烈刺激感，初为搔痒，而后麻木。误食后口喉发痒、灼辣、麻木，舌疼痛肿大，言语不清，味觉丧失，张口困难，口腔黏膜糜烂以至坏死脱落，严重者可出现昏迷、惊厥、窒息、呼吸停止。块茎尽管有毒，但在合适的加工处理及使用条件下，可入药，具有止咳祛痰、镇静止痛、祛风除湿的功效。生品外用于痈肿及蛇虫咬伤。块茎亦可作农药用，可制杀虫剂、杀菌剂，其水浸液对蚜虫、红蜘蛛的杀虫效果及小麦秆锈病的杀菌效果都较好。

东北南星在北京地区资源比较丰富，并且杀虫、杀菌效果较好，用其开发植物性农药很有发展潜力。除东北南星外，北京地区常见的天南星属植物还有一把伞南星 *Arisaema erubescens*，也是有毒植物，用途与东北南星类似。天南星属植物常喜生于湿润林下，有喜阴喜潮特点，应注意对其生境的保护。

（8）半夏 *Pinellia ternata*（Thunb.）Breit.

天南星科（Araceae）半夏属植物。又名三叶半夏、半月莲等。

形态特征 多年生草本，高15~30cm。块茎球形，直径0.5~3cm，须根多数。叶基生，1或2枚，叶柄长，基部具鞘，叶片心形、心状戟形或3全裂，全缘。肉穗花序，上雄下雌，中间缢缩变细，花序柄长，佛焰苞绿色。浆果，熟时红色。花期6~7月。果期7~8月。

分布与生境 分布于东北、华北、西北、西南及华中等地。北京见于各区（县），较常见，生于阴湿的砂壤地、沟谷、林缘及林下。

化学成分 含β-谷甾醇、葡萄糖甙、黑尿酸、谷氨酸、精氨酸、β-氨基丁酸、胆碱、左旋麻黄碱、葫芦巴碱、挥发油、原儿茶醛等。

采收与加工 药用部位为块茎。于夏、秋两季茎叶茂盛时采挖，洗净、除去外皮及须根，晒干或烘干，即为生半夏；用生姜、明矾等炮制后使用称姜半夏。

资源开发与保护 半夏全株有毒，其中块茎毒性较大，生食0.1~1.8g即可引起中毒。对口腔、喉头、消化道黏膜均可引起强烈刺激。服少量可使口舌麻木，多量则烧痛肿胀、不能发声、

半夏

流涎、呕吐、全身麻木、呼吸困难，最后可因呼吸中枢麻痹而死亡。有因服生半夏过量而永久失音者。作为药用植物，因其毒性较大，多炮制后使用，毒性会减弱，适宜口服。依炮制方法不同分法半夏、姜半夏、清半夏等。其味辛，性温，具燥湿化痰、和中健胃、降逆止呕、消痞散结之功效，外用可消肿止痛，治毒蛇咬伤及无名肿毒。

除本种外，北京地区常见的半夏属植物还有掌叶半夏 *Pinellia pedatisecta*，其块茎有毒，亦作半夏使用。

（9） 藜芦 *Veratrum nigrum* L.

藜芦

百合科（Liliaceae）藜芦属植物。又名山葱、山白菜、山苞米等。

形态特征 多年生草本，粗壮，高达 1m，基部被黑褐色纤维状残存叶鞘。根茎短而厚，须根多数，簇生于根茎四周。叶椭圆形，抱茎，平行脉明显而隆起。圆锥花序顶生，分枝总状，具多数杂性花，花序轴密生白色绵毛，花绿白色或黑紫色，具短柄。蒴果卵状，熟时 3 裂。种子多数。花期 7~8 月，果期 8~10 月。

分布与生境 分布于东北、华北、西北和西南地区。北京见于各区（县）山地，生于山坡林下和草丛中，海拔 800m 以上。

化学成分 根、根茎含芥芬胺、假芥芬胺、玉红芥芬胺、秋水仙碱、计明胺及藜芦酰棋盘花碱等生物碱。

采收与加工 5~6 月末抽花茎时采挖。除去苗叶，保留根、根茎，晒干，或用水浸烫后晒干。

资源开发与保护 陶弘景在《本草经集注》记载："藜芦近道处处有。根下极似葱而多毛。用之止剔取根，微炙之。"藜芦全株有毒，以根部毒性较大。中毒症状为口胃发热疼痛、流口水、恶心呕吐、下痢、出汗，意识丧失。严重时便血、震颤、痉挛、昏迷不醒，最后因呼吸停止而死亡。藜芦小剂量中毒时可服用葱白汤解毒。

藜芦根及根茎入药，所含总生物碱具强烈局部刺激作用，口服能催吐祛痰，可作强力催吐药，用于治疗中风痰涌、癫痫，又可作心脏、呼吸器官和血管舒张的抑制剂，有降低血压的功效。外用治疥癣、白秃等恶疮。藜芦也可作杀虫剂，1%~5% 水浸液对蚊、蝇、蚤、虱有强烈的毒杀作用。

北京地区藜芦分布较广，资源量较为丰富，可以综合利用，尤其在开发生物农药方面具有很大的潜力。

八、北京野生纤维植物资源

纤维植物是指植物体某一部分的纤维细胞特别发达，能够产生植物纤维并作为主要用途而被利用的植物，它广泛地用做编织、造纸、纺织等工业的原材料。植物纤维是广泛分布在种子植物中的一种厚壁组织，它的细胞细长，两端尖锐，具有较厚的次生壁，壁上常有单纹孔，成熟时一般没有活的原生质体。纯粹的纤维是无臭无味、细长白色的，其主要化学成分是纤维素，其余是半纤维素、蜡质、脂肪、果胶质、木质素、水分和其他杂质等。纤维素是构成植物细胞壁的主要成分，是高级多糖化合物，并赋予植物组织以机械的韧性和弹性。蜡质生于纤维表皮外层，具有保护和增强弹性的功能；脂类含于纤维分子中；果胶分布在纤维内各部，外层含量最高；木质素主要存在于植物的木质部分，是构成茎秆坚强部分的成分，木质素程度越高，纤维的韧性、弹性、伸长度越差，反之则越好。植物纤维按其存在部位可以分为韧皮纤维、木质纤维、叶纤维及茎杆纤维、根纤维、果壳纤维、种子纤维、绒毛纤维等类型。

植物纤维与人类生活的关系极为密切，自古以来就是人类重要的生活资料和生产资料。除了日常生活必需的纺织用品以外，绳索、包装、编织、纸张、塑料以及炸药等，也都需要植物纤维做原料。

1. 北京野生纤维植物种类组成

经过野外调查和室内统计，北京地区共有野生纤维植物 31 科 73 属 114 种（见表 2–36）。

表 2-36 北京市野生纤维植物种类

科类	种类	拉丁学名	蜜粉源	生活型	花期（月）
杨柳科	毛白杨	*Populus tomentosa*	木材	造纸	+++
	山杨	*Populus davidiana*	木材	造纸、编织	+++
	辽杨	*Populus maximowiczii*	木材	造纸	+
	青杨	*Populus cathayana*	木材	造纸	++
	小叶杨	*Populus simonii*	木材	造纸	++
	旱柳	*Salix matsudana*	枝条	造纸、编织	+++
	筐柳	*Salix linearistipularis*	枝条	造纸、编织	+
	沙柳	*Salix cheilophila*	枝条	造纸、编织	+
	蒿柳	*Salix viminalis*	枝条	造纸、编织	+
	皂柳	*Salix wallichiana*	枝条	造纸、编织	++
	中国黄花柳	*Salix sinica*	枝条	造纸、编织	++
胡桃科	胡桃楸	*Juglans mandshurica*	树皮	造纸、制绳索	+++
桦木科	糙皮桦	*Betula utilis*	树皮	造纸	++
	鹅耳枥	*Carpinus turczaninowii*	茎皮、枝条	编织、造纸	+++
	虎榛子	*Ostryopsis davidiana*	茎皮	编织、造纸	+
榆科	榆树	*Ulmus pumila*	树皮	造纸	+++
榆科	春榆	*Ulmus japonica*	树皮	造纸	+
	大果榆	*Ulmus macrocarpa*	树皮	造纸	+++
	裂叶榆	*Ulmus laciniata*	树皮	造纸	+
	黑榆	*Ulmus davidiana*	树皮	造纸	+
	青檀	*Pteroceltis tatarinowii*	树皮	编织、造纸	+
	小叶朴	*Celtis bungeana*	枝条、树皮	造纸	+++
	大叶朴	*Celtis koraiensis*	枝条、树皮	造纸	+
桑科	柘树	*Cudrania tricuspidata*	木材、茎皮	纺织、造纸	+
	桑	*Morus alba*	木材、茎皮	纺织、造纸	+++
	鸡桑	*Morus australis*	木材、茎皮	纺织、造纸	+
	蒙桑	*Morus mongolica*	木材、茎皮	纺织、造纸	+++
	构树	*Broussonetia papyrifera*	木材、茎皮	纺织、造纸	+++
	葎草	*Humulus scandens*	茎皮	造纸	+++
荨麻科	宽叶荨麻	*Urtica laetevirens*	茎皮	纤维可代麻，纺织	++
	狭叶荨麻	*Urtica angustifolia*	茎皮	纤维可代麻，纺织	+++

（续）

科类	种类	拉丁学名	蜜粉源	生活型	花期（月）
荨麻科	麻叶荨麻	*Urtica cannabina*	茎皮	纤维可代麻，纺织	+
	艾麻	*Laportea cuspidata*	茎皮	纤维可代麻，纺织	+
	蝎子草	*Girardinia suborbiculata*	茎皮	纤维可代麻，纺织	+++
荨麻科	细穗苎麻	*Boehmeria niver*	茎皮	纤维可代麻，纺织	+
	赤麻	*Boehmeria silvestris*	茎皮	纤维可代麻，纺织	+
防己科	蝙蝠葛	*Menispermum dauricum*	根茎、藤	纺织、造纸	+++
石竹科	灯心草蚤缀	*Arenaria juncea*	茎叶	造纸	+
蔷薇科	山楂叶悬钩子	*Rubus crataegifolius*	茎皮	造纸	+++
	水榆花楸	*Sorbus alnifolia*	茎皮	造纸	+
	山桃	*Prunus davidiana*	茎皮、枝条	编织	+++
豆科	苦参	*Sophora flavescens*	茎皮	造纸	++
	花木蓝	*Indigofera kirilowii*	茎皮	造纸	++
	刺果甘草	*Glycyrrhiza pallidiflora*	茎皮	造纸	+
	鬼箭锦鸡儿	*Caragana jubata*	茎皮	造纸	+
	胡枝子	*Lespedeza bicolor*	茎皮	造纸	+++
	短序胡枝子	*Lespedeza cyrtobotrya*	茎皮	造纸	+
	杭子梢	*Campylotropis macrocarpa*	茎皮	造纸	++
	葛藤	*Pueraria lobata*	茎皮	纺织、造纸	+++
亚麻科	野亚麻	*Linum stelleroides*	茎皮	纺织	+
蒺藜科	蒺藜	*Tribulus terrestris*	茎皮	造纸	+
卫矛科	南蛇藤	*Celastrus orbiculatus*	茎皮	造纸	+++
大戟科	一叶萩	*Securinega suffruticosa*	茎皮	造纸	++
葡萄科	葎叶蛇葡萄	*Ampelopsis humulifolia*	茎皮	造纸	+++
	乌头叶蛇葡萄	*Ampelopsis aconitifolia*	茎皮	造纸	+
	白蔹	*Ampelopsis japonica*	茎皮	造纸	++
椴树科	糠椴	*Tilia mandshurica*	树皮、木材	造纸	++
	蒙椴	*Tilia mongolica*	树皮、木材	造纸	+++
	紫椴	*Tilia amurensis*	树皮、木材	造纸	+
	孩儿拳头	*Grewia biloba* var. *parviflora*	茎皮	造纸	+++
	田麻	*Corchoropsis tomentosa*	茎皮	纤维可代麻，纺织	+
	光果田麻	*Corchoropsis psilocarpa*	茎皮	纤维可代麻，纺织	+
锦葵科	苘麻	*Abutilon theophrasti*	茎皮	纤维可代麻，纺织	++
柽柳科	柽柳	*Tamarix chinensis*	树皮、枝条	纤维、编织	+
瑞香科	狼毒	*Stellera chamaejasme*	茎皮	造纸	+
	河朔荛花	*Wikstroemia chamaedaphne*	茎皮	造纸	++

（续）

科类	种类	拉丁学名	蜜粉源	生活型	花期（月）
夹竹桃科	罗布麻	*Apocynum venetum*	茎皮	造纸、纺织	++
马鞭草科	荆条	*Vitex negundo* var. *heterophylla*	茎皮、枝条	造纸、编织	+++
萝藦科	杠柳	*Periploca sepium*	茎皮	造纸	++
	萝藦	*Metaplexis japonica*	茎皮	造纸	+++
	变色白前	*Cynanchum versicolor*	茎皮	造纸	++
忍冬科	蒙古荚蒾	*Viburnum mongolicum*	茎皮	造纸	++
	鸡树条荚蒾	*Viburnum opulus* var. *calvescens*	茎皮	造纸	++
菊科	牛蒡	*Arctium lappa*	茎皮	造纸	++
	蒙古蒿	*Artemisia mongolica*	茎皮	造纸	+++
	黄花蒿	*Artemisia annua*	茎皮	造纸	+++
	苍耳	*Xanthium sibiricum*	茎皮	造纸	++
香蒲科	宽叶香蒲	*Typha latifolia*	茎叶	编织、造纸	+
	东方香蒲	*Typha orientalis*	茎叶	编织、造纸	+
	香蒲	*Typha angustifolia*	茎叶	编织、造纸	++
	蒙古香蒲	*Typha davidiana*	茎叶	编织、造纸	+
花蔺科	花蔺	*Butomus umbellatus*	叶	造纸	+
禾本科	芦苇	*Phragmites australis*	茎叶	编织、造纸	+++
	披碱草	*Elymus dahuricus*	茎叶	造纸	+++
	荩草	*Arthraxon hispidus*	茎叶	造纸	++
	蟋蟀草	*Eleusine indica*	茎叶	造纸	++
	白羊草	*Bothriochloa ischcemum*	茎叶	造纸	+++
	拂子茅	*Calamagrostis epigeios*	茎叶	造纸	++
	假苇拂子毛	*Calamagrostis pseudophragmites*	茎叶	造纸	+++
	野古草	*Arundinella anomala*	茎叶	造纸	++
	黄背草	*Themeda japonica*	茎叶	造纸	+++
	羽茅	*Achnatherum sibiricum*	茎叶	造纸	++
	远东芨芨草	*Achnatherum extremiorientale*	茎叶	造纸	++
	京芒草	*Achnatherum pekinense*	茎叶	造纸	+
	稗	*Echinochloa crusgalli*	茎叶	造纸	+++
	荻	*Miscanthus sacchariflorus*	茎叶	造纸、编织	++
	芒	*Miscanthus sinensis*	茎叶	造纸、编织	++
	白茅	*Imperata cylindrica*	茎叶	造纸、编织	++
	大油芒	*Spodiopogon sibiricus*	茎叶	造纸、编织	+++
	狼尾草	*Pennisetum alopecuroides*	茎叶	造纸、编织	++

（续）

科类	种类	拉丁学名	蜜粉源	生活型	花期（月）
禾本科	白草	*Pennisetum centrasiaticum*	茎叶	造纸	+
	狗尾草	*Setaria viridis*	茎叶	造纸	+++
莎草科	藨草	*Scirpus triqueter*	茎叶	造纸	++
	水毛花	*Scirpus triangulatus*	茎叶	造纸	+
	扁杆藨草	*Scirpus planiculmis*	茎叶	编织、造纸	+++
	双穗飘拂草	*Fimbristylis subbispicata*	茎秆	造纸	+
	披针叶苔草	*Carex lanceolata*	茎叶	造纸	++
天南星科	菖蒲	*Acorus calamus*	叶	造纸	+
百合科	黄花菜	*Hemerocallis citrina*	茎叶	造纸	++
鸢尾科	野鸢尾	*Iris dichotoma*	叶	造纸、编织	++
	马蔺	*Iris lactea* var. *chinensis*	叶	造纸、编织	+++

2. 北京野生纤维植物科属分布及生活型

在北京112种野生纤维植物中，禾本科最多，共有14属19种，其次是杨柳科，共有2属11种。接下来依次是豆科7属8种，榆科3属8种，荨麻科4属7种，桑科4属6种，莎草科和椴树科各有3属6种，蔷薇科4属4种，菊科3属4种，桦木科、萝藦科3属3种，葡萄科1属3种，瑞香科2属2种，忍冬科、鸢尾科1属2种，其余14个科均只有1属1种。

北京野生纤维植物中，草本植物种类较多，共有26科44属61种，其中多年生草本最多，有14科28属44种，木本植物共有22科32属53种。这样就形成了木本植物生物量大而草本植物资源分布广、密度大的二者优势互补的局面（表2–37）。

表2-37 北京市野生纤维植物生活型统计

		科数	属数	种数
草本类植物	一、二年生草本	9	13	14
	多年生草本	14	28	44
	草质藤本	3	3	3
木本类植物	木质藤本	3	3	5
	灌木	11	14	16
	乔木或小乔木	8	15	32

3. 北京野生纤维植物资源的利用部位及方式

北京野生纤维植物的利用部位大致可以分为茎皮类（包括树皮）、枝条类、木材类和茎叶类（包括草本植物全株）。利用茎皮制造纤维的，用途较为广泛，既可用于编织工艺品，也可以用来造纸、纺织等。常见种类如榆科的榆树、青檀、小叶朴，桑科的桑树、构树，豆科的葛藤，椴树科的蒙椴、糠椴、孩儿拳头，卫矛科的南蛇藤等。枝条做纤维的多是些灌木和小乔木，如杨柳科的柳属各种，蔷薇科的山桃，柽柳科的柽柳，马鞭草科的荆条等。这些植物的枝条一般都有较高的柔韧性，多数被用来编织工艺品和日常用具。利用木材制造纤维的植物都是乔木，而且用途也一般都是用来造纸，常见种类如杨柳科的山杨、小叶杨、青杨，桑科的桑树、构树，苦木科的臭椿等。实际上，有许多木本植物的枝条、茎皮、木材等均可作纤维来用，具有不同的利用方式，如荆条的枝条可供编筐用，茎皮纤维可供造纸及制人造棉。茎叶或全株可以做纤维的多是草本，主要是一些禾本科植物，常见的如芦苇、黄背草、狼尾草、狗尾草、芨芨草等，还有夹竹桃科的罗布麻、亚麻科的野亚麻等，它们一般被用来造纸和纺织，偶尔也做编织。

这些植物纤维的利用方式主要有纺织、编织和造纸 3 类。用于纺织的多为草本，这些植物的韧皮纤维韧性好，可以代麻，做衣服穿戴（如草鞋、席子）或其他生活用品（如麻袋、绳索等），常见的如桑科的蒙桑，豆科的葛藤，椴树科的光果田麻，亚麻科的野亚麻和锦葵科的苘麻等。用于编织的一般多为灌木或小乔木的枝条，也包括禾本科一些种类的茎秆等。这些植物的枝条韧皮纤维发达，柔软且韧性好，它们可以用来编织日常生活用品如筐、篓等，也可用来编织装饰品。常见的木本如杨柳科的旱柳，蔷薇科的山桃，马鞭草科的荆条以及柽柳科的柽柳等；草本如禾本科的芦苇，香蒲科的香蒲以及鸢尾科的马蔺等。用作造纸的材料广泛，既有乔木也有灌木和草本，视纤维的质量不同，造纸的质量也有所不同。常见的如榆科的青檀是制造宣纸的上好材料，杨柳科的杨树等是常用的优良造纸原料，大多数草本植物也都可以作为造纸的原料。

4. 北京野生纤维植物资源的利用现状及利用前景

北京野生纤维植物种类较多，分布较广，并且有一定数量的植物一直被广泛利用，如山杨及青杨的木材，特别是下脚料被用于造纸；糠椴、蒙椴的木材用于制纤维板；胡桃楸、小叶朴、构树等的韧皮纤维被用于制高级纸张；赤麻、艾麻、苘麻的茎皮纤维被用于搓索、织麻袋；柳条、山桃、荆条等枝条被用于编筐、编篓等。搓绳、织麻袋、编筐、编篓等都是比较传统的用法，现在一般只局限在山区农村部分地区。

随着人们生活水平和消费观念的提高，纤维的开发正以感性为诉求重点，以天然植物纤维为基础，人们的审美价值取向朝着返璞归真、自然舒适、健康环保转移并流行起来。进入 21 世纪以来，全球“绿色”消费迅速崛起，人们在对合成纤维增加高性能、高功能及可自然降解研究的同时，更加重视对新型植物纤维的开发及应用。许多野生纤维植物的开发和利用近年来有了新的前景。

（1）食用价值的开发

食用植物纤维素又称膳食纤维，是人体不可缺少的营养素。虽然不能被人体消化吸收，但因其特殊的保健和防病治病功能而越来越引起人们的关注。现代营养学研究发现，食用植物纤维素对预防和控制疾病的作用愈趋明显，在人体新陈代谢中有着重要意义。现在人们对健康越来越重视，因而对食用纤维植物的需求越来越大。

（2）新能源的开发

乙醇是清洁汽油生产的主要替代物，目前乙醇生产涉及的能源植物主要有糖类作物、淀粉类谷物和纤维植物。糖类和淀粉类主要以栽培作物为主，糖类种植面积较大的有甘蔗、甜菜和甜高粱等，产淀粉的植物主要有玉米、木薯、马铃薯等粮食作物。野生纤维植物用作能源乙醇生产的目前还较少，但有着发展潜力。

纤维素原料是地球上最丰富的可再生资源，而纤维素类能源草本植物是目前世界上最有发展前途的生物质资源之一，欧洲和美国已把它作为首选的生物质能源植物。在木本植物、一年生草本、传统作物和多年生草本作物中，多年生草本纤维素植物被认为是最符合生物质能源生产的，其一般为禾本科多年生高大的丛生草本，富含纤维素和半纤维素，灰分含量低，热值高，干物质产量高，根系发达，抗性较强，适应性很广，是优良的水土保持和荒滩地治理植物，生长早期也可充当饲料。与能源木本矮林相比，种植能源草本植物还具有每年都出产品的独特优点，一次种植，可长期受益，一般每年可出 1~2 茬草，使加工设备得以充分利用。能源草本植物作为生物质能源资源，有助于开发利用边际土地，改善生态环境，增加农民收入；有利于克服利用作物秸秆发展生物质能源存在的生态风险和利用谷物生产燃料乙醇所造成的粮食和饲料原料短缺等问题；有利于形成清洁能源产业，通过建立能源农场为广大的农村提供新的就业岗位。此外，能源草本植物用途广泛，不仅可制备纤维素乙醇，还可以广泛应用于生物质直燃或气化发电厂、气化炉、固化成型和热解等各种生物质能源转化与利用装置。主要的能源草本植物转化利用技术有：① 沼气。将能源草本植物粉碎加入带有沼气菌种的沼气池，在一定温度下厌氧发酵，沼气细菌从有机物质里吸收碳素、氮素和无机盐等养料来生长和繁殖后代，进行新陈代谢，产生沼气。沼气可供工业用或民用，代谢后的产物还可作为肥料还田。② 能源草气化。生物质燃气已被国家定为绿色能源之一，生物质气化技术正逐步在京郊各区（县）推广应用。生物质原料在缺氧状态下加热，其碳、氢等元素变成一氧化碳、氢气、甲烷等可燃气体，除去其中的灰尘和油，冷却到常温，即可作为燃料使用。③ 能源草本植物纤维素乙醇。乙醇被认为是最有可能替代汽油等化石能源的可再生能源之一。通过对纤维素的有效降解来生产乙醇，优于依靠粮食产乙醇。能源草的可降解纤维素、半纤维素含量最高，总含量在 60% 以上，而且木质素含量不到 10%，最适于生产燃料乙醇。④ 能源草本植物生物质型煤。这是将破碎成一定粒度、干燥到一定程度的煤和能源草原料，按一定比例混合，可以加入少量固硫剂，在高压力下压制成生物质型煤。生物质型煤的燃烧性能比单一煤有所改善，具有燃点低、燃尽率和燃烧效率高、烟尘等有害气体排放量低、可燃农业废物和灰渣综合利用等优点。

近年来，北京一些研究机构已在北京密云、延庆、大兴、昌平等区（县）实验种植纤维素类草本能源植物，探索获取生物质能源的新形式。针对京郊边际土地类型和气候特点，目前已筛选出适合北京地区种植的 3 种能源草本植物：柳枝稷 *Panicum virgatum*、芦竹 *Arundo donax*、荻 *Triarrhena sacchariflora*。

除了多年生草本植物外，一些生产力高、速生的木本植物也非常适合作为纤维素能源植物，如多种杨柳科植物以及豆科的胡枝子等。

目前北京地区对当地野生纤维植物的开发和利用还较少，很多有价值的资源植物未被关注。因此，有必要继续深入调查当地各种野生纤维植物的分布、储量、生态习性和利用价值等状况，建立植物资源信息数据库等。对具有重要开发利用价值的资源应进行保护和开发的可行性论证，为野生纤维植物的保护和开发提供基础信息。对于大规模的造纸产业和生物质能源产业，光靠野生植物资源是远远不够的，必须扩大优良纤维植物种类的人工栽培面积。另外还要特别注重“一物多用”的综合性开发，发挥出植物株体最大的经济效益，增加资源的附加值。

5. 北京主要野生纤维资源植物

（1）山杨 *Populus davidiana* Dode

杨柳科（Salicaceae）杨属植物。又名响杨、白杨、明杨。

形态特征 落叶大乔木，高达25m。树皮光滑，灰白色，皮孔显著。芽卵形，无毛。单叶互生，叶柄侧扁，叶片三角状卵圆形或近圆形，边缘有密波状浅齿，刚开放的叶片呈红色。花先叶开放，单性异株，柔荑花序，雄花序长5~9cm，苞片淡褐色，被长柔毛，雌花序长4~7cm。蒴果卵圆形，2瓣裂。花期4~5月，果期5~6月。

分布与生境 分布于东北、华北、西北、华中及西南高山地区。北京常见于各区（县）中高海拔（800m以上）山区，生于山地阳坡杂木林内，常与白桦、蒙古栎形成混交林或成纯林。

利用部位与理化性质 木材可生产纤维，木材和树皮均可作造纸原料，树皮内尚含有5.16%的单宁。据资料记载，树皮内全部纤维含量为48.62%，纤维长0.975~1.020 mm，宽19~30μm。化学成分中含水分11.31%、全纤维素43.24%、木质素17.01%、1%氢氧化钠抽出物15.61%、温水水溶物2.46%，另外有多缩戊糖、粗蛋白、果胶等。

采收与加工 秋冬季结合砍伐木材时剥取树皮。采收后可先提制栲胶，再加工成纤维或造纸。

山杨

资源开发与保护 山杨具有多种用途，其木材白色，材质轻软、富弹性，比重0.41，可供造纸、火柴杆及民房建筑等用；树皮纤维可作麻类代用品，并供作人造棉原料；幼枝可用于编织筐篓等物；树皮可作药用，味苦，性寒，具清热解毒、行瘀、利水、消痰之功效，也可提取栲胶；幼枝及叶为动物饲料；雄花序在早春还可作野菜食用。除此以外，山杨幼叶红艳美丽，可供观赏。

山杨在北京地区分布广泛，资源量大，可合理综合利用。

（2）青檀 *Pteroceltis tatarinowii* Maxim.

榆科（Ulmaceae）青檀属植物。又名翼朴、檀树、青藤等。

青檀

形态特征 落叶乔木，高达20m。树皮灰色，幼时光滑，老时裂成长片状剥落，剥落后露出灰绿色的内皮，树干常凹凸不圆。单叶互生，卵形至卵状披针形，先端长尾状尖，基出3脉，基部不对称，叶缘具单锯齿。花腋生，单性，雌雄同株。翅果扁圆形，种子周围具膜质宽翅。花期3~5月，果期9~10月。

分布与生境 中国特有树种，分布于华北、华东和西北等石灰岩地区。北京常见于房山、门头沟、怀柔和昌平等区（县）山地石灰岩地区，生于海拔1000m以下山坡、沟谷及河流边上，喜光，耐干旱和贫瘠土壤，是石灰质土壤的指示植物。

利用部位与理化性质 树皮纤维素含量58.67%、木质素7.06%、多缩戊糖20.06%、果胶10.48%、冷水抽出物11.12%、热水抽出物15.14%、苯醇抽出物6.32%。其纤维素最长4.20mm，平均2.15mm，最宽22μm，平均11μm。

采收与加工 采割2~3年生枝条，去掉小枝、叶，扎成小捆待加工用。将捆好的树枝小捆进行蒸煮、浸泡，然后将树皮剥下晒干。

资源开发与保护 青檀木材坚实，致密，韧性强，耐损，为优良用材，供家具、农具、绘图板及细木工用材。但最著名的是其茎皮、枝皮韧皮纤维为制作驰名中外的宣纸的必需原料。宣纸用于书画具有独特之处，其润墨性、变形性和耐久性都是其他纸张无法比拟的。青檀纤维浑圆，强度较大，制成纸后不易产生应力集中现象，因而做宣纸具有非凡的拉力。青檀的枝条还可用于编筐，叶可作饲料，种子可榨油。青檀属于喜钙树种，可作石灰岩山地的造林树种。

青檀在北京地区多零星分布，由于自然植被的破坏，致使数量逐渐减少，有些地区已不易找到。为了保护和更好利用青檀资源，应在保护的基础上有效的开展引种栽培。

（3）构树 *Broussonetia papyrifera* (L.) L'Hert. ex Vent.

桑科（Moraceae）构树属植物。又名楮树。

形态特征 落叶乔木，高达20m，全株含乳汁。树皮暗灰色，浅裂。单叶互生，叶形多变，从3~5深裂（幼枝上的叶更为明显）至不裂，边缘具粗锯齿，两面有厚柔毛，基生叶脉3出，叶柄长3~5cm，密生绒毛。花单性异株，雄花组成柔荑花序，雌花组成头状花序。聚花果头状，成熟时肉质，橘红色。花期5~6月，果期8~9月。

分布与生境 分布于华北、华中、华南、西南、西北地区。北京常见于各区（县）低山及平原地区，生于山坡、平地或疏林中，海拔600m以下。强阳性树种，适应性强，抗逆性强，抗污染性强。

利用部位与理化性质 枝皮纤维性韧，富拉力。单纤维最长14mm，最短5.7mm，最宽32μm。化学组成中含水分11.20%、灰分2.7%、冷水抽出物5.85%、热水抽出物18.92%、乙醚抽出物2.31%、1%氢氧化钠抽出物44.61%、聚戊糖9.46%、蛋白质6.04%、木质素14.32%、果胶质9.46%。

采收与加工 宜在夏秋间采割枝条。枝条采下后，除去叶和幼嫩枝梢，即可鲜剥其皮。

资源开发与保护 构树具有多种用途，经济价值很高。茎皮纤维是高级纤维，细而柔软，为优质造纸原料，普遍用于复写纸、蜡纸、绝缘纸、制伞用的棉纸等。其果实酸甜，可食用或酿酒。中医上称其聚花果为楮实子，与根共入药，具补肾、利尿、强筋骨之功效。树叶蛋白质含量高达

构树

20%~30%，氨基酸、维生素、碳水化合物及微量元素等营养成分也十分丰富，经科学加工后可用于生产全价畜禽饲料。种子可用来榨油，其含油量高达 40%。

构树枝叶茂密且有抗性强、生长快、繁殖容易等许多优点，尤其是抗二氧化硫、氟化氢、氯气等有毒气体能力强，可作为荒滩、偏僻地带及污染严重的工厂的绿化树种，亦可选做庭荫树及防护林用。

（4）胡枝子 *Lespedeza bicolor* Turcz.

豆科（Fabaceae）胡枝子属植物。又名杏条、苕条等。

形态特征 直立落叶灌木，高达 3m。3 出羽状复叶，小叶椭圆形，先端钝圆或微凹，有短尖，被短伏毛。总状花序腋生，长于叶，每苞腋有 2 花，萼筒状，4 裂，花冠蝶形，紫红色。荚果倒卵形，长 6~8mm，网脉明显，疏或密被柔毛，含 1 粒种子，种子褐色，歪倒卵形，有紫色斑纹。花期 7~8 月，果期 9~10 月。

分布与生境 分布于东北、华北、西北地区。北京各山区均有分布，生于山坡、灌丛、杂木林间和地上。喜阳光，耐旱性较强。

利用部位与理化性质 幼枝中含纤维 55.57%，单纤维长 6~18mm，平均 11mm；宽 29~36μm，平均 29μm。茎皮中含纤维 39.7%~41.32%、水分 7.85%、灰分 5.85%~6.35%、无氮浸出物 32.86%~35.66%、鞣质 4.68%、糖醛 9.6%。种子含油量 11.43%。

采收与加工 9~10 月间砍割枝条。砍割下的枝条，细嫩的作编织用，粗壮的趁鲜剥皮。

资源开发与保护 胡枝子民间常用其枝条编框、篓等小农具。茎皮纤维可造纸、制人造棉及

胡枝子

代麻制绳索。胡枝子具有生长快、抗逆性强、耐旱、耐瘠薄、分蘖力强、高生物量的特点，可作为能源林优良树种。胡枝子易燃烧且耐燃烧，热值高，灰分少，是山区农村地区优质生活能源之一，也是适合大面积作为发展生物质能源林种植的优良植物种类。除作纤维用之外，胡枝子叶可代茶用，有“随军茶”之称，根皮可作栲胶原料，种子可用于榨油。同时，胡枝子又是防风固沙、改良土壤的优良树种。

（5）芦苇 *Phragmites australis* (Cav.) Trin. ex Steud.

禾本科（Gramineae）芦苇属植物。又名苇子。

形态特征 多年生草本，高可达 3m。根状茎粗壮，匍匐。秆粗壮，具白粉。叶鞘圆筒形，叶舌极短，叶片排列成两行，扁平，质厚，边缘粗糙。圆锥花序长达 40cm，分枝密而开展，小穗通常 4~7 花，小花基盘具长柔毛。颖果长圆形，顶端有宿存花柱。花果期 7~9 月。

分布与生境 广泛分布于全国各地。北京常见于各区（县），通常生于河旁、池塘边、河渠内及湿地，常大片生长形成芦苇荡，但在低洼地及盐碱地上也能生长。

利用部位与理化性质 据相关资料显示，纤维平均长 1.40~2.27mm，最长 4.30mm，最短 0.65mm；平均宽 13.83~17.92μm，最宽 35.9μm，最窄 7.0μm。化学成分中含多缩戊糖 22.25%、木质素 19.87%、灰分 6.90%、全纤维素 47.79%、苯醇 3.75%、热水水溶物 8.70%。另外，

芦苇

根茎含天冬酰胺、薏苡素、淀粉、糖、脂肪，全草含 β－香树糖、蒲公英赛醇等。

采收与加工 作为造纸原料，在秋末冬初收割茎秆为好。收割后，将茎用捆草机压成捆。做纤维和编织用的秆，多在初冬齐地收割，去净叶、扎捆，放干燥处备用。

资源开发与保护 芦苇为全球广泛分布的多型种，在各种有水源的空旷地带，常以其迅速扩展的繁殖能力，形成整片的芦苇群落，成为湿地植物景观的主要代表之一。芦苇群落在中国的古典文学作品中也常被提到，《诗经》中“蒹葭苍苍，白露为霜；所谓伊人，在水一方”中的“蒹葭”指的就是芦苇。

芦苇是一种重要的资源植物，全身是宝，具有多种用途。秆纤维为优质的造纸原料，也可制人造棉。茎秆光滑坚韧，是重要的编织原料之一。我国北方各省以芦苇秆编席很普遍，成本比竹子低。芦苇老秆可代替软木作绝缘材料，秆嫩时含大量蛋白质和糖分，为优良饲料。芦苇花絮可做扫帚，也可填枕头；其根状茎叫做芦根，含淀粉，可供食用。芦茎、芦根更是中医治疗温病的要药，能清热生津，除烦止呕，古代多种药物书籍上都有详尽记载。芦花和芦叶也可入药，为凉性药，《本草纲目》谓芦叶“治霍乱呕逆，痈疽”。另外，芦苇由于地下根茎蔓延力强，也是优良的固沙、固堤植物。

在北京地区，芦苇群落是最主要的湿地群落之一，也是湿地中最为稳定植物群落之一，在各区（县）湿地均有较大面积的分布，资源较丰富，可进行一定程度的综合利用。

（6）香蒲 *Typha angustifolia* L.

香蒲科（Typhaceae）香蒲属植物。又名蒲棒、蒲草、水烛。

形态特征 多年生草本，高1.5~3m。根状茎横走，乳白色。叶片条形，宽1cm左右，光滑无毛，稍扁平，横切面呈半圆形，细胞间隙大，海绵状，叶鞘抱茎。肉穗花序长30~60cm，雄花序在

香蒲

香蒲

上，花粉黄色，雌花序在下，红褐色。果序成熟后开裂，散出带白毛的小坚果。花期 5~6 月，果期 7~8 月。

分布与生境 广布种，分布于东北、华北、华东、西南及西北地区。北京各区（县）湿地均有分布，很常见，生于池塘水边或浅水中，常成丛、成片生长。

利用部位与理化性质 茎叶含纤维 27.14%，单纤维强力 21.7mg，平均长 20.8mm。化学成分中干燥全株含水分 10.20%、灰分 6.7%、脂肪及蜡质 2%、木质素 9.8%、半纤维素 16.6%、纤维素 56.2%、冷水抽出物 1.6%、热水抽出物 2%。

采收与加工 7~8 月间采收蒲草，采收的茎叶晒干后将叶鞘和叶片切开，分别打捆保存备用，秋季采收蒲绒晒干备用。药用花粉在 6~7 月间采收晒干即可。

资源开发与保护 香蒲为宿根性挺水型单子叶植物，因其穗状花序呈蜡烛状，故又称水烛。香蒲是重要的水生资源植物：全草是良好的造纸原料；茎叶纤维柔韧，可直接用于编织蒲包、蒲席、蒲扇、草鞋、小农具等；茎叶和蒲绒（雌花序）可以制人造棉和人造纤维；蒲绒通常用作枕头、坐垫、沙发的填充物；香蒲幼叶基部和根状茎先端可作蔬食；花粉可入药，称“蒲黄”，味甘、微辛、性平，具有止血、祛瘀、利尿之功效；其花粉由于数量巨大，还可供养蜂，是良好的蜜源；香蒲花序粗壮，常栽培为水生花卉观赏，点缀园林水池、湖畔，构筑水景；蒲棒也常用于作切花材料。

在北京地区，香蒲常形成较大面积的群落，是最重要的湿地植物群落之一，资源量较大，可合理利用。此外，北京还有另外一种植株较矮小（约 1m），花序较短（2~4cm）的小香蒲 *Typha minima*，常与香蒲混生，用途同香蒲。

（7）芒 *Miscanthus sinensis* Anderss.

禾本科（Gramineae）芒属植物。又名芭茅、白尖草等。

形态特征 多年生高大丛生禾草。秆直立，高 1~2m。叶片长线形，被白粉，边缘粗糙。圆锥花序，扇形，分枝为总状花序，强壮直立。小穗成对着生，一具短柄，一具长柄。小穗披针形，基盘具几与小穗等长的白色至淡黄褐色的丝状毛，先端具长芒。颖果。花果期 7~10 月。

分布与生境 分布于我国南北各地。北京主要见于密云县山区，生于山坡、草丛、灌丛、沟边或荒芜田地之中，通常形成小群聚。

芒

荻

利用部位与理化性质 茎秆中部纤维最长 3.30mm，最短 0.50mm，平均 1.49mm；最宽 17.8μm，最窄 5.37μm，平均 10.36μm。化学成分中水分 11.40%、灰分 2.08%、纤维素 51.08%、多缩戊糖 34.99%、木质素 16.54%、冷水抽出物 2.25%、热水抽出物 3.84%。

采收与加工 通常在秋季秆叶将黄时割下地上茎秆晒干，捆成束保存。

资源开发与保护 芒为多年生高大丛生禾草，其茎叶在工业上是重要的造纸原料之一，茎秆也被用来编席和编草鞋等。值得一提的是，国外近年来的一些实验结果表明，芒的植物纤维还可以作为一种高效的可再生能源，具有开发为能源植物的巨大潜力。除此以外，芒的幼嫩植株可作牲畜饲料，花序常做扫帚，秆坚硬高大，可栽培为绿篱或布置庭园，也是优良的防沙护坡植物。

芒在北京数量较少，主要分布在密云县，另一种相似的植物荻 *Triarrhena sacchariflora* 则较常见，生于河流两岸、山沟中湿地或山坡草地上，通常形成小群聚。唐代诗人白居易所做诗中有如此描述“浔阳江头夜送客，枫叶荻花秋瑟瑟”，这里的荻花就是植物“荻”的花絮。荻在许多地方均当作芒杆原料用于造纸，其化学成分与芒近似，在工业上也常通用。

(8) 马蔺 *Iris lactea* Pall. var. *chinensis* (Fisch.) Koidz.

鸢尾科（Iridaceae）鸢尾属植物。又名马莲、马兰、蠡草等。

形态特征 多年生密丛草本，高达 40cm。根茎粗壮，须根细长而坚韧。叶基生，线形，长 50~60cm，灰绿色。花茎高约 10cm，具 2~4 朵花，苞片狭披针形，花蓝色，花被片 6，具条纹，2 轮排列，雄蕊 3，花柱 3，花瓣状。蒴果长圆柱形，具短喙，有 6 条明显的肋，顶端有短喙。花期 4~5 月，果期 7~9 月。

分布与生境 分布于东北、华北、西北等地区。北京各区（县）均有分布，常见于平原及低山地区，野生或栽培，生于山坡阳处、河边、路边沙质地草丛中。

利用部位与理化性质 纤维平均长 49.45mm，宽 59.08μm，平均单纤维强力 45.10g，出麻率约 50%。化学成分中，茎叶含纤维 50%、纤维素 43.39%、水分 14.34%、可溶性无氮物 26.93%；根含纤维素 30.23%、木质素 34.79%、多缩戊糖 12.15%、灰分 5.29%、水分 10.73%。

采收与加工 8~9 月间采收，用镰刀割取茎叶，晒干；若采挖其根，则以 5 年以上的老根为好。

资源开发与保护 马蔺自古以来即广为人知，在孔子的《家语》、屈原的《离骚》中都有对马蔺的记载，李时珍的《本草纲目》中也有记载“蠡草生荒野中，就地丛生，一本二、三十茎，苗高三、四尺，叶中抽茎，开花结实”。马蔺叶富含纤维，可用于造纸、或制作为包装用绳及制人造棉，叶还是编织的重要原料；根细韧，可以制作刷子，亦为出口品。除此之外，马蔺还具有重要的药用、饲用和工业价值。马蔺利用年限长，产草量高，幼叶营养成分丰富，各类牲畜尤其是绵羊喜食。其花、种子、根均可入药：根可除湿热、止血、解毒；花晒干服用可利尿通便；种子有退烧、解毒、驱虫的功效，还可以用来榨油，含油率约 40%，供药用及工业用。

北京地区马蔺分布较为广泛，资源量较大，目前主要用作民间编织工艺品和一些生活用品，也有的用其叶子来包粽子。由于马蔺抗寒、抗旱，耐盐碱，根系发达，耐践踏，花鲜艳美丽，正逐渐被用作水土保持植物，它也是园林绿化观赏和地被建设的优良材料。

马蔺

九、北京野生鞣料植物资源

鞣料植物资源是指植物体内含有丰富的鞣质物质的一类植物。鞣质化学上称单宁，商业上称栲胶，因此鞣料植物又称单宁植物或栲胶植物。鞣料植物中鞣质含量与可溶物（鞣质与非鞣质总和）含量之和的百分率叫纯度。

1. 单宁的性质、分布和分类

植物体内的单宁通常是几种多元酚生物组成的复合混合物。天然单宁一般为有色非晶形固体，在水溶液中呈胶体状态，显弱酸性，具有强烈的苦涩味。不溶于苯、二硫化碳及石油醚中，但能溶于醚和酒精的混合液、丙酮或乙酸乙酯中。在空气及碱性溶液中易被氧化呈黑色。与蛋白质、生物碱、重金属（铅、铜、汞等）和碱土金属（钙、银、钡）结合可生成不溶性的化合物，如各种兽皮均含有蛋白质，当单宁与蛋白质结合时能发生沉淀，因而使皮纤维变成难以透水、质密而柔软的革。此外，单宁遇高铁盐能变成蓝黑色或黑绿色，常利用它的这种性质制造蓝色墨水。

在大多数植物中，单宁是普遍存在的。单宁通常存在于植物体内的薄壁细胞中，例如一些植物的块根、块茎、叶肉细胞内；一些木本植物的树皮、根皮的周皮、皮层和韧皮部中的薄壁细胞以及髓射线内。有的植物如盐肤木由于受一种寄生蚜虫的影响，在叶子上形成特殊的虫瘿（即五倍子），其单宁含量高达 70 %。有的植物单宁存在于果实的果皮或总苞（壳斗）中，有的植物单宁包含在由苞片形成的球果状的果序或球果的鳞片中，例如裸子植物的雌球果。

通常根据所含单宁的类别，将鞣料植物分为以下几类：①凝缩类鞣料，也称儿茶鞣质（如华北落叶松的树皮），富含凝缩类单宁或称不可水解单宁；②水解类鞣料，也称没食子酸鞣质（如板栗），富含水解单宁；③混合类鞣料（如槲树），所含的单宁兼有凝缩类和水解类单宁两者的特征。

2. 鞣料植物的采收

单宁虽然广泛地存在于各种植物的不同器官中，但不同的植物种类、不同的树龄、不同的采取部位，以及不同的季节，单宁的含量差异甚大，一般以秋季采收的原料单宁含量较高。①乔木或大灌木四季均可采收，应结合木材采伐，进行挖根、剥皮。如挖掘丛生小灌木或木质藤本植物，一般树龄需在 5 年以上，尽量保留幼根，以利来年发出新梢，从而保护林木资源。剥下的树皮或根皮应除尽表面杂质，晒干后打捆，防止发霉变质。②果实类应在果实接近成熟时采收，果壳类（包括壳斗）则应在果实成熟采收，如若落地应及时捡收。壳斗需要保护其表面单宁含量较壳丰富的硬刺和毛刺，同时尽量避免杂质掺入，影响品质。③树叶和草本植物，一般在夏秋植物生长旺盛、单宁含量最高时采收，特别是花后果前最为适宜。

3. 北京野生鞣料植物种类组成

经过野外调查和统计，北京共有野生鞣料植物 32 科 53 属 80 种（表 2–38）。

表 2-38 北京市野生鞣料植物种类

科名	种名	拉丁名	利用部位	鞣质含量（%）	数量
松科	青杄	*Picea wilsonii*	树皮	7.28~11	+
松科	华北落叶松	*Larix principis-rupprechtii*	树皮	10.28	++
杨柳科	小叶杨	*Populus simonii*	树皮	5.2，纯度 37.28%	++
	旱柳	*Salix matsudana*	树皮	3.06~3.49，纯度 57.79%	+++
	蒿柳	*Salix viminalis*	树皮	3.06~7.49，纯度 57.79%	++
	皂柳	*Salix wallichiana*	树皮	不详	++
	中国黄花柳	*Salix sinica*	树皮	9.4，纯度 42.92%	++
	红皮柳	*Salix sinopurpurea*	树皮	5.12~12.75	+
胡桃科	胡桃楸	*Juglans mandshurica*	树皮、果皮	48.92	+++
桦木科	白桦	*Betula platyphylla*	树皮	7.28~11	+++
	黑桦	*Betula dahurica*	树皮	不详	+++
	糙皮桦	*Betula utilis*	树皮	不详	++
	坚桦	*Betula chinensis*	树皮	不详	+
	硕桦	*Betula costata*	树皮	不详	++
	榛	*Corylus heterophylla*	叶	5.95~14.58	+++
	毛榛	*Corylus mandshurica*	树皮、叶	树皮 9.4，叶 11.07~11.19	+++
	虎榛子	*Ostryopsis davidiana*	树皮、叶	14.88	+
	鹅耳枥	*Carpinus turczaninowii*	叶	16.43	+++
壳斗科	槲树	*Quercus dentata*	树皮、壳斗	树皮 7.83~14.44，壳斗 3.41~5.13	++
	槲栎	*Quercus aliena*	树皮、壳斗	8.95~11.12	+++
	蒙古栎	*Quercus mongolica*	树皮、壳斗	树皮 1.3~16，壳斗 9.60~16.73	+++
	辽东栎	*Quercus wutaishanica*	树皮、壳斗	壳斗 10.29~15.26	+
	栓皮栎	*Quercus variabilis*	树皮、壳斗	不详	+++
桑科	构树	*Broussonetia papyrifera*	树皮、叶	树皮 8.45，叶 14.82	+++
荨麻科	宽叶荨麻	*Urtica laeteviren*	茎、叶	不详	++
	狭叶荨麻	*Urtica angustifolia*	茎、叶	8.99~14.0	++
蓼科	叉分蓼	*Polygonum divaricatum*	根、茎、叶	28.5	++
	拳蓼	*Polygonum bistorta*	根状茎	15%~27%，纯度 53.59%	++
	杠板归	*Polygonum perfoliatum*	根	33	++
	河北大黄	*Rheum franzenbachii*	根	22.04	+
	酸模	*Rumex acetosa*	根、叶	根 15.2~27.5，叶 7.6	++
	巴天酸模	*Rumex patientia*	根、叶	不详	+++
	皱叶酸模	*Rumex crispus*	根、叶	不详	+++

（续）

科名	种名	拉丁名	利用部位	鞣质含量（%）	数量
商陆科	商陆	*Phytolacca acinosa*	果实	12.21	+
毛茛科	展枝唐松草	*Thalictrum squarrosum*	叶	11.51	+
景天科	小丛红景天	*Rhodiola dumulosa*	根茎	28.01	+
	景天三七	*Sedum aizoon*	树皮、	不详	+++
虎耳草科	红升麻	*Astilbe chinensis*	根茎、叶	不详	++
蔷薇科	三裂锈线菊	*Spiraea trilobata*	叶	11.28	+++
	土庄锈线菊	*Spiraea pubescens*	叶	不详	+++
	龙芽草	*Agrimonia pilosa*	全草	7.59~13.31	+++
	水杨梅	*Geum aleppicum*	根茎、叶	根茎 13.62， 叶 11.15	++
	银露梅	*Potentilla glabra*	叶、果	不详	+
	金露梅	*Potentilla fruticosa*	叶、果	叶 9.32，果 15.76	+
	委陵菜	*Potentilla chinensis*	根	9.5~11	+++
	鹅绒委陵菜	*Potentilla anserina*	全株	15.25	+++
	刺玫蔷薇	*Rosa davurica*	叶、茎皮	叶 15.94，茎皮 14.32	+
	地榆	*Sanguisorba officinalis*	根	16	+++
	牛叠肚	*Rubus crataegifolius*	全株	8.19~10.77	+++
	石生悬钩子	*Rubus saxatilis*	茎叶、根皮	11.52	+
	水榆花楸	*Sorbus alnifolia*	树皮	7.6~10	+
	花楸树	*Sorbus pohuashanensis*	树皮	7.6~10	++
	山杏	*Prunus sibirica*	叶	8.56	+++
豆科	花木蓝	*Indigofera kirilowii*	叶	10.41	++
牻牛儿苗科	毛蕊老鹳草	*Geranium platyanthum*	茎、叶	10.14~12.1	++
	粗根老鹳草	*Geranium dahuricum*	根	20.98	++
	鼠掌老鹳草	*Geranium sibiricum*	茎、叶	14.61	+++
	牻牛儿苗	*Erodium stephanianum*	茎、叶	14.461	++
苦木科	臭椿	*Ailanthus altissima*	树皮、叶	8.45~15.0	+++
漆树科	漆树	*Toxicodendron vernicifluum*	树皮	18~38	++
	黄连木	*Pistacia chinensis*	树皮、果实	4.15~10.81	+
	盐肤木	*Rhus chinensis*	树皮、虫瘿	五倍子 70，树皮 3.47	+
卫矛科	卫矛	*Euonymus alatus*	茎、叶	4.88	++
槭树科	元宝槭	*Acer truncatum*	树皮、叶	树皮 8.5，叶 17	+++
	青榨槭	*Acer davidii*	树皮、叶	树皮 9.37，叶 18.9	+
无患子科	栾树	*Koelreuteria paniculata*	树皮	24.43	+++
鼠李科	酸枣	*Ziziphus jujuba* var. *spinosa*	树皮	21	+++
	鼠李	*Rhamnus davurica*	茎皮、叶	8.03	++

（续）

科名	种名	拉丁名	利用部位	鞣质含量（%）	数量
藤黄科	红旱莲	*Hypericum ascyron*	根	不详	++
柽柳科	柽柳	*Tamarix chinensis*	树皮	5.21	+
胡颓子科	沙棘	*Hippophae rhamnoides*	树皮	11.98	+
八角枫科	瓜木	*Alangium platanifolium*	树皮	8.51	+
柳叶菜科	柳叶菜	*Epilobium hirsutum*	全株	9.05	++
	柳兰	*Chamerion angustifolium*	根、全草	根 11.34，全草 10.65	++
五加科	刺楸	*Kalopanax septemlobus*	树皮、叶	树皮 20~30，叶 13	+
山茱萸科	毛梾木	*Cornus walteri*	叶	16.82	++
杜鹃花科	迎红杜鹃	*Rhododendron mucronulatum*	叶	9.31	++
木犀科	暴马丁香	*Syringa amurensis*	树皮、叶	树皮 5.72，叶 19.59	++
苦苣苔科	牛耳草	*Boea hygrometrica*	叶	5.29	++
菊科	醴肠	*Eclipta prostrata*	全草	15	++

4. 北京野生鞣料植物科属及生活型统计

北京 80 种野生鞣料植物中，蔷薇科最多，共有 9 属 15 种，其次依次是桦木科 4 属 9 种，蓼科 3 属 7 种，杨柳科 2 属 6 种，壳斗科 1 属 5 种，牻牛儿苗科 2 属 4 种，漆树科 3 属 3 种，松科、景天科、鼠李科、柳叶菜科各 2 属 2 种，荨麻科、槭树科 1 属 2 种，其余 19 科各 1 属 1 种。

就生活型而言，北京野生鞣料植物中，木本植物种类占大多数，共有 24 科 34 属 51 种，其中乔木或小乔木 14 科 19 属 33 种，灌木 10 科 15 属 18 种。木本植物不仅种类多，而且鞣质含量也较高（表 2–39）。

表 2-39 北京野生鞣料植物生活型统计

植物类型	生活型	科数	属数	种数
草本类植物	一、二年生草本	3	3	3
	多年生草本	11	19	26
木本类植物	灌木	10	15	18
	乔木或小乔木	14	19	33

5. 北京野生鞣料植物利用部位

北京野生鞣料植物含鞣质的部位大致可以分为 5 类（表 2–40）。

（1）根、根茎含鞣质

根和根茎包含鞣质的大都是草本，常见的如蓼科的河北大黄、杠板归，景天科的小丛红景天，虎耳草科的红升麻和蔷薇科的地榆等。

（2）树皮（包括根皮和茎皮）含鞣质

乔木或灌木的根皮或茎皮含鞣质，常见的比如松科的华北落叶松，杨柳科的旱柳、蒿柳、黄花柳，桦木科的白桦、黑桦、硕桦，漆树科的黄连木等很多树种。

（3）茎、叶含鞣质

茎、叶提取鞣料的，既包括叶子、叶柄，还包括幼嫩的枝条和茎干等。常见的如壳斗科的槲栎、栓皮栎，桦木科的鹅耳枥、榛子及苦木科的臭椿等。

（4）果实、种子含鞣质

果实或种子含鞣料的种类较少，主要是壳斗科树种果实外面的壳斗，如栓皮栎、槲栎、蒙古栎等，还包括胡桃科的核桃楸和漆树科的黄连木等植物的果实和种子。

（5）全株都含鞣质

全株含鞣质的一般是草本或少数灌木，常见的有蓼科的巴天酸模和拳蓼以及柳叶菜科的柳叶菜等。

表 2-40 北京野生鞣料植物利用部位统计

类型	科	属	种	类型	科	属	种
根、根茎	6	11	11	果实、种子	5	5	10
根皮、茎皮	16	21	33	全株	5	9	12
茎、叶	19	25	32				

6. 北京野生鞣料植物资源利用现状及建议

利用鞣料植物鞣制皮革已有几百年历史。20 世纪 30 年代，栲胶工业发展进入盛期，栲胶主要用作制革工业的鞣皮剂。由于不同植物鞣质制成的栲胶可以相互搭配，并能提高其浓度，大大缩短了鞣制皮革的时间和提高鞣革质量，而且具有运输和使用方便等优点，因而促进了制革工业的发展。随着科学技术的发展，目前还广泛地应用于锅炉防垢除垢剂、泥浆减水剂、污水处理剂、胶粘剂、涂料、燃料、电池、电极添加剂、气体脱硫及医药等方面。近年来还用栲胶研制出了一些新的产品，应用于工程防渗加固的化学灌浆材料，作新型铸造铺料等，为鞣料植物的开发利用开辟了新的途径。除此以外，还广泛用于纺织、印染、石油化工、医药等工业部门。随着国家建设的发展，对栲胶的需要量越来越多。

北京地区虽然野生鞣料植物资源比较丰富，但基本尚未被开发利用。建议继续进行深入调查，并采取加大科技投入、加强产学研协作、加强优质原料基地建设等措施，以便合理开发和利用，发挥其应有的经济和社会效益。

（1）挖掘新的鞣料植物种类

继续深入调查，不断挖掘新的鞣料植物种类，尤其是含量高、纯度高、储量大、再生性强的鞣料植物资源。鉴定植物是否含有鞣质最简单的办法是凡植物带有苦涩味，用刀切开后在刀口或刀面上呈蓝黑色，则表示有鞣质（单宁）的存在。如果更准确的判断还必须进行定量与定性的鉴别。当然，含有鞣质的植物种类很多，但能否作为栲胶生产的原料，必须综合考虑栲胶工业生产的一些要求，如纯度、含量、鞣革性能等。

（2）加大科技投入

加大对本地区植物鞣质资源开发利用领域的科技投入力度，作好优质植物鞣质种质资源库、植物鞣质及其深加工产品标准化管理等基础性工作。

（3）加强产学研协作

植物鞣质资源开发利用正不断向高科技方向发展，向深度和广度延伸。包括林业和轻工业在内的生物、医药、新材料、环保等相关学科和技术领域之间的综合交叉作用愈来愈明显。因此，相关的科研院所、高等院校、生产企业应该加强合作，协同攻关。

（4）加强优质原料基地建设

利用生物技术引种栽培，扩大生产量，大面积栽培，向原料基地发展。

7. 北京主要野生鞣料资源植物

（1）华北落叶松 *Larix principis-rupprechtii* Mayr.

松科（Pinaceae）落叶松属植物。

形态特征 落叶乔木，树冠圆锥形。树皮灰褐色，呈不规则鳞状裂开。树冠圆锥形。枝条平展，具长短枝。叶在短枝上簇生，窄条形，扁平，秋天变黄脱落。雌雄同株，球花单生短枝顶端。球果卵球形，初时紫红色，熟时黄棕色，开裂。种子灰白色，有褐色斑纹，具长翅。授粉期 4~5 月，种子成熟期 9~10 月。

分布与生境 中国特有树种，主要分布于河北、山西及河南西北部。北京天然分布于密云县坡头和门头沟区百花山、东灵山，生于 1400m 以上山坡，喜光，常形成纯林或混交林。

利用部位与理化性质 树皮含单宁 12.63~15.63%，纯度 52.85~66.97%。单宁含量及纯度随树干部位、不同皮层、树龄大小等情况而有所差异，一般外层树皮单宁含量和纯度高于内层树皮。

采收与加工 秋冬季结合砍伐木材时剥取树皮。

资源开发与保护 华北落叶松为华北地区重要森林树种，用途广泛。树皮含单宁，属凝缩类。由华北落叶松树皮制成的栲胶，渗透力和结合力中等，成革颜色为淡红棕色。经亚硫酸处理过的栲胶，在鞣革过程中产生的沉淀较少，可和其他栲胶搭配鞣制重革，是我国较好的一种植物鞣料。树干可采树脂，松脂刚从树干流出时，含松节油较多，成液体状。随着松节油的挥发形成白色半固体状，这时一般松香含量达 75%，松节油含量 20% 左右。种子含油约 18%，可用于榨油。除此以外，华北落叶松树冠整齐呈圆锥形，叶轻柔而潇洒，是优良的观赏树种。

华北落叶松是北京高海拔地区造林的主要树种之一，尤以门头沟区百花山、东灵山，延庆县松山和密云县坡头及雾灵山分布最多，在百花山还有华北落叶松的古树，应予以保护。另外，在延庆等区（县）有较大面积人工林，资源利用应以人工林为主。

华北落叶松

（2）槲栎 *Quercus aliena* Blume

壳斗科（Fagaceae）栎属植物。又名大叶青冈、波萝树。

形态特征 落叶乔木，高达30m。树皮暗灰色，深纵裂。叶互生，光滑无毛，倒卵形，具长叶柄，边缘具波状齿，叶背密生灰白色毛。花单性同株，雄花组成柔荑花序，雌花单生总苞内。壳斗浅杯状，暗褐色，外被灰色密毛，小苞片鳞形。坚果卵形，长20~25mm。花期4~5月，果期9~10月。

分布与生境 分布于从东北到西南的大部分地区。北京见于各区（县）山地，生于海拔

槲栎

800m 以下向阳的山坡、平地或疏林中，可形成纯林，常与栓皮栎混生。喜光，耐干旱。

利用部位与理化性质 树皮含单宁 8.95~11.12%，纯度 67.80~68.94%；树叶含单宁 3.3%；壳斗含单宁 9.64%，纯度 71.2%。含量因树龄不同而有差异。

采收与加工 9~10 月间果实成熟时，连壳斗采下。

资源开发与保护 槲栎树皮、树叶、壳斗均含单宁，以树皮和壳斗较高，属水解类，鞣革收敛好，质坚实。木材坚硬，耐磨力强，可供建筑、家具等使用。种子含淀粉，可酿酒，也可制凉皮、粉条和作豆腐及酱油等，又可榨油。槲栎叶片大且肥厚，叶形奇特、美观，叶色翠绿油亮、枝叶稠密，属于美丽的观叶树种，适宜浅山风景区造景之用，槲栎在北京大部分山区较为常见，为荒山荒地重要造林树种。

北京地区栎属树种还有槲树 *Q.dentata*、栓皮栎 *Q. variabilis*、蒙古栎 *Q. mongolica*，树皮、树叶、壳斗均含鞣质，均可提制栲胶。

（3）叉分蓼 *Polygonum divaricatum* L.

蓼科（Polygonaceae）蓼属植物。又名酸不溜。

形态特征 多年生草本，高 70~150cm。茎直立或斜升，多叉状分枝，枝中空，节部膨大。单叶互生，具短柄或近无柄，叶片椭圆形、披针形或矩圆状条形，全缘。花序形成疏松开展的圆锥花序，花白色或淡黄色，5 深裂。小坚果卵状菱形或椭圆形，具 3 棱。花期 6~7 月，果期 8~9 月。

分布与生境 分布于东北、华北地区。北京各区（县）常见，生于山坡草地，以阴坡较多。

叉分蓼

利用部位与理化性质 根含单宁 28.5%，纯度 59.6；茎含单宁 5.12%，纯度 57.9%；叶含单宁 5.76%，纯度 38.29%。

采收与加工 7~8 月间割下全株，除去杂物，晒干后即可加工。

资源开发与保护 叉分蓼根、茎、叶均含缩合类鞣质，可提炼栲胶。嫩苗可作饲料，种子可榨油。根还可入药，具祛寒、温肾之功效。

北京地区根茎可供提取栲胶的同属植物还有拳参 *Polygonum bistorta* 和杠板归 *P. perfoliatum*。

（4）粗根老鹳草 *Geranium dahuricum* DC.

牻牛儿苗科（Geraniaceae）老鹳草属植物。又名块根老鹳草。

形态特征 多年生草本，高 20~60cm，根状茎短，直立，下具一簇纺锤形粗根。茎直立，通常二叉分枝。叶片肾圆形，掌状 7 裂几乎达基部，裂片不规则羽状分裂。花序腋生或顶生，花冠淡紫色，径约 1.5cm。蒴果有毛，长 1.2~2cm。种子黑褐色，具微凹小点。花期 7~8 月，果期 8~9 月。

分布与生境 分布于我国东北、华北、西北地区。北京见于延庆县、密云县、怀柔区、门头沟区百花山和东灵山，生于山坡、林缘、草甸、灌丛。

利用部位与理化性质 根含单宁 20.98%；叶含单宁 37.5%，纯度 70%。

粗根老鹳草

采收与加工 7~8 月间采集，除去泥土，晒干贮存。

资源开发与保护 粗根老鹳草根、茎、叶均含鞣质，属水解类单宁，可提取栲胶。北京地区牻牛儿苗科还有多种植物，如老鹳草属的毛蕊老鹳草 *G. platyanthum*、鼠掌老鹳草 *G. sibiricum* 以及牻牛儿苗属的牻牛儿苗 *Erodium stephanianum*，均可作为鞣质植物资源开发利用，并具有一定的药用价值，而且许多种类花色鲜艳，耐干旱，可作为观赏植物开发利用。

（5）盐肤木 *Rhus chinensis* Mill.

漆树科（Anacardiaceae）盐肤木属植物。又名五倍子树、臭漆、山梧桐等。

形态特征 落叶灌木或小乔木，高 2~8m。小枝棕褐色，全株密被褐色柔毛。奇数羽状复叶互生，叶面暗绿色，叶背粉绿色，被白粉和灰褐色毛，叶轴具狭翅，小叶长卵形，缘具粗钝锯齿。圆锥花序顶生，多分枝，花杂性，乳白色，5 基数。核果扁球形，径 4~5mm，被柔毛和腺毛，成熟时红色。花期 7~8 月，果期 9~10 月。

分布与生境 分布于除新疆、青海之外的全国各地。北京见于密云、怀柔、平谷、昌平、海淀、门头沟、房山等区（县），生于低山阳光充足的山坡、山谷杂木林及灌丛中。

利用部位与理化性质 属水解类单宁。生于叶基部的卵形或球形五倍子称肚倍，含单宁 69%~71%；生于叶轴上形似菱角的角倍含单宁 66%~68%。树皮含鞣质 3.47%，非鞣质 3.44%，纯度 50.22%。

盐肤木

采收与加工 开花时蚜虫尚未穿出五倍子壳时，采收虫瘿，晒干。采收树叶可与采收虫瘿同时进行，采叶应适量．最好不剥树皮。

资源开发与保护 盐肤木是我国一种重要的经济树种，全株含鞣质，属水解类，是著名的提制栲胶原料。盐肤木的幼枝嫩叶，受五倍子蚜虫寄生刺激后形成的虫瘿叫“五倍子”，鞣质含量很高，为鞣质酸和黑色染料的著名原料，供医药及工业用。根、叶、花及果均可入药，花入药为“盐麸木花”，治鼻疳、痈毒溃烂，果实入药为“盐麸子”；有生津润肺、降火化痰、敛汗、止痢之功用；种子含油 20% ~30%，可供工业用油。盐肤木的嫩茎叶还可作为野生蔬菜食用，又为山区群众养猪的野生饲料；花开于 8~9 月，蜜、粉都很丰富，是良好的蜜源植物。在园林绿化中，盐肤木秋天叶红艳，果密集，可作为观叶、观果的树种。

北京地区盐肤木分布虽较广泛，但多为零星生长，野生资源量不大，可通过人工栽培进行综合开发利用。

十、北京野生饲用植物资源

饲用植物是指直接或经过加工调制后能为家畜、禽类、野生动物等提供食用的植物。通常是指一、二年生（也有多年生）草本植物、水生植物和一些半灌木类，也包括低等植物和大乔木的可食嫩枝及叶。饲用植物具有一定的营养成分，对食草动物的营养供给和个体成长具有重要意义，有很高的经济价值。此外，饲用植物在区域水土保持、净化环境等方面也起着重要作用。

1. 北京野生饲用植物种类组成

北京山区由于其复杂的地形、气候、土壤等条件，野生饲用植物资源较为丰富。经野外调查和室内统计，共有野生饲用植物 34 科 108 属 185 种（表 2–41）。

表 2-41 北京市野生饲用植物的科统计

科名	属数	种数	科名	属数	种数
禾本科	42	67	车前科	1	2
豆科	13	30	槐叶苹科	1	1
莎草科	2	14	满江红科	1	1
菊科	6	11	毛茛科	1	1
蓼科	1	8	石竹科	1	1
眼子菜科	2	7	睡莲科	1	1
藜科	4	5	马齿苋科	1	1
杨柳科	2	5	大戟科	1	1
水鳖科	3	3	伞形科	1	1
雨久花科	2	3	山茱萸科	1	1
十字花科	2	2	小二仙草科	1	1
蔷薇科	2	2	茜草科	1	1
旋花科	2	2	玄参科	1	1
浮萍科	2	2	茨藻科	1	1
苋科	1	2	黑三棱科	1	1
桑科	1	2	鸭跖草科	1	1
壳斗科	1	2	天南星科	1	1

北京主要野生饲用植物（经济状况好、用途大、种群大、分布广）优势科是禾本科、豆科、莎草科、菊科等。

（1）禾本科饲用植物

禾本科饲用植物共有 42 属 67 种，占到总种数的 1/3 以上。中等以上饲用植物资源有 30 属 58 种，主要有臭草 *Melica scabrosa*、鹅观草 *Roegneria kamoji*、老芒麦 *Elymus sibiricus*、披碱草 *Elymus dahuricus*、冰草 *Agropyron cristatum*、羊草 *Leymus chinensis*、无芒雀麦 *Bromus inermis*、紫羊茅 *Festuca rubra*、草地早熟禾 *Poa pratensis*、马唐 *Digitaria sanguinalis*、大油芒 *Spodiopogon sibiricus*、黄背草 *Themeda japonica* 等，多为优良饲用植物。禾本科植物大多为各类家畜所喜食，饲用价值高。

臭草

鹅观草

老芒麦

草地早熟禾

羊草

大油芒

黄背草

采收黄背草

（2）豆科饲用植物

豆科饲用植物共有 13 属 30 种。中等以上饲用植物资源 7 属 20 种，主要种有达乌里胡枝子 *Lespedeza davurica*、紫苜蓿 *Medicago sativa*、天蓝苜蓿 *Medicago lupulina*、糙叶黄芪 *Astragalus scaberrimus*、草木犀 *Melilotus suaveolens*、扁蓿豆 *Melissitus ruthenica*、歪头菜 *Vicia unijuga*、山野豌豆 *Vicia amoena*、茳芒香豌豆 *Lathyrus davidii* 等，多为优良饲用植物。这一类饲用植物的特点是种类多，但分布范围及数量有一定的局限，枝叶繁茂，粗蛋白质含量高，香味浓、适口性好，是放牧和刈割兼用的饲用植物。

天蓝苜蓿　　草木犀

糙叶黄芪　　歪头菜

（3）莎草科饲用植物

莎草科饲用植物有 2 属 14 种，中等以上饲用植物共 7 种，主要集中在苔草属，包括尖嘴苔草 *Carex leiorhyncha*、卵囊苔草 *C. lithophila*、异穗苔草 *C. heterostachya*、鸭绿苔草 *C. jaluensis*、宽叶苔草 *C. siderosticta* 等，其植株低矮、抗逆性强、茎叶丰富、对土壤条件要求不高。

宽叶苔草

异穗苔草

（4）菊科饲用植物

菊科饲用植物共有6属11种。主要种类有苍术 *Atractylodes lancea*、刺儿菜 *Cirsium segetum*、山莴苣 *Lagedium sibiricum*、苦苣菜 *Sonchus oleraceus*、秋苦荬菜 *Ixeridium denticulata*、蒲公英 *Taraxacum mongolicum* 等，多为中等饲用植物。

刺儿菜

山莴苣

秋苦荬菜

采收秋苦荬菜

2. 北京野生饲用植物生活型

北京 185 种野生饲用植物中，草本类植物占绝对优势，共有 30 科、101 属、165 种，分别占总数的 88.25%、93.52%、89.19%；木本类植物共有 6 科 8 属 20 种，占总数的 11.75 %、6.48 % 10.81%。草本植物密度大，总产量高，木本植物生长周期长，个体生物量大，二者之间具有互补的优势。其中多年生草本种类最多，共有 16 科 59 属 108 种，包含了禾本科、莎草科、豆科、菊科中的大多数种类，代表种类主要有早熟禾属、臭草属、隐子草属、鹅观草属、披碱草属、芨芨草属、拂子茅属、苦苣菜属、苔草属、黄芪属、野豌豆属等，一、二年生草本也较多，有 17 科 34 属 49 种，主要包括禾本科的狗尾草属、狼尾草属、稗属、画眉草属、燕麦属、求米草属，豆科的苜蓿属、草木犀属，藜科的藜属、猪毛菜属，苋科的苋属，蓼科的蓼属、地肤等。草质藤本代表种类主要有田旋花 *Convolvulus arvensis*、打碗花 *Calystegia hederacea* 等。另外还有一些水生草本种类，如槐叶苹科的槐叶蘋 *Salvinia natans*，满江红科的满江红 *Azolla pinnata* subsp. *asiatica*，金鱼藻科的金鱼藻 *Ceratophyllum demersum*，眼子菜科的菹草 *Potamogeton crispus*，浮萍科的浮萍 *Lemna minor*，雨久花科的雨久花 *Monochoria korsakowii* 等，乔木类的代表种类主要有杨柳科的山杨 *Populus davidiana*、旱柳 *Salix matsudana*，壳斗科的槲栎 *Quercus aliena*，桑科的桑 *Morus alba* 等，灌木类的代表种类主要有蔷薇科的三裂绣线菊 *Spiraea trilobata* 以及豆科的胡枝子 *Lespedeza bicolor*）等。

金鱼藻　　菹草

马齿苋　　凹头苋

山杨

三裂绣线菊

3. 北京野生饲用植物资源利用现状及建议

北京山区尽管野生饲用植物种类比较丰富、资源量较大，但目前利用程度不高。虽然养殖业在北京也是重要产业，但养殖小区和养殖基地已大部分实施规范化管理和标准化生产，养殖业主要依靠由粮食加工而成的精饲料，野生饲用植物的直接采集和利用主要局限于一些山区和林区的个体养殖户。为了更好地保护和利用北京野生饲用植物资源，提出建议如下：①加强保护力度，发挥生态功能。饲用植物不仅可作为食草动物提供饲料，具有重要经济价值，同时还具有水源涵养、防风固沙、水土保持等生态功能。加强对北京地区重要饲用植物的保护工作力度，对于保持首都及周边生态平衡、改善生态环境具有重要意义。②合理利用现有植物资源。在合理规划和科学管理情况下，直接利用这些饲用植物资源发展各区（县）养殖产业不仅可以改善当地居民的生活条件，而且还可以为山区和林区的发展注入经济活力。但放牧要适度，不可过度放牧，有关部门应严格控制牲畜放养数量。③人工选育优良饲用植物。北京山区有许多优良牧草，这些牧草对当地自然环境具有很强的适应性，而且饲用价值较高。根据各个区（县）不同的生态条件，种植不同的饲用植物。在一些海拔较低的半山区可种植一些紫花苜蓿、草木犀、白花草木犀等植物，在一些海拔较高的山区，可种植一些大叶章、广布野豌豆、胡枝子等。通过引种栽培当地优良的野生饲用植物，建设一些高质量的饲料生产基地。

十一、北京野生观赏植物资源——以百花山为例

百花山位于北京市门头沟区清水镇境内，地处北京市最西部，南部毗邻房山区，北部、西部与河北省怀来、涿鹿、涞水县相接，东部至门头沟区马栏老龙窝。所在地区为太行山山脉、小五台山支脉向东延伸山地，属于北京西山凹陷构造区的西山褶皱隆起区，大部分山地海拔高度在1000~2000m之间。百花山海拔1991m，为北京市第三高峰。百花山野生植物资源丰富，有高等植物500余种，其中许多种类有良好的观赏性，在北京地区的山地观赏植物中具有典型性和代表性。

（一）百花山野生观赏植物观赏性评价

1. 评价方法

采用心理物理学法对百花山野生观赏植物进行以照片评价为主的评判。心理物理学被认为是目前景观评价中较为科学可靠的方法，具体步骤为：① 以历年百花山植物调查为基础，主要选取平原地区较少见、能自然形成一定景观的 300 余种野生植物进行评判。②选择能够全面代表该种植物观赏特征的照片。照片以花期或最佳观赏期为主，每种植物一般选择 5 张以上不同地点、不同方位的照片。③对不同景观植物进行分类。不同植物的不同生活型直接影响如何进行应用，故将植物分为乔木类、灌木类、草本类及藤本类、蕨类观赏植物。评价时分这 5 类分别进行评价。④评价方式。以照片评判为主，直接评价为辅。让评判者观看野生植物照片，以美感度作为衡量标准。⑤对不同评判者的评判结果进行标准化处理，使评判结果具有可比性。

通过处理，得到每种植物的标准化得分，从而总结出 5 类植物中具有较高观赏价值的种类。

2. 评价结果

评分标准化处理后，得出如下结果：乔木类中花楸树、北京花楸、白桦、糠椴、白杄观赏性得分位列前五名；迎红杜鹃、红丁香、照山白、红花锦鸡儿、小花溲疏在灌木中观赏性最好；山丹、胭脂花、金莲花、有斑百合和白头翁位列草本植物观赏性前五；藤本则为半钟铁线莲、长瓣铁线莲、百花山葡萄（深裂山葡萄）；荚果蕨、卷柏、中华蹄盖蕨在蕨类中胜出。

（1）乔木

乔木类观赏植物评价标准见表 2-42。花楸树、北京花楸是评价者公认景观效果最好的乔木树种，二者观赏特性相近。春色叶嫩红、秋色叶金黄，果实红色或白色，经冬不落，观赏期长，果枝也可做切花材料使用。花楸树树姿优美，为北京乡土树种，在园林绿化中有广阔发展前景。

白桦可观嶙峋树姿、银白树皮、金黄秋叶，在山上形成著名的大片树海景观——白桦林。尤其在秋季，金黄色的秋叶搭配银白色的树皮，美景度很高。冬季白桦在银白色雪中挺立的情景成为许多旅游及摄影爱好者的最爱。目前北京部分小区绿化已经开始尝试使用白桦进行景观种植，效果较好。考虑到白桦自身喜凉喜湿润的特性，在城市栽培比较困难，成活率不高。但以白桦的观赏性来说，引种栽培具有很大研究价值和发展空间。

糠椴本身为椴树属高大挺拔乔木，树姿优美，叶形奇特，让人感觉清爽，开花时繁花似锦。

白杄高大挺拔，树形成尖塔状，西方的圣诞树多用白杄。且白杄四季常绿，叶色青白，在观赏性上具有颜色特点。特别是在春季小叶刚刚长出时，整棵树就像笼罩在朦胧的青粉色雾气当中，具有梦幻的感觉。白杄果球刚长出时淡紫色，倒立挂在枝条上，也具有很好的观赏性。北京近年来广为栽培，多作为背景树及庭院观赏树，景观效果较好。

表 2-42 乔木类观赏植物标准化得分

种名	拉丁名	观赏特征	花期（月）	花色	果期（月）	果色	标准分
花楸树	*Sorbus pohuashanensis*	观叶、观秋叶、观花、观果	5	白	7~10	红	1.2890
北京花楸	*Sorbus discolor*	观叶、观秋叶、观花、观果	5	白	7~10	白	0.9993
白桦	*Betula platyphylla*	观姿、观皮、观秋叶	非观花		非观果		0.9170

（续）

种名	拉丁名	观赏特征	花期（月）	花色	果期（月）	果色	标准分
糠椴	*Tilia mandshurica*	观叶、观花、观秋叶	6~7	淡黄	非观果		0.5078
白杆	*Picea meyeri*	观姿、观叶、观果	非观花		9~10	淡紫	0.4606
华北落叶松	*Larix principis-rupprechtii*	观姿、观叶、观秋叶	非观花		8~9	绿	0.3754
蒙椴	*Tilia mongolica*	观叶、观花	6~7	淡黄	非观果		0.3742
胡桃楸	*Juglans mandshurica*	观姿	非观花		非观果		0.2342
硕桦	*Betula costata*	观姿、观皮	非观花		非观果		0.0963
蒙古栎	*Quercus mongolica*	观姿、观秋叶	非观花		非观果		0.0022
裂叶榆	*Ulmus laciniata*	观叶	非观花		非观果		-0.0844
红桦	*Betula albo-sinensis*	观皮、观秋叶	非观花		非观果		-0.1782
中国黄花柳	*Salix sinica*	观花	4~5	黄	非观果		-0.6527
鹅耳枥	*Carpinus turczaninowii*	观姿	非观花		非观果		-0.6693
黑榆	*Ulmus davidiana*	观姿	非观花		非观果		-0.7759
大果榆	*Ulmus macrocarpa*	观姿	非观花		非观果		-0.7829
黑桦	*Betula dahurica*	观皮、观秋叶	非观花		非观果		-0.9321
大叶白蜡树	*Fraxinus rhynchophylla*	观秋叶	5~6	黄绿	非观果		-1.1803

花楸树花期

花楸树果期

白桦

中国黄花柳

鹅耳枥

蒙古栎

（2）灌木

灌木类观赏植物评价标准见表 2-43。迎红杜鹃先花后叶，花期很早，是气温较低的山中最先开花的植物种类之一。此时山中许多植物还是保持冬态没有发芽，迎红杜鹃在此时观赏效果非常突出，从很远的地方就可以看到其红艳的花朵。花大、色艳、繁茂是其特点。因其常连片生长，花开粉红色，盛开时山间好似一团团火焰在跳动，因此也叫“映山红”。迎红杜鹃在早春景观观赏效果非常明显，在平原地区 4 月上旬就具有很强观赏性，其在早春景观营造方面具有很大应用空间。

红丁香花多而密，色彩鲜艳，香味扑鼻，生长于高山地区，在平原地区比较少见。相对于园林绿化中常见的紫丁香，其花色更为艳丽，花序更为紧密，更具有观赏效果。

照山白花洁白而美丽，花序紧密，远远望去有如团团雪球掩映在碧绿群山当中。近年来因其观赏价值较高而备受重视，有些苗圃当中已经开始进行引种作为园林景观绿化之用。

红花锦鸡儿分布海拔最低，花期也较短，但其叶形奇特，花开先黄而后红，花形特别。

小花溲疏花序洁白且繁茂，花量也很大，盛开时山间可以看见一簇簇的雪白花朵。其性强健，在低海拔贫瘠的土壤中也可以很好的生长，因此可以作为观赏性很好的花灌木推广使用。

表 2-43 灌木类观赏植物标准化得分

种名	拉丁名	观赏特征	花期（月）	花色	标准分
迎红杜鹃	*Rhododendron mucronulatum*	观花	5~6	粉红	1.2427
红丁香	*Syringa villosa*	观花	6~7	粉红	1.1679
照山白	*Rhododendron micranthum*	观叶、观花	6~7	白	1.1037
红花锦鸡儿	*Caragana rosea*	观花	5	黄	0.9205
小花溲疏	*Deutzia parviflora*	观花	5~6	白	0.8002
东陵八仙花	*Hydrangea bretschneideri*	观花	4~5	淡粉	0.7962
百里香	*Thymus mongolicus*	观姿、观花	6~8	粉红	0.7828
金花忍冬	*Lonicera chrysantha*	观花、观果	5~6	黄	0.7654
毛叶丁香	*Syringa pubescens*	观花	5~6	粉红	0.6999

（续）

种名	拉丁名	观赏特征	花期/月	花色	标准分
金露梅	*Potentilla fruticosa*	观花	7~8	黄	0.6864
银露梅	*Potentilla glabra*	观花	7~8	白	0.6864
六道木	*Abelia biflora*	观姿、观花	5~6	白	0.6719
稠李	*Padus avium*	观花、观果	5~6	白	0.5956
北京丁香	*Syringa reticulate* subsp. *pekinensis*	观花	6~7	白	0.5863
山荆子	*Malus baccata*	观花、观果	4~5	白	0.5848
钩齿溲疏	*Deutzia hamata*	观花	5~6	白	0.5327
美蔷薇	*Rosa bella*	观花、观果	6~8	粉红	0.4311
大花溲疏	*Deutzia grandiflora*	观花	4~5	白	0.4299
鸡树条荚蒾	*Viburnum opulus* var. *calvescens*	观花	5~6	白	0.3189
东北茶藨子	*Ribes mandshuricum*	观花、观果	5	黄绿	0.2640
大叶小檗	*Berberis amurensis*	观花、观叶、观果	4~5	黄	0.1450
卫矛	*Euonymus alatus*	观花、观果、观秋叶	4~5	黄绿	0.1103
土庄绣线菊	*Spiraea pubescens*	观花	5	白	0.1022
三裂绣线菊	*Spiraea trilobata*	观花	5	白	0.0901
花木蓝	*Indigofera kirilowii*	观花	6~7	粉红	0.0860
荒子梢	*Campylotropis macrocarpa*	观花	6~8	粉红	0.0473
瘤糖茶藨子	*Ribes himalense* var. *verruculosum*	观花、观果	5	黄绿	0.0247
接骨木	*Sambucus williamsii*	观花、观果	5~6	黄绿	0.0153
蒙古荚蒾	*Viburnum mongolicum*	观花	5~6	白	−0.0126
胡枝子	*Lespedeza bicolor*	观花	6~8	粉红	−0.0865
沙棘	*Hippophae rhamnoides*	观叶、观果	4~5	黄绿	−0.0985
木香薷	*Elsholtzia stauntoni*	观花	6~7	蓝紫	−0.1214
多花木蓝	*Indigofera amblyantha*	观花	5~6	粉红	−0.2455
蚂蚱腿子	*Myripnois dioica*	观花	4~5	白	−0.2856
华北覆盆子	*Rubus idaeus* var. *borealisinensis*	观花、观果	5~6	白	−0.3631
薄皮木	*Leptodermis oblonga*	观花	5~8	粉红	−0.3710
多花胡枝子	*Lespedeza floribunda*	观花	6~7	粉红	−0.3861
刺五加	*Eleutherococcus senticosus*	观叶、观花、观果	7~8	白	−0.3952
沙梾	*Swida bretschneideri*	观皮、观花、观果	6~7	白	−0.4029
刺果茶藨子	*Ribes burejense*	观花、观叶、观果	5	黄绿	−0.4876
西北栒子	*Cotoneaster zabelii*	观花、观果	5	粉红	−0.6905
牛叠肚	*Rubus crataegifolius*	观花、观果	5~6	白	−0.8325
榛	*Corylus heterophylla*	观果	非观花		−0.9918
皂柳	*Salix wallichiana*	观姿	4~5	黄	−1.0412
雀儿舌头	*Leptopus chinensis*	观姿、观花	4~5	黄绿	−1.0799
毛榛	*Corylus mandshurica*	观果	非观花		−1.1081
小叶鼠李	*Rhamnus parvifolia*	观果	5~6	黄绿	−1.2659
锐齿鼠李	*Rhamnus arguta*	观果	5~6	黄绿	−1.4595

迎红杜鹃

照山白

锦带花

红花锦鸡儿

东陵八仙花

稠李

美蔷薇花

美蔷薇果

（3）草本

草本类观赏植物评价标准见表 2-44。百合类的山丹拥有百花山观赏草本中最大、最红艳、最显眼的花。有斑百合和山丹观赏效果基本相同。山丹、有斑百合的园林应用很丰富，既可做花境、专类园，又可作为鲜切花，是非常有开发前景的一类观赏草本花卉。在花境当中作为特殊花型的植物之一，百合类的植物总是能成为观赏者眼中的焦点。

胭脂花和金莲花几乎是百花山草甸标志性植物，胭脂花海和金莲花海广为人知，成为百花山一大特色景观，成片生长时极具震撼力。胭脂花花色红艳，又是低山区很难见到的种类，具有极高的观赏价值。而曾有对联写到“塞外黄花恰似金钉钉地；京中白塔犹如银钻钻天”，对中描写的景色就是金莲花盛开时的景象。

白头翁是早春 4~5 月初开花的种类，花色属于花卉当中珍贵的蓝紫色系，雄蕊黄色，色彩对比突出，而且叶、花被表面具有长绒毛，使得白头翁的观赏性得到很大提升。此外种皮毛也很有特色，一眼望去好像一个长满白色绒毛的球，故而得名“白头翁”。花朵和果实的双重观赏性延长了其观赏期，增加了不同的趣味性。

除了上述草花之外，百花山还有许多观赏性很好的花卉，如翠雀、大花杓兰、银莲花、华北蓝盆花、野罂粟等，资源非常丰富。对于丰富现有的草本花卉市场和地被景观具有很大的价值。

表 2-44 草本类观赏植物标准化得分

种名	拉丁名	观赏特征	花期(月)	花色	标准分
山丹	*Lilium pumilum*	观姿、观花	6~7	红	1.5998
胭脂花	*Primula maximowiczii*	观姿、观花	5~6	红	1.5056
金莲花	*Trollius chinensis*	观叶、观花	7~8	黄	1.4890
有斑百合	*Lilium concolor* var. *pulchellum*	观姿、观花	6~7	红	1.4890
白头翁	*Pulsatilla chinensis*	观叶、观花、观果	4~5	紫	1.4131
翠雀	*Delphinium grandiflorum*	观叶、观花	7~8	蓝紫	1.4067
大花杓兰	*Cypripedium macranthum*	观花	5~6	粉红	1.4020
银莲花	*Anemone cathayensis*	观叶、观花	5~7	白	1.3948
华北蓝盆花	*Scabiosa tschiliensis*	观叶、观花	7~8	蓝紫	1.3189
野罂粟	*Papaver nudicaule*	观花	5~9	黄	1.2958
北京假报春	*Cortusa matthioli*	观叶、观花	5~6	粉红	1.2217
柳兰	*Chamerion angustifolium*	观姿、观花	6~7	粉红	1.2098
大花剪秋萝	*Lychnis fulgens*	观花	6~8	红	1.2033
翠菊	*Callistephus chinensis*	观花	7~9	粉红	1.2033
华北耧斗菜	*Aquilegia yabeana*	观叶、观花	5~7	蓝紫	1.1970
紫点杓兰	*Cypripedium guttatum*	观花	5~6	紫红	1.1165
牛扁	*Aconitum barbatum* var. *puberulum*	观叶、观花	6~8	黄	1.1044
瞿麦	*Dianthus superbus*	观花	6~9	蓝紫	1.1043
蓝刺头	*Echinops sphaerocephalus*	观叶、观花	7~8	蓝紫	0.9440

（续）

种名	拉丁名	观赏特征	花期／月	花色	标准分
祁州漏芦	*Rhaponticum uniflorum*	观花	5~6	粉红	0.9297
棉团铁线莲	*Clematis hexapetala*	观花	5~6	白	0.9271
一把伞南星	*Arisaema erubescens*	观姿、观花、观果	6~7	黄绿	0.9241
缬草	*Valeriana officinalis*	观花	6~8	紫红	0.9240
狼尾花	*Lysimachia barystachys*	观姿、观花	7~8	白	0.9224
七筋姑	*Clintonia udensis*	观花、观姿	5~6	白	0.8379
北重楼	*Paris verticillata*	观姿、观花	5~6	绿	0.8379
花锚	*Halenia corniculata*	观姿、观花	6~7	黄绿	0.8379
草本威灵仙	*Veronicastrum sibiricum*	观姿、观花	6~7	蓝紫	0.8331
小丛红景天	*Rhodiola dumulosa*	观姿、观花	6~7	白	0.8307
铃兰	*Convallaria majalis*	观姿、观花	5~6	白	0.8132
石竹	*Dianthus chinensis*	观花	6~9	蓝紫	0.8021
岩青兰	*Dracocephalum rupestre*	观花	6~7	蓝紫	0.7604
兔儿伞	*Syneilesis aconitifolia*	观叶、观花	6~7	白	0.7509
秦艽	*Gentiana macrophylla*	观花	6~7	蓝紫	0.7328
角蒿	*Incarvillea sinensis*	观叶、观花	6~7	紫红	0.7309
草芍药	*Paeonia obovata*	观花、观果	6~7	红	0.7264
藜芦	*Veratrum nigrum*	观姿、观花	6~7	紫红	0.7263
黄花菜	*Hemerocallis citrina*	观花	6~7	黄	0.7263
草乌	*Aconitum kusnezoffii*	观叶、观花	6~8	紫	0.7144
香花芥	*Hesperis trichosepala*	观花	6~7	紫红	0.7127
红旱莲	*Hypericum ascyron*	观花	6~7	黄	0.6882
白苞筋骨草	*Ajuga lupulina*	观叶、观花	6~7	淡黄	0.6568
热河黄精	*Polygonatum macropodium*	观姿、观花	5~6	黄白	0.6566
并头黄芩	*Scutellaria scordifolia*	观花	6~7	蓝紫	0.6448
钝叶瓦松	*Orostachys malacophylla*	观姿、观花	7~8	黄白	0.6337
紫沙参	*Adenophora capillaria*	观花	7~9	蓝紫	0.6305
类叶升麻	*Actaea asiatica*	观叶、观花、观果	5~6	白	0.6296
大叶铁线莲	*Clematis heracleifolia*	观花	6~8	蓝紫	0.6282
玉竹	*Polygonatum odoratum*	观姿、观花	5~6	黄白	0.6265
野鸢尾	*Iris dichotoma*	观姿、观花	5~6	白	0.6249
水蔓菁	*Veronica komarovii*	观姿、观花	6~7	蓝紫	0.6218
高乌头	*Aconitum sinomontanum*	观花、观姿	6~8	紫	0.6202
展枝沙参	*Adenophora divaricata*	观花	7~9	蓝紫	0.6138

（续）

种名	拉丁名	观赏特征	花期／月	花色	标准分
二苞黄精	*Polygonatum involucratum*	观姿、观花	5~6	黄白	0.5506
鹿药	*Maianthemum japonicum*	观姿、观花、观果	5~6	白	0.5459
地榆	*Sanguisorba officinalis*	观姿、观花、观果	6~8	粉红	0.5425
毛蕊老鹳草	*Geranium platyanthum*	观叶、观花	6~7	粉红	0.5307
多歧沙参	*Adenophora potaninii*	观花	7~9	蓝紫	0.5197
瓣蕊唐松草	*Thalictrum petaloideum*	观叶、观花	7~8	白	0.4635
灯芯草蚤缀	*Arenaria juncea*	观姿、观花	6~7	白	0.4603
黄芩	*Scutellaria baicalensis*	观花	6~7	蓝紫	0.4487
北京黄芩	*Scutellaria pekinensis*	观花	6~7	蓝紫	0.4470
日本鹿蹄草	*Pyrola japonica*	观叶、观花	5~6	白	0.4424
紫苞风毛菊	*Saussurea purpurascens*	观花	6~8	紫	0.4399
水金凤	*Impatiens noli-tangere*	观花	6~7	黄	0.4333
狭叶红景天	*Rhodiola kirilowii*	观姿、观花	5~6	淡黄	0.4304
毛茛	*Ranunculus japonicus*	观花	4~6	黄	0.3993
穗花马先蒿	*Pedicularis spicata*	观叶、观花	6~7	粉红	0.3665
升麻	*Cimicifuga foetida*	观叶、观花	6~7	白	0.3592
单穗升麻	*Cimicifuga simplex*	观叶、观花、观果	6~7	白	0.3592
野亚麻	*Linum stelleroides*	观姿、观花	6~8	粉红	0.3463
蓝花棘豆	*Oxytropis caerulea*	观花	5~6	蓝紫	0.3313
林荫千里光	*Senecio nemorensis*	观花	7~8	黄	0.3299
火绒草	*Leontopodium leontopodioides*	观叶、观花	7~8	白	0.2705
梅花草	*Parnassia palustris*	观花	6~7	白	0.2491
白花碎米荠	*Cardamine leucantha*	观花	5~6	白	0.2404
瓦松	*Orostachys fimbriata*	观姿、观花	7~8	淡粉	0.2260
紫菀	*Aster tataricus*	观花	8~9	粉红	0.2118
甘菊	*Dendranthema lavandulifolium*	观花	8~9	黄	0.1775
双花黄堇菜	*Viola biflora*	观姿、观花	5~6	黄	0.1758
返顾马先蒿	*Pedicularis resupinata*	观叶、观花	6~7	蓝紫	0.1695
狭苞橐吾	*Ligularia intermedia*	观叶、观花	6~7	黄	0.1686
红纹马先蒿	*Pedicularis striata*	观叶、观花	6~7	黄	0.1631
石生蝇子草	*Silene tatarinowii*	观花	6~8	白	0.1595
猫眼草	*Euphorbia esula*	观姿、观花	5~6	黄绿	0.1548
小红菊	*Dendranthema chanetii*	观花	8~9	粉红	0.1529
红景天	*Rhodiola rosea*	观姿、观花	5~6	淡黄	0.1447

（续）

种名	拉丁名	观赏特征	花期／月	花色	标准分
河北大黄	*Rheum franzenbachii*	观姿、观花	6~7	粉红	0.1439
叉分蓼	*Polygonum divaricatum*	观花	6~8	黄	0.1248
东风菜	*Doellingeria scabra*	观花	7~8	白	0.1162
矮紫苞鸢尾	*Iris ruthenica* var. *nana*	观姿、观花	5~6	蓝紫	0.0725
东亚唐松草	*Thalictrum minus* var. *hypoleucum*	观叶、观花	7~8	黄白	0.0607
二叶舌唇兰	*Platanthera chlorantha*	观花	6~7	粉红	0.0541
藿香	*Agastache rugosa*	观花	6~7	粉红	0.0522
阿尔泰狗娃花	*Aster altaicus*	观花	7~8	粉红	0.0497
华北景天	*Sedum tatarinowii*	观姿、观花	7~8	淡粉	0.0474
糖芥	*Erysimum amurense*	观花	6~7	黄	0.0426
景天三七	*Sedum tatarinowii*	观姿、观花	6~7	黄	0.0355
西伯利亚远志	*Polygala sibirica*	观姿、观花	4~5	蓝紫	0.0274
白屈菜	*Chelidonium majus*	观叶、观花	5~6	黄	0.0111
裂叶堇菜	*Viola dissecta*	观姿、观叶、观花	5~6	粉红	−0.0221
蓬子菜	*Galium verum*	观姿、观花	7~8	黄	−0.0287
舞鹤草	*Maianthemum bifolium*	观姿、观花	5~6	白	−0.0303
假水生龙胆	*Gentiana pseudoaquatica*	观姿、观花	4~5	蓝紫	−0.0420
毛金腰	*Chrysosplenium pilosum*	观花、观姿	5~6	黄	−0.0484
手参	*Gymnadenia conopsea*	观花	6~7	紫红	−0.0567
叉歧繁缕	*Stellaria dichotoma*	观姿、观花	5~7	白	−0.0604
红轮千里光	*Senecio flammeus*	观花	7~8	黄	−0.0649
拳蓼	*Polygonum bistorta*	观姿、观花	6~8	白	−0.0731
鸡腿堇菜	*Viola acuminata*	观姿、观花	4~5	白	−0.1162
蓝萼香茶菜	*Rabdosia japonica*	观花	6~8	蓝紫	−0.1210
细叶藁本	*Ligusticum tenuissimum*	观叶、观花	7~8	白	−0.1259
龙须菜	*Asparagus schoberioides*	观姿、观花	6~7	白	−0.1400
银背风毛菊	*Saussurea nivea*	观叶、观花	7~8	粉红	−0.1454
黄精	*Polygonatum sibiricum*	观姿、观花	5~6	黄白	−0.1510
宽叶苔草	*Carex siderosticta*	观姿	非观花		−0.1846
三褶脉紫菀	*Aster ageratoides*	观花	8~9	粉红	−0.1997
白芷	*Angelica dahurica*	观叶、观花	7~8	白	−0.2072
短毛独活	*Heracleum moellendorffii*	观叶、观花	7~8	白	−0.2166
牛耳草	*Boea hygrometrica*	观叶、观花	6~8	粉红	−0.2168
白香草木犀	*Melilotus albus*	观花	6~7	白	−0.2288

（续）

种名	拉丁名	观赏特征	花期／月	花色	标准分
草木犀	*Melilotus suaveolens*	观花	6~7	黄	−0.2288
茖葱	*Allium victorialis*	观叶、观花	6~7	淡粉	−0.2372
贝加尔唐松草	*Thalictrum baicalense*	观叶、观花	7~8	黄白	−0.2415
华北马先蒿	*Pedicularis tatarinowii*	观叶、观花	6~7	蓝紫	−0.2436
狭叶珍珠菜	*Lysimachia pentapetala*	观姿、观花	7~8	白	−0.2614
旋覆花	*Inula japonica*	观花	7~9	黄	−0.2685
旱麦瓶草	*Silene jenisseensis*	观花	6~7	白	−0.2748
柄苔草	*Carex mollissima*	观姿	非观花		−0.3245
斑叶堇菜	*Viola variegata*	观姿、观叶、观花	4~6	粉红	−0.3258
黄花龙牙	*Patrinia scabiosifolia*	观花	6~8	黄	−0.3369
小黄紫堇	*Corydalis raddeana*	观花	5~7	黄	−0.3378
卷耳	*Cerastium arvense*	观花	6	白	−0.3468
篦苞风毛菊	*Saussurea pectinata*	观叶、观花	7~8	粉红	−0.3504
牛蒡	*Arctium lappa*	观花	7~9	粉红	−0.3505
牻牛儿苗	*Erodium stephanianum*	观花、观叶	5~6	粉红	−0.4155
辽藁本	*Ligusticum jeholense*	观叶、观花	7~8	白	−0.4235
苦荬菜	*Ixeris sonchifolia*	观花	4~5	黄	−0.4258
北京堇菜	*Viola pekinensis*	观姿、观花	4~6	白	−0.4367
山尖子	*Parasenecio hastatus*	观叶、观花	7~8	黄白	−0.4401
披针叶苔草	*Carex lanceolata*	观姿	非观花		−0.4401
糙苏	*Phlomis umbrosa*	观花	6~8	蓝紫	−0.4478
沼兰	*Malaxis monophyllos*	观花	6~7	黄绿	−0.4487
线叶猪殃殃	*Galium linearifolium*	观姿	6~7	白	−0.4490
米口袋	*Gueldenstaedtia multiflora*	观叶、观花	4~5	白	−0.4513
委陵菜	*Potentilla chinensis*	观叶、观花	4~6	黄	−0.4567
秋苦荬菜	*Ixeridium denticulata*	观花	7~9	黄	−0.5000
异叶败酱	*Patrinia heterophylla*	观花	6~8	黄	−0.5118
高山露珠草	*Circaea alpina*	观叶、观花	7~8	白	−0.5311
水杨梅	*Geum aleppicum*	观花	6~7	黄	−0.5492
大齿山芹	*Ostericum grosseserratum*	观叶、观花	7~8	白	−0.5509
大油芒	*Spodiopogon sibiricus*	观姿、观花	非观花		−0.5555
深山堇菜	*Viola selkirkii*	观姿、观花	4~6	粉红	−0.5595
半夏	*Pinellia ternata*	观姿、观花、观果	6~7	黄绿	−0.5603
龙芽草	*Agrimonia pilosa*	观花	6~8	黄	−0.5604

（续）

种名	拉丁名	观赏特征	花期/月	花色	标准分
大叶盘果菊	*Prenanthes macrophylla*	观叶、观花	7~8	淡黄	−0.5619
大丁草	*Gerbera anandria*	观花	5~9	白	−0.5667
白缘蒲公英	*Taraxacum platypecidum*	观花	5~7	黄	−0.5667
细叶益母草	*Leonurus sibiricus*	观姿、观花	6~8	蓝紫	−0.6118
牛泷草	*Circaea cordata*	观叶、观花	7~8	白	−0.6179
益母草	*Leonurus japonicus*	观姿、观花	6~8	蓝紫	−0.6220
山芹	*Ostericum sieboldii*	观叶、观花	7~8	白	−0.6251
沼繁缕	*Stellaria palustris*	观姿、观花	6~7	白	−0.6428
圆枝卷柏	*Selaginella sanguinolenta*	观姿	N/A	N/A	−0.6474
防风	*Saposhnikovia divaricata*	观叶、观花	7~8	黄绿	−0.6489
山韭	*Allium senescens*	观姿、观花	6~7	淡粉	−0.6527
柳叶菜	*Epilobium hirsutum*	观花	7~8	白	−0.6542
野青茅	*Deyeuxia pyramidalis*	观姿、观花	非观花		−0.6634
糙叶黄芪	*Astragalus scaberrimus*	观花	4~5	黄	−0.7193
北柴胡	*Bupleurum chinense*	观姿、观花	7~8	黄	−0.7296
粗壮女娄菜	*Silene aprica*	观花	6~7	白	−0.7399
翼柄山莴苣	*Lactuca triangulata*	观姿、观花	7~8	黄	−0.7407
球茎虎耳草	*Saxifraga sibirica*	观姿、观花	7	白	−0.7527
直立黄芪	*Astragalus adsurgens*	观花	6~7	黄	−0.7620
华北风毛菊	*Saussurea mongolica*	观花	7~8	粉红	−0.7818
苍术	*Atractylodes lancea*	观花	6~7	白	−0.8183
支柱蓼	*Polygonum suffultum*	观姿、观花	6~8	淡粉	−0.8213
鼠掌老鹳草	*Geranium sibiricum*	观叶、观花	5~6	粉红	−0.8332
达乌里黄芪	*Astragalus dahuricus*	观花	6~8	黄	−0.8379
桃叶鸦葱	*Scorzonera sinensis*	观叶、观花	4~5	黄	−0.8499
拂子茅	*Calamagrostis epigeios*	观姿、观花	非观花		−0.8548
大萼委陵菜	*Potentilla conferta*	观叶、观花	5~6	黄	−0.8642
天蓝苜蓿	*Medicago lupulina*	观花	6~7	黄	−0.8642
少花猪殃殃	*Galium oliganthum*	观姿	6~7	白	−0.9053
鸭跖草	*Commelina communis*	观姿、观花	6~7	蓝紫	−0.9077
盘果菊	*Prenanthes tatarinowii*	观叶、观花	7~8	淡黄	−0.9385
角盘兰	*Herminium monorchis*	观花	6~7	黄	−0.9449
菊叶委陵菜	*Potentilla tanacetifolia*	观叶、观花	5~6	黄	−0.9520
达呼里胡枝子	*Lespedeza davurica*	观花	6~8	粉红	−0.9600

（续）

种名	拉丁名	观赏特征	花期／月	花色	标准分
草木犀状黄芪	*Astragalus melilotoides*	观花	7~8	黄	-1.0033
野韭	*Allium ramosum*	观姿、观花	6~7	淡粉	-1.1582
马齿苋	*Portulaca oleracea*	观姿、观花	5~8	粉红	-1.1719
和尚菜	*Adenocaulon himalaicum*	观花	7~8	白	-1.2193
豆瓣菜	*Nasturtium officinale*	观花	5~6	白	-1.2454
四叶葎	*Galium bungei*	观姿	6~7	白	-1.2945
女娄菜	*Silene aprica*	观花	6~8	白	-1.3316
薤白	*Allium macrostemon*	观姿、观花	6~7	淡粉	-1.3514
蔓假繁缕	*Pseudostellaria davidii*	观姿、观花	5~6	白	-1.4110
垂果南芥	*Arabis pendula*	观花、观果	6~7	白	-1.4228
透茎冷水花	*Pilea pumila*	观姿	6~7	白	-1.7028

山丹

卷丹

胭脂花

金莲花

野罂粟

翠雀

大花杓兰

紫点杓兰

牛扁

狭苞橐吾

翠菊

柳兰

大花剪秋萝

穗花马先蒿

（4）藤本

从评价得分（表 2–45）中可以看出，藤本植物中无疑以姿美、叶奇、花大、繁茂、色艳、果怪的铁线莲类最受人们青睐。铁线莲被誉为“藤本皇后”，其栽培品种花色变化多样，从黄色到植物中少见的蓝紫色乃至绿色都应有尽有。在园林栽培中已经育出了上百个品种，使其成为垂直绿化不可多得的好材料。但目前园林中应用的铁线莲类几乎都被外国培育的铁线莲栽培品种所占据，而本身原产于我国铁线莲类植物却没有得到应有的重视，以至于基本没有发展，在园林中应用的非常少。

百花山的几类铁线莲都具有良好的观赏性：短尾铁线莲花色纯白，开花繁茂，花期较长；半钟铁线莲花如其名，好似一口紫色的小钟倒挂在藤上，奇特的花型具有很高的观赏性；芹叶铁线莲不仅可观花，也可观叶。除此之外，黄花铁线莲、绵团铁线莲等也具有很好的观赏性。目前已经有一些苗圃开始对铁线莲进行引种栽培，但由于从国外进行品种购买价格较低，而现有国内铁线莲售价较高，因此得不到大面积推广使用。如能充分利用国外的栽培品种资源及我国原产的野生品种资源进行共同育种，铁线莲在我国市场上的发展将有很大前景。

表 2-45 藤本类观赏植物标准化得分

种名	拉丁名	观赏特征	花期（月）	花色	标准分
半钟铁线莲	*Clematis ochotensis*	观姿、观叶、观花、观果	5~6	蓝紫	1.1740
长瓣铁线莲	*Clematis macropetala*	观姿、观叶、观花、观果	5~6	蓝紫	0.9902
百花山葡萄	*Vitis baihuashanensis*	观姿、观叶、观果	6~7	黄绿	0.7635
芹叶铁线莲	*Clematis aethusifolia*	观姿、观叶、观花、观果	7~8	黄	0.6317
短尾铁线莲	*Clematis brevicaudata*	观姿、观叶、观花、观果	7~8	白	0.6060
黄花铁线莲	*Clematis intricata*	观姿、观叶、观花、观果	5~7	黄	0.4327
蝙蝠葛	*Menispermum dauricum*	观姿、观叶、观花	5~6	淡黄	0.1656
歪头菜	*Vicia unijuga*	观叶、观花	6~7	粉红	0.1617
五味子	*Schisandra chinensis*	观姿、观花、观果	5~6	白	0.1552

（续）

种名	拉丁名	观赏特征	花期（月）	花色	标准分
乌头叶蛇葡萄	*Ampelopsis aconitifolia*	观姿、观叶、观果	6~7	黄绿	0.0972
葎叶蛇葡萄	*Ampelopsis humulifolia*	观姿、观叶、观果	6~7	黄绿	0.0972
杠柳	*Periploca sepium*	观姿、观叶、观花	5~6	紫红	0.0605
茳芒香豌豆	*Lathyrus davidii*	观花	6~7	淡黄	−0.0904
山野豌豆	*Vicia amoena*	观花	6~8	淡黄	−0.1919
假香野豌豆	*Vicia pseudo-orobus*	观花	6~7	淡黄	−0.1924
田旋花	*Convolvulus arvensis*	观姿、观花	6~7	粉红	−0.2159
打碗花	*Calystegia hederacea*	观姿、观花	6~7	粉红	−0.2330
穿龙薯蓣	*Dioscorea nipponica*	观姿、观叶、观果	6~7	黄绿	−0.3016
葛	*Pueraria lobata*	观姿、观花	6~8	粉红	−0.4561
党参	*Codonopsis pilosula*	观姿、观花	7~8	黄白	−0.6301
野山药	*Dioscorea pulverea*	观姿、观果	6~7	黄绿	−0.7871
三籽两型豆	*Amphicarpaea trisperma*	观姿、观叶、观花	6~7	白	−2.0040

半钟铁线莲

黄花铁线莲

百花山葡萄

穿龙薯蓣

（5）蕨类

蕨类植物中荚果蕨、蹄盖蕨类非常适合做郁闭度大、较湿润林下的地被植物，株型奇特，叶色翠绿，维护简单，故得分较高。卷柏及银粉背蕨虽不适宜做地被类植物，但适于做专类园或盆栽观赏，观赏性极佳（表2–46）。

表2-46 蕨类观赏植物标准化得分

种名	拉丁名	观赏特征	标准分
荚果蕨	*Matteuccia struthiopteris*	观姿	0.8880
卷柏	*Selaginella tamariscina*	观姿	0.5278
中华蹄盖蕨	*Athyrium sinense*	观姿	0.3888
银粉背蕨	*Aleuritopteris argentea*	观姿、观叶	0.2486
麦秆蹄盖蕨	*Athyrium fallaciosum*	观姿	0.1777
陕西粉背蕨	*Aleuritopteris shensiensis*	观姿	0.0726
羽节蕨	*Gymnocarpium jessoense*	观姿	–0.2284
北京铁角蕨	*Asplenium pekinense*	观姿	–0.9362
北京石韦	*Pyrrosia pekinensis*	观姿	–1.1387

荚果蕨

卷柏

银粉背蕨

北京铁角蕨

（二）百花山野生观赏植物四季景观

作为北京第 3 高峰，百花山拥有极其丰富的观赏植物资源。从落叶阔叶林、落叶阔叶灌木、温性针叶林到寒温性针叶林，特别是百花山拥有在全球都比较罕见的低海拔亚高山草甸——百花草甸，草甸最低处海拔仅 1800m，植被景观资源丰富。

从百花山 1100m 入口处的油松林、白杆林，到 1200m 左右的油松—蒙古栎针阔混交林，再到 1200~1600m 的华北落叶松林，其中还混杂有大量的胡桃楸林、蒙古栎林、山杨林、白桦林、黑桦林，最后到 1400m 以上大面积分布的白桦林，以及 1800m 以上分布的硕桦林，各个林带都有不同的四季景观特色。除垂直植被变化外，海拔差异还造成同一物种在不同海拔有着不同的物候期。经常能看到的景象是：山下看到有的植株已经果实累累，而在山上看到同种植物却繁花似锦。

每年 5~10 月是百花山的主要观赏期，其中 7~8 月为最佳观赏期。而 11 月至次年 4 月主景区封山。下面从 5 月份开始，按月份概述百花山的四季景观。

（1）5 月景观

5 月份开始，百花山就出现了从山底到山顶不同海拔的不同景观。整体上来看，海拔 1400m 以下的华北落叶松已经萌叶，山上整体一片嫩绿色；海拔 1400m 以上的桦木、华北落叶松刚开始萌叶，整体以褐色为主，这时海拔 1400m 以下为主要观赏景观。大部分灌木均在 5 月开花，此时在海拔 1000~1400m 地带开花并形成一定景观的灌木主要有毛叶丁香、土庄绣线菊、三裂绣线菊、钩齿溲疏等，均能形成大面积群落，开花时山坡好似被团团白雪覆盖，中间跳出紫红的花簇。此外还有沙棘、山荆子、榆叶梅、东陵绣球、刚毛忍冬、金花忍冬、接骨木、六道木、蒙古荚蒾、五味子等依次开花。此时草本开花植物主要为矮紫苞鸢尾，在海拔 1000~1400m 地带是优势林下草本，花色蓝紫，往往成片生长，开花时景像十分壮观。苦菜、白花碎米荠、小黄紫堇、华北楼斗菜、半钟铁线莲、长瓣铁线莲、北京堇菜、大丁草、祁州漏芦、类叶升麻、玉竹、二苞黄精、铃兰、黄精、热河黄精、山野豌豆、舞鹤草、牛叠肚、西伯利亚远志等也陆续开放。5 月份的百花山沟谷中，冬季冰川尚未融化，能够形成繁花与冰川共存的美丽景象。

在海拔 1400~1800m 开花的有中国黄花柳、东陵绣球、迎红杜鹃、稠李、毛叶丁香、东北茶藨子、鸡树条荚蒾等。草本有矮紫苞鸢尾、毛蕊老鹳草、半钟铁线莲、长瓣铁线莲、鸡腿堇菜、双花黄堇菜、沼繁缕、五福花、北重楼等。在该海拔上还有一个并不是由花组成的重要景观，那就是春色叶植物。元宝槭、蒙古栎在该海拔有大量分布，山区的春色叶表现尤为鲜艳、透亮，形成了满山红叶的春季特有景观。

在海拔 1800~2000m 分布的灌木萌动较少，开花的主要有中国黄花柳、迎红杜鹃、瘤糖茶藨子、刺梨、稠李等。草本盛花的主要是极耐寒的早春高山花卉。有时 5 月初百花山顶依然会有积雪存在，甚至山下下雨山上飘雪，有些早春高山花卉便会在积雪中傲然挺立。最早开花的是假水生龙胆、小龙胆，而后有毛金腰、白缘蒲公英、双花黄堇菜等陆续开花。而最晚出现，5 月底始花的有矮紫苞鸢尾、胭脂花、狭叶假繁缕、单叶毛茛等。其中胭脂花是草甸一大特色，盛花时整片草甸猩红点点，堪比漫山山丹花的胜景。草丛中伴随着金色、紫色的点点小花，俏丽可爱。依年份不同有时在 5 月底始花的还有银莲花、野罂粟、红景天、狭叶红景天、北京假报春、七瓣莲、七筋姑、大花杓兰等。多种多样的花卉种类组成了百花草甸的春季的缀花草坪。

华北落叶松　鸡树条荚蒾　矮紫苞鸢尾　华北耧斗菜

（2）6 月景观

6 月份的百花山开始进入繁花的季节。主要开花种类从低山区向高山区移动，出现了与其他山区不同的景观。海拔 1000~1400m 地带开花最突出的是小花溲疏，花小而繁茂，形成了与土庄绣线菊等类似的白色胜花的景观。此外还有接骨木、六道木、五味子、山葡萄、大叶小檗、蒙古荚蒾、薄皮木、牛叠肚等陆续开花。毛叶丁香、土庄绣线菊、三裂绣线菊继续开花，但已进入末花期。草本盛开的主要是百合科林下植物，如玉竹、二苞黄精、热河黄精、黄精、铃兰、舞鹤草等，其他还有矮紫苞鸢尾、华北耧斗菜、半钟铁线莲、长瓣铁线莲、白花碎米荠、北京堇菜、飞廉、卷耳、山野豌豆、西伯利亚远志、小黄紫堇、苦菜、白薇、穿龙薯蓣、蝙蝠葛、日本鹿蹄草等。

在海拔 1400~1800m 开花最突出的是毛叶丁香，在该地带为优势灌木，开花繁茂，呈紫红色，香气扑鼻。此外还有鸡树条荚蒾、照山白、花楸树等花开满树。草本盛花的种类有矮紫苞鸢尾、毛蕊老鹳草、鸡腿堇菜、长瓣铁线莲、双花黄堇菜、沼繁缕、五福花、茳芒香豌豆、旱麦瓶草、茖葱、景天三七等。其中不乏花形奇特的半钟铁线莲、二叶舌唇兰和北重楼等，具有很高的观赏价值。

海拔 1800~2000m 地带开花形成景观灌木种类主要有照山白和红丁香，一白一红，红白相映，煞是好看。此外还有六道木、迎红杜鹃、稠李等。草本盛花的主要景观便是金莲花草甸，盛开时漫山遍野一片金黄，十分壮观，为百花山著名的春季景观。另外兰科植物也开始大展风采，大花杓兰、紫点杓兰、羊耳蒜、手参等花形奇特，星罗棋布。盛花的还有白缘蒲公英、北京假报春、银莲花、白苞筋骨草、野罂粟、矮紫苞鸢尾、胭脂花、双花黄堇菜、红景天、狭叶红景天、七筋姑等。此时的百花草甸植物比 5 月春季的长高了很多，基本形成了百草茂盛，竞相生长的景观。

大花溲疏　　土庄绣线菊

毛金腰　　银莲花

（3）7 月景观

百花山真正进入盛花时节是在 7 月份，高海拔地区呈现一片花海。随着季节的推移，山花的主角随之也开始变换，开始上演另一幕精彩的戏剧。

在海拔 1000~1400m 处开花灌木明显减少，可见胡枝子、小花溲疏、多花木蓝、薄皮木、沙棘、刺五加等竞相开花，而结实的灌木也开始出现。果实具有一定观赏性的有大叶小檗、东北茶藨子、牛叠肚等，满树红果。开花草本比比皆是，主要有铃兰、舞鹤草、二苞黄精、小黄紫堇、穿龙薯蓣、薤白、阿尔泰狗娃花、白首乌、白香草木犀、黄香草木犀、瓣蕊唐松草、北柴胡、北马兜铃、糙苏、达乌里黄芪、地榆、短毛独活、鹅绒藤、防风、和尚菜、落新妇、黄花龙牙、茳芒香豌豆、狼尾花、升麻、龙牙草、牛泷草、毛细柄黄芪、天蓝苜蓿、牛蒡、牛耳草、山野豌豆、鼠掌老鹳草、水金凤、糖芥、透骨草、歪头菜、细叶益母草、线叶猪殃殃、香花芥、银背风毛菊、沼繁缕、直立黄芪等。多种多样的开花植物形成了此海拔高度的主要观赏景观。从山底往山上前进，可以根据海拔的不同看到更多不同的植物景观。

在海拔 1400~1800m 开花的灌木也较少，主要有照山白、红丁香、百里香等，但此时它们也进入了末花期。开花的草本植物逐渐增多，主要有毛蕊老鹳草、钝萼附地菜、沼繁缕、北重楼、景天三七、鸡腿堇菜、黄芩、北京黄芩、并头黄芩、白首乌、瓣蕊唐松草、北柴胡、苍术、糙苏、叉分蓼、翠雀、党参、地榆、东风菜、短毛独活、高山露珠草、华北蓝盆花、狼尾花、藜芦、柳兰、牛泷草、牛扁、拳蓼、山罗花、石竹、水金凤、糖芥、紫沙参、狭苞橐吾、异叶败酱等。它们的出现逐渐替代了春季开花的主要植物，成为这一季节的主角。

在海拔 1800~2000m 处开始出现金露梅、银露梅灌丛，7 月正是盛花时节，在海拔较低的地区很难见到，成为这一海拔开花的特色灌木。其余开花灌木与山下基本相同。此时的草甸才是百花山最美丽的开始。蓝刺头、华北蓝盆花、金莲花、柳兰、翠雀、叉分蓼、拳蓼、黄芩、紫苞风毛菊、狭苞橐吾、石竹、瞿麦等形成了草甸最基本的花海景观。此外草甸上常见的草本还有北京黄芩、并头黄芩、角盘兰、白苞筋骨草、瓣蕊唐松草、灯芯草蚤缀、地榆、东风菜、高山蓍、华北马先蒿、返顾马先蒿、红纹马先蒿、黄花龙牙、绢茸火绒草、藜芦、龙牙草、轮叶婆婆纳、细叶婆婆纳、牛扁、蓬子菜、北京虎耳草、山蚂蚱草、手参、毛蕊老鹳草、小丛红景天、小黄花菜、岩青兰、野罂粟、异叶败酱、紫苞风毛菊等。此时的众多花卉中蓝刺头和蓝盆花占重要的观赏地位，罕见的蓝紫色花朵、奇异的花形，在草甸上很是突出。此时的百花草甸迎来了一年中最令人炫目的季节，成千上百的花朵组成了一

红丁香

银露梅

瓣蕊唐松草

蓬子菜

灯芯草蚤缀

望无际的北京少见的高山草甸景观，此时的胜景也就成就了“百花山”这个名字。

（4）8 月景观

8 月的百花山百花争艳，草甸的草丛已经高达 1m。山上山下垂直海拔变化导致的花期差异变化较前几个月有所减小，仅在草甸往上，即 1800~2000m 与山下有着明显不同。在海拔 1000~1800m 处，此时灌木以结实为主，仅剩胡枝子、荛子梢、薄皮木、刺五加、木香薷等还在持续开花。大叶小檗、牛叠肚、沙棘、刺果茶藨子等结实较具观赏性。大叶小檗、牛叠肚、沙棘等紫红色的果实挂满枝头，在阳光下晶莹剔透；刺果茶藨子的果实上长满尖刺，也具有特殊的观赏性。开花草本种类与 7 月基本相同，百合科植物逐渐退出，毛茛科、豆科、菊科、桔梗科植物等开始占据优势。毛茛科植物如草乌、牛扁、高乌头、翠雀、短尾铁线莲、大叶铁线莲、瓣蕊唐松草、升麻，豆科植物如穿龙薯蓣、白香草木犀、黄香草木犀、毛细柄黄芪、直立黄芪、山野豌豆，菊科植物如阿尔泰狗娃花、紫菀、三褶脉紫菀、东风菜、银背风毛菊、华北风毛菊、旋覆花、和尚菜，以及桔梗科展枝沙参、多歧沙参等花繁叶茂。此外还有北柴胡、并头黄芩、糙苏、地榆、短毛独活、藿香、龙牙草、日本续断、鼠掌老鹳草、水金凤、水杨梅、糖芥、高山露珠草、野西瓜苗、野鸢尾、中华秋海棠、狼尾花、透骨草、香花芥等。

在海拔 1800~2000m 处草甸继续生长的优势草本种类基本没有变化，但主要开花种类发生变化。草本盛花的主要有叉分蓼、拳蓼、蓝刺头、华北蓝盆花、柳兰、翠雀、紫苞风毛菊、狭苞橐吾、石竹、瞿麦、河北大黄、瓣蕊唐松草、东风菜、绢茸火绒草、龙牙草、细叶婆婆纳、牛扁、野罂粟、紫苞风毛菊、高乌头、花锚、秦艽、日本续断等。岩石上钝叶瓦松、瓦松、华北景天陆续开花。

由于花卉种类的季节变化，草甸从 7 月的五彩色逐渐变成以叉分蓼、拳蓼等的黄白色为主导颜色。蓝刺头、华北蓝盆花、柳兰、翠雀、紫苞风毛菊等开花也很繁茂，但高度略微矮一些。整个百花草甸呈现出另一番变化的色彩景观。

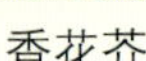
香花芥

华北蓝盆花

花锚

瞿麦

紫苞风毛菊

（5）9 月景观

进入 9 月份后，草甸植物陆续结实、地上部分死亡，取而代之的是以禾本科、莎草科植物为主的黄草甸、黄草丛。万物开始凋零，金黄一片，颇具荒凉壮阔之美。尤其是 9 月底，山上的开花植物几乎是菊科植物一统天下，甘菊、小红菊、苣荬菜、三褶脉紫菀、风毛菊属植物、旋覆花、林荫千里光、秋苦荬菜等大量出现，在荒凉的气氛中体现出生命的活力。高海拔地区依然能看到很多残花，如瞿麦、石竹、石生蝇子草、野罂粟、岩青兰等，其中很多都从 5、6 月份便开始开花。9 月还是赏果的最佳季节，也是个收获的季节，许多植物的果实已经逐渐开始成熟。此时的花楸树已是满树红果，果实晶莹剔透，经冬不落。而北京花楸则是结出了白色的果实，沙棘的紫色果实也格外醒目。此外八宝茶、卫矛、美蔷薇等的果实也十分独特，具有很高的观赏价值。

秋苦荬菜

甘菊

紫菀

小红菊

（6）10 月景观

10 月份是百花山观赏秋叶的最佳季节，这时秋色叶树种开始彰显其独特的魅力。秋色叶金黄的树种有华北落叶松、白桦、黑桦、硕桦、红桦、鹅耳枥、山杨、大叶白蜡树、糠椴、蒙椴等，秋色叶红色的树种有花楸树、元宝枫、蒙古栎等。其中白桦形成的秋叶林最具观赏性，银白的树皮搭配金黄的秋叶，北方独特的秋景，意味十足。

华北落叶松　　白桦　　平基槭

（7）11 月至次年 4 月景观

10 月至次年 4 月的百花山植物景观变化较少，树叶大部分脱落。这时最佳观赏景观便是白桦林。

十二、北京其他用途野生植物资源

除以上11种利用方式外，还有很多野生资源植物具有一些特殊用途，如色素染料植物资源、化学工业原料（如松脂、松节油、木栓、皂素、生漆、草酸、酒石酸、甜味剂等）植物资源、砧木植物资源、草皮植物资源、手工艺品资源植物（如拐杖、烟斗等）以及当地民间用途植物资源（如制干花、蒸饭、包粽子等）。合理开发和利用这些植物资源，对于促进北京地区农业、工业和特色旅游业的发展、丰富当地人民群众物质和文化生活均具有积极的意义。

（一）北京其他用途野生资源植物种类

本次调查共统计北京具有上述其他用途的野生资源植物23科33属39种（表2–47）。

表2-47 北京市其他用途野生资源植物种类

科名	种名	拉丁名	利用部位	具体用途	数量
木贼科	木贼	*Equisetum hyemale*	全草	可作磨光材料	+
松科	油松	*Pinus tabulaeformis*	树干	可提取松香和松节油	+++
	华北落叶松	*Larix principis-rupprechtii*	树干	可提取松香和松节油	++
胡桃科	胡桃楸	*Juglans mandshurica*	幼苗	可做胡桃砧木	+++
	麻核桃	*Juglans hopeiensis*	果核	可作手掌玩物	+
桑科	蒙桑	*Morus mongolica*	根	可作手工艺品	++
壳斗科	板栗	*Castanea mollissima*	花序	点燃可驱蚊	++
	槲栎	*Quercus aliena*	叶子	可作蒸饭用	++
	槲树	*Quercus dentata*	叶子	可作蒸饭用	++
	栓皮栎	*Quercus variabilis*	树皮	可制软木材料	+++
景天科	瓦松	*Orostachys fimbriata*	全草	含草酸，工业原料	++
蔷薇科	山楂	*Crataegus pinnatifida*	幼苗	可做山里红砧木	++
	杜梨	*Pyrus betulifolia*	幼苗	可做梨树砧木	++
	山荆子	*Malus baccata*	幼苗	可做苹果树砧木	++
	山杏	*Prunus sibirica*	幼苗	可做杏树砧木	+++
	山桃	*Prunus davidiana*	幼苗、木材、果核	幼苗可做桃树砧木，木材和果核可作手工艺品	+++
豆科	甘草	*Glycyrrhiza uralensis*	根	可做甜味剂原料	+
	皂荚	*Gleditsia sinensis*	果实	可提取皂素	++
漆树科	漆树	*Toxicodendron vernicifluum*	树皮	可提取生漆	+
	黄栌	*Cotinus coggygria* var. *cinerea*	木材	可提取黄色染料	++
鼠李科	酸枣	*Ziziphus jujuba* var. *spinosa*	幼苗、木材	幼苗可做枣树砧木，木材可作手工艺品	+++
	冻绿	*Rhamnus utilis*	茎皮和果实	茎皮作绿色染料，果实作紫色染料	++

（续）

科名	种名	拉丁名	利用部位	具体用途	数量
鼠李科	鼠李	*Rhamnus davurica*	茎皮和果实	茎皮作绿色染料，果实作紫色染料	++
	小叶鼠李	*Rhamnus parvifolia*	茎皮和果实	茎皮作绿色染料，果实作紫色染料	+++
葡萄科	山葡萄	*Vitis amurensis*	果实	可提取酒石酸及天然色素	++
椴树科	糠椴	*Tilia mandshurica*	叶子	可作蒸饭用	++
芸香科	黄檗	*Phellodendron amurense*	树皮	树皮可制软木材料，内皮可做染料	+
蓝雪科	二色补血草	*Limonium bicolor*	花	花期长而不凋落，可做干花	+
柿树科	黑枣	*Diospyros lotus*	幼苗	可做柿树砧木	+++
紫草科	紫草	*Lithospermum erythrorhizon*	根	可作紫红色素的原料	+
茜草科	茜草	*Rubia cordifolia*	根	可做红色染料	+++
	蓬子菜	*Galium verum*	根	可提取绛红色染料	++
马鞭草科	荆条	*Vitex negundo* var. *heterophylla*	枝条	可编筐篓	+++
忍冬科	六道木	*Abelia biflora*	枝条	可做拐杖	++
菊科	艾蒿	*Artemisia argyi*	全草	点燃可驱蚊	+++
禾本科	结缕草	*Zoysia japonica*	全草	可做草皮植物	++
	芦苇	*Phragmites australis*	叶子	可以用来包粽子	++
百合科	沿阶草	*Ophiopogon japonicus*	全草	可做草皮植物	+
鸢尾科	马蔺	*Iris lactea* var. *chinensis*	叶子	可用来包粽子	++

（二）植物色素、染料

北京地区野生植物色素种类较多，主要有鼠李科的小叶鼠李（叶、茎皮可提取绿色染料，果实可提取紫色染料）、茜草科的茜草（根可提取红色染料茜草红素）、蓬子菜（根可提取绛红色染料）、紫草科的紫草（根可提取紫红色色素）、漆树科的黄栌（木材可提取黄色染料）及葡萄科的山葡萄（果实可提取天然红色素）等。

小叶鼠李

茜草

紫草

（三）植物化学工业原料

（1）有机酸类

葡萄科山葡萄果实可提取酒石酸，景天科瓦松可提取草酸。

山葡萄

瓦松

（2）栓皮类

壳斗科栓皮栎和芸香科黄檗树皮老干木栓层发达，为软木工业原料。

栓皮栎

黄檗

（3）松脂类

松科油松、华北落叶松等树干富含松脂，可提取松香、松节油等工业原料。

油松　　华北落叶松

（4）磨光剂

木贼科木贼全草因含二氧化硅，常用做磨光剂材料。

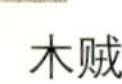

木贼

（5）树脂类

漆树科漆树富含树脂，可用来提取生漆。

漆树

（6）皂素类

豆科皂荚属植物的荚果富含皂素，可提取供工业用。

皂荚

（四）植物砧木

植物砧木指嫁接繁殖时承受接穗的植株。砧木可以是整株果树，也可以是树体的根段或枝段，起固着、支撑接穗并与接穗愈合后形成植株生长、结果。砧木是果树嫁接苗的基础。在北京主要果树中，嫁接苹果常用的砧木是山荆子，嫁接梨树的砧木是杜梨，嫁接山里红的砧木是山楂，嫁接杏树的砧木是山杏，嫁接桃树的砧木是山桃，嫁接枣树的砧木是酸枣，嫁接柿树的砧木是黑枣。

秋子梨嫁接梨树

黑枣嫁接柿树

（五）手工艺品植物

山区群众经常用六道木来做拐杖使用或向游人出售，用蒙桑的根来做木鱼，还有用酸枣木来做一些小的手工艺品，如烟斗。麻核桃内果皮（果核）则用来做手掌玩物，价格很高。

六道木拐杖

酸枣木烟斗

蒙桑木鱼

麻核桃

麻核桃（把玩核桃）

（六）民间用途植物

很多野生植物在山区或民间还有一些特殊用途。例如糠椴叶大，常用来蒸饭；板栗雄花序在干燥后则用来燃烧驱赶蚊蝇；马蔺叶由于细长且纤维发达，经常用来包粽子；荆条枝条柔软常用来编筐。

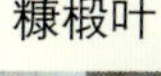
糠椴叶

板栗雄花序

马蔺叶

荆条枝条

第三部分　物种各论

卷柏（九死还魂草）　*Selaginella tamariscina* (Beauv.) Spring　卷柏科 Selaginellaceae

形态特征　多年生常绿草本，呈垫状。高 5~15cm，顶端丛生小枝，小枝扇形分叉，辐射开展，扁平状，浅绿色，干时内卷如拳。茎卵圆柱状，侧枝 2~5 对，2~3 回羽状分枝。叶全部交互排列，二形，叶质厚，表面光滑，边缘不为全缘，具白边。孢子叶穗紧密，4 棱柱形，单生于小枝末端。

分布及生境　产华中、华东、西北、西南各地区。北京各区（县）常见，常生于向阳干旱岩石缝中。根能自行从土壤分离，卷缩似拳状。耐旱力极强，在长期干旱后只要根系遇到水即又可舒展。

利用部位及用途　①含多糖、黄酮类、有机酸类、萜类、苯丙素类化合物，全草可药用，有止血、收敛之功效。民间将其全株烧成灰，内服可治疗各种出血症。②四季常绿，株型美观，具有极高的观赏价值。

木贼（锉草） *Equisetum hyemale* L. 木贼科 Equisetaceae

形态特征 多年生草本。根状茎粗短，横生地下。地上茎直立，仅于基部分枝，中空，有节，表面灰绿色或黄绿色。叶退化成鞘状，包于节上，鞘基和鞘齿形成黑色两圈。孢子囊穗顶生，紧密，长圆形，顶端有尖头，无柄。端产生孢子叶球，矩形，顶端尖，形如毛笔头。

分布及生境 产东北、华北、西北、西南等地。北京见于门头沟、延庆、怀柔、密云等区（县），少见，生于水边、路边或砂质地上。

利用部位及用途 ①全草可入药，能收敛、止血、利尿、发汗，还具有疏散风热、明目退翳的功效。②植物体含硅质，可作金工、木工的磨光材料。

问荆 *Equisetum arvense* L. 木贼科 Equisetaceae

形态特征 多年生草本。根茎匍匐生长。地上茎直立，2 型。营养茎在孢子茎枯萎后生出，高 15~60cm。叶退化，下部联合成鞘，鞘齿披针形，黑色，边缘灰白色，膜质。分枝轮生，中实。孢子茎早春先发，常为紫褐色，肉质，不分枝，鞘长而大。孢子囊穗 5~6 月抽出，顶生。

分布及生境 产东北、华北、西北、西南各地区。北京各区（县）常见，生于草丛、湿地、林下阴湿处。

利用部位及用途 ①全草作药用，能利尿、止血、清热、止咳。②侵入农田不易清除，可成为危害作物生长的害草。③全草有毒，为有毒植物，不可作牲畜草料。

银粉背蕨	*Aleuritopteris argentea* (Gmel.) Fée	中国蕨科 Sinopteridaceae

形态特征 植株高 15~30cm。根状茎直立或斜生，被带有淡棕色边的鳞片，披针形，黑色，有光泽。叶柄长 10~20cm，红棕色，有光泽；叶簇生，表面暗绿，背面有银白色或乳黄色粉粒；叶片五角形，羽片 3~5 对。孢子囊群较多，囊群盖连续，膜质，黄绿色，全缘。

分布及生境 广泛分布于全国各地。北京各区（县）山地常见，生于石灰岩石缝或墙缝中，适应性强。

利用部位及用途 ①含有粉背蕨酸、蔗糖和黄酮类化合物，具有调经活血、解毒消肿、补虚止咳的疗效。②株型小巧，叶形奇特，质硬有光泽，叶背银白清晰，是一种难得的小型观赏蕨类。

其他 北京分布的还有一种陕西粉背蕨 *A. shensiensis* Ching，叶背绿色，无白色粉粒。

有柄石韦 *Pyrrosia petiolosa* (Christ) Ching 水龙骨科 Polypodiaceae

形态特征 多年生草本，高 5~20cm。根状茎长而横走，密生棕褐色鳞片。叶具长柄，2 型，营养叶短小，长圆形，全缘，背面密被灰褐色星状毛；孢子叶叶片长圆状披针形，常内卷成筒状。孢子囊群深棕色，圆形，成熟时满布孢子叶背面。

分布及生境 产东北、华北、西北、西南和长江中下游各地区。北京各区（县）山地常见，多生于山地裸露岩石上或岩石缝内阴湿处。

利用部位及用途 ①全草含三萜类、黄酮类、甾体及挥发油成分，能消炎利尿、清湿热。②可提取挥发油，供工业用。③叶美观，可作盆栽供观赏。

华山松	*Pinus armandii* Franch	松科 Pinaceae

形态特征　常绿乔木。幼树树皮灰绿色或淡灰色，平滑，老时裂成方形或长方形厚块片。叶5针一束，叶鞘脱落。雌雄同株，雄球花多数生于嫩枝基部，橙黄色，雌球花单生，初时紫色，成熟时棕色。球果圆锥状卵球形，熟时开裂。种子无翅，黄褐色、暗褐色或黑色，倒卵圆形，长1~1.5cm。

花果期　花期4~5月，球果成熟期翌年9~10月。

分布及生境　主产我国中部至西南部高山。北京在海淀区西山林场和密云县雾灵山等地有较大面积的人工林，喜温凉湿润气候，稍耐干燥瘠薄。

利用部位及用途　①可供建筑、家具及木纤维工业原料等用材。②树干可割取树脂；树皮可提取栲胶；针叶可提炼芳香油；花粉可供药用。③种子大，可食用也可榨油。④树干高大挺拔，针叶苍翠，冠形优美，生长迅速，是优良的庭院绿化树种。

油松	*Pinus tabuliformis* Carr.	松科 Pinaceae

形态特征 常绿乔木，高达25m。树皮暗灰褐色，鳞块状纵裂。树冠幼时尖塔形，老树广卵形或平顶。叶2针一束，叶鞘宿存。雌雄同株，雄球花多数生于嫩枝基部，橙黄色，雌球花单生，初时紫色，成熟时棕色。球果卵球形，2年成熟，熟时开裂。种子长6~8mm，连翅长1.5~2.0cm，翅为种子长的2~3倍。

花果期 花期4~5月，球果成熟期翌年9~10月。

分布及生境 我国特有种，北自吉林南部，以河北、山西和陕西为分布中心。北京各区（县）极常见，主要生于海拔1300m以下的阴坡，少量见于阳坡。除野生外，尚有许多栽培的人工林。

利用部位及用途 ①树干可提取松香和松节油，树皮可提取栲胶。②松节、针叶均能入药，具有祛湿、散寒的功效；花粉有润心肺、益气、止血、燥湿的作用。③树干挺拔苍劲，孤立老年树的树冠常为平顶，园林上广泛栽培，为北京市最常见的绿化和造林树种之一，现存很多古树。

单子麻黄（小麻黄） *Ephedra monosperma* C. A. Mey. 麻黄科 Ephedraceae

形态特征 草本状矮小灌木，高 5~15cm。木质茎短小，多分枝，弯曲并有节结状突起，皮多呈褐红色。小枝绿色，开展，多弯曲、光滑。叶 2 裂，近膜质。雄球花复穗状，苞片 3~4 对；雌球花单生枝顶或对生于节上，具弯短梗，苞片 3 对，内有花 1 枚。成熟后苞片红色，种子 1，外露。

花果期 花期 6 月，种子成熟期 8 月。

分布及生境 分布于东北、华北、西北及四川、西藏等省地。北京仅在门头沟区东灵山有少量分布，生于山坡石缝中。

利用部位及用途 ①草质茎含生物碱，可供药用，发汗解表、止咳平喘、解表利水。②数量稀少，生境严酷，为北京市重点保护植物，应加强保护。

银线草

Chloranthus japonicus Sieb.

金粟兰科 Chloranthaceae

形态特征 多年生草本，高 20~50cm。根状茎横走，有多数细长须根，有香气。茎单生，不分枝。叶 4 片生于茎顶，成假轮生状，具叶柄，叶片纸质，广椭圆形或倒卵形，边缘具齿牙状锯齿，网脉明显。穗状花序单一，顶生。花白色，无花梗。核果斜倒卵形，成熟果褐色。

花果期 花期 4~5 月，果期 6~7 月。

分布及生境 分布于东北、华北、西北地区。北京见于房山区上方山、怀柔区喇叭沟门、密云县坡头及延庆县松山等地，较少见，生于山坡杂木林下或沟边草丛中阴湿处。

利用部位及用途 ①全株供药用，能祛湿散寒、活血止痛、散瘀解毒；外用可治毒蛇咬伤。②根状茎可提取芳香油。

小叶杨 | *Populus simonii* Carr. | 杨柳科 Salicaceae

形态特征 落叶乔木，高达20m。树皮幼时灰绿色，老时暗灰色，沟裂；树冠近圆形。芽细长，褐色，有粘质。叶菱状卵形、菱状椭圆形或倒卵形，中部以上较宽，缘具细锯齿，上面淡绿色，下面灰绿或微白。花单性，葇荑花序，雌雄异株。果序长达15cm；蒴果小，2(3)瓣裂，无毛。

花果期 花期3~5月，果期4~6月。

分布及生境 产东北、华北、华中、西北、西南等地区。北京平原和低山区常见，生于河边和山沟近水的地方。各区（县）均多有栽培。

利用部位及用途 ①木材轻软细致，供民用建筑、家具、火柴杆、造纸等用；树皮含鞣质，可提制栲胶。②嫩叶可作野菜食用。③树皮可入药，具祛风活血、清热利湿之功效，用于风湿痹痧、肺热咳嗽、小便淋沥、口疮牙痛等症。④树形美观，叶片秀丽，生长快速，适应性强，为防风固沙、护堤固土、绿化观赏的优良树种，但寿命较短。

青杨	*Populus cathayana* Rehd.	杨柳科 Salicaceae

形态特征 落叶大乔木，高达 30m。树冠广卵形。树皮幼时灰绿色，老时暗灰色，纵沟裂。枝圆柱形，芽长圆锥形，无毛，多粘质。单叶互生，卵形或椭圆形，叶背绿白色，叶脉隆起，边缘有圆锯齿。花先叶开放，单性异株，柔荑花序。果序长，下垂，蒴果熟时 3~4 瓣裂。

花果期 花期 4~5 月，果期 5~6 月。

分布及生境 分布于东北、华北、西北、四川等地。北京各山区常见，生于沟谷和阴坡山麓。各区(县)多有栽培。

利用部位及用途 ①木材用作建材、火柴梗等，同时也是人造板及纤维用材。②叶是良好的饲料。③树冠丰满，干皮清丽，可用于河滩绿化、防护林、固堤护林及用材林。青杨展叶极早，在北京 3 月中旬即萌芽展叶，新叶嫩绿光亮，使人很早就感觉到春的气息。

旱柳　*Salix matsudana* Koidz.　杨柳科 Salicaceae

形态特征　落叶乔木，高达20m，树冠广圆形。树皮灰黑色，深纵裂。小枝黄绿色，细长，直立或斜展。单叶互生，具短柄，披针形，光滑无毛（幼叶有丝状柔毛），叶背苍白色或带白色，叶缘细锯齿。花单性，雌雄异株，形成柔荑花序，与叶同时开放。蒴果2瓣裂。种子微小，基部围有丝状长毛。

花果期　花期3~4月，果期4~5月。

分布及生境　分布于东北、华北、西北、华东、华中、西南等地区。北京各区（县）极为常见，野生或栽培，生于海拔1000m以下路边、河流沿岸或平地上。

利用部位及用途　①木材白色，质轻软，耐湿，供建筑器具、造纸、人造棉等用；树皮含鞣质，可提取栲胶；枝条韧皮纤维可代麻用，细枝条常用于编织筐篓等用具。②幼叶及花序（俗名柳芽）常作野菜食用；嫩叶可泡茶饮用；也可作饲料。③根、枝、皮、叶均可入药，散风、祛湿、清湿热，主治黄疸型肝炎、风湿性关节炎、湿疹等症。④花期长，为早春重要蜜源树种。⑤是北方平原及低山区重要的绿化、行道及河岸造林树种，栽培品种很多。

中国黄花柳 *Salix sinica* (Hao) C. Wang et C. F. Fang 杨柳科 Salicaceae

形态特征 落叶灌木或小乔木，高达 6m。冬芽被绵毛，棉球状。单叶互生，具短柄，叶形多变化，椭圆形至宽卵形，上面暗绿色，下面灰白色，被绒毛，全缘。花先叶开放。柔荑花序，花单性异株，雄蕊 2，花药黄色，花丝长，子房具柄。蒴果线状圆锥形。

花果期 花期 4~5 月，果期 5~6 月。

分布及生境 分布于东北、华北等地。北京见于门头沟、延庆、怀柔、密云等区（县），常见，多生于山谷溪旁、山坡林缘，常与山杨、桦木等混生。

利用部位及用途 ①木材白色，质轻，供家具、农具用。②树皮可提取栲胶；枝皮纤维可造纸。③是早春重要蜜源植物。④花序美观，可栽培供观赏。

白桦	*Betula platyphylla* Suk.	桦木科 Betulaceae

形态特征 落叶乔木，高达20m。树皮幼时暗褐色，老时白色，有白粉，纸状剥落。小枝具腺点。单叶互生，具柄，菱状卵形，先端渐尖，边缘有重锯齿，侧脉5~7对。花单性同株，均组成柔荑花序。果序圆柱形，下垂，果苞3裂，成熟时脱落，每果苞具3个小坚果。

花果期 花期5~6月，果期8月。

分布及生境 产东北、华北、西南地区。北京各区（县）高海拔山区均有分布，常见，常成片或散生于杂木林中。

利用部位及用途 ①树汁含香精油、桦芽醇、皂角甙化合物等多种营养成分，是很有开发潜力的功能饮料之一。②木材可供一般建筑及制作器具之用；树皮可提取栲胶；白桦皮在民间常用于制作日用器具或工艺品。③种子可榨油。④树皮白色，秋叶金黄，是产区优美的绿化树种和造林先锋树种。

毛榛 *Corylus mandshurica* Maxim. et Rupr. 桦木科 Betulaceae

形态特征 落叶灌木，高达4m。树皮暗灰色。叶互生，椭圆形，质薄，先端急尖，边缘重锯齿，近先端有浅尖裂片，两面被柔毛。花单性同株，雄花序2~4个腋生，雌花2~4，腋生于雄花序上方。果苞囊状，全包坚果，外面密被黄褐色刚毛及腺毛。坚果圆锥状宽卵形。

花果期 花期5~6月，果期8~9月。

分布及生境 分布于西北、华北、东北等地。北京各区（县）山地常见，生于山地灌丛中或林下。

利用部位及用途 ①木材坚硬、耐腐，可做伞柄、手杖等。②叶可作畜牧及蚕饲料。③早春蜜源植物。④种子可直接食用，或榨油供食用以及工业用。⑤耐干旱，为优良的水土保持树种。

虎榛子　*Ostryopsis davidiana* Decaisne　桦木科 Betulaceae

形态特征　落叶灌木，高 1~4m。叶互生，卵形，边缘重锯齿，密生短柔毛，背面密生腺点。花单性同株，雄花序短圆柱状；雌花数朵集生于当年生枝顶端。小坚果卵球形，果苞囊状，绿色带紫红色，具细棱，密被毛。小坚果宽近球形，褐色，有光泽，具细肋。

花果期　花期 5~6 月，果期 7~8 月。

分布及生境　分布于西北、华北、东北等地，为黄土高原的优势灌木。北京见于门头沟、怀柔、延庆等地，较少见，常生于海拔 800m 以上向阳山坡林下或灌木丛中。

利用部位及用途　①树皮及叶含鞣质，可提取栲胶。②叶可作畜牧及蚕饲料。③枝条可编织农具，经久耐用。④种子含油，供食用和制肥皂。⑤优良的水土保持树种。

鹅耳枥 | *Carpinus turczaninowii* Hance | 桦木科 Betulaceae

形态特征 落叶乔木，高5~10m。树皮暗灰褐色，粗糙；小枝被短柔毛。叶卵形，基部近圆形或宽楔形，边缘具规则或不规则的重锯齿。果序长3~5cm，序梗、序轴均被短柔毛。果苞叶状，半宽卵形，基部具耳突，脉明显；小坚果宽卵形，长约3mm。

花果期 花期5月，果期9月。

分布及生境 主产华北地区。北京各低海拔山区常见，常与壳斗科植物形成杂木林。

利用部位及用途 ①木材坚硬，纹理致密美观，可用于制家具、小工具及农具等。②种子可榨油，供食用以及工业用。③早春蜜源植物。④叶形秀丽，果穗奇特，枝叶茂密，为优良园林观赏植物。

槲树（柞栎） *Quercus dentata* Thunb. 壳斗科 Fagaceae

形态特征　落叶乔木，高达25m。树皮暗灰褐色，深纵裂。小枝密生绒毛。单叶互生，倒卵形，无柄，边缘波状，叶背密被星状毛。花单性同株，雄花组成柔荑花序，雌花单生于总苞内。壳斗杯状，小苞片披针形，红棕色，反卷。坚果卵形或圆柱形，直径1.2~1.5cm，具宿存花柱。

花果期　花期4~5月，果期9~10月。

分布及生境　北至黑龙江东南部、河北、山西、陕西，南至长江流域各地均有分布。北京各区（县）山地常见，生于低山阳坡杂木林中。

利用部位及用途　①木材坚硬耐磨可供坑木、地板等用材；树皮、壳斗单宁含量高，可提取栲胶。②树皮、叶子、种子可入药。③叶含蛋白质，可饲柞蚕，生产的丝称柞蚕丝。叶片在民间还常被用作蒸饭时用的屉布。④种子含淀粉58.7%，可酿酒或作饲料。⑤树干挺直，叶片宽大，入秋呈橙黄色且经久不落，可供观赏。

蒙古栎	*Quercus mongolica* Fisch. ex Ledebour	壳斗科 Fagaceae

形态特征 落叶乔木，高达30m。树皮灰褐色，纵裂。单叶互生，近无柄，倒卵形，侧脉7~12对，直伸，边缘深波状，具圆钝锯齿。花单性，雌雄同株，雄花组成柔荑花序，雌花单生总苞内。壳斗杯形，半包坚果，苞片鳞形，具瘤状突起。坚果圆柱形，直径1.3~1.8cm。

花果期 花期5~6月，果期9~10月。

分布及生境 主要分布于东北、华北、西北各地，华中地区亦有少量分布。北京各区(县)山地常见，常在阳坡、半阳坡形成小片纯林或与桦树等组成混交林。

利用部位及用途 ①木材坚硬耐腐，是优质的经济用材；枝条发热量高，是很好的薪炭材。②树皮、壳斗单宁含量高，可提取栲胶。③叶子可饲蚕和饲养动物；屑材、锯末可用于栽培木耳。④种子富含淀粉，可食用或酿酒等。

大果榆	*Ulmus macrocarpa* Hance	榆科 Ulmaceae

形态特征 落叶乔木或灌木，高达10m。树皮灰黑色，浅裂。小枝、叶片、果实密被粗毛，常有对生木栓翅。叶互生，倒卵形，革质，大小不等，基部偏斜，边缘具重锯齿，侧脉明显。花小，簇生于上一年生枝叶。翅果宽卵形，两面及边缘有毛，种子位于中部。

花果期 花期3~5月，果期4~6月。

分布及生境 分布于东北、华北、西北、华中等地。北京各区（县）山区常见，生于向阳的山坡上及岩石缝中。

利用部位及用途 ①木材重硬，纹理直，有光泽，韧性强，耐磨损，可供车辆、家具、农具等用材。②果实可入药，具有祛痰止咳、利尿、消积、杀虫等功效；果实亦可食用。③种子含油量高，可榨油，干燥后供医药和化工原料用。④可作园林绿化植物栽培。

小叶朴（黑弹朴） *Celtis bungeana* Bl. 榆科 Ulmaceae

形态特征 落叶乔木，高可达 15m。树皮灰色，平滑。单叶互生，叶形多变，卵形至卵状披针形，厚纸质，基部偏斜或圆形，叶缘中部以上具疏齿，3 出脉。花腋生，杂性同株。核果球形，直径 6~8mm，无毛，成熟时紫黑色，果柄长于叶柄。

花果期 花期 4~5 月，果期 9~10 月。

分布及生境 分布于东北南部、华北、西北经长江流域各地至西南地区。北京各区（县）低海拔山地极常见，多生于路旁、山坡、灌丛或林边。

利用部位及用途 ①木材供建筑用，树皮纤维可代麻用或做造纸和人造棉原料。②树皮可药用，主治支气管哮喘及慢性气管炎。③对病虫害、烟尘污染等抗性强，可作工矿厂区及城区绿化树种。

桑（白桑，家桑） *Morus alba* L. 桑科 Moraceae

形态特征 落叶小乔木，高 5~6m。有乳汁。树皮浅纵裂，小枝灰白色。单叶互生，卵形或宽卵形，基部 3 出脉，表明光亮，基部近心形，叶缘不规则分裂，具锯齿。花雌雄异株，组成柔荑花序。聚花果长圆形，熟时暗紫色、近黑色或白色。单果为瘦果，外被宿存的肉质花萼。

花果期 花期 4~5 月，果期 6 月。

分布及生境 原产我国中部和北部，现由东北至西南、西北各地直至新疆均有栽培。北京各区（县）常见，栽培或常逸为野生。

利用部位及用途 ①木材坚硬，可制家俱、乐器、雕刻等。②茎皮纤维柔细，为高级纺织和造纸原料。③根皮、叶及果实可入药，具疏散风热、清肺润燥、清肝明目等功效，用于风热感冒、肺热燥咳、头晕头痛、目赤昏花等症。④叶为我国传统养蚕的主要饲料。⑤聚花果俗称“桑椹”，可以食用或酿酒。⑥ 树冠宽阔，树叶茂密，秋季叶色变黄，颇为美观，且能抗烟尘及有毒气体，为城市、工矿区及农村绿化优良树种。我国古代有在房前屋后栽种桑树和梓树的传统，因此常把“桑梓”代表故土、家乡。

蒙桑	*Morus mongolica* (Bur.) Schneid.	桑科 Moraceae

形态特征 落叶小乔木或灌木，有乳汁。树皮光滑，纵裂。小枝红褐色。单叶互生，卵形，先端渐尖或尾状尖，不裂或 3~5 裂，叶缘锯齿具芒状尖。花雌雄异株，组成柔荑花序。聚花果长圆形，长约 1.5cm，成熟时肉质，红色或紫黑色。

花果期 花期 4~5 月，果期 6~7 月。

分布及生境 产东北南部、华北、华中、西北、西南等地。北京各区（县）山地常见，生于低山阳坡、向阳沟谷。

利用部位及用途 ①木材可做家具和工艺品等。②韧皮纤维系高级造纸原料，脱胶后可作纺织原料。③根皮入药，具有抗炎、降血糖、利尿等功效。④果实可食用或酿酒。

大麻 | *Cannabis sativa* L. | 大麻科 Cannabaceae

形态特征　一年生直立草本，高 1~3m，密生灰白色贴伏毛。叶掌状全裂，表面深绿，背面幼时密被灰白色贴状毛。雄花序长达 25cm，花黄绿色，花被 5，膜质；雌花绿色，花被 1，紧包子房。瘦果为宿存黄褐色苞片所包，果皮坚脆，表面具细网纹。

花果期　花期 5~6 月，果期 7 月。

分布及生境　原产中亚和印度，我国各地均有栽培。北京各区（县）常见栽培，常逸为野生。

利用部位及用途　①茎皮韧皮纤维发达，是上等的造纸、纺织和绳索制品等的原材料。②果实含大麻二酚、四氢大麻酚等多种化学成分，有毒性，可入药，具有抗炎、镇痛、抗惊厥等功效。③种子含油量高，可榨油，供工业用或小剂量食用。

葎草（拉拉秧、五爪龙） *Humulus scandens* (Lour.) Merr. 大麻科 Cannabaceae

形态特征 多年生茎蔓草本植物，茎、枝、叶柄均具倒钩刺。叶纸质，掌状 5~7 深裂，基部心形，表面粗糙，疏生糙伏毛，背面有柔毛和黄色腺体。圆锥花序，雄花小，黄绿色，雌花序球果状，雌花少数，常 2 朵聚生，由大型宿存的苞片被覆。瘦果扁球形。

花果期 花期 7~8，果期 9~10 月。

分布及生境 除新疆、青海、西藏外，全国广布。北京各区（县）均有分布，极常见，生于沟边、荒地、废墟、林缘边，通常群生，缠绕其他植物生长。

利用部位及用途 ①全草可入药，具有抗菌、抗结核、抗骨质疏松等功效。②茎皮纤维可作造纸原料。③种子油可制肥皂，果穗可代啤酒花 *H.lupulus* 用。

狭叶荨麻（蜇麻） *Urtica angustifolia* Fisch. ex Hornem. 荨麻科 Urticaceae

形态特征 多年生草本，高 50~150cm。全株有螯毛。单叶对生，长圆状披针形，边缘具粗锯齿，3 条主脉。花雌雄异株，集生成簇，组成狭长圆锥状花序，雌雄花被片各 4，2 枚背生雌花被片花后增大。瘦果卵形，长约 1mm，包于宿存花被内。

花果期 花期 7~8 月，果期 8~9 月。

分布及生境 分布于东北、华北等地。北京各区（县）均有分布，极常见，生于山地林缘、灌丛或沟旁，喜阴湿环境，常成片生长。

利用部位及用途 ①茎叶富含蛋白质、脂肪、氨基酸及无机元素，是营养及保健价值极高的药食两用山野菜，俗称“哈拉海”，可鲜食、炒食、凉拌、酱菜、烹调等。②茎、叶可入药，能祛风定惊，消食通便；外用治荨麻疹初起，蛇咬伤。③茎皮纤维可用于纺织或造纸。④种子可榨油。⑤茎叶上的蜇毛有毒性（过敏反应），接触皮肤后立刻引起刺激性皮炎，如瘙痒、红肿等。

被子植物

麻叶荨麻	*Urtica cannabina* L.	荨麻科 Urticaceae

形态特征 多年生草本，高 70~150cm。茎、叶片、花序伏生短毛及螯毛。叶对生，掌状 3 全裂，裂片再成缺刻状羽状深裂。花单性，雌雄同株或异株，雄花序圆锥状，雌花序穗状，花被片 4。瘦果狭卵形，顶端锐尖，稍扁，长 2~3mm，熟时变灰褐色，包于宿存花被片内。

花果期 花期 7~8 月，果期 8~9 月。

分布及生境 分布于东北、华北、西北地区。北京见于门头沟、怀柔、密云等区（县），较狭叶荨麻少见，生于干燥山坡、草地和路旁。

利用部位及用途 ①嫩茎叶可作山野菜食用，俗称“哈拉海”，可鲜食、炒食、凉拌、酱菜、烹调等。②茎、叶可入药，具祛风湿、凉血、定痉等功效；外用治荨麻疹初起、毒蛇咬伤。③茎皮纤维可作纺织原料。④种子可榨油，供工业用。⑤刺毛有毒，接触皮肤立即产生剧烈疼痛，但嫩时无毒。

蝎子草	*Girardinia suborbiculata* C. J. Chen	荨麻科 Urticaceae

形态特征 一年生草本，高达 1m，具棱。全株伏生糙硬毛及螫毛。单叶互生，卵圆形，具 3 脉，叶缘具粗锯齿或裂片。叶腋无珠芽。花单性同株，雄花序生于茎下部，雌花序生于茎上部。瘦果两面凸出，具疣状突起，密集着生于果序的一侧。

花果期 花期 7~8 月，果期 8~10 月。

分布及生境 产东北至华中各省份。北京各区（县）山地均有分布，极常见，生于林下沟边或住宅旁阴湿处。

利用部位及用途 ①全草可入药，具有降血糖、抗氧化活性、抗风湿性关节炎、镇痛、降血压等药理活性。②韧皮纤维发达，可供纺织和做绳索。③茎叶可作动物饲料。④螫毛有毒，为高浓度酸，触及皮肤可引起红肿。

透茎冷水花 | *Pilea pumila* (L.) A. Gray | 荨麻科 Urticaceae

形态特征　一年生草本，高 5~50cm。茎肉质，鲜时透明。叶近膜质，菱状卵形或宽卵形，边缘除基部全缘外，其上有牙齿或牙状锯齿。花雌雄同株，雄花常生于花序下部，花序蝎尾状，雌花枝在果时增长。瘦果扁卵形，表面散生有褐色斑点。

花果期　花期 6~8 月，果期 8~10 月。

分布及生境　分布于东北地区及华北，南至华南地区。北京各区（县）均有分布，较少见，生于山谷、溪边或阴湿的石缝中。

利用部位及用途　①全草药用，有利尿解热和安胎之效。②茎透明，叶美观，容易成活，可栽培供观赏。

细穗苎麻（小赤麻） *Boehmeria gracilis* C. H. Wright 荨麻科 Urticaceae

形态特征 多年生草本，高 60~90cm。茎常分枝。单叶对生，宽卵形，先端尾状渐尖，叶缘具粗锯齿，3 条主脉。花雌雄异株，穗状花序腋生，细长，雄花被 4 裂，雌花簇生成球形，花被 3~4 齿裂。瘦果包于宿存花被内，顶端具宿存花柱。

花果期 花期 7~8 月，果期 8~10 月。

分布及生境 产西南、华中、华东、华北、东北地区。北京各山区均有分布，较常见，生于山坡草地、灌丛中、石上或沟边。

利用部位及用途 ①全草可入药，具有安胎、止血等功效。②茎皮纤维坚韧，可作造纸、绳索、棉及纺织原料，并可作麻刀用。③种子含脂肪油，可制肥皂及食用。

百蕊草 *Thesium chinense* Turcz. 檀香科 Santalaceae

形态特征 多年生半寄生草本，高 15~40cm。茎直立纤细，多分枝。叶互生，无柄，线形，全缘，中脉 1 条。花序总状，苞片 1，与叶同形，小苞片 2，线形；花绿白色，花被钟形，上部 5 裂。坚果椭圆状或近球形，淡绿色，表面有明显隆起的网脉，顶端的宿存花被近球形。

花果期 花期 4~6 月，果期 5~8 月。

分布及生境 广布种，我国大部地区均产。北京各区（县）山地常见，生于山坡草丛中或林缘。

利用部位及用途 含黄酮苷、甘露醇等成分，具清热解毒、补肾涩精等功效，可治急性乳腺炎、肺炎、肺脓疡、扁桃体炎、上呼吸道感染、肾虚腰痛、遗精等症，并作利尿剂。

槲寄生（冻青） *Viscum coloratum* (Kom.) Nakai 槲寄生科 Viscaceae

形态特征 寄生半常绿灌木，茎、枝圆柱状，2 歧或 3 歧，节稍膨大，干后具不规则皱纹。叶对生，革质，长椭圆形，基出脉 3~5 条。雌雄异株，雄花序聚伞状，常具花 3 朵；雌花序聚伞式穗状，具花 3~5 朵，花黄色。果球形，成熟时淡黄色或橙红色，果皮平滑。

花果期 花期 7~8 月，果期 8~9 月。

分布及生境 全国大部分地区均产。北京延庆、怀柔、密云等区（县）有分布，少见，常寄生于榆、杨、桦、栎等植物上。

利用部位及用途 ①带叶的茎枝可供药用，具有补肝肾、强筋骨、祛风湿、安胎等功效，用于筋骨疼痛、肢体拘挛、腰背酸痛、跌打损伤等症。②槲寄生有着深厚的文化底蕴，常青的槲寄生代表着希望和丰饶。

水蓼（辣蓼） *Polygonum hydropiper* L. 蓼科 Polygonaceae

形态特征 一年生草本，高40~70cm。茎直立，多分枝，无毛，节部膨大。叶披针形或椭圆状披针形，具辛辣味。总状花序呈穗状，花被5深裂，绿色，上部白色或淡红色。瘦果卵形，双凸镜状，密被小点，黑褐色，无光泽，包于宿存花被内。

花果期 花期5~9月，果期6~10月。

分布及生境 分布于我国南北各地。北京各区（县）常见，生于河滩、水沟边、山谷湿地。

利用部位及用途 ①嫩苗、嫩叶可食用，具辣味。②全草入药，名“辣蓼”，具清热解毒、散瘀止血之功效。外用治毒蛇咬伤、皮肤湿疹。民间用其嫩叶捣烂浸酒治疗跌打损伤。③果实（蓼实）为利尿药，主治水肿和疮毒。④茎和叶能制土农药，用于杀虫和抑制真菌。

酸模叶蓼	*Polygonum lapathifolium* L.	蓼科 Polygonaceae

形态特征 一年生草本，高 30~100cm。茎直立，有分枝。叶披针形或宽披针形，大小变化很大，上面绿色，常有黑褐色新月形斑点，无毛，全缘，边缘生粗硬毛，托叶鞘筒状，膜质。花序为数个花穗构成的圆锥状花序；花多数，淡红色或白色，花被通常 4 深裂。瘦果卵形，扁平，两面微凹，黑褐色，光亮，全部包于宿存花被内。

花果期 花期 5~7 月，果期 6~9 月。

分布及生境 分布于全国各地。北京各区（县）极常见，生于沟边、路旁、林缘等潮湿处。

利用部位及用途 ①味酸，在新鲜状态下直接食用其嫩叶或作蔬菜食用。②全草入药，味辛，性温，具利湿解毒、散瘀消肿、止痒功能；全草可制土农药。③果实为利尿药，主治水肿和疮毒。④种子可提取淀粉。

杠板归　*Polygonum perfoliatum* L.　蓼科 Polygonaceae

形态特征　一年生草本。茎蔓生，有棱，具倒钩刺。托叶鞘近圆形，穿茎。茎常带红褐色，有棱，沿棱有倒生钩刺。叶柄盾状着生，叶近正三角形，全缘，疏生钩刺。花序短穗状，苞片内有 2~4 花；花被 5 裂，白色或粉红色，果期肉质，蓝色。瘦果球形，包于宿存花被内。

花果期　花期 6~8 月，果期 7~10 月。

分布及生境　产东北、华北、华东、华中、华南、西南各地。北京各区（县）常见，生于田边、路旁、山谷湿地。

利用部位及用途　全草可入药，性凉，味苦、酸，具清热解毒、利尿消肿之功效，可用于治疗肾炎水肿、百日咳、泻痢、湿疹、疖肿、毒蛇咬伤。

珠芽蓼　*Polygonum viviparum* L.　蓼科 Polygonaceae

形态特征　多年生草本，茎高15~60cm。根茎肥厚，不分枝，常有2~3个生自根状茎的枝。单叶互生，长圆形或披针形，全缘。穗状花序顶生，花序下部或全部的苞片腋内生珠芽，花被5裂，白色或粉红色。瘦果卵形，有3棱，深褐色，有光泽。

花果期　花期5~6月，果期6~8月。

分布及生境　产东北、华北、河南、西北、西南地区。北京见于门头沟区百花山、东灵山等西部山区，生于海拔1200m以上草坡、高山草甸及林下。

利用部位及用途　①根和根茎含有槲皮素、山柰酚、杨梅树皮素、芦丁和金丝桃甙等，具清热解毒、散瘀止血之功效；外用治跌打损伤、痈疖肿毒、外伤出血。②根和根茎含鞣质，可提制栲胶。

被子植物

河北大黄（华北大黄） *Rheum franzenbachii* Münter 蓼科 Polygonaceae

形态特征 多年生草本，高 50~150cm。根肥大，肉质。茎直立，粗壮，中空。基生叶大，卵状三角形，叶缘波状，茎生叶较小。大型圆锥花序，苞片肉质，内有小花 3~5 朵，花被片 6，2 轮，黄白色。瘦果 3 棱形，棱生翅，具宿存花被。

花果期 花期 7~8 月，果期 8~9 月。

分布及生境 产山西、河北、内蒙古南部及河南北部。北京延庆、门头沟、密云等区（县）高海拔山区有分布，较少见，生于山坡沟谷石缝中、草甸或林缘。

利用部位及用途 ①基生叶叶柄可作蔬菜食用，撕去外皮生吃，酸甜，有奶味，或切段蒸熟后再加糖溜炒，味似山楂，酸甜可口。②根含泻下成分大黄蒽甙和收敛性成分大黄鞣甙类，可做“大黄”药用，具有泻下、抑菌、抗炎作用。③根含鞣质，可提取栲胶。

巴天酸模（土大黄） *Rumex patientia* L. 蓼科 Polygonaceae

形态特征 多年生草本，高80~150cm。根肥大。茎粗壮，上部分枝，具深沟槽。基生叶长圆状披针形，基部圆形或近心形，叶缘波状，茎生叶较小。大型圆锥花序，花被片6，内轮3片果时增大，全缘，具网纹。瘦果3棱形，褐色，光亮，包于宿存内轮花被内。

花果期 花期5~8月，果期6~9月。

分布及生境 分布于东北、华北、西北、华中等地区。北京各区（县）极常见，生于水沟、路旁、田边、荒地，也见于山区的沟边潮湿处。

利用部位及用途 ①嫩茎叶味酸，营养丰富，可以食用。但食之过多有可能导致酸中毒，因而食用前要经预处理除酸汁，且食用要适度。②茎叶可以开发成功能性饮料。③根含鞣质，可提制栲胶。④根有药用价值，能清热解毒、活血散瘀、利水通便。

藜（灰菜）	*Chenopodium album* L.	藜科 Chenopodiaceae

形态特征 一年生草本，高 30~150cm。茎直立，具棱及绿色或紫红色条纹，多分枝。叶互生，菱状卵形至宽披针形，边缘常有不整齐锯齿，下面生粉粒，灰绿色。花两性，数个集成团伞花簇，多数花簇排成腋生或顶生的圆锥状花序，花被片 5，黄绿色。胞果稍扁，近球形，果皮薄。种子双凸镜形，有光亮。

花果期 花期 6~8 月，果期 8~9 月。

分布及生境 广布于全国。北京各地极为常见，生于路边、田间、荒地及房前屋后等地，为最常见杂草之一，常形成单一群落。

利用部位及用途 ①幼苗和嫩茎叶经沸水焯后可炒食或作馅，味似菠菜，口感柔嫩，营养丰富，能够预防贫血，是一种老少皆宜的保健食品，但一次食用量不宜过多。②全草可入药，能止泻痢、止痒，用于痢疾、腹泻、湿疮痒疹、毒虫咬伤。③茎叶常作动物饲料。④种子可榨油，供食用和制肥皂及其他工业用。

地肤	*Kochia scoparia* (L.) Schrad.	藜科 Chenopodiaceae

形态特征 一年生草本，高 50~100cm。根略呈纺锤形。株丛紧密，分枝多而细。茎直立，淡绿色或带紫红色。叶披针形或条状披针形。花极小，两性或雌性，通常 1~3 个生于上部叶腋，构成疏穗状圆锥花序，淡绿色，花被裂片近三角形。胞果，扁球形，果皮膜质，与种子离生。

花果期 花期 6~9 月，果期 7~10 月。

分布及生境 全国各地均有分布。北京各区（县）常见，生于田边、路旁、荒地等处。

利用部位及用途 ①幼苗及嫩茎叶可炒食或做馅，色鲜绿，味鲜美，也可烫后晒成干菜贮备，食用时用水发开。②果实含三萜皂甙、脂肪油、生物碱、黄酮等，可入药，名“地肤子”，具清热利湿、利尿、祛风止痒之功效，可用于小便涩痛、阴痒带下、风疹、湿疹、皮肤瘙痒等症。③种子含油约 15%，可供食用和工业用。④老株木质化，可用来作扫帚，俗称“扫帚菜”。⑤常见栽培供观赏。

其他 园林栽培主要是其变种细叶扫帚菜，其株形矮小，分枝极多，紧密向上，叶细软、嫩绿色，秋季转为红紫色。

猪毛菜	*Salsola collina* Pall.	藜科 Chenopodiaceae

形态特征 一年生草本，高 30~100cm。茎多分枝，开展，绿色，有条纹，光滑无毛。叶线状圆柱形，肉质，先端具锐刺尖。花多数于枝上端成细长穗状花序，苞片具锐长尖，花两性，花被片 5，透明膜质。胞果近球形，果皮干膜质。

花果期 花期 7~9 月，果期 8~10 月。

分布及生境 全国各地均有分布。北京各区（县）常见，常成群丛生于田野路旁、沟边、荒地或盐碱化沙质地，为常见的田间杂草。

利用部位及用途 ①果期全草可入药，含有生物碱、黄酮、甾醇、木脂素等成分，治疗高血压，效果良好。②嫩植株可食用，也可作畜牧饲料。③种子可用来榨油。④全草可提取黄绿色染料。

商陆（山萝卜） *Phytolacca acinosa* Roxb. 商陆科 Phytolaccaceae

形态特征 多年生草本，高 0.5~1.5m。根肥大，肉质，倒圆锥形。茎直立，绿色或红紫色，多分枝。叶片薄纸质，长椭圆形或披针状椭圆形。总状花序顶生或与叶对生，花被片 5，黄绿色。浆果扁球形，通常由 8 个分果组成，熟时黑色。种子肾圆形，扁平，黑色。

花果期 花期 4~7 月，果期 7~10 月。

分布及生境 分布于东北、华北、西北、华南等地区。北京见于房山、延庆、海淀、怀柔、密云等区（县），较少见，多生于疏林下、林缘、路旁、山沟等湿润的地带。

利用部位及用途 ①根可入药，有利水、消肿、下泻之功效，主治水肿胀满、二便不通、瘰疬、疮毒等。②取其根部晒干捣碎，和凡士林一同敷于蚊虫叮咬处，可以止痒消肿。③为有毒植物，误用或用法不当，易引起中毒，可引起中枢神经麻痹、呼吸运动障碍。孕妇多服有流产的危险。

石生蝇子草 | *Silene tatarinowii* Regel | 石竹科 Caryophyllaceae

形态特征 多年生草本，株高 30~80cm。根圆柱形或纺锤形，黄白色。茎疏散，匍匐或斜向上，多分枝。叶对生，叶长圆状披针形，全缘，常具 3 脉。聚伞花序顶生，有花 3~7 朵，苞片叶状，花萼筒状，具 10 脉，花瓣 5，白色，雄蕊 10。蒴果长卵形，熟时 3 瓣裂。种子肾形，红褐色至灰褐色，有钝的疣状突起。

花果期 花期 7~8 月，果期 8~9 月。

分布及生境 分布于东北南部、华北、西北、西南地区。北京各区（县）山地常见，生于灌丛、疏林下多石质的山坡或岩石缝中。

利用部位及用途 根入药，具清热凉血、补虚安神之功效，用于治疗身热口干、心神不安、失眠多梦、惊悸健忘。

瞿麦	*Dianthus superbus* L.	石竹科 Caryophyllaceae

形态特征 多年生草本，茎丛生，高 30~50cm。叶对生，线状披针形，全缘。花单生枝顶或数朵成聚伞花序，苞片 2~3 对，花萼筒状，花瓣 5，淡红色，瓣片边缘细裂成流苏状，喉部有须毛，基部具长爪，雄蕊 10，花柱 2。蒴果狭圆筒形。种子黑色。

花果期 花期 7~8 月，果期 8~10 月。

分布及生境 分布于东北、华北、西北、华东等地区。北京见于门头沟区百花山、东灵山，怀柔区喇叭沟门等地，生于山坡草地、林缘、疏林下、亚高山草甸，较少见。

利用部位及用途 ①全草有利尿功效，可治疗水肿及淋病，对于血淋及尿血症有特效；又为通经、催产和堕胎药，孕妇忌用。②花美丽，是布置花坛、花境的良好材料，也可盆栽或作切花。

石竹 *Dianthus chinensis* L. 石竹科 Caryophyllaceae

形态特征 多年生直立草本，高 25~40cm。叶对生，线状披针形，全缘。花单生枝顶或 2~3 朵成聚伞花序，苞片倒卵形，花萼筒状，花瓣 5，紫红、粉红或白色，先端齿裂，基部具长爪，雄蕊 10，花柱 2。蒴果圆筒形，先端 4 裂。

花果期 花期 5~6 月，果期 7~9 月。

分布及生境 分布于我国北部和中部各地。北京各区（县）常见，生于向阳山坡草地和林缘灌丛，也被普遍栽培。

利用部位及用途 ①全草含皂甙、挥发油，油中主要为丁香酚、苯乙醇、苯甲酸苄酯、水杨酸苄酯、水杨酸甲酯，有清热、利尿、活血、通经之功效。②花美丽，作为观赏植物在世界范围内被广泛引种栽培，现已培育出大量栽培品种。园林上用作布置花坛、花境的材料，也可盆栽或作切花。

金莲花 | *Trollius chinensis* Bge. | 毛茛科 Ranunculaceae

形态特征 多年生草本，高 50~70cm。全株无毛。基生叶具长柄，近五角形，3 全裂；茎生叶互生，5 全裂，裂片再裂并有锐锯齿。花金黄色，单生茎顶，直径 4~6cm，萼片多数，花瓣状，花瓣多数，线形。蓇葖果。种子近倒卵球形，黑色，光滑，具 4~5 棱角。

花果期 花期 6~7 月，果期 8~9 月。

分布及生境 分布于东北、华北等地区。北京见于门头沟、密云、怀柔、延庆等区（县），较少见，生于海拔 800~2200m 的山顶草地、疏林。

利用部位及用途 ①花入药，味苦，性寒，有小毒，具有清热解毒、抗菌、抗病毒的功效，主要用于治疗上呼吸道咽喉肿痛、慢性扁桃体炎、痈肿疮毒、口疮、目赤等症，尤其对治疗慢性炎症有效。②植株秀丽，叶形新奇，花色金黄，适宜用于点缀花坛、花境、花径等处，亦可片植于林缘、草坪。

升麻（兴安升麻）

Cimicifuga dahurica (Turcz. ex Fisch. & C. A. Mey.) Maxim.

毛茛科 Ranunculaceae

形态特征 多年生草本，高1~2m。根茎粗壮，表皮黑色。下部茎生叶为2~3回3出羽状复叶，具长柄。复总状花序，轴密被灰色或锈色腺毛，花被片5，白色或绿白色，雄蕊多数，心皮2~5，密被灰色柔毛。蓇葖果，长圆球形，密被贴伏柔毛。

花果期 花期7~9月，果期8~10月。

分布及生境 分布于华北、西北、西南等地区。北京见于门头沟、密云、怀柔、延庆等区（县），较常见，生于山地林缘、林中或路旁草丛中。

利用部位及用途 ①嫩茎叶（未开花）可供凉拌和炒食，清香爽口，略带苦味，是具有很大发展潜力的山野菜。②根含升麻碱、水杨酸、鞣酸及脂肪酸等，具有清热、解毒、发汗之功效，能解麻疹、痘疮、诸疡之毒。

类叶升麻	*Actaea asiatica* Hara	毛茛科 Ranunculaceae

形态特征 多年生草本，高30~80cm。根状茎横走，质坚实，外皮黑褐色，生多数细长的根。叶互生，2~3回3出羽状复叶，具长柄。总状花序，萼片4，白色，早落，花瓣6，匙形，黄色，雄蕊多数，心皮1。浆果近球形，紫黑色。种子约卵形，深褐色。

花果期 花期5~6月，果期7~9月。

分布及生境 分布于东北、华北、西北、西南等地。北京见于各区（县）山地，较少见，零散生于山地阔叶林下。

利用部位及用途 ①根状茎在民间供药用，微苦、辛凉，具祛风止咳、清热解毒之功效，用于治疗感冒头痛、顿咳；外用于治疗犬咬伤。②全草有毒，不可食用，可作土农药。③浆果紫黑色，有时用制染料。

牛扁（黄花乌头）

Aconitum barbatum Pers. var. *puberullum* Ledeb.

毛茛科 Ranunculaceae

形态特征 多年生草本，高 40~110cm。具直根。茎、叶柄、花序均被反曲贴伏毛。叶互生，圆肾形，掌状 3 全裂。顶生总状花序，多花；萼片 5，黄色，上萼片圆筒形；花瓣 2，具直或微弯的距。蓇葖果。种子倒卵球形，褐色，密生横狭翅。

花果期 花期 6~8 月，果期 8~9 月。

分布及生境 分布于辽宁、河北、山西、内蒙古、新疆等地区。北京见于各区（县）山地，较常见，生于海拔 400~2100m 山坡草地或疏林中潮湿处。

利用部位及用途 ①根入药，可祛风止痛、止咳平喘、化痰，用于治疗咳嗽痰喘、腰腿痛、关节肿痛；外用可治疥癣、瘰疬，并可杀虱。②全草有毒，可作土农药。

翠雀（大花飞燕草） *Delphinium grandiflorum* L. 毛茛科 Ranunculaceae

形态特征 多年生草本，高30~65cm。单叶互生，圆五角形，掌状3全裂，末回裂片线形至披针形。总状花序，花3~15朵，紫蓝色；萼片5，上萼片延长成距；花瓣2，有距；退化雄蕊2，有黄髯毛。蓇葖果3个聚生，直立。种子倒卵状四面体形，沿棱有翅。

花果期 花期5~8月，果期8~10月。

分布及生境 分布于东北、华北、西南等地区。北京各区（县）山地常见，生于海拔400~2000m山坡草地。

利用部位及用途 ①全草及种子可入药，具有局麻、镇痛、强心、解热、抗炎等药理活性。②有毒植物，全草可作土农药，可用于杀苍蝇及其幼虫。③花色艳丽，花姿奇持，形如飞燕，优雅别致，花序硕大成串。适合用于办置庭园花坛、花境，也是作切花的好材料。

瓣蕊唐松草（马尾黄连） *Thalictrum petaloideum* L. 毛茛科 Ranunculaceae

形态特征 多年生草本，高 18~80cm。全株无毛。3~4 回 3 出复叶，小叶 3 裂，裂片全缘。伞房状聚伞花序，花多数，白色；萼片 4，早落，无花瓣；雄蕊多数，花丝中上部棍棒状倒披针形，白色，比花药宽，或成花瓣状。瘦果卵形，有 8 条纵肋，先端具宿存柱头。

花果期 花期 6~7 月，果期 8 月。

分布及生境 分布于东北、华北、西北、西南等地区。北京各区（县）山地极常见，生于海拔 300~2200m 山地草坡和林缘向阳处。

利用部位及用途 ①根含小檗碱，部分地区用其根作马尾黄连入药，有清热燥湿、泻火解毒的作用。可治黄疸型肝炎、腹泻、痢疾、渗出性皮炎等症。②蜜源植物。③枝叶舒展，体表似覆白霜，细腻雅致，花小繁密，花丝下垂披散，潇洒飘逸，适宜野生花卉园或自然风景园丛植点缀，亦可盆栽观赏。

贝加尔唐松草（球果白蓬草） *Thalictrum baicalense* Turcz. 毛茛科 Ranunculaceae

形态特征 多年生草本，茎高 45~80cm。3 回 3 出复叶，小叶草质，顶生小叶宽菱形、扁菱形或菱状宽倒卵形。花序圆锥状，花梗细，萼片 4，绿白色，早落，椭圆形，心皮 3~7，花柱直。瘦果卵球形或宽椭圆球形，稍扁，长约 3mm，有 8 条纵肋。

花果期 花期 5~6 月，果期 6~7 月。

分布及生境 分布于东北、华北、西北、西南等地区。北京见于门头沟区百花山、怀柔区喇叭沟门、密云县坡头及雾灵山等地，较少见，生于 1200~1800m 的山地林下、林缘及草坡。

利用部位及用途 ①根含小檗碱，可代替黄连用，具有清热燥湿、解毒之功效，用于治疗痢疾、目赤等症。②果实小巧美观，可栽培供观赏。

华北耧斗菜 *Aquilegia yabeana* Kitag. 毛茛科 Ranunculaceae

形态特征 多年生草本，高 40~60cm。基生叶具长柄，1~2 回 3 出复叶，小叶 3 裂，边缘有圆齿，茎生叶较小。聚伞花序下垂，密被短腺毛，花少数，紫色。萼片 5，花瓣 5，基部延长成钩状弯曲的距，雄蕊多数，不超出花瓣，花药黄色，内轮雄蕊退化，白色膜质。蓇葖果。种子黑色，狭卵形。

花果期 花期 5~7 月，果期 7~9 月。

分布及生境 分布于东北、华北、华东等地区。北京常见于各区（县）山地，生于山坡、林缘及山沟石缝。

利用部位及用途 ①根含糖类，可作饴糖或酿酒。②全草入药，用于治疗月经不调、产后瘀血过多、痛经、疮疖、泄泻及蛇咬伤。③种子含油，可供工业用。④叶形别致，花朵大型且花姿独特，已广泛栽培供观赏。

银莲花 *Anemone cathayensis* Kitag. 毛茛科 Ranunculaceae

形态特征 多年生草本，高 15~40cm。根状茎长 4~6cm。叶基生，有长柄，圆肾形，掌状 3 全裂，中央裂片 3 裂，侧裂片不等 3 深裂。聚伞花序，具花 2~5 朵；萼片 5~6，白色或带粉红色，花瓣状；无花瓣，雄蕊多数。瘦果卵圆形，宿存花柱钩状弯曲。

花果期 花期 5~6 月，果期 7~9 月。

分布及生境 分布于东北、华北等地区。北京见于门头沟区百花山、东灵山和密云县坡头等地，较少见，生于海拔 1000~2000m 处山地草坡。

利用部位及用途 ①含毛茛苷、白头翁素和原白头翁素等化学成分，具有抗肿瘤、抗炎、镇痛、抗惊厥等药理作用。②花大洁白，清雅脱俗，在园林中可用于林缘、草坡、花坛等处作观赏。

大叶铁线莲	*Clematis heracleifolia* DC.	毛茛科 Ranunculaceae

形态特征 多年生直立草本，高达 1m。被短柔毛。3 出复叶对生，小叶宽卵形或近圆形，边缘具不整齐粗锯齿。复合聚伞花序排成圆锥状；花杂性异株，蓝色；萼片 4，花瓣状，长圆形，上部向外弯曲。瘦果倒卵形，红棕色，被毛，宿存花柱，羽毛状。

花果期 花期 7~8 月，果期 8~9 月。

分布及生境 分布于东北、华北、华东、西北等地区。北京各区（县）低山区均有分布，极常见，生于山坡、林下、草丛或山沟边。

利用部位及用途 ①全草及根可入药，有祛风除湿、解毒消肿的作用，可治风湿关节痛，俗名“气死大夫”。②种子可榨油，含油量 14.5%，供油漆用。③喜湿耐阴，植物体被白毛，花蓝色，果棕红，可用作阴湿地的观赏性地被植物。

棉团铁线莲	*Clematis hexapetala* Pall.	毛茛科 Ranunculaceae

形态特征 多年生草本，高 30~100cm。单叶对生，1~2 回羽状全裂，革质，末回裂片线状披针形，全缘，脉明显。聚伞花序通常具 3 花，白色；萼片 6，花瓣状，外面密被白棉毛；雄蕊、心皮多数。瘦果密被毛，宿存花柱羽毛状。

花果期 花期 6~8 月，果期 7~9 月。

分布及生境 分布于东北、华北、华东、西北等地区。北京各区（县）山地常见，生于中低山阳坡和阴坡的灌丛和灌草丛中。

利用部位及用途 ①嫩茎叶可食用，凉拌或炒食。②根入药称“威灵仙”，有解热、镇痛、利尿、通经的作用，治风湿症、水肿、神经痛、痔疮肿痛。③有小毒，作土农药，对马铃薯疫病和红蜘蛛有良好防治作用。

芹叶铁线莲（断肠草）

Clematis aethusifolia Turcz.

毛茛科 Ranunculaceae

形态特征 多年生草质藤本，幼时直立，以后匍匐。直根细长，棕黑色。单叶对生，2~3 回羽状细裂，末回裂片线形。聚伞花序腋生，含 1~3 花；花萼钟状下垂，萼片 4，淡黄色，花瓣状，顶端常反折；雄蕊、心皮多数。瘦果扁平，宽卵形或圆形，被短柔毛，宿存花柱羽毛状，密被白色柔毛。

花果期 花期 7~8 月，果期 8~9 月。

分布及生境 分布于华北、西北等地。北京各区（县）山地常见，生于山坡草地或疏林中。

利用部位及用途 ①全草入药，具散风祛湿、活血止痛之功效，治风湿性关节痛；外用可除疮、排脓。②北京和河北部分地区作“透骨草”入药，治胃包囊虫和肝包囊虫。本植物全株有毒性，需慎用。

黄花铁线莲 *Clematis intricata* Bge. 毛茛科 Ranunculaceae

形态特征 多年生草质藤本，长达 3m。茎攀援，多分枝，近无毛。叶对生，2 回羽状复叶，小叶披针形或狭卵形，灰绿色。聚散花序腋生，通常具 2~3 花。花萼钟形，黄色，裂片 4 枚，雄蕊多数。瘦果卵形，顶端宿存羽毛状花柱，长达 5cm，多数聚集呈丝绒般球状。

花果期 花期 7~8 月，果期 8 月。

分布及生境 产东北、华北、西北等地。北京各区（县）有分布，较少见，生于山坡、草地、路边或灌木丛中。

利用部位及用途 ①全草入药，称“透骨草”，有微毒，能祛风湿、解毒、止痛，外用主治风湿筋骨疼痛、关节炎、疮疖肿毒；民间常将全草捣烂加白矾涂于患处可治牛皮癣，但不宜久敷。②花、果美丽，可栽培供观赏。

短尾铁线莲 | *Clematis brevicaudata* DC. | 毛茛科 Ranunculaceae

形态特征 木质藤本。分枝紫褐色。2 回羽状复叶或 3 出复叶，对生，小叶薄纸质，卵形至披针形，边缘疏生锯齿。圆锥状聚伞花序，多花；萼片 4，开展，白色或淡黄色；雄蕊多数，花丝叉分；心皮多数。瘦果卵形，密被毛，宿存花柱羽毛状。

花果期 花期 6~8 月，果期 8~9 月。

分布及生境 分布于东北、华北、华东、西北、西南等地区。北京各区（县）山地极常见，生于山地灌丛、林缘或平原路旁。

利用部位及用途 ①全草可入药，药味微苦，性凉，有小毒，具有镇痛、抗炎、抗菌、消肿等功效。②嫩茎叶可食用，俗名“龙须菜”，清爽可口，在各山区（县）普遍食用，是很有开发潜力的山野菜。

毛茛	*Ranunculus japonicus* Thunb.	毛茛科 Ranunculaceae

形态特征 多年生草本，高 15~70cm，密被伸展的白色柔毛。基生叶具长柄，圆心形或五角形，3 深裂；茎生叶渐无柄。聚伞花序具少数花，萼片 5，花瓣 5，亮黄色，有光泽，基部具短爪和蜜槽，雄蕊、心皮多数。聚合果近球形，瘦果斜卵形，两面突起，有短喙稍向外曲。

花果期 花期 5~8 月，果期 6~9 月。

分布及生境 分布于全国各地。北京各区（县）常见，生于田野、路边、水沟边草丛中或山坡湿草地。

利用部位及用途 ①全草含毛茛苷，鲜根含原白头翁素。全草为外用发泡药，治疟疾、黄疸病；鲜根捣烂敷于患处可治痈肿疮毒。②为有毒植物，含有强烈挥发性刺激成分，与皮肤接触可引起炎症及水泡，内服可引起剧烈胃肠炎和中毒症状。③可作土农药，灭蛆，杀孑孓。

被子植物

草芍药	*Paeonia obovata* Maxim.	芍药科 Paeoniaceae

形态特征 多年生草本，高 30~70cm。根粗大，有分枝。2 回 3 出复叶，互生，小叶倒卵形，全缘。花单生茎顶，直径 7~10cm，萼片 3~5，不等大，花瓣 6，白色、红色、紫红色，雄蕊多数，心皮 2~3。蓇葖果卵圆形，果皮反卷成红色。种子宽椭圆形，深蓝色。

花果期 花期 5~6 月，果期 9 月。

分布及生境 分布于东北、华北、华东、华中、西南等地区。北京门头沟区百花山、延庆县海坨山、怀柔区喇叭沟门、密云县坡头等地有分布，较少见，生于山地草坡、林缘及杂木林下。

利用部位及用途 ①根供药用，有活血、散瘀、止痛、泻肝火之功效，主治月经不调、瘀带腹痛、闭经、痛肿疮毒、关节肿痛、胸痛等症。②花美丽，可栽培供观赏。

类叶牡丹 *Caulophyllum robustum* Maxim. 小檗科 Berberidaceae

形态特征 多年生草本，高达80cm。根状茎粗短。叶互生，2~3回3出复叶，小叶片卵形、长椭圆形或阔披针形，全缘。圆锥花序顶生，花小，黄绿色，萼片6，花瓣状，花瓣6，蜜腺状，扇形，基部缢缩呈爪，雌蕊单一。种子浆果状，微被白粉，熟后蓝黑色，外被蓝色肉质假种皮。

花果期 花期6~7月，果期7~8月。

分布及生境 分布于东北、华北、华中、华东等地区。北京见于延庆、怀柔、密云等区（县），少见，生于林下、山沟阴湿处。

利用部位及用途 根及根茎入药，具祛风通络、活血调经、清热解毒、降压止血等功效，用于治疗风湿性关节炎、跌打损伤、胃痛、高血压、外痔等症。

细叶小檗（三颗针） *Berberis poiretii* Schneid. 小檗科 Berberidaceae

形态特征 落叶灌木，高 1~2m。枝具棱槽，密生黑色小疣点。叶刺常 3 分叉；叶簇生于刺腋，狭倒披针形，全缘或中上部有锯齿。总状花序下垂，萼片 6，2 轮，花瓣 6，鲜黄色，近基部具 1 对蜜腺。浆果长圆形，红色，长约 9mm，顶端无宿存花柱，不被白粉。

花果期 花期 5~6 月，果期 8~9 月。

分布及生境 分布于东北、华北、华东等地区。北京各区（县）山地常见，生于海拔 500~2000m 向阳山坡、沟边、林内或灌丛。

利用部位及用途 ①根皮和茎皮含小檗碱，为提制黄连素的原料。具有清热解毒、健胃、抗菌等功效，用于吐泻、消化不良、痢疾等症。②果实营养丰富，酸甜适口，可制作果汁及果酒。

大叶小檗（黄芦木） *Berberis amurensis* Rupr. 小檗科 Berberidaceae

形态特征 落叶灌木，高 1~3m。树皮暗灰色，短枝基部有 1~3 个叉状针刺。叶簇生短枝上，纸质，倒卵形或椭圆形，边缘密生细锯齿。总状花序下垂，花多数，淡黄色；萼片 6，2 轮；花瓣 6，近基部有 1 对腺体。浆果长椭圆形，长约 1cm，鲜红色，有白粉。

花果期 花期 5~6 月，果期 8~9 月。

分布及生境 分布于东北、华北、华东等地区。北京见于各区（县）山地，生于山坡灌丛、林缘。

利用部位及用途 ①全株含生物碱，根皮含大量小檗碱，可提取黄连素供药用，具有清热、燥湿、泻火解毒、消炎止痛、抑菌等功效，治细菌性痢疾、胃肠炎、黄疸、肝硬化腹水、泌尿系统感染、急性肾炎等症。②果实可制作果汁及果酒。③花美丽，可栽种于花坛、花境、花丛中或用作花篱、绿篱。

蝙蝠葛（山豆根）	*Menispermum dauricum* DC.	防己科 Menispermaceae

形态特征 多年生缠绕木质藤本，长 10m 余。根状茎圆柱形，细长，皮棕褐色，常层状脱落。茎光滑，具细条纹。单叶互生，叶柄盾状着生，叶片心状圆形，纸质，掌状脉 5~7 条，边缘具 3~7 角。花单性异株，成腋生圆锥花序，黄绿色，6 基数。核果近球形，熟时黑色。

花果期 花期 5~6 月，果期 7~9 月。

分布及生境 产东北、华北、华东等地。北京各区（县）山地极常见，生于山坡灌丛中或攀援于岩石上。

利用部位及用途 ① 嫩茎叶可食用，俗称“光棍菜”。②根及根茎含山豆根碱、汉防已碱等多种生物碱，有毒性，入药名“山豆根”，具祛风、利尿、清热和镇痛的功效，可治扁桃体炎、咽喉炎、风湿痹痛、麻木等症。③ 种子可榨油，供工业用。④ 可作垂直绿化观赏植物。

野罂粟	*Papaver nudicaule* L.	罂粟科 Papaveraceae

形态特征 多年生草本，高20~50cm。具白色乳汁，全株被粗毛。叶全基生，具长柄，羽状深裂。花单生于长花梗顶端，萼片2，早落，花瓣4，外2片较大，内2片较小，宽倒卵形，桔黄色，雄蕊多数，子房具棱，柱头放射状。蒴果倒卵形，被刚毛，孔裂。种子多数，细小，黑色。

花果期 花期6~7月，果期7~8月。

分布及生境 分布于东北、华北、西北等地。北京见于门头沟区百花山、东灵山及延庆县松山，少见，生于山坡草地及亚高山草甸。

利用部位及用途 ①全株含多种生物碱，还含有野罂粟素。果实入药，具有镇痛、止咳、定喘、止泻等功效。②花美丽，为优良观赏植物。③蜜源植物。

狭裂齿瓣延胡索 *Corydalis turtschaninovii* Bess. 罂粟科 Papaveraceae

形态特征 多年生草本，高10~30cm。块茎圆球形。茎多少直立或斜伸，通常不分枝。茎生叶常2枚，2回或近3回3出复叶，末回小叶狭披针形至长圆状线形。总状花序花期密集，具6~20花。花蓝色、白色或紫蓝色。蒴果线形，多少扭曲。种子黑色，光滑。

花果期 花期4~5月。

分布及生境 分布于东北、内蒙古、河北等地区。北京见于门头沟区、延庆及密云县，较常见，生于林缘和林间空地。

利用部位及用途 全草含多种生物碱，主要有延胡索素、四氢小檗碱、棕榈酸、豆甾醇、皂甙等。块茎入药，具活血、散瘀、理气、止痛之功效，用于治心腹腰膝诸痛、月经不调、产后血晕、恶露不尽、跌打损伤等症。

地丁草（紫堇） *Corydalis bungeana* Turcz. 罂粟科 Papaveraceae

形态特征 多年生草本，高 10~40cm。茎丛生，有棱。叶互生，具柄，2 回羽状全裂。总状花序，苞片叶状，羽状深裂；萼片 2，早落；花瓣 4，淡紫色，后 1 片基部延伸成距。蒴果长圆形，扁平。种子扁球形，黑色，有光泽，具白色膜质种阜。

花果期 花期 4~5 月，果期 5~7 月。

分布及生境 分布于东北、华北、华东等地区。北京各区（县）常见，生于平原、荒地及石砾地。

利用部位及用途 全草含多种生物碱，主要有苦地丁素，另含香豆精类内酯、甾体皂甙、酚性物质、中性树脂和挥发油等。入药有清热解毒、活血消肿之效，用以治流行性感冒、支气管炎、疔疮肿毒、淋巴结核、眼结膜炎等。

诸葛菜（二月蓝） *Orychophragmus violaceus* (L.) O. E. Schulz. 十字花科 Cruciferae

形态特征 一年或二年生草本，高 15~60cm。基生叶和下部茎生叶大头羽状分裂，上部茎生叶长圆形，基部耳状抱茎，边缘有不整齐牙齿。总状花序顶生，花萼筒状，紫色，花瓣 4，十字形排列，紫色或白色，雄蕊 6。长角果细长，有 4 棱。种子卵形至长圆形，黑褐色。

花果期 花果期 4~7 月。

分布及生境 分布于河北、山西至长江流域地区。北京各区（县）极常见，生于平原、山坡、路旁或荒地上，常成片生长。

利用部位及用途 ①早春采嫩苗或嫩茎叶，用沸水烫后作菜炒食，味美可口，是北方常见的野菜。②种子含油量高达 50% 以上，是很好的油脂植物。③为早春开花植物，现广泛栽培做园林阴处或林下地被观赏植物，也可用作花径或荒坡绿化。

独行菜（辣辣根） *Lepidium apetalum* Willd. 十字花科 Cruciferae

形态特征 一年或二年生草本，高 5~30cm，多分枝。基生叶莲座状，羽状深裂或浅裂；茎生叶披针形或长圆形，呈耳状抱茎。总状花序顶生，花极小，萼片 4，被白毛，无花瓣或退化成丝状，雄蕊 2 或 4。短角果卵形，扁平。种子椭圆形，棕红色。

花果期 花期 4~8 月，果期 5~9 月。

分布及生境 分布于我国大部分地区。北京各地极常见，多生于村边、路旁、田间撂荒地，也生于山地、沟谷。

利用部位及用途 ①嫩茎叶可食用。②种子含脂肪油、芥子甙、蛋白质、糖类等，入药称"葶苈子"，有祛痰定喘、泻肺利水之效；近年来分离出强心甙，药理实验证明有较好的强心作用。③种子可榨油。

葶苈	*Draba nemorosa* L.	十字花科 Cruciferae

形态特征 一年生草本，高 5~45cm。茎和叶片密生单毛和星状毛。基生叶莲座状，长圆状倒卵形，边缘有疏齿；茎生叶稀疏。总状花序，花萼背部有长毛，花瓣 4，黄色，匙形，先端微缺，无爪。短角果长圆形。种子椭圆状卵形，表面平滑，棕红色或黄褐色。

花果期 花期 4~5 月，果期 5~6 月。

分布及生境 分布于我国大部分地区。北京见于海淀区、门头沟区和密云县等地，较常见，生于田野、草地、山坡及林缘。

利用部位及用途 ①幼苗为我国北方早春野菜。②种子含油量高，榨油可制肥皂。③早春开花植物，可栽培供观赏。

其他 北京地区常见的还有其变种光果葶苈 *D.nemorosa* L. var. *leiocarpa* Lindbl.，分布及用途同葶苈。

白花碎米荠 *Cardamine leucantha* (Tausch.) O. E. Schulz. 十字花科 Cruciferae

形态特征 多年生直立草本，株高 30~80cm。奇数羽状复叶互生，小叶 2~3 对，卵状披针形，边缘有不整齐的牙齿或锯齿。总状花序，花瓣 4，十字形排列，白色，雄蕊 6，4 强雄蕊。长角果线形，被毛，先端具喙。种子长圆形，长约 2mm，棕色。

花果期 花期 4~7 月，果期 6~8 月。

分布及生境 产华北、华中、华南等地。北京常见于密云、怀柔和门头沟等区（县），生于山坡灌木林下、沟边及湿草地。

利用部位及用途 ①嫩苗可作野菜食用。②根状茎含有对羟基苯乙醇、氢化咖啡酸、葡萄糖苷、黄酮类等化学成分，入药能清热解毒、化痰止咳，治气管炎。③全草晒干，民间用以代茶叶饮用。

垂果南芥 | *Arabis pendula* L. | 十字花科 Cruciferae

形态特征 二年生草本，高 15~120cm，被硬毛。茎单一，常于上部分枝。叶狭椭圆形或长圆状披针形，基部楔形，延伸成耳状或半抱茎，边缘具齿或全缘。总状花序顶生，萼片密生星状毛，花瓣 4，十字形，较小，白色，长角果线形，扁平，下垂。种子多数，边缘有狭翅。

花果期 花期 6~7 月，果期 8~9 月。

分布及生境 分布于东北、华北、西北、西南等地。北京常见于门头沟、延庆、怀柔、密云等区（县）山地，生于石质山坡、草地、林下。

利用部位及用途 果实入药，清热解毒、消肿，主治疮痈肿毒。

豆瓣菜（西洋菜） *Nasturtium officinale* R. Br. 十字花科 Cruciferae

形态特征 多年生草本，株高 15~40cm，全株光滑无毛。奇数羽状复叶，顶生小叶较大，近圆形或宽心形，侧生小叶卵形或宽卵形，边缘有少数波状齿或全缘。总状花序顶生，花小，花瓣 4，倒卵形，白色，雄蕊 6。长角果近圆柱形。种子甚小，红褐色。

花果期 花果期 5~6 月。

分布及生境 分布于我国大部分地区。北京各区（县）常见，栽培或野生，生于小溪、水沟边、沼泽地。

利用部位及用途 ①常做蔬菜，口感脆嫩，营养丰富，适合制作各种菜肴，还可制成清凉饮料或干制品，食用价值很高。②入药具有清燥润肺、化痰止咳、利尿等功效。③可作为池畔、溪边的造景植物，亦可盆栽观赏。

糖芥	*Erysimum amurense* Kitag.	十字花科 Cruciferae

形态特征 多年生草本，高 30~60cm。全株密被叉状毛。单叶互生，披针形或长圆状线形，全缘，上部叶柄短，边缘疏生波状小牙齿。总状花序顶生，成伞房状；花冠橘黄色，直径约 1cm。长角果，略呈 4 棱状。种子每室 1 行，长圆形，侧扁，深红褐色。

花果期 花期 4~6 月，果期 6~10 月。

分布及生境 分布于东北和华北等地。北京各区（县）山地常见，生于向阳山坡、荒地或路边。

利用部位及用途 ①嫩茎叶可食用。②含有强心甙、黄酮、酚性成分等化学成分，根入药具有强心利尿、抗菌消炎、抗氧化、免疫调节等作用。③种子含油量高，可榨油。

球果蔊菜

Rorippa globosa (Turcz. ex Fisch. & C. A. Mey.) Hayek

十字花科 Cruciferae

形态特征 一年生草本，高 25~80cm。茎上部有分枝。基生叶莲座状，不规则羽状裂，茎生叶长圆形或倒披针形，基部抱茎，边缘具不整齐齿裂。总状花序顶生，花小，黄色。短角果球形，直径约 2mm，顶端有短喙。种子多数，细小，卵形，棕褐色。

花果期 花期 4~6 月，果期 7~9 月。

分布及生境 产东北、华北、华东、华中、华南地区及云南。北京各区（县）常见，生于河岸、湿地、路旁、沟边或草丛中，干旱处也能生长。

利用部位及用途 ①嫩茎和叶可作野菜食用。②叶柔软，茎秆和花枝细弱，纤维素含量低，各种畜禽均喜食，特别是猪、禽、兔最喜食。为夏季优质饲草，具有驯化栽培前景。

瓦松 | *Orostachys fimbriata* (Turcz.) Berger | 景天科 Crassulaceae

形态特征 二年生草本，高 10~40cm。基生叶莲座状，匙状线形，先端增大为白色软骨质，半圆形，有齿；茎生叶线状披针形，具尖头。总状花序圆锥状，花多数密集，5 基数；萼片肉质，花瓣粉红色。蓇葖果，长圆形，长 5mm，具细喙。种子多数，卵形，细小。

花果期 花期 7~9，果期 9~10 月。

分布及生境 分布于东北、华北、西北、华东地区。北京各区（县）常见，生于石质山坡、岩石、树干或屋顶上。

利用部位及用途 ①全草入药，具有清凉、收敛、通经功效，可治疗口腔干痛、血痢、大肠出血、月经不调等症；全草又可治痔疮及外疾伤口。有小毒，须慎用。②含大量草酸，可提取草酸供工业用。③蜜源植物。④株型奇特，极易成活，可栽培供观赏。

钝叶瓦松	*Orostachys malacophyllus* (Pall.) Fisch.	景天科 Crassulaceae

形态特征 二年生草本。第一年植株有莲座丛，莲座叶先端钝，长圆状披针形、倒卵形至椭圆形，全缘。第 2 年自莲座丛中抽出花茎，花茎高 10~30cm。茎生叶互生，较莲座叶大。花序紧密，总状，有时穗状；花瓣 5，白色或带绿色，边缘上部常带啮蚀状。蓇葖果。种子卵状长圆形，有纵条纹。

花果期 花期 7 月，果期 8~9 月。

分布及生境 分布于东北地区及河北、内蒙古等地。北京见于各区（县）山地，较瓦松少见，生于山坡岩石缝中和多石山坡。

利用部位及用途 ①全草入药，具止血通经之功效。②粗蛋白质含量丰富，粗纤维的含量很低，属于中等牧草。③蜜源植物。④叶形美观，容易成活，可做花坛观赏植物。

狭叶红景天	*Rhodiola kirilowii* (Regel) Maxim.	景天科 Crassulaceae

形态特征 多年生草本，高 25~50cm。根茎肥厚。茎生叶多数，互生，无柄，披针形至线形，上部具疏齿。聚伞花序顶生，伞房状，具多花，花单性异株，萼片 5，花瓣 5，黄绿色，雄蕊 10。蓇葖果披针形，上部开展。种子长圆状披针形，长约 1.5mm。

花果期 花期 6~7 月，果期 8 月。

分布及生境 分布于华北、西北、西南地区。北京见于门头沟区百花山、东灵山和延庆县海坨山，生于 1600m 以上的石质草地上，较少见。

利用部位及用途 ①根及根状茎可入药，能止血、止痛、破坚、消积、止泻，主治跌打损伤、腰痛、吐血、崩漏、月经不调、痢疾等症；根也可泡酒或制成药膳。②高山水土保持植物，可栽培供观赏。

长药景天（长药八宝） *Hylotelephium spectabile* (Bor.) H. Ohba 景天科 Crassulaceae

形态特征 多年生草本。茎直立，高 30~70cm。叶对生或 3 叶轮生，卵形至宽卵形，全缘或多少有波状牙齿。花序大形，伞房状，顶生，花密生，花瓣 5，淡紫红色至紫红色，披针形至宽披针形，花药紫色，心皮 5。蓇葖果，直立。

花果期 花期 8~9 月，果期 9~10 月。

分布及生境 产东北、华北、华中地区。北京怀柔、密云、平谷等区（县）有分布，较少见，生于低山多石山坡上。

利用部位及用途 ①全草入药，多鲜用。具有祛风利湿、活血散瘀、止血止痛之功效，用于喉炎、荨麻疹、乳腺炎；外用治疗疮痈肿、跌打损伤、毒蛇咬伤等。②花繁密，是优良蜜源植物。③植株整齐，生长健壮，花开时似一片粉烟，群体效果极佳，是布置花坛、花境和点缀草坪、岩石园的好材料，也可以用作地被植物。

景天三七（土三七，费菜）	*Sedum aizoon* L.	景天科 Crassulaceae

形态特征　多年生草本，高 20~50cm。茎 1~3 丛生，肉质，不分枝。叶无柄，互生，椭圆状披针形，边缘有不整齐锯齿。聚伞花序顶生，多花；花瓣 5，黄色；雄蕊 10，心皮 5，基部稍连合。蓇葖果，星芒状排列。种子平滑，边缘具窄翼。

花果期　花期 6~7 月，果期 8~9 月。

分布及生境　分布于东北、华北、西北地区至长江流域。北京各区（县）山地常见，生于山地阴湿处或多石质山坡、灌丛间。

利用部位及用途　①嫩茎和叶可作野菜食用，可炒、炖、烧汤、凉拌等，常食可增强人体免疫力，有很好的食疗保健作用。②全草入药，具有消肿、定痛、止血、化瘀等功效。取汁液涂敷于蜂、蝎等刺伤处，可消肿止痛。③根含鞣质，可提制栲胶。④蜜源植物。⑤园林上用于花坛、花境、地被，也可盆栽或吊栽等。

扯根菜（赶黄草） *Penthorum chinense* Pursh 虎耳草科 Saxifragaceae

形态特征 多年生草本，高 30~80cm，无毛。茎紫红色，常不分枝。叶互生，无柄或几无柄，披针形或狭披针形，先端尖，边缘有细锯齿。聚伞花序具多花，花小型，黄白色。蒴果压扁，五角形，红紫色。种子多数，卵状长圆形，表面具小丘状突起。

花果期 花果期 7~9 月。

分布及生境 产东北、华北、华中、西北、西南各地。北京见于海淀、昌平、门头沟等区（县），生于林下、灌丛草甸及水边，较少见。

利用部位及用途 ①嫩茎叶可食用，含有多种营养成分，有助于增强人体免疫功能。②入药具有退黄疸化湿热之功效，在苗家民间有上千年的用药史，是治疗肝病的著名经验方，被称之为“神仙草”。③园林上可栽培供观赏。

太平花（京山梅花） *Philadelphus pekinensis* Rupr. 虎耳草科 Saxifragaceae

形态特征 落叶灌木，高 1~2m。老枝树皮剥落。单叶对生，卵形至狭卵形，边缘疏生锯齿，具 3 条主脉。总状花序，具 5~9 朵；萼筒钟形，裂片 4，黄褐色；花瓣 4，乳白色，微芳香。蒴果倒圆锥形，陀螺状，4 瓣裂。种子长 3~4mm，具短尾。

花果期 花期 5~6 月，果期 8~9 月。

分布及生境 分布于东北、华北、华东地区。北京各区（县）山地常见，生于海拔 700~900m 山坡杂木林中或灌丛中。

利用部位及用途 ①枝叶茂密，花多朵聚集，乳白而清香，颇为美丽。据传宋仁宗赐名“太平瑞圣花”，流传至今。现北方各地常见栽培，为优良绿化观赏植物。②优良蜜源植物。

大花溲疏　*Deutzia grandiflora* Bge.　虎耳草科 Saxifragaceae

形态特征　落叶灌木，高 1~1.5m，小枝有星状柔毛。单叶对生，卵形，边缘有细密小锯齿，叶背灰白色，密被星状毛。聚伞花序，具 1~3 花，花较大，直径 2.5~3cm，萼筒密生星状毛，花瓣 5，白色，雄蕊 10，花丝上部具 2 长齿。蒴果半球形，具宿存花柱。

花果期　花期 4~6 月，果期 9~10 月。

分布及生境　分布于东北、华北、西北等地。北京各区（县）山地常见，生于低山山坡灌丛及石崖边。

利用部位及用途　①花大而开花早，春天叶前开放，满树雪白，颇为美丽，宜作庭院观赏植物，也可用作山坡水土保持树种。②果可入药，具有清除自由基、抗菌等药理活性。③茎叶中含有挥发油，可提取供工业用。

其他　北京地区常见的还有小花溲疏 *D. parviflora* Bge.，花多而美丽，用途同大花溲疏。

东陵八仙花（东陵绣球） *Hydrangea bretschneideri* Dipp. 虎耳草科 Saxifragaceae

形态特征 落叶灌木，高 1~3m。树皮条片状剥落。单叶对生，长卵形或椭圆形，边缘具尖锯齿。伞房花序顶生，花序边缘为不育花，有大形萼片 4，白色，花瓣状；两性花较小，淡白色，萼裂片 5，花瓣 5。蒴果卵形。种子淡褐色，两端有翅。

花果期 花期 6~7 月，果期 9~10 月。

分布及生境 分布于东北、华北、西北等地。北京见于各区（县）山地，较少见，生于海拔 1200~2000m 的山坡、山谷林下、林缘。

利用部位及用途 ①花序大型，洁白可爱，不育边花的萼片色彩多变，十分美观，庭院绿化、优良观赏树种，适宜在园林中作为花灌木点缀草坪或池畔。②蜜源植物。③茎叶中含有挥发油，可提取供工业用。

刺果茶藨子（刺梨） *Ribes burejense* Fr. Schmidt 虎耳草科 Saxifragaceae

形态特征 落叶灌木，高 1~1.5m。枝密生不等的细针刺，节刺粗长，3~7 个。叶掌状 3~5 裂，裂片边缘具粗圆齿。花两性，1~2 朵生叶腋；萼筒广钟形，裂片 5，暗褐色；花瓣 5，淡粉红色。浆果圆球形，直径约 1cm，具多数黄褐色小刺，萼裂片宿存。

花果期 花期 5~6 月，果期 7~8 月。

分布及生境 分布于东北、华北等地区。北京见于门头沟区百花山、延庆县海坨山、怀柔区喇叭沟门及密云县坡头等地，较少见，生于山地林下及林缘，也见于山坡灌丛及溪流旁。

利用部位及用途 ①果实有刺，味酸，可直接食用，也可制作果汁和果酒，是很有开发潜力的野果种类。②干燥果实可入药，有健胃、消食、滋补、止泻的功效。③株形美观，果形奇特，园林上可栽培供观赏，是一种很好的观果和绿篱植物。

红升麻（落新妇） *Astilbe chinensis* (Maxim.) Franch. et Sav. 虎耳草科 Saxifragaceae

形态特征 多年生草本，高 40~100cm。根茎横走，粗大呈块状，被褐色鳞片及绒毛，须根暗褐色。基生叶具长柄，2~3 回 3 出复叶；小叶卵形或菱状卵形，边缘有重锯齿；茎生叶 2~3，互生。顶生圆锥花序，狭长密集，密被褐色卷曲长柔毛；花萼 5 深裂，花瓣 5，淡紫色，线形。蒴果。种子多数。

花果期 花期 6~8 月，果期 9 月。

分布及生境 分布于东北、华北、西北、西南等地区。北京各区（县）山地常见，生于山谷溪边、林下及林缘。

利用部位及用途 ①根茎药用，可强筋健骨、散瘀止痛、祛风除湿，并有强心镇静作用，用于跌打损伤、手术后疼痛、风湿关节痛、毒蛇咬伤等。② 根状茎、茎及叶含鞣质，可提制栲胶。③花序美观，可作景观园林植物栽培供观赏。

独根草　*Oresitrophe rupifraga* Bge.　虎耳草科 Saxifragaceae

形态特征　多年生草本。株高 10~25cm。根状茎粗壮，外皮棕褐色。叶基生，2~3 枚，叶片卵形至心形，长 4~12cm，基部心形，边缘有不整齐牙齿，叶柄细长，被腺毛。花葶直立，不分枝，密被腺毛。多歧聚伞花序，多花，花萼粉红色，无花瓣。蒴果，长达 5mm，具多数种子。

花果期　花果期 5~9 月。

分布及生境　产辽宁西部、河北、山西东部。北京海淀、房山、门头沟、密云等区（县）有分布，少见，生于海拔 600~2050m 的山谷、悬崖之阴湿石隙。

利用部位及用途　①全草及根茎入药，具有补肾助阳、强筋健骨等功效。②株形奇特，秋叶红色，可供栽培供观赏。

梅花草	*Parnassia palustris* L.	虎耳草科 Saxifragaceae

形态特征 多年生草本，高 10~50cm。基生叶 3 至多数，丛生，卵圆形或近心形，具长叶柄；茎生叶 1，生于茎中部，无柄。花单生于茎顶，白色，萼片 5，花瓣 5，平展，雄蕊 5，退化雄蕊 5，丝状分裂成 7~23 条，先端有头状腺体，心皮 4，合生。蒴果，卵圆形。

花果期 花果期 7~9 月。

分布及生境 分布于东北、华北、西北等地区。北京见于门头沟区百花山、延庆县海坨山、怀柔区喇叭沟门等地，较少见，生于林缘湿地或高山草坡。

利用部位及用途 ①全草含山柰酚、芸香甙、金丝桃甙，入药能清热凉血、解毒消肿、止咳化痰。主治黄疸型肝炎、细菌性痢疾、咽喉肿痛、脉管炎、疮痈肿毒、咳嗽多痰等症。②花美丽，可栽培供观赏。

三裂绣线菊 *Spiraea trilobata* L. 蔷薇科 Rosaceae

形态特征 落叶灌木，高 1~2m。小枝开展，呈之字形弯曲。单叶互生，近圆形，先端常 3 裂，边缘中上部有少数圆钝锯齿，两面无毛。伞形花序具总梗，花 15~30 朵，花白色，直径 6~8mm，萼筒钟状，裂片三角形，花瓣 5，宽倒卵形，雄蕊 18~20。蓇葖果张开，花柱顶生稍倾斜。

花果期 花期 5~6 月，果期 7~8 月。

分布及生境 分布于华北、华东等地区。北京各区（县）山地极常见，生于低山向阳坡地及灌丛中。

利用部位及用途 ①根、茎含单宁，为鞣料植物，可提取栲胶。②叶可作牲畜饲料。③花繁叶茂，常栽培供观赏。④适应性强，耐干旱，为优良水土保持和荒山绿化树种。

土庄绣线菊（柔毛绣线菊） *Spiraea pubescens* Turcz. 蔷薇科 Rosaceae

形态特征 落叶灌木，高 1~2m。枝开展，稍弯曲。叶互生，菱状卵形至椭圆形，边缘中部以上有粗锯齿，偶 3 裂，上面有疏柔毛，下面有灰色短柔毛。伞形花序具总梗，多花，萼筒钟状，花瓣 5，白色。蓇葖果张开，萼片直立。

花果期 花期 5~6 月，果期 7~8 月。

分布及生境 分布于东北、华北、华东等地区。北京各区（县）山地极常见，生于向阳多石山坡灌丛中及杂木林。

利用部位及用途 ①果实可入药，具有调气、止痛、散瘀利湿之功效，可治疗咽喉肿痛、跌打损伤等症。②花色艳丽，花序密集，花期长，是优良的夏季观花灌木。用做配置绿篱，盛花时宛若锦带。

风箱果	*Physocarpus amurensis* (Maxim.) Maxim.	蔷薇科 Rosaceae

形态特征 灌木，高达3m。小枝圆柱形，稍弯曲，无毛或近于无毛。叶片三角卵形至宽卵形，常基部3裂，边缘有重锯齿。花序伞形总状，总花梗和花梗密被星状柔毛；花瓣倒卵形，白色。蓇葖果膨大，卵形，长渐尖头，熟时沿背腹两缝开裂，外面微被星状柔毛，内含光亮黄色种子2~5枚。

花果期 花期6月，果期7~8月。

分布及生境 产黑龙江、河北等地。北京怀柔区黑坨山、平谷区四座楼等地有分布，少见，生于阔叶林边，常丛生。

利用部位及用途 ①种子可榨油。②植株常丛生，花繁叶茂，果形奇特，为优良观赏树种，也可作绿篱。

齿叶白鹃梅	*Exochorda serratifolia* S. Moore	蔷薇科 Rosaceae

形态特征 落叶灌木，高约 2m。小枝红褐色，无毛，老时暗褐色。单叶互生，叶片椭圆形或长圆状倒卵形，中部以上有锯齿，下部全缘。总状花序顶生，具 4~7 朵花，花较大，直径 3~4cm，乳白色。蒴果，倒圆锥形，具 5 棱，无毛。种子有翅。

花果期 花期 5~6 月，果期 7~8 月。

分布及生境 产辽宁、河北等地。北京延庆、怀柔及密云等区（县）有分布，较少见，生于山坡及灌木丛中。

利用部位及用途 ①花蕾和嫩叶含多种维生素和钙、铁、锌等微量元素，可炒食、做汤，亦可调味凉拌食用，在民间有悠久历史。②树姿秀美，花大而多，洁白如雪，清丽动人，是美化庭园的优良树种，北方各地常有栽培。

多花栒子（水栒子） *Cotoneaster multiflorus* Bge. 蔷薇科 Rosaceae

形态特征 落叶灌木，高 1~4m。枝条红褐色，下弯。单叶互生，卵形或宽卵形，先端圆钝，全缘。聚伞花序，具花 5~20 朵。萼筒钟状，花瓣 5，平展，白色，雄蕊 20。梨果近球形或倒卵形，直径约 8mm，红色，具 1 个骨质小核。

花果期 花期 5~6 月，果期 8~9 月。

分布及生境 分布于东北、华北、西北、西南等地区。北京密云、延庆等区（县）常见，生于山坡灌丛和山谷杂木林中。

利用部位及用途 花洁白，果艳丽繁盛，经久不凋，是北方地区常见的观花、观果树种，可作为观赏灌木或修剪成绿篱，现广泛栽培。

水榆花楸（粘枣子） *Sorbus alnifolia* (Sieb. et Zucc.) Koch 蔷薇科 Rosaceae

形态特征 落叶乔木，高达20m。小枝圆柱形，具灰白色皮孔。叶片卵形至椭圆卵形，边缘具不整齐尖锐重锯齿，叶两面无毛。复伞房花序较疏松，总花梗、小花梗具稀疏柔毛，花白色，直径1~1.5cm。梨果椭圆形或卵形，直径7~10mm，红色或黄色，萼裂片脱落后残留圆斑。

花果期 花期5月，果期8~9月。

分布及生境 产东北、华北至长江中下游及陕、甘南部等地。北京延庆县松山、昌平区南口等地有分布，少见，生于山坡、山沟杂木林或灌木丛中。

利用部位及用途 ①木材供建筑等用；树皮提制栲胶；纤维可造纸。②果实可食用及酿酒；也可入药，治肾炎、关节疼痛。③树体高大，干直光滑，树冠圆锥形，叶形美观，秋叶先变黄后转红，果实累累，红黄相间，十分美观，可作公园及庭院的风景树。

花楸树	*Sorbus pohuashanensis* (Hance) Hedl.	蔷薇科 Rosaceae

形态特征 落叶乔木，高达 8m。冬芽、叶背、花梗、萼筒均密被灰白色绒毛。奇数羽状复叶互生，小叶 5~7 对，卵状披针形或椭圆状披针形，中上部有细锐锯齿。复伞房花序，多花，萼筒钟状，萼片 5，花瓣 5，白色。梨果近球形，直径 6~8mm，红色，具宿存萼片。小枝粗壮，灰褐色，幼时生绒毛。

花果期 花期 6 月，果期 9~10 月。

分布及生境 分布于东北、华北等地区。北京常见于门头沟、密云和怀柔等区（县）山地，生于山坡和山谷杂木林中。

利用部位及用途 ① 果实可用于酿酒、制果酱、果糕、果泥、果冻、蜜饯、果汁和果醋等或干制成粉，再制成含有维生素的巧克力糖或糖果用的馅；果实富含多种维生素，亦作药用。②树形美观，花叶美丽，入秋红果累累，可以收到春观叶、夏观花、秋观果的效果，有极高的观赏价值，是优美的庭园风景树。

美蔷薇	*Rosa bella* Rehd. et Wils.	蔷薇科 Rosaceae

形态特征 落叶灌木，高 1~3m。小枝有细而较直立的皮刺，近基部有刺毛。奇数羽状复叶互生，小叶 7~9，椭圆形，缘有锐齿，叶柄和中脉具小皮刺。花单生或 2~3 朵集生，萼片 5，具腺毛，花瓣 5，粉红色。蔷薇果椭圆形，长 1.5~2cm，深红色，密被腺毛，先端收缩，具宿存萼片。

花果期 花期 5~7 月，果期 8~9 月。

分布及生境 分布于吉林、河北、山西、山东、陕西、甘肃等省份。北京常见于房山、门头沟、延庆、怀柔等区（县），生于山坡疏林及林缘。

利用部位及用途 ① 果实含有糖分，可作酿酒原料。花气味清香，可制玫瑰酱和高级糕点馅；并可提取芳香油。②花果均可入药，花能理气、活血、调经、健胃；果可治疗脉管炎、高血压、头晕等症。③花大色美，可栽培供观赏。

刺玫蔷薇（山刺玫） *Rosa davurica* Pall. 蔷薇科 Rosaceae

形态特征 直立灌木，高 1~2m。枝无毛，小枝及叶柄基部常有成对的皮刺，刺弯曲，基部大。羽状复叶，小叶 7~9，小叶片长圆形或阔披针形。花单生于叶腋，或 2~3 朵簇生，花瓣粉红色。蔷薇果近球形或卵球形，直径 1~1.5cm，红色，光滑，萼片宿存，直立。

花果期 花期 6~7 月，果期 8~9 月。

分布及生境 产东北、华北等地区。北京门头沟、延庆、怀柔、昌平等区（县）有分布，生于山坡、灌丛、杂木林中，较少见。

利用部位及用途 ①叶可以制茶叶。②花香味浓，可加工成玫瑰酱，供制高级点心或糖果馅用；还可以提取色素、香精用于食品、饮料。③果实含多种维生素，营养价值高，成熟后果肉变软而味甜，可做高级保健和运动饮料的原料，也可直接生产果酱、果冻、果脯等食品。④种仁可榨油，用于化妆品和医药。⑤花芳香，果深红色，有较高园林绿化价值。

龙芽草（仙鹤草） *Agrimonia pilosa* Ledeb. 蔷薇科 Rosaceae

形态特征 多年生草本，高 30~120cm。根茎横走，圆柱形。全株被白色长柔毛。间断奇数羽状复叶，互生，小叶 3~5 对，大小不等，边缘具粗锯齿。顶生总状花序，多花；花萼陀螺状，顶端有 1 圈钩状刺毛；花瓣 5，黄色。果实倒圆锥状，长约 4mm，顶端有钩状刺毛，有宿存萼。

花果期 花期 6~9 月，果期 8~10 月。

分布及生境 全国各地均有分布。北京各区（县）极常见，生于荒地、山坡、路旁、草地或林下杂木林中，常成片生长。

利用部位及用途 ①嫩茎叶于未开花前采摘，可做野菜食用。②全草含仙鹤草素，入药为强壮性收敛止血剂，并有强心作用，适用于胃溃疡出血、子宫出血、痔出血等症。③全草可做农药杀虫剂。④根、茎、叶均含鞣质，可提取栲胶。

蚊子草 *Filipendula palmata* (Pall.) Maxim. 蔷薇科 Rosaceae

形态特征 多年生草本，根茎短而斜走。株高约1m，茎直立，有细棱。基生叶有长柄，常成7~9裂，裂片边缘有缺刻状粗牙齿；茎叶互生，有1对侧生小叶片，表面绿色，背面密被白色微绵毛，呈苍白色；托叶大，常近心形。顶生圆锥花序，多花，花小，白色。果实不裂，瘦果直立以基部着生在花托上。

花果期 花期6~7月，果期7~9月。

分布及生境 产东北、华北地区。北京仅分布于怀柔喇叭沟门，少见，生于林下、沟边或阴湿草地。

利用部位及用途 ①根、茎和叶含鞣质，可提制栲胶。② 一些地方将其根熬成膏，涂在脸上预防蚊子叮咬。③ 叶片美丽，花多而色白，可栽培供观赏。

华北覆盆子 *Rubus idaeus* L. var. *borealisinensis* Yü & Lu 蔷薇科 Rosaceae

形态特征 落叶灌木，高 1~2m。茎红褐色，有少数小皮刺，小枝幼时有短绒毛，后脱落。奇数羽状复叶，小叶 3（稀 5），缘具粗重锯齿，背面被白色绒毛，叶柄、叶脉散生小皮刺。短总状花序，具柔毛和刺毛，花瓣 5，白色。聚合果近球形，直径 10~12mm，红色，有柔毛。

花果期 花期 6~7 月，果期 8~9 月。

分布及生境 分布于河北、山西、内蒙古等地。北京见于门头沟、房山、密云等区（县），较常见，生于山坡、灌丛、林缘。

利用部位及用途 ①果实可鲜食或制果酱。②果实可入药，有补肾、明目之功效。③种子含油 10%~20%，可榨油。

水杨梅（路边青）　*Geum aleppicum* Jacq.　蔷薇科 Rosaceae

形态特征　多年生草本，高 30~100cm，全株被开展的硬毛。基生叶竖琴状裂，小叶 3~6 对，顶端小叶最大；茎生叶互生，3 裂或羽状裂。花常单生，萼片 2 轮，各 5，花瓣 5，黄色。聚合果倒卵球形，瘦果被长硬毛，宿存花柱先端有长钩。主根略呈块状，具支根及细须根。

花果期　花期 5~8 月，果期 7~9 月。

分布及生境　产东北、华北、西北、西南等地区。北京各区（县）常见，生于山坡草地、沟边、河滩、林间隙地及林缘。

利用部位及用途　①春季至夏季采摘嫩叶可供食用。②根及全草入药，具祛风除湿、活血消肿、止痛镇痉之效。③全株含鞣质，可提制栲胶。④种子含油量 23.05%，系干性油，可用制肥皂和油漆。

蛇莓 | *Duchesnea indica* (Andr.) Focke | 蔷薇科 Rosaceae

形态特征 多年生草本，全株密被长柔毛。匍匐茎细长，节处生不定根。3 出复叶互生，小叶具钝齿。花单生于叶腋，黄色，副萼片比萼片大，花瓣 5，雄蕊、雌蕊多数。瘦果小，红色，生于膨大的球形花托上。种子红褐色，近圆形。

花果期 花期 4~7 月，果期 5~10 月。

分布及生境 产辽宁以南各地。北京各区（县）常见，生于山沟阴湿地、河岸边和草丛中，常成片生长。

利用部位及用途 ①全草药用，能活血散结、收敛止血、清热解毒。②植株低矮，花果期长，可同时观花、果、叶，园林效果突出，是优良的地被植物。

金露梅 *Potentilla fruticosa* L. 蔷薇科 Rosaceae

形态特征 落叶小灌木，高 0.5~1.5m。茎多分枝，树皮条状剥落。奇数羽状复叶，小叶 3~7（常 5），密集，上面一对小叶基部下延与叶轴合，全缘，反卷。花单生或数朵成伞房花序，萼片、副萼片 5，花瓣 5，鲜黄色，径 2~3cm。聚合瘦果卵圆形，密生长柔毛。

花果期 花期 6~7 月，果期 8~9 月。

分布及生境 分布于东北、华北、西北、西南等地区。北京见于延庆、密云、房山和门头沟等区（县），生于山顶岩石间或山坡灌丛中，较少见。

利用部位及用途 ①嫩叶和花可代茶作饮料。② 叶、果均含鞣质，可提制栲胶。③植株紧密，夏季开金黄色花朵，颇为美丽，花期长，为良好的观花灌木，可配植于高山园或岩石园，也可栽作矮篱。

翻白草	*Potentilla discolor* Bge.	蔷薇科 Rosaceae

形态特征 多年生草本，高 15~40cm。根肥厚，纺锤形，两端狭尖。茎短而不明显。羽状复叶，基生叶斜上或平伸，小叶通常 5~9，边缘有缺刻状锯齿，下面密生白色绒毛；茎生小叶通常 3 出。聚伞花序，多花，排列稀疏，花黄色，直径 1~1.5cm，总花梗、花梗、副萼及花萼外面皆密生白色绒毛。瘦果卵形，光滑。

花果期 花果期 5~9 月。

分布及生境 产东北、华北、华东、华中、华南各地区。北京各区（县）常见，生于低山山坡草地或疏林下草丛中。

利用部位及用途 ①幼苗、嫩茎叶可食用。②带根全草入药，可清热、解毒、止血、消肿。③根含可水解鞣质及缩合鞣质，可提取栲胶。

榆叶梅 | *Prunus triloba* (Lindl.) Ricker | 蔷薇科 Rosaceae

形态特征 落叶灌木，株高约 2m。枝紫褐色。单叶互生，叶宽椭圆形至倒卵形，先端 3 裂状，缘有不等的粗重锯齿。花 1~2 朵生于叶腋，花梗短，紧贴生在枝条上；花初开多为深红，渐渐变为粉红色，最后变为粉白色。核果近球形，直径 1~1.5cm，红色，有毛，果肉薄，成熟时开裂；核有厚硬壳，表面有皱纹。

花果期 花期 4~5 月，果期 5~7 月。

分布及生境 产东北、华北、华东、华中等地区。北京各区（县）山地常见，生于低至中海拔的山坡或沟旁灌木林下或林缘。

利用部位及用途 ①种子入药，具有滑肠、下气、利水、润燥等功效。②为早春优良的观花灌木，花形、花色均极美观，可孤植、丛植，适宜在各类园林绿地中种植。现全国各地广泛栽植，品种繁多。

稠李	*Padus avium* (L.) Gilib.	蔷薇科 Rosaceae

形态特征　落叶乔木，高 4~15m。单叶互生，叶片椭圆形至倒卵形，先端尾尖，边缘有锐锯齿，近叶基具 2 腺体。腋生总状花序，下垂，具多花；萼筒杯状，萼裂片 5；花瓣 5，白色，雄蕊多数。核果近球形，径约 1cm，黑色，有光泽，果核有褶皱。

花果期　花期 5~6 月，果期 7~9 月。

分布及生境　分布于东北、华北、西北等地区。北京见于门头沟、密云等区（县），生于山地林缘、杂木林中，较常见。

利用部位及用途　①叶可入药，有镇咳之效。②花有蜜，为优良蜜源树种。③花序长而下垂，花白如雪，颇为壮观，秋叶变红色，衬以紫黑果穗，十分美丽，是优良的观花、观叶、观果树种。④种仁可榨油。

皂荚 *Gleditsia sinensis* Lam. 豆科 Leguminosae

形态特征 落叶乔木，高达 30m。枝刺粗壮分枝，柱状圆锥形。羽状复叶丛生，有小叶 6~14 枚，小叶长卵形至长椭圆形，边缘有细锯齿。总状花序，花杂性，花瓣 4，黄白色。荚果平直肥厚，长达 10~20cm，不扭曲，熟时黑色，被霜粉。种子椭圆形，棕色，光亮。

花果期 花期 5~6 月，果熟 9~10 月。

分布及生境 分布于东北、华北、华东、华南、西南地区。北京常见于各区（县），喜生长在村边、路旁、沟旁、宅旁和向阳温暖的地方。

利用部位及用途 ①皂荚刺（皂针）内含黄酮甙、酚类、氨基酸等，可药用，有祛痰止咳、开窍通闭、杀虫散结之功效。②果实富含皂素，是医药食品、保健品、化妆品及洗涤用品的天然原料。③种子含半乳甘露聚糖，可提制皂仁胶作润滑剂及制肥皂；还可入药，有消积、化食、开胃之功效。④叶、豆荚具毒性，煮水可用于农业害虫防治。⑤冠大荫浓，寿命较长，适宜作庭阴树及四旁绿化树种。

豆茶决明（山扁豆） *Cassia nomame* (Sieb.) Kitagawa 豆科 Leguminosae

形态特征 一年生草本，高 30~60cm。偶数羽状复叶，互生，小叶 8~35 对；小叶片线状矩圆形，两端稍呈斜形；托叶披针形，宿存。花黄色，腋生，1~2 朵，花梗短。荚果扁平，长圆状线形，密被灰黄色毛，具种子 6~12 枚。种子扁平，菱方形，浅黄棕色。

花果期 花期 7~8 月，果期 8~9 月。

分布及生境 分布于东北、华北、华东、西南地区。北京各区（县）较常见，生于低海拔向阳山坡、河边和荒地杂草中。

利用部位及用途 ①嫩茎叶及幼苗可食用，也可代茶用。②带果地上部分入药，可治水肿、肾炎、慢性便秘、咳嗽、痰多等症。③全草可作动物饲草料或绿肥。④蜜源植物。

花苜蓿（扁蓿豆） *Melissitus ruthenica* (L.) C. W. Chang 豆科 Leguminosae

形态特征 多年生草本，高60~110cm。茎直立或上升，丛生。羽状3出复叶，小叶形状变化很大，长圆状倒披针形、楔形以至卵状长圆形，边缘具尖齿。花序伞形，花冠黄褐色，中央具深红色至紫色条纹。荚果长圆形或卵状长圆形，扁平，具短喙，有种子2~6粒。

花果期 花期6~9月，果期8~10月。

分布及生境 产东北、华北、西北、西南等地区。北京延庆、门头沟区（县）有分布，生于草地、砂地、河岸及路旁荒地，较少见。

利用部位及用途 ①嫩茎叶可食用。②全草可入药，具有退烧、消炎、止血等功效。③具有营养丰富、蛋白含量高、适口性好的特点，是优等的畜牧饲草料，各种家畜均喜食。④叶和花小巧美丽，可栽培做地被观赏植物。

天蓝苜蓿 *Medicago lupulina* L. 豆科 Leguminosae

形态特征 一年生或二年生草本，高 10~60cm。茎细弱。羽状 3 出复叶，小叶宽倒卵形至菱状倒卵形，先端钝圆，边缘上部有锯齿。花 10~15 朵密集成头状花序，腋生；花冠蝶形，黄色，稍长于花萼。荚果卷曲成肾形，熟时黑色，具纵纹，无刺，有疏柔毛。种子 1 粒，黄褐色。

花果期 花期 7~8 月，果期 8~9 月。

分布及生境 分布于我国大部分地区。北京常见于各区（县），生于河岸、田边、路旁或山坡草地。

利用部位及用途 ①嫩茎叶可食用。②产草量不高，但草质优良，适口性好，营养丰富，具有粗蛋白含量高、粗纤维含量低的特点，是牲畜的优质饲草。③是一种良好的冬绿草坪和绿肥植物。

白香草木犀 | *Melilotus albus* Medikus | 豆科 Leguminosae

形态特征　二年生高大草本，高 60~90cm，多分枝。羽状 3 出复叶，小叶椭圆形至窄倒披针形，边缘有不整齐锯齿。总状花序腋生，花多而密，蝶形花冠，白色。荚果卵球形，灰棕色，无毛，有网状脉纹，含种子 1~3 粒。种子肾形，灰黄色至褐色。

花果期　花果期 6~9 月。

分布及生境　全国各地均有分布或栽培。北京各区（县）常见，生于山坡、河岸、路旁、砂质草地及林缘。

利用部位及用途　①全草带香气，可提取芳香油，用作烟草、化妆品及皂用香精等调和原料；花干燥后可直接拌入烟草内作芳香剂。②分枝繁茂，营养丰富，茎、叶可做家畜饲料，也可作绿肥。③花繁蜜多，是很好蜜源植物。④为改良土壤和保持水土的优良草种。

多花木蓝	*Indigofera kirilowii* Maxim. ex Palibin	豆科 Leguminosae

形态特征 落叶灌木，高30~100cm。奇数羽状复叶互生，小叶3~5对，宽卵形、菱形或椭圆形，全缘，两面被丁字毛和柔毛。总状花序腋生，与复叶近等长，疏花；花冠蝶形，淡红色，稀白色。荚果棕褐色，圆柱形，有种子10余粒。种子赤褐色，长圆形。

花果期 花期5~7月，果期8月。

分布及生境 分布于东北、华北、华中地区。北京常见于各区（县）山地，生于阳坡灌丛、疏林内或岩石缝中。

利用部位及用途 ①根入药，具有清热解毒、消肿止痛、通便等功效，用于咽喉肿痛、肺热咳嗽、黄疸、热结便秘；外用治痔疮肿痛、蛇虫咬伤。② 茎皮纤维可制人造棉、麻袋、纤维板与造纸原料；枝条可编筐及扎扫帚；叶含鞣质，可提制栲胶。③种子含淀粉可酿酒。④为青料与精料兼用的优良牧草。⑤为优良的蜜源和园林绿化观赏植物。⑥根系发达，是优良水土保持植物。

米口袋	*Gueldenstaedtia multiflora* Bge.	豆科 Leguminosae

形态特征 多年生矮小草本。主根粗肥直下，圆柱状。茎极短不明显，全株被白色柔毛。奇数羽状复叶，丛生，小叶 9~21，椭圆形或长圆形，全缘。伞形花序，自叶丛中伸出，花 6~8 朵，蝶形花冠，紫红色或蓝紫色。荚果圆筒状，被长柔毛。种子肾形，表面有光泽，具凹陷。

花果期 花期 4~5 月，果期 5~6 月。

分布及生境 产辽宁、河北、山西、山东等地。北京各区（县）常见，生于山坡、草地、田边等处。

利用部位及用途 ①东北、华北地区全草做为紫花地丁入药，具有清热解毒、消肿止痛之功效，可治疗各种化脓性炎症、恶疮、疔毒以及泻痢等症。② 种子含淀粉及脂肪油等，可酿酒、造醋、作饲料，并可作成面条和制成糕点。

红花锦鸡儿（金雀儿） *Caragana rosea* Turcz. ex Maxim. 豆科 Leguminosae

形态特征 落叶灌木，高 60~100cm。小枝细长，有棱。偶数羽状复叶，小叶仅为 2 对，假掌状排列，椭圆状倒卵形，近革质，托叶和叶轴均硬化为刺状。花单生，花梗中部有关节；蝶形花冠，黄色或淡红色。荚果圆柱形，褐色，无毛。

花果期 花期 4~5 月，果期 6~8 月。

分布及生境 产于东北、华北、华东地区及河南、甘肃南部。北京各区（县）极常见，生于低山山坡、沟边路旁或灌丛中。

利用部位及用途 ①根可入药，具健脾、益肾、通经、利尿之功效。②枝繁叶茂，花密集鲜艳，花期长，花姿若蝶，是极好的春季观花灌木，常被用于庭院绿化，特别适合作为高速公路两旁的绿化带使用。③耐干旱，可作改良土壤及水土保持植物。

直立黄芪（沙打旺） *Astragalus adsurgens* Pall. 豆科 Leguminosae

形态特征 多年生草本，高 20~100cm。根较粗壮。茎多数或数个丛生，直立或斜上。单数羽状复叶，小叶 7~23，椭圆形或长椭圆形。总状花序长圆柱状、穗状，生多数花，花冠近蓝色或红紫色。荚果长圆形，两侧稍扁，顶端具下弯的短喙。种子褐色，肾形。

花果期 花期 6~8 月，果期 8~10 月。

分布及生境 产东北、华北、西北、西南地区。北京各区（县）常见，生于向阳山坡灌丛及林缘地带。

利用部位及用途 ①种子入药，为强壮剂，治神经衰弱。②花期长，花粉含糖丰富，是一种优良的蜜源植物。③营养价值较高，可直接作牲畜青饲料，也可制成青贮、干草和发酵饲料。④可作改良荒山和固沙的优良草种。

膜荚黄芪（内蒙黄芪） *Astragalus membranaceus* (Fisch.) Bge. var. *mongolicus* (Bge.)Hsiao 豆科 Leguminosae

形态特征 多年生草本，高 40~100cm。被白色柔毛。主根粗而长，常分歧。茎直立，多分枝。奇数羽状复叶，小叶 12~26，椭圆形。总状花序于顶部腋生，总花梗较叶长，花 10~20 余朵，花冠蝶形，黄色。荚果半椭圆形，薄膜质，稍膨胀，有显著网纹，下垂。

花果期 花期 6~7 月，果期 7~9 月。

分布及生境 分布于东北、华北、西北等地区。北京见于延庆、密云等区（县）山区，生于向阳草地及山坡上，较少见。

利用部位及用途 ①根入药名“黄芪”，为著名滋补强壮中药，具有补气升阳、益卫固表、利水消肿、托疮生肌等作用，主治神经衰弱、贫血及消化不良等症；根也可作饮片泡水饮用。该种植物药用价值极高，经济价值巨大，在我国被大面积种植。②可栽培供观赏，也可作土壤改良及水土保持植物。

蓝花棘豆 *Oxytropis coerulea* (Pall.) DC. 豆科 Leguminosae

形态特征 多年生草本，高 20~30cm。主根粗壮，外皮暗褐色。无地上茎或极短。叶丛生，奇数羽状复叶，小叶 17~41，多为长圆状披针形或长圆形，两面有毛。总状花序由叶丛中生出，花多数，疏生；蝶形花冠，紫红色、蓝紫色。荚果长卵形，膨胀，1 室，先端具喙，疏生白色及黑色短柔毛。

花果期 花期 6~8 月，果期 8~9 月。

分布及生境 分布于东北、华北等地区。北京各区（县）山地常见，生于海拔 1200m 左右的山坡或山地林下。

利用部位及用途 ①根入药，具有补气固表、托毒生肌、利水退肿等功效。②茎叶适口性好，耐牧性强、耐践踏，再生力强，在生长季节可以多次利用。可作家畜饲料。③蜜源植物。④植株丛生，花繁密，可栽培供观赏。

刺果甘草	*Glycyrrhiza pallidiflora* Maxim.	豆科 Leguminosae

形态特征 多年生灌木状草本，高 1~2m，全体被鳞片状黄色腺体。茎直立，粗壮。奇数羽状复叶互生，具托叶和柄，小叶披针形至长圆形，先端渐尖，基部楔形。总状花序腋生，花密集，蝶形，淡红色或蓝紫色。荚果卵形或椭圆形，密生尖刺。种子 2，圆肾形，黑褐色。

花果期 花期 6~7 月，果期 7~8 月。

分布及生境 分布于东北、华北、西北、华东地区。北京延庆野鸭湖及三里河湿地，海淀、大兴等区（县）有分布，生于河滩地、岸边、田野、路旁。数量稀少，应该加以保护。

利用部位及用途 ①根及种子入药，具有催乳、驱虫等功效。②茎皮纤维发达，可作编织品原料。③种子含油量较高，可供制肥皂用。④植株高大粗壮，花美丽，可栽培供观赏，亦可作水土保持植物。

杭子梢 *Campylotropis macrocarpa* (Bge.) Rehd. 豆科 Leguminosae

形态特征 落叶灌木，高 1~2.5m。幼枝密生短柔毛。3 出羽状复叶，小叶椭圆形，先端钝圆或微凹，基部圆形，下面被柔毛。总状花序腋生，花为三角状镰刀形或半月形，每苞腋有 1 花；蝶形花冠，紫红色。荚果近扁平，斜椭圆形，膜质，长约 1.2cm，具明显脉网，有种子 1 粒。

花果期 花期 8~9 月，果期 9~10 月。

分布及生境 产东北、华北、西北和华东等地。北京各区（县）山区常见，生于山坡、灌丛及林缘等地。

利用部位及用途 ①茎皮纤维可作绳索，枝条可供编织。②嫩叶可作牲畜饲料及绿肥。③优良蜜源植物。④花美丽，可供园林观赏。⑤可作改良土壤及水土保持植物。

歪头菜（两叶豆苗）　*Vicia unijuga* A. Br.　豆科 Leguminosae

形态特征　多年生直立草本，高 30~80cm。偶数羽状复叶，小叶仅有 2 枚，大小和形状变化大，椭圆形或卵状披针形，叶轴末端卷须不发达；托叶明显，半箭头状。总状花序腋生，有花 8~20 朵；蝶形花冠，篮紫色。荚果狭矩形，扁平，长 3~4cm，褐黄色。种子扁，圆形，褐色。

花果期　花期 6~8 月，果期 8~9 月。

分布及生境　产东北、华北、华东、西南等地区。北京各区（县）极常见，生于山地、林缘、草地、沟边及灌丛。

利用部位及用途　①嫩茎叶可作蔬菜食用，直接炒食或作汤。②茎叶入药，具有补虚调肝、理气止痛、清热利尿等功效。③茎叶繁茂，根系发达，再生性好，产草量高，是家畜越冬和秋季抓膘的牧草。④种子含淀粉约 40%，可供酿酒、造醋，并可磨成粉食用。⑤植株秀丽，叶形奇特，花序硕大成串，花色艳丽，花期长，是优良的蜜源植物和夏季观花植物；亦可用作为水土保持植物。

茳芒香豌豆（大山黧豆） *Lathyrus davidii* Hance 豆科 Leguminosae

形态特征 多年生草本，高 80~100cm。茎粗壮，圆柱状，直立或上升。托叶大，半箭形；叶轴末端具分枝的卷须；小叶 2~5 对，椭圆形或卵形，下面苍白色。总状花序腋生，有花 10 余朵，花深黄色。荚果圆筒形，长达 11cm，两面凸起，具长网纹。种子紫褐色，光滑。

花果期 花期 5~7 月，果期 7~9 月。

分布及生境 分布于东北、华北、西北等地区。北京各区（县）山地常见，生于林缘、草坡、疏林及灌丛中。

利用部位及用途 ①采嫩茎叶或幼苗，经开水烫后即可炒菜或做汤，质柔味美。②茎、叶可作家畜饲料或绿肥。③优良蜜源植物。

三籽两型豆 *Amphicarpaea edgeworthii* Benth. 豆科 Leguminosae

形态特征 一年生缠绕草本。茎纤细，被淡褐色柔毛。叶具羽状 3 小叶。花二型：生于茎上部的为正常花，花冠淡紫色或白色；生于下部为闭锁花，无花瓣，子房伸入地下结实。荚果二型，生于茎上部的荚果长圆形，种子 2~3 粒，而地下结的荚果呈椭圆形或近球形，不开裂，内含 1 粒种子。

花果期 花期 7~9 月，果期 9~11 月。

分布及生境 产东北、华北地区至陕西、甘肃及江南各地。北京各区（县）极常见，生于山坡灌丛和林下草丛中。

利用部位及用途 ①嫩茎叶可食用。②块根入药，具有消肿止痛、清热利湿等功效。用于治疗痈肿疮毒疼痛、咽喉肿痛、关节红肿疼痛、脘腹疼痛等症。③茎叶柔软，适口性好，营养丰富，是家畜的优质青饲料，也可以晒制成干草供淡季饲用。④全草含有黄酮类等多种抗氧化成分，可用来开发制作化妆品。

野大豆	*Glycine soja* Sieb. et Zucc.	豆科 Leguminosae

形态特征 一年生草本，长达数米，被褐色长毛。茎缠绕，细弱。3出羽状复叶，小叶卵圆形至狭卵形，全缘。短总状花序，腋生；花小，蝶形，淡紫红色。荚果狭长圆形或近镰刀形，两侧稍扁，密生黄色硬毛，含3粒种子。种子2~4粒，黑色，长圆形或近球形。

花果期 花期7~8月，果期8~10月。

分布及生境 分布于东北、华北、西北、华东、华中、西南地区。北京见于海淀、昌平、延庆、怀柔、密云等区（县），较少见，常生于潮湿的草地、灌丛及湿地。

利用部位及用途 ①根、茎、荚果和种子入药，有利尿、平肝和敛汗之功效，主治盗汗、肝火、目疾、黄疸、小儿疳疾等症。②全株为家畜喜食的饲料，可栽作牧草、绿肥和水土保持植物。③种子含蛋白质30%~45%，油脂18%~22%，可供食用，制酱、酱油和豆腐等；又可榨油，油粕是优良饲料和肥料。④本种为经济作物大豆的野生近缘种，是重要的野生种质资源。

毛蕊老鹳草 | *Geranium eriostemon* Fisch. ex DC. | 牻牛儿苗科 Geraniaceae

形态特征 多年生草本，高 30~60cm，具开展的白毛和腺毛。单叶互生，肾状五角形，掌状 5 裂，裂片边缘具羽状缺刻或粗齿。聚伞花序顶生，具 2~4 花，花序梗密生头状腺毛。花瓣 5，蓝紫色，雄蕊 10。蒴果，顶端具喙。

花果期 花期 6~8 月，果期 7~9 月。

分布及生境 分布于东北、华北、西北、西南等地区。北京常见于密云、怀柔、延庆和门头沟等区（县），生于海拔 800m 以上较湿润的山坡草地、灌丛及林缘。

利用部位及用途 ①全草入药，具疏风通络、强筋健骨之功效。治风寒湿痹、关节疼痛、肌肤麻木、肠炎、痢疾等症。②根含鞣质，可提制栲胶。③花大色美，果形奇特，可栽培供观赏。

鼠掌老鹳草 | *Geranium sibiricum* L. | 牻牛儿苗科 Geraniaceae

形态特征 多年生草本，高 30~80cm，具倒向柔毛。根直生。茎细长，平卧或斜升，多分枝。叶对生，肾状五角形，掌状 3~5 深裂，裂片边缘羽状分裂或具齿状深缺刻。花单生叶腋，花梗丝状；萼片 5，具 3 脉，长约 5mm；花瓣 5，淡蓝色或近白色。蒴果长 1.5~1.8cm，顶端具喙。种子具细网状隆起。

花果期 花期 7~8 月，果期 8~9 月。

分布及生境 分布于东北、华北、西北、西南等地区。北京各区（县）极常见，生于杂草地、住宅附近、河岸、林缘。

利用部位及用途 ①全草入药，有较好的抗腹泻药理作用。亦可做农药。②茎、叶含鞣质，可提栲胶。③茎秆细、叶量多，质地柔软，适口性良好，各类牲畜均喜采食，可作饲料植物。

牻牛儿苗（太阳花） *Erodium stephanianum* Willd. 牻牛儿苗科 Geraniaceae

形态特征 一年生草本，高 10~50cm。茎半卧或斜升，多分枝，具柔毛。叶对生，2 回羽状深裂，裂片线形。伞形花序腋生，有 2~5 花；萼片 5，先端具芒尖；花瓣 5，淡紫色；雄蕊 10，5 枚有花药。蒴果顶端有长喙，螺旋状卷曲。种子褐色，具斑点。

花果期 花期 4~5 月，果期 6~8 月。

分布及生境 分布于东北、华北、西北、西南等地区。北京各区（县）常见，生于山坡草地、河岸沙地、农田荒地。

利用部位及用途 ①全草含挥发油，其主要成分为牻牛儿醇，还含槲皮素及其他色素。入药名“老鹳草”，有祛风除湿和清热解毒之功效。②全草含鞣质，可提制栲胶。③全草可提取黑色染料。

野亚麻	*Linum stelleroides* Planch.	亚麻科 Linaceae

形态特征 一年或二年生草本，高 40~60cm。茎光滑，基部稍木质，上部多分枝。单叶互生，无柄，密集，线形或线状披针形，全缘。聚伞花序，分枝多；萼片 5，边缘有黑色腺点；花瓣 5，紫蓝色。蒴果近球形，直径 3.5~4mm。种子侧扁，长圆形，先端尖，暗栗褐色。

花果期 花期 6~8 月，果期 8~9 月。

分布及生境 分布于东北、华北、西北、西南各地区。北京各区（县）均有分布，较少见，零散生长于干燥山坡、路旁和草地。

利用部位及用途 ①地上部分及种子入药，养血润燥、祛风解毒，用于治疗血虚便秘、皮肤瘙痒、疮疡肿毒。②茎皮纤维可作人造棉、麻布和造纸原料。③种子榨油可食用或药用，也可作为油漆工业的上等原料。

蒺藜　*Tribulus terrestris* L.　蒺藜科 Zygophyllaceae

形态特征　一年生草本，全株密被白色丝状毛。茎由基部分枝，平卧，长达1m。偶数羽状复叶对生，小叶5~7对，斜长圆形，全缘。花单生叶腋，黄色，花瓣5；花盘环状，10裂；雄蕊10，2轮。分果果瓣5，呈放射状排列，中部边缘有锐刺2枚，下部常有小锐刺2枚，其余部位常有小瘤体。

花果期　花期5~8月，果期6~9月。

分布及生境　全国各地均有分布。北京各区（县）常见，生于沙地、荒地、山坡、居民区附近，在湿地中常大量生长。

利用部位及用途　①果实入药称"蒺藜子"，具有平肝解郁、活血祛风、明目、止痒等功效，并能促进乳汁分泌。为有毒植物，慎用。②种子可榨油，供工业用，也可代替桐油。③果刺易粘附家畜毛间，有损皮毛质量，为草场有害植物。

臭檀（吴茱萸） *Evodia daniellii* (Benn.) Hemsl. 芸香科 Rutaceae

形态特征 落叶乔木，高达15m。树皮暗灰色，平滑；裸芽。羽状复叶对生，小叶7~11，卵状椭圆形，缘有钝齿。顶生聚伞圆锥花序，花小，单性异株，白色，有臭味。聚合蓇葖果，4~5瓣裂，紫红色，顶端有喙状尖，果皮布有透明腺点。种子卵形，长2~3mm，黑褐色，有光泽。

花果期 花期6~8月，果期9~11月。

分布及生境 产辽宁以南至长江流域各地。北京各区（县）山区有零星分布，生于山坡、沟边、山谷疏林中，多见于向阳坡地。

利用部位及用途 ①适应性强，生长迅速，为优良的速生用材树种。木材坚硬，纹理美观，有光泽，是制做家具、农具的良材。②果实含有香豆素、芳香油等，具有温中散寒、行气止痛等功效。③种子富含油脂，可榨油用于润滑或制皂。④果红色美，秋叶鲜黄，常栽培为园林观赏树。

白鲜	*Dictamnus dasycarpus* Turcz.	芸香科 Rutaceae

形态特征 多年生草本，高 30~100cm。全株有强烈香气，基部木质。根斜出，肉质，淡黄白色。奇数羽状复叶互生，叶轴具窄翅，小叶 9~13，卵形至卵状披针形，缘有细锯齿，表面密集油点。总状花序顶生，花大，粉红色或紫红色，花瓣 5，有明显红紫色条纹。蒴果 5 室，裂瓣顶端呈锐尖的喙，密被棕黑色腺点及白色柔毛。种子近球形，黑色，有光泽。

花果期 花期 5~6 月，果期 7~9 月。

分布及生境 分布于东北、华北、西北、华东等地区。北京仅见于延庆县海坨山，较少，生于山坡草地、林下、林缘。

利用部位及用途 ①根皮入药，称白鲜皮，性寒、味苦，清热燥湿、祛风止痒，主治湿疹、疥癣、风湿热痹等症。②叶含挥发油，可提取供工业用。③优良蜜源植物。④春末夏初，从叶丛中抽出粉红或白色花序，非常美观，可栽培供观赏。

臭椿（樗） *Ailanthus altissima* (Mill.) Swingle 苦木科 Simaroubaceae

形态特征 落叶乔木，高可达 30m。树皮灰白色或灰黑色，平滑，稍有浅裂纹。奇数羽状复叶互生，小叶卵状披针形，近基部有 2~4 粗齿，齿端各具 1 腺体。大型圆锥花序顶生；花杂性，白色带绿色；萼片 5，花瓣 5，花盘 10 裂。翅果，有扁平膜质的翅，长椭圆形。

花果期 花期 6~7 月，果期 9~10 月。

分布及生境 分布于辽宁以南各地。北京各区（县）常见栽培或野生，生于山坡、路旁、村庄住宅附近，喜钙质土壤。

利用部位及用途 ①根皮和茎皮作药用，有燥湿清热、消炎止血的效用；外用煎汤洗皮肤寄生性癣疮，有灭菌杀虫之功效。②木材坚韧，纤维长，是优良的造纸原料。③种子含脂肪油 30%~35%，为半干性油，残渣可作肥料。④树干通直高大，春季嫩叶紫红色，秋季红果满树，是良好的观赏树和行道树；能耐干旱及盐碱，对有毒气体的抗性强，可作工矿区的绿化树种。

苦木（苦皮树）

Picrasma quassioides (D. Don) Benn.

苦木科 Simaroubaceae

形态特征 落叶乔木，高达 10m。树皮紫褐色，平滑，有灰色斑纹，全株有苦味。叶互生，奇数羽状复叶，小叶 9~15，卵状披针形，边缘具不整齐的粗锯齿。花小，黄绿色，单性异株，组成腋生圆锥花序。聚合小核果近球形，成熟后蓝绿色，果皮肉质，干时皱缩，基部具宿存花萼。

花果期 花期 4~5 月，果期 6~9 月。

分布及生境 产辽宁以南各地。北京西部和北部山区有分布，较少见，散生于山地杂木林及村边较潮湿处。

利用部位及用途 ①根皮、树皮极苦，有毒，可入药，具有清热解毒、燥湿杀虫等功效，用于风热感冒、咽喉肿痛、腹泻下痢、湿疹、疮疖、毒蛇咬伤；也可作农药。②苦木制成的家具、饰品、木桶等，具有良好的杀菌效果，是用作婴幼儿用品的良好材料。③秋叶红黄，可栽培供观赏。

香椿（红椿） *Toona sinensis* (A. Juss.) Roem. 楝科 Meliaceae

形态特征 落叶乔木，高达 15m 以上。树皮粗糙，深褐色，片状脱落。偶数羽状复叶，嫩时暗紫色，有特殊气味，小叶 5~10 对，披针形，全缘。大型圆锥花序顶生，下垂，多花，花两性，白色。蒴果木质，椭圆形，熟时 5 裂。种子椭圆形，一端有膜质长翅。

花果期 花期 5~6 月，果期 8~9 月。

分布及生境 原产我国中部和南部。北京各区（县）均有栽培，在村庄旁、宅旁及低山区常见，有的接近野生状态。

利用部位及用途 ①嫩芽称香椿芽，可作鲜菜食用或淹渍，味鲜美，综合营养价值在蔬菜中属于上品；还具有食疗作用，可增进食欲，有健胃、消炎的功效。②木材质地柔韧，纹理直，为制造船舶、家具和供建筑等用的良材。③种子含油量高，榨油可食用，亦可供制油漆、肥皂。④树体高大，树冠优美，是园林绿化的优选树种。

远志	*Polygala tenuifolia* Willd.	远志科 Polygalaceae

形态特征 多年生草本，高 20~40cm。根肥厚，淡黄白色。茎细弱，由基部展出，直立或斜上，分枝多，颜色深绿，具细软毛。叶互生，狭线形，全缘，近无柄。总状花序，花淡蓝紫色，萼片内轮 2 片花瓣状，中央花瓣背面有撕裂成条的鸡冠状附属物。蒴果扁平，边有狭翅，绿色，光滑。

花果期 花期 5~7 月，果期 7~9 月。

分布及生境 产西北、华北、东北等地区。北京各区（县）山区常见，生于海拔 400~1000m 的山坡草地或路旁。

利用部位及用途 根为著名中药，含有生物碱、远志醇、丁二酸、豆甾醇、对羟基苯甲酸等成分。性温，味苦、辛，具有安神益智、祛痰、消肿的功能，用于心肾不交引起的失眠多梦、健忘惊悸、神志恍惚、咳痰不爽、疮疡肿毒、乳房肿痛等症。

雀儿舌头 | *Leptopus chinensis* (Bge.) Pojark. | 大戟科 Euphorbiaceae

形态特征 落叶灌木，高约 1m。茎多分枝，小枝细弱。单叶互生，卵形至披针形，全缘。花小，单性同株，单生或 2~4 朵簇生叶腋；雄花花瓣 5，绿白色，雄蕊 5，腺体 5，2 裂；雌花花瓣较小，花柱 3，2 裂。蒴果圆球形或扁球形，直径 6~8mm，基部有宿存的萼片，果梗长 2~3cm。

花果期 花期 4~6 月，果期 5~8 月。

分布及生境 分布于东北、华北、华东、西南等地区。北京各区（县）山地极常见，生于海拔 500~1000m 的山地灌丛、林缘、路旁、岩崖或石缝中。

利用部位及用途 ①根可入药，具有理气、止痛等功效，用于脾胃气滞所致脘腹胀痛、食欲不振、寒疝腹痛、下痢腹痛等。②嫩枝叶有毒，叶可供制作杀虫农药。③为水土保持优良的林下植物，也可做庭园绿化灌木。

地构叶（珍珠透骨草） *Speranskia tuberculata* (Bge.) Baill. 大戟科 Euphorbiaceae

形态特征 多年生草本，高 15~50cm。根茎淡黄褐色。茎直立，丛生，被灰白色卷曲柔毛。叶互生，近无柄，披针形，厚纸质，先端尖，基部圆形，边缘具疏而不规则的粗齿。总状花序顶生，花小，黄白色，单性同株。蒴果扁球状三角形，被多数疣状突起，熟时顶端开裂。种子绿色。

花果期 花期 4~6 月。果期 7~9 月。

分布及生境 产东北、华北、西北、华中等地区。北京各区（县）均有分布，较少见，生于干燥砂质地、山坡及草地。

利用部位及用途 全草入药，有祛风湿、通经络、活血止痛之效，可治筋骨风湿、疼痛挛缩、毒疮等症；亦常作为外用洗药。

铁苋菜（海蚌含珠） *Acalypha australis* L. 大戟科 Euphorbiaceae

形态特征 一年生草本，高 20~50cm。茎多分枝。叶互生，薄纸质，椭圆状披针形或卵状菱形，基部有 3 出脉，缘有钝齿。花单性同株，无花瓣；穗状花序腋生，雄花多数，生于花序上部，紫红色；雌花通常 3 花生于花序下部叶状苞片内，合时如蚌。蒴果近球形，具 3 个分果爿。种子近卵状，长 1.5~2mm，种皮平滑。

花果期 花期 5~7 月，果期 7~9 月。

分布及生境 分布几遍全国。北京各区（县）常见，生于山坡、沟边、路旁、田野。

利用部位及用途 ①嫩茎叶可作为蔬菜食用，能强身健体，提高机体的免疫力，有“长寿菜”之称。②全草含铁苋菜碱，能清热解毒、利水消肿、治痢止泻，用以防治肠炎和痢疾；外治痈疖疮疡、皮炎、湿疹。

叶底珠（一叶萩） *Flueggea suffruticosa* (Pall.) Baill. 大戟科 Euphorbiaceae

形态特征 落叶灌木，高 1~3m。茎多分枝，小枝具棱。叶互生，椭圆形或倒卵状椭圆形，全缘，上面绿色，下面带白色。花小，单性异株，淡黄色，萼片 5，无花瓣，单生或簇生于叶腋。蒴果扁球形，红褐色。萼片宿存，果 3 瓣裂，每裂有 2 个分果瓣。种子卵形，褐色，有光泽。

花果期 花期 5~7 月，果期 7~9 月。

分布及生境 分布于东北、华北、华东等地区及河南、湖北、陕西、四川、贵州等省。北京常见于各区（县）山地，生于山坡灌丛、林缘及山坡向阳处。

利用部位及用途 ①叶、花供药用，祛风活血、补肾强筋，所含的叶底珠碱对中枢神经系统，特别是脊髓有兴奋作用。②茎皮纤维可制绳索或为纺织原料，枝条可编筐篓等。③种子含油量约 7%，可以榨油。④枝叶繁茂，花果密集，果梗细长，叶入秋变红，极为美观，具有良好的观赏价值。

漆树 | *Toxicodendron vernicifluum* (Stokes) F.A.Barkl. | 漆树科 Anacardiaceae

形态特征　落叶乔木，高达 20m，有白色乳汁。树皮幼时灰白色，成年树皮粗糙，不规则纵裂。奇数羽状复叶互生，小叶先端急尖，基部偏斜，叶背脉常有毛。圆锥花序，花黄绿色，小。果序下垂，核果扁圆形或肾形，直径约 6~8mm，外果皮黄色，具光泽，中果皮蜡质，果核棕色，坚硬。

花果期　花期 5~6 月，果期 9~10 月。

分布及生境　产全国大部分省份。北京见于房山、延庆、怀柔及昌平等区（县），较少见，生于向阳山坡杂木林及沟谷、山脚下的半阳处。

利用部位及用途　①为特用经济树种，割取的乳液即是生漆，是优良的涂料和防腐剂。②种子可榨油，可制高级香皂、雪花膏、油墨、蜡烛；果壳含 20% 的蜡质，可作制蜡及蜡纸的原料。③叶含鞣质，可提制栲胶；根、叶均可作农药杀虫。④秋天叶色变红，非常美观，但是漆液有刺激性，有些人对其会产生皮肤过敏反应，故园林中需慎用。

黄栌（红叶）

Cotinus coggygria Scop. var. *cinerea* Engl.

漆树科 Anacardiaceae

形态特征 落叶灌木或小乔木，高 3~5m。木材黄色，树汁有臭味。单叶互生，倒卵形或近圆形，先端圆或微凹，全缘，两面被灰色柔毛。大型圆锥花序顶生，具柔毛；花杂性，淡绿色，不孕花的细长花梗成羽毛状；花瓣极小，花盘 5 裂。核果扁肾形，歪斜，熟时红色。

花果期 花期 4~5 月，果期 6~7 月。

分布及生境 分布于华北、华东、西南等地区。北京各区（县）常见，生于低山向阳山坡杂木林及灌丛中。

利用部位及用途 ①木材黄色，可提炼黄色染料。②枝叶供药用，具有清热解毒、除烦热等功效。③叶含芳香油，可作调香原料。④叶和树皮含鞣质，可提炼烤胶。⑤是我国重要的观赏红叶树种，深秋叶片经霜变红时，鲜艳夺目，美丽壮观，著名的北京香山红叶即为本种。黄栌花后经久留不落的不孕花的花梗呈粉红色羽毛状，还可在枝头形成似云似雾的景观。

南蛇藤 *Celastrus orbiculatus* Thunb. 卫矛科 Celastraceae

形态特征 落叶木质藤本，长达 12m。小枝有多数皮孔。叶互生，宽椭圆形至近圆形，变异极大，缘具粗锯齿。聚伞花序顶生或腋生；花单性异株，黄绿色；雄花 5 数，具退化的雌蕊，雌花花柱细长，柱头 3 裂。蒴果球形，橙黄色，直径约 1cm，熟后 3 裂。种子红褐色，有红色的假种皮。

花果期 花期 5~6 月，果期 7~10 月。

分布及生境 全国各地广泛分布。北京各区（县）山地常见，多生于海拔 650~1400m 的山沟或多石质的灌丛间，常缠绕在其他树木上。

利用部位及用途 ①嫩叶及芽可做野菜食用。②藤茎入药具有祛风除湿、通经止痛、活血解毒等功效；根和果皮入药治无名肿痛，行血气，部分地区用于治蛇咬伤；枝、叶含苦皮藤碱，可做杀虫农药。③茎皮纤维出麻率高、纤维细长、拉力强，可作纺织和制高级纸的原料。④种子含油 45%~52%，是有发展潜力的油料树种。⑤秋叶红色或黄色，蒴果鲜黄，裂开后露出红色的种子更为美观，在园林中可用作攀援绿化及地面覆盖材料。

被子植物

卫矛	*Euonymus alatus* (Thunb.) Sieb.	卫矛科 Celastraceae

形态特征 落叶灌木，高 2~3m。小枝 4 棱形，棱上常生有扁条状木栓翅，翅宽达 1cm。叶对生，窄倒卵形或椭圆形，叶柄极短或近无柄，边缘有细尖锯齿，早春初发时及初秋霜后变紫红色。花黄绿色，常 3 朵集成聚伞花序。蒴果 4 深裂，棕色带紫。种子褐色，有橘红色的假种皮。

花果期 花期 4~6 月，果熟期 9~10 月。

分布及生境 全国各地广泛分布。北京常见于各区（县）山地，生于山谷、山坡林缘、灌丛中。

利用部位及用途 ①带栓翅枝条入药，称"鬼羽箭"，为妇科药，有通经、止血崩作用，治产后败血。还可作泻肚药及杀虫药。②树皮、根、叶可提取硬橡胶。③种子含油 40% 以上，供制肥皂、润滑油用。④枝翅奇特，嫩叶及霜叶均紫红色，果实开裂后露出红色假种皮，甚为美观，为优良观赏树种。

省沽油	*Staphylea bumalda* DC.	省沽油科 Staphyleaceae

形态特征　落叶灌木或小乔木，高2~5m。树皮红褐色，枝条细长开展，青白色。奇数羽状叶对生，小叶3，卵圆形，先端尖，叶缘具细锯齿。圆锥花序顶生；萼片5，黄白色；花瓣5，乳白色；雄蕊5，花柱2。蒴果膀胱状，扁平，先端2浅裂。种子椭圆形而扁，黄色，有光泽。

花果期　花期4~5月，果期7~8月。

分布及生境　分布于东北、华北至长江流域各地区。北京见于房山区上方山、怀柔区慕田峪、昌平区虎峪沟等地，少见，生于低山山坡、山谷疏林中，喜钙质土壤。

利用部位及用途　①茎皮可提取纤维。②种子含油脂，可制肥皂及油漆。③果实药用，具有清热解毒、消肿、散结等功效。④叶、果均具观赏价值，适宜在林缘、路旁种植。

元宝枫（平基槭） *Acer truncatum* Bge. 槭树科 Aceraceae

形态特征 落叶乔木，高 8~10m。树皮灰褐色，深纵裂。单叶对生，掌状 5 深裂，基部通常截形，裂片全缘。雄花和两性花同株，排成伞房花序，花黄绿色，萼片、花瓣各 5，雄蕊 8，生于花盘内缘。双翅果，果两翅展开略成直角，果翅与果近等长。

花果期 花期 4~5 月，果期 9~10 月。

分布及生境 分布于东北、华北、华东地区。北京各区（县）低山区常见，常散生于阴坡湿润山谷的疏林中。

利用部位及用途 ①木材坚硬，为优良的建筑、家具、雕刻、细木工用材。②种仁含油量达 50%，供工业用油。③花具花蜜，为优良蜜源树种。④树姿优美，叶形秀丽，嫩叶红色，秋季叶又变成黄色或红色，为著名秋季观红叶树种，园林中常见栽培。果形奇特，因翅果形状像我国古代“金锭”而得名元宝枫。

葛萝槭　*Acer grosseri* Pax　槭树科 Aceraceae

形态特征　落叶小乔木，高 5~10m。树皮光滑，绿色，具黄白色条纹。单叶对生，纸质，卵形，边缘具重锯齿及小裂片，基部近心形。总状花序下垂，单性，雌雄异株；花淡黄绿色，5 数，具花盘。双翅果熟前淡紫色，熟后黄褐色，长 2.5~3cm，张开成钝角或近于水平。

花果期　花期 4~5 月，果期 9~10 月。

分布及生境　产华北、华中地区及陕西、甘肃等地。北京见于密云、怀柔、延庆及门头沟等区（县），少见，零散生于海拔 800~1600m 的沟谷及疏林中。

利用部位及用途　①茎皮纤维可供作人造棉及造纸原料。②叶和树皮含鞣质，可提制栲胶。③树形优美，树皮别致，似蛇皮，可栽培为园林观赏树种。

冻绿　*Rhamnus utilis* Decne.　鼠李科 Rhamnaceae

形态特征　落叶灌木或小乔木，高达 4m。小枝红褐色，有光泽，顶端针刺状。单叶互生或近对生，或束生于短枝端，椭圆形或长椭圆形，基部楔形，边缘有细锯齿。聚伞花序生于枝端和叶腋；花单性，黄绿色；花萼 4 裂，花瓣 4，花小。核果近球形，成熟时黑色，2 核。种子背面有纵沟。

花果期　花期 4~6 月，果期 5~10 月。

分布及生境　产华东、华北地区及甘肃、广东、广西、湖北、湖南，四川、贵州等省份。北京各区（县）山地常见，常生于海拔 1500m 以下的山坡、沟旁潮湿地方或杂木林间。

利用部位及用途　①果和叶内含绿色色素，可作染料，用于染棉及丝织品。明清时期，我国所产的冻绿已闻名国外，被称为“中国绿”。②树皮和叶含鞣质，可提取栲胶。③种子可榨油，作润滑油。④果肉入药称“鼠李子”，可解热、治泻下及瘰疬等症。⑤树形优美，枝叶翠绿，常栽培为园林观赏树种。

小叶鼠李 | *Rhamnus parvifolia* Bge. | 鼠李科 Rhamnaceae

形态特征 落叶灌木，高达 2m。枝具光泽，顶端具尖刺。叶通常密集丛生于短枝上或在长枝上互生，叶片菱状卵形、倒卵形或椭圆形，边缘有钝锯齿，两面无毛。花小，黄绿色，1~3 朵簇生于叶腋，萼片、花瓣和雄蕊均为 4。核果近球形，成熟时黑色，直径 3~4mm，具 2 核。种子倒卵圆形，背沟长度约为种子的 3/4。

花果期 花期 5 月，果期 7~9 月。

分布及生境 分布于东北、华北、西北地区。北京各区（县）低山极常见，生于向阳山坡、沟边及林缘灌丛。

利用部位及用途 ①木材坚硬致密，可供制手杖、工具把柄等。②树皮、果实可作染料用。③果入药，具有清热泻下、消肿散结等功效。④种子可榨油，供工业用。⑤适应性强，耐干旱，是土质瘠薄及多岩石处的重要荒山绿化和水土保持树种。

葎叶蛇葡萄 *Ampelopsis humulifolia* Bge. 葡萄科 Vitaceae

形态特征 木质藤本。枝红褐色，具棱。卷须与叶对生，分叉。单叶互生，宽卵形，3~5 中裂或不裂，基部心形或平截，叶缘具粗锯齿，表面光滑有光泽，背面苍白色。聚伞花序，与叶对生，花淡黄绿色，5 基数。浆果熟时淡黄色或淡蓝色，径 6~8mm。种子倒卵圆形。

花果期 花期 5~6 月，果期 8~9 月。

分布及生境 分布于东北、华北、华东地区。北京各区（县）山地极常见，生于海拔 400~1100m 的山地沟边及林缘灌丛。

利用部位及用途 ①根皮入药，具有消炎解毒、活血散瘀、祛风除湿等功效。②种子可榨油，供工业用。③叶形美观，果色艳丽，可作垂直绿化树种及水土保持树种。

蒙椴（小叶椴） *Tilia mongolica* Maxim. 椴树科 Tiliaceae

形态特征 落叶乔木，高达10m。树皮红褐色，小枝无毛。单叶互生，卵圆形或近圆形，边缘具粗锯齿，顶端锐尖，通常3裂。花6~12朵组成聚伞花序，苞片下半部与花序梗合生，萼片5，花瓣5，黄色，雄蕊多数，有5枚退化雄蕊。核果黄色，倒卵形，长6~8mm，顶端具小尖头，外面密被淡褐色茸毛，具明显5棱。

花果期 花期7月，果期9月。

分布及生境 分布于东北、华北、华东等地。北京各区（县）常见，生于山地阔叶混交林及杂木林中，多为伴生树种，局部地段可形成小片椴树林。

利用部位及用途 ①木材轻软，可作家具、炊具用材。②茎皮纤维可代麻制绳、织麻袋等。③花可提取芳香油，也可入药。④花繁密，有芳香，为著名的蜜源植物。⑤种子含油量较高，可用于制肥皂及硬化油。⑥树形美观，花朵芳香，对有害气体的抗性强，常栽作园林绿化树种。

孩儿拳头（小花扁担木）

Grewia biloba Don. var. *parvifolia* Hand.~Mazz.

椴树科 Tiliaceae

形态特征　落叶灌木，高 1~2m。枝条被星状毛。单叶互生，长圆状卵形，基出 3 脉，边缘具细锯齿，叶背密生绒毛。聚伞花序多花，与叶对生，花小，萼片 5，花瓣 5，淡黄色。核果橙红色或红色，常呈完全结合的双球形，直径约 8~12mm，2~4 瓣裂，每裂有 2 小核。

花果期　花期 6~7 月，果期 8~9 月。

分布及生境　分布于东北、华北、华东、西南地区。北京各区（县）山地极常见，生于低山阳坡干燥地和灌丛中。

利用部位及用途　①根皮入药，具有消炎解毒、活血散瘀、祛风除湿等功效。②茎皮纤维色白、质地软，野生较好者，可作人造棉，宜混纺或单纺；去皮茎杆可作编织用。③蜜源植物。④果实成熟后橙红鲜丽，形状奇特，且可宿存枝头达数月之久，是秋季优美的观果树种。⑤是低山区重要的水土保持树种。

田麻	*Corchoropsis tomentosa* (Thunb.) Makino	椴树科 Tiliaceae

形态特征 一年生草本，高 25~60cm。嫩枝与茎上有星芒状短柔毛。叶互生，卵形，边缘有钝圆锯齿，基出脉 3 条。花单生叶腋，花梗细长；萼片 5，披针形；花瓣 5，黄色，歪倒卵形；发育雄蕊 15，每 3 枚成 1 束，退化雄蕊 5。蒴果角状圆筒形，长 1.7~3cm，有星状柔毛。种子长卵形。

花果期 花期 6~8 月，果期 8~10 月。

分布及生境 分布于东北、华北、华东、中南、西南等地。北京见于海淀、怀柔、密云等区（县），生于海拔 1000m 以下草坡、田边或多石处，较少见。

利用部位及用途 ①茎叶可入药，具清热利湿、解毒止血之功效，可治痈疖肿毒、咽喉肿痛、疥疮、小儿疳积、外伤出血等症。②茎皮纤维代麻，可制绳索及麻袋。

苘麻	*Abutilon theophrasti* Medicus	锦葵科 Malvaceae

形态特征 一年生草本，高 1~2m。茎枝被柔毛。叶互生，圆心形，边缘具细圆锯齿，两面均密被星状柔毛。花单生于叶腋，黄色，花瓣倒卵形，长 1cm，心皮 15~20，排列成轮状。蒴果半球形，直径约 2cm，分果爿 15~20，被粗毛，顶端具 2 长芒。种子肾形，褐色，被星状柔毛。

花果期 花期 7~8 月，果期 9~10 月。

分布及生境 分布于全国各地。北京各区（县）常见，生于路旁、荒地和田野间。

利用部位及用途 ①种子入药称“冬葵子”，有利尿、通乳之效；根及全草入药能祛风、解毒。②种子含油量约 15%~16%，供制皂、油漆和工业用润滑油。③茎皮纤维色白，具光泽，可做编织麻袋、搓绳索、编麻鞋等纺织材料。

野西瓜苗	*Hibiscus trionum* L.	锦葵科 Malvaceae

形态特征 一年生直立或平卧草本，高 30~60cm。茎柔软，被白色星状粗毛。叶 2 型，下部的叶圆形，不分裂，上部的叶掌状 3~5 深裂。花单生于叶腋，花萼淡绿色，具纵向紫色条纹，花淡黄色，内面基部紫色。蒴果长圆状球形，被粗硬毛，果爿 5，果皮薄，黑色。种子肾形，黑色，具腺状突起。

花果期 花期 6~7 月，果期 8~9 月。

分布及生境 分布于全国各地。北京见于各区（县），生于山坡、草地、河边、路旁，在湿地中较常见。

利用部位及用途 ①嫩茎叶及成熟果实可食用。②全草和种子入药。全草入药清热解毒、祛风除湿、止咳、利尿，用于治疗急性关节炎、感冒咳嗽、肠炎、痢疾，外用治烧烫伤、疮毒；种子入药润肺止咳、补肾，用于治疗肺结核咳嗽、肾虚头晕、耳鸣耳聋。③种子含油量约 20%，可供制肥皂用。④花、果美丽，可栽培供观赏。

红旱莲（黄海棠） *Hypericum ascyron* L. 藤黄科 Guttiferae

形态特征 多年生草本，高 60~80cm。茎稍 4 棱形。叶对生，无柄，基部抱茎，长圆形至披针形，全缘，具黑色腺点。顶生聚伞花序，花大，萼片 5，花瓣 5，金黄色，呈“万”字形旋转，雄蕊多数，成 5 束。蒴果卵圆形，5 裂。种子细小，长椭圆形，褐色。

花果期 花期 7~8 月，果期 8~9 月。

分布及生境 分布于东北、华北以及长江流域各地区。北京见于海淀、密云、延庆、门头沟等区（县），较常见，生于路旁向阳地或山坡灌丛中。

利用部位及用途 ①全草入药煎水服可治头疼，止吐血，并有平肝火之效；种子泡酒服，有清火作用，也能治胃气病。② 全草炒后可代茶叶用。③全草含鞣质，为栲胶原料。④种子含油量约 21%，可供工业用。⑤花叶秀丽，花朵较大，花色鲜明，形如桃花，雄蕊细如金丝，花期较长，为优良的宿根观赏花卉。

鸡腿堇菜	*Viola acuminata* Ledeb.	堇菜科 Violaceae

形态特征 多年生草本，具地上茎，高10~40cm。单叶互生，心状卵形，叶缘具钝齿；托叶大，羽状深裂，基部与叶柄合生。花单生，白色带淡紫色；萼片5，基部具短附属物；花瓣5，下面1瓣较大，具直的距。蒴果椭圆形，长约1cm，无毛，先端渐尖，3瓣裂。

花果期 花期5~6月，果期6~9月。

分布及生境 分布于东北、华北、华中等地区。北京各区（县）山区常见，生于林缘、杂木林下、山坡草地及溪边湿地。

利用部位及用途 ①嫩茎叶可作蔬菜食用。②全草入药，具有清热解毒、排脓消肿等功效，用于治疗肺热咳嗽、疮痈、跌打损伤等症。

紫花地丁 | *Viola philippica* Cav. | 堇菜科 Violaceae

形态特征 多年生草本，无地上茎。叶基生，披针形或长圆形，叶基截形或楔形，叶缘具圆齿。花茎高 5~7cm，近中部有小苞片 2；花淡紫色，常具紫色条纹；萼片 5，基部具短附属物；花瓣 5，下面一瓣具直而细长的距。蒴果长圆形，3 瓣裂。种子卵球形，淡黄色。

花果期 花期 4~5 月，果期 5~9 月。

分布及生境 分布于全国各地区。北京各地极常见，生于山坡草地、林缘、灌丛、路旁、田野等处。

利用部位及用途 ①嫩茎叶可食用。② 全草为清凉性解毒药。适用于各种化脓性炎症，如痈疽、疔肿、颈部淋巴腺炎肿大、疮伤等；内服亦可外用，将生根捣汁，用布贴于患部，能吸出脓液；将根煎服，能止泻痢。③株型矮小，叶形美观，早春淡紫色小花竞相开放，夏秋季一片翠绿，是极好的园林绿化植物；其地面覆盖效果好，花期长，抗逆境能力强，耐寒性强，具有很高的开发利用和推广价值。

中华秋海棠 | *Begonia grandis* Dry. subsp. *sinensis* (A. DC.) Irmsch. | 秋海棠科 Begoniaceae

形态特征 多年生草本，高20~40cm。块茎近球形，直径8~20mm，具密集而交织的细长纤维状之根。叶互生，具长柄，三角状卵形，基部心形，偏斜，先端渐尖成尾状，边缘有细尖齿。聚伞花序腋生，稀疏；花单性同株，粉红色；雄花花被片4，雌花花被片3。蒴果，具3翅。种子极多数，小，长圆形，淡褐色，光滑。

花果期 花期7~8月，果期8~9月。

分布及生境 分布于华北至长江流域各地。北京常见于房山、门头沟、延庆、怀柔、密云等区（县）山地，生于林下、山谷石缝和山坡阴湿处。

利用部位及用途 ①块茎入药，活血调经、止血止痢，用于痢疾、肠炎、疝气、腹痛、崩漏、痛经、赤白带、跌打损伤、外伤出血等。②叶形别致，花朵美观，可栽培供观赏。

河朔荛花 *Wikstroemia chamaedaphne* Meisn. 瑞香科 Thymelaeaceae

形态特征 落叶灌木，高 50~100cm。分枝多而细长，光滑。单叶对生，长圆状披针形，全缘。穗状或圆锥花序，顶生；花萼筒状，黄色，长 8~10mm，密被灰黄色绢状毛，裂片 4，近圆形，顶端钝；花瓣缺；雄蕊 8，2 轮。核果卵形，干燥，被残存的萼筒所包，黑色，有丝状毛。

花果期 花期 6~8 月，果期 8~9 月。

分布及生境 分布于华北、华东、华中等地区。北京见于各区（县）山地，较常见，生于低山灌丛和草坡。

利用部位及用途 ①花、叶可药用，治水肿胀满、痰饮咳喘、急慢性肝炎、癫痫等症。②茎皮纤维为制打字蜡纸、皮纸及其他高级纸的原料，亦可制人造棉。③为有毒植物，水煮液可防治多种瓜类害虫及食叶害虫，民间也用其花作驱虫剂。④花美观艳丽，可栽培供观赏。

中国沙棘 *Hippophae rhamnoides* L. subsp. *sinensis* Rousi 胡颓子科 Elaeagnaceae

形态特征 落叶灌木或乔木，高 1~5m。枝具粗壮棘刺，幼枝具褐锈色鳞片。叶互生或近对生，条形至条状披针形，全缘，两面被银白色鳞片。花小，雌雄同株，簇生，先于叶开放，淡黄色。坚果浆果状，近球形，直径 5~10mm，熟时橙黄或桔红色。种子硬骨质，卵形，黑褐色。

花果期 花期 5~6 月，果熟期 9~10 月。

分布及生境 分布于华北、西北、西南地区。北京西部山区有分布，较少，生于海拔 800m 以上干燥山坡及高山山顶。

利用部位及用途 ①果实富含多种维生素、氨基酸、糖类、类胡萝卜素和多种微量元素，用途极其广泛，可食用或加工成各种食品、饮料、保健品、化妆品等；入药具有止咳化痰、健胃消食、活血散瘀等功效。②种子油含有大量维生素 E、维生素 A、黄酮等，具有抗疲劳、增强机体活力及抗癌等特殊药理性能。③根系发达，富根瘤菌，萌芽力强，是很好的防风固沙和水土保持优良树种。

千屈菜（水柳） *Lythrum salicaria* L. 千屈菜科 Lythraceae

形态特征 多年生草本，高达 1.5m。茎多分枝，4 棱形。叶对生或 3 叶轮生，无柄，长圆状披针形。穗状花序顶生；萼筒具 12 条细棱，顶端具 6 齿，齿尖有尾状附属物；花瓣 6，紫红色；雄蕊 12，2 轮。蒴果椭圆形，藏于萼内，成熟时 2 瓣裂。种子多而细小。

花果期 花期 7~9 月，果期 10 月。

分布及生境 分布于东北、华北、西北、西南等地区。北京常见于海淀、怀柔、门头沟、延庆等区（县），生于溪流边及山坡草地，在湿地中有时可形成小片的优势群落。

利用部位及用途 ①嫩茎叶可作蔬菜食用。②全草入药，具有收敛止泻之效，可治痢疾、血崩、溃疡等症。③植株姿态娟秀整齐，花色鲜丽醒目，花期长，是极好的水景园林造景植物。目前各地普遍栽培。

柳兰	*Chamerion angustifolium* (L.) Holub	柳叶菜科 Onagraceae

形态特征 多年生草本，根状茎匍匐。茎高达1m，常不分枝。单叶互生，披针形，全缘或有疏锯齿。总状花序顶生，伸长；花大，不对称；萼筒极短，4深裂；花瓣4，红紫色；雄蕊8，花柱下弯，柱头4裂。蒴果圆柱形，具长柄。种子密被白毛。

花果期 花期6~7月，果期8~9月。

分布及生境 分布于东北、华北、西北、西南等地区。北京见于门头沟、怀柔、密云等区（县），常生于海拔较高的林缘、山坡草地及林间隙地，常成片生长。

利用部位及用途 ①嫩茎叶可作蔬菜食用。②根状茎或全草入药，有小毒，能调经活血、消肿止痛，主治月经不调、骨折、关节扭伤。③根、茎、叶、花、果均含鞣质，可作栲胶原料。④种子毛（种缨）可制人造棉。⑤花穗长，花大而多，花色艳美，地下根茎生长能力极强，易形成大片群体，开花时十分壮观，为优良观赏植物。

东北土当归 *Aralia continentalis* Kitagawa 五加科 Araliaceae

形态特征 多年生草本，地下有块状粗根茎。地上茎高达 1m，上部有灰色细毛。叶为 2 回或 3 回羽状复叶，羽片有小叶 3~7。伞形花序直径 1.5~2cm，花 5 基数。果实紫黑色，有 5 棱，直径约 3mm；宿存花柱长约 2mm，中部以下合生，顶端离生，反曲。

花果期 花期 7~8 月，果期 8~9 月。

分布及生境 分布于吉林、辽宁、河北、河南、陕西、四川、西藏。北京见于门头沟、延庆、怀柔、密云等区（县），少见，生于林下和山坡草丛中。

利用部位及用途 ①嫩茎叶可作蔬菜食用。②根入药，具有祛风解表、活血化瘀等功效，用于治疗外感风寒、月经不调、血滞经闭、产后瘀滞腹痛、心腹疼痛、症瘕积聚等症。

无梗五加 *Acanthopanax sessiliflorus* (Rupr. et Maxim.) Seem. 五加科 Araliaceae

形态特征 落叶灌木，高 1.5~5m。树皮暗灰色，有纵裂纹；枝灰色，无刺或散生粗壮平直的刺。掌状复叶互生，小叶 3~5（常 3），缘具不整齐锯齿。头状花序球形，常 3~6 个再组成圆锥状花序；花无梗，萼筒密生白色绒毛，花瓣 5，暗紫色。浆果近球形，长 1~1.5cm，熟时黑色，花柱宿存。

花果期 花期 8~9 月，果期 9~10 月。

分布及生境 分布于东北、华北等地区。北京见于平谷、房山、密云、门头沟等区（县），生于海拔 200~1200m 处阔叶林下、林缘及山坡灌丛，较少见。

利用部位及用途 ①根皮称为“五加皮”，为著名中药，有祛风湿、强筋通络之效，用于风寒湿痹、腰膝疼痛、筋骨痿软、体虚羸弱、跌打损伤。根皮也可制五加皮药酒，具有健胃利尿、提高机体抵抗力之功效。②嫩叶也可代茶叶饮用。

变豆菜 *Sanicula chinensis* Bge. 伞形科 Umbelliferae

形态特征 多年生草本，高达1m。根茎粗而短，有许多细长的支根。茎直立，无毛，有纵沟纹，下部不分枝，上部重覆叉式分枝。基生叶近圆形，通常3裂；茎生叶逐渐变小，裂片边缘有大小不等的重锯齿。伞形花序2~3出，小伞形花序有花6~10；花瓣白色或绿白色。双悬果球状圆卵形，长4~5mm，密生顶端具钩的直立皮刺。

花果期 花果期5~10月。

分布及生境 产东北、华北、华东、中南、西南各地区。北京各区（县）常见，生于山坡路旁阴湿地、杂木林下及溪边草丛中。

利用部位及用途 ①春夏季采摘嫩茎叶食用，含铁量高，有养血和胃、滋阴润燥的功能，对消化不良者有一定食疗作用。②根入药，具有解毒、止血等功效，可治外伤出血、疮痈肿毒。

红柴胡	*Bupleurum scorzonerifolium* Willd.	伞形科 Umbelliferae

形态特征 多年生草本，高 30~70cm。主根发达，圆锥形；支根稀少，深红棕色，表面略皱缩，上端有横环纹。茎上部二歧分枝，呈“之”字形弯曲。单叶互生，无柄，线形，全缘。复伞形花序多数，伞辐 4~6，开展，不等长；花梗 6~15，花黄色。双悬果椭圆形，果棱圆钝。

花果期 花期 7~8 月，果期 9~10 月。

分布及生境 分布于东北、华北、西北、华东等地区。北京各区（县）山地常见，生于向阳山坡、林缘及疏林下。

利用部位及用途 ①根为著名中药，名“南柴胡”，含精油，为解热强壮药，具有解表和里、升阳、疏肝解郁等功效，主治感冒、寒热、肝炎、疟疾、胆囊炎等。②可作为饲用植物；春夏两季各种家畜均喜食，在秋季稍干枯时亦为家畜所乐食。

辽藁本 *Ligusticum jeholense* (Nakai et Kitag.) Nakai et Kitag. 伞形科 Umbelliferae

形态特征 多年生纤细草本，高 30~80cm。根状茎短。茎具纵棱，分枝。基生叶有长柄，3~4 回 3 出羽状细裂，最终裂片线形，茎生叶向上逐渐退化。复伞形花序，伞梗 9~12；花白色或粉红色，5 基数。双悬果长圆形，背棱突起，侧棱狭翅状。

花果期 花期 7~8 月，果期 8~9 月。

分布及生境 产东北、华北地区。北京各区（县）常见，生于山地林下、林缘和山坡。

利用部位及用途 ①根含挥发油，香气很浓，对中枢神经有镇静、镇痛作用，并有轻度降压作用。②根及根茎供药用，散风寒、燥湿，治风寒头痛、寒湿腹痛、泄泻；外用治疥癣、神经性皮炎等皮肤病。

白芷（兴安白芷）

Angelica dahurica (Fisch.) Benth. et Hook. ex Franch. et Sav.

伞形科 Umbelliferae

形态特征 多年生草本，高 1~2m。根粗大，垂直生长，直径约 2.5cm，有数支根，具香气。茎粗壮，暗紫红色。基生叶及茎下部叶叶鞘膨大，叶片 2~3 回羽状全裂，茎上部叶叶鞘囊状，无叶片。大型复伞形花序，伞梗多数；花白色，5 基数。双悬果扁平，椭圆形或近于圆形，分果具 5 棱，侧棱成翅状。

花果期 花期 7~8 月，果期 8~9 月。

分布及生境 分布于东北、华北等地区。北京各区（县）山地常见，常生长于林下、林缘、溪旁、灌丛及山坡草地。

利用部位及用途 ①根入药，具有祛病除湿、排脓生肌、活血止痛等功能，主治风寒感冒、头痛、鼻炎、牙痛等症；有止血作用，对便血、鼻衄等也有效。②茎叶含有挥发油，可提取供工业用。③种子可榨油。

石防风	*Peucedanum terebinthaceum* (Fisch. ex Trevir.) Ledeb.	伞形科 Umbelliferae

形态特征　多年生草本，高 30~120cm。根长圆锥形，直生。茎单一，直立，圆柱形。叶片轮廓为椭圆形至三角状卵形，2 回羽状全裂。复伞形花序多分枝，花序梗顶端有短绒毛或糙毛，伞辐 8~20，花白色，具淡黄色中脉。双悬果卵状椭圆形，长 3~4mm，侧棱有翅。

花果期　花期 7~9 月，果期 9~10 月。

分布及生境　产黑龙江、吉林、辽宁、内蒙古、河北等省份。北京见于海淀、门头沟、密云等区（县），较少见，生长于山坡草地、林下及林缘。

利用部位及用途　①根入药，具有散风清热、降气化痰等功效。②茎叶含有挥发油，可提取供工业用。

短毛独活 *Heracleum moellendorffii* Hance 伞形科 Umbelliferae

形态特征 多年生草本，根圆锥形、粗大，多分枝，淡灰棕色至黑棕色。茎高 70~150cm，粗壮，具纵棱槽。基生叶和茎下部叶有长柄，3 出或羽状全裂，裂片再 3~5 裂；茎上部叶叶鞘囊状，叶片退化。复伞形花序，伞梗多数；花白色，异型。双悬果倒扁卵形，侧棱具翅。

花果期 花期 7~8 月，果期 8~9 月。

分布及生境 分布于东北、内蒙古、河北、山东、陕西、江苏、浙江、江西、四川等省份。北京各区（县）山地常见，生长于阴坡山沟旁、林缘或草地。

利用部位及用途 ①嫩茎叶可以食用。②根入药，具有祛风除湿、解表、镇痛等功效，治风湿、腰膝酸痛及头痛等。

沙梾

Swida bretchneideri (L. Henry) Sojak

山茱萸科 Cornaceae

形态特征 落叶灌木或小乔木，高 1~6m。树皮红紫色，光滑。单叶对生，卵形或长圆形，全缘，背面灰白色，叶脉弧形，侧脉脉腋被白色丛毛。伞房状聚伞花序，顶生，花 4 基数，乳白色。核果蓝黑色至黑色，近于球形，直径 4~5mm；核骨质，卵状扁圆形，长约 3mm。

花果期 花期 6~7 月，果期 8~9 月。

分布及生境 分布于内蒙古、河北、山西、陕西、甘肃等地。北京常见于房山、门头沟、怀柔、密云等区（县）山地，生于山坡灌丛、杂木林中。

利用部位及用途 ①叶和树皮可提栲胶，并可做紫色染料。②果实可榨油，供制肥皂、润滑油等工业用，是有发展潜力的生物质油料树种。③枝光滑，叶红艳，花序大，花繁密，可作园林植物栽培供观赏。

日本鹿蹄草

Pyrola japonica Klenze ex Alef.

鹿蹄草科 Pyrolaceae

形态特征 多年生常绿草本，高15~30cm。根茎细长，分枝。叶4~7，基生，革质，椭圆形或圆卵形，先端钝，基部圆形，全缘，上面绿色，下面具白霜，带紫色。总状花序生于花葶上部，花葶具鳞片状叶1~2。花5基数，萼片舌状，花冠白色或粉红色。蒴果扁圆球形，直径7~8mm。

花果期 花期6~7月，果期7~9月。

分布及生境 产东北地区及内蒙古、河北、河南等地。北京延庆、门头沟、密云等区（县）有分布，少见，生于海拔1400m以上的针阔叶混交林或阔叶林内。

利用部位及用途 ①全草可入药，作收敛剂，能够调经活血、收敛止血、祛风除湿、补肾壮阳；民间常用作补药，治虚痨、止咳、强筋健骨。②全草含挥发油，可提取供工业用。③花、叶美丽，可作园林植物栽培供观赏。

迎红杜鹃（蓝荆子） *Rhododendron mucronulatum* Turcz. 杜鹃花科 Ericaceae

形态特征 落叶灌木，高 1~2m。多分枝，幼枝具鳞片。叶互生，质薄，椭圆形至披针形，两面疏生鳞片。花单生或 2~5 朵簇生，先叶开花；花萼 5 裂，花冠漏斗状，淡紫红色，5 裂，雄蕊 10，下倾，不等长，花丝中部以下有毛。蒴果圆柱形，密被褐色鳞片，花柱宿存，先端 5 瓣开裂。

花果期 花期 5~6 月，果期 6~7 月。

分布及生境 分布于东北、华北地区及山东、江苏北部。北京各区（县）山地常见，生于中山区的林下及灌丛中。

利用部位及用途 ①叶入药，可解表、化痰、止咳、平喘，用于治疗感冒头痛、咳嗽、哮喘、支气管炎等症。②茎叶含有挥发性成分，可提取挥发油供工业用。③花大，花朵红艳，烂漫如锦，具有极高的观赏价值，是北方早春重要观花树种。

点地梅	*Androsace umbellata* (Lour.) Merr.	报春花科 Primulaceae

形态特征 一年生小草本，高 8~15cm，全体被有白色细柔毛。根生叶丛生，呈莲座状平铺地上，叶片近圆形，边缘有钝齿。花葶数条由基部抽出，伞形花序具花 4~15 朵，花梗纤细；花萼钟状，5 深裂；花冠筒状，裂片 5，白色，喉部黄色，紧缩。蒴果球形，直径 2~3mm，成熟时 5 瓣裂。种子细小多数，棕色。

花果期 花期 4~5 月，果期 6 月。

分布及生境 分布极广，几遍全国。北京各区（县）常见，常生于向阳地、疏林下及林缘、山野草地等处。

利用部位及用途 ①全草含有山柰酚、芦丁、槲皮素等成分，入药具有清凉解毒、消肿止痛的作用，民间俗称喉咙草，主治扁桃体炎、咽喉炎、口腔炎、急性结膜炎、跌打损伤等症。②植株低矮，叶丛生，平铺地面，花美丽，可栽培作地被植物。

狼尾花（狭叶珍珠菜） *Lysimachia barystachys* Bge. 报春花科 Primulaceae

形态特征 多年生草本，有根状地下茎，全株密被柔毛。茎直立，高 40~100cm。叶互生或近对生，披针形或倒披针形，近无柄。总状花序顶生，花密集，常转向一侧，长 4~6cm，后渐伸长，结果时长可达 30cm；花冠白色，5 裂。蒴果球形，直径约 2.5mm，包被于花萼内。种子多而细小。

花果期 花期 5~8 月，果期 8~10 月。

分布及生境 分布于东北、华北、西北、华东、西南等地。北京见于海淀、房山、延庆、门头沟等区（县），常见，生于山坡、灌丛或山道边。

利用部位及用途 ①含有金丝桃苷、异槲皮甙等成分。全草入药，具有调经散瘀、清热消肿等作用，主治月经不调、经痛血崩、感冒风热、咽喉肿痛、乳痈、跌打扭伤等症。②根茎含鞣质，可提制栲胶。③花穗长大而洁白，花朵繁密，极为美观，可栽培供观赏及作为林缘草地绿化植物，还可作切花装饰花篮、花环、瓶插。

二色补血草（矾松） *Limonium bicolor* (Bge.) O.Kuntze 蓝雪科 Plumbaginaceae

形态特征 多年生草本，高 20~70cm。叶基生，莲座状，匙形或倒披针形，基部渐狭成柄，顶端钝圆而具短尖头。聚伞圆锥花序，花葶中部以上多分枝；花萼漏斗形，干膜质，白色或稍带黄色，花后宿存，花冠黄色。蒴果具 5 棱，包于萼内。

花果期 花期 5~7 月，果期 6~8 月。

分布及生境 分布于东北、华北、西北、华东地区。北京见于海淀、平谷和延庆等区（县），少见，生于盐碱化的山坡、草地、沙丘边缘。

利用部位及用途 ①带根全草可入药，具有补血、止血、散瘀、调经、益脾、健胃等功效，主治崩漏、尿血、月经不调等症。②花期长而不凋，美观别致，可作干花观赏。③为盐碱土的指示植物。

被子植物

小叶白蜡树 | *Fraxinus bungeana* DC. | 木犀科 Oleaceae

形态特征 落叶灌木或小乔木，高达 3m。树皮黑灰色，光滑。奇数羽状复叶对生，小叶常为 5，阔卵形、菱形或椭圆形，较小，长 2~4cm。圆锥花序顶生，花杂性，花冠白色，深裂，裂片线形。翅果匙状长圆形，长 2~3cm，翅下延至坚果中下部，坚果长约 1cm，略扁，花萼宿存。

花果期 花期 5 月，果期 8~9 月。

分布及生境 产吉林、辽宁、河北、山西、河南等地。北京各区（县）山地常见，生于山坡杂木林或岩石缝隙中。

利用部位及用途 ①树皮用作中药称“秦皮”，性苦，微寒无毒，为苦味健胃收敛剂，有泻热、明目、清肠、止痢之效。②木材刚劲而有弹力，能耐久，供制小农具。③种子可榨油供工业用。

其他 北京地区常见的还有大叶白蜡树 *F. rhynchophylla* Hance，分布及用途与小叶白蜡树类似。

暴马丁香	*Syringa amurensis* Rupr.	木犀科 Oleaceae

形态特征 落叶小乔木，高达8m。树皮紫灰色，粗糙，通常不开裂。单叶对生，叶片卵形至阔卵形，先端渐尖，基部圆形或近心形，全缘。圆锥花序大型，侧生；花冠4裂，白色，雄蕊2，长为花冠管的2倍。蒴果矩圆形，长1~2cm，顶端钝，平滑或有疣状突起。种子周围有翅。

花果期 花期6月，果期8~9月。

分布及生境 分布于东北、西北、华北地区。北京各区（县）山地常见，生于山坡杂木林中或沟谷。

利用部位及用途 ①嫩叶、嫩枝、花可调制保健茶叶。②树皮、树干及枝条均可药用，具有清肺祛痰、止咳、平喘、消炎、利尿功效。③材质坚实致密，具有特殊清香气味，可供建筑、器具、家具及细木工用材等。④花含芳香油，可提取香精。⑤叶、树皮含单宁，可作烤胶原料。⑥种子含脂肪油28.6%，可榨取供工业用。⑦花序大，花期长，花香浓郁，是公园、庭院及行道优良的绿化观赏树种。

流苏树　*Chionanthus retusus* Lindl. et Paxt.　木犀科 Oleaceae

形态特征　落叶乔木，高6~20m。树干灰色，大枝树皮常纸状剥裂。单叶对生，叶片椭圆形或长圆形，全缘，近革质。雌雄异株，圆锥花序生于侧枝顶端；花冠白色，4深裂，裂片线状倒披针形，雄花雄蕊2，雌花柱头2裂。核果椭圆形，长10~15mm，被白粉，呈蓝黑色或黑色。

花果期　花期6~7月，果期9~10月。

分布及生境　全国多数省份均有分布。北京见于延庆、门头沟、房山等区（县），较少，生于向阳山谷及疏林中。

利用部位及用途　①芽和嫩叶可代茶饮用，其味似龙井茶，有“茶叶树”之称；亦有药用价值，具有消暑止渴等功效。②果实含油量12.9%，可榨油，供食用及制肥皂。③材质坚实致密，纹理细致美观，可制器具和供细木工用。④成年树植株高大优美、枝叶繁茂，花期如雪压树，花冠洁白柔长，随风荡漾如流苏，且气味芳香，是优良的园林观赏树种。

花锚 *Halenia corniculata* (L.) Cornaz 龙胆科 Gentianaceae

形态特征 一年生直立草本，高20~70cm。茎近4棱形，从基部起分枝。叶椭圆状披针形或卵形，全缘，有时粗糙密生乳突。聚伞花序顶生和腋生，花冠黄色，4深裂，裂片卵状椭圆形，基部具有一个斜上角形的距，距与花冠近等长。蒴果卵圆形、淡褐色，顶端2瓣开裂。种子小，多数，卵圆形，光滑，褐色。

花果期 花果期7~9月。

分布及生境 产东北、华北等地。北京见于门头沟、怀柔、密云等区（县），较少见，生于海拔较高的山坡草地、林下及林缘。

利用部位及用途 ①全草入药，有清热利湿、平肝利胆之功效，主治胃痛、肝炎、胆囊炎、脉管炎、外伤出血等症。②花形奇特，颜色艳丽，在园林中点缀于草地、绿地之中具有画龙点睛之笔；亦可盆栽，观赏效果更佳。

当药

Swertia diluta (Turcz.) Benth. et Hook. f.

龙胆科 Gentianaceae

形态特征　一年生草本，高 20~40cm。茎多分枝。叶对生，无柄，线状披针形，全缘，具 1 脉。聚伞花序，多花，花萼 5 深裂，花冠淡蓝紫色，5 深裂，裂片具紫色脉纹，基部各有 2 个长圆形腺窝，边缘有流苏状毛。蒴果长圆形，长约 1.2cm。种子多数，近球形，被小瘤状突起。

花果期　花期 8~9 月，果期 9~10 月。

分布及生境　分布于东北、华北、西北地区。北京见于海淀、门头沟、怀柔、密云等区（县），较少见，生于山坡、沟谷、路边及草地。

利用部位及用途　①全草入药，用作苦味健胃药，有清湿热、健胃之功效，主治消化不良、腹痛、下痢等症。②花颜色艳丽，可栽培供观赏植物。

罗布麻（野麻）　*Apocynum venetum* L.　夹竹桃科 Apocynaceae

形态特征　直立半灌木，高 1.5~3m，全株光滑，具白色乳汁。茎直立，多分枝，紫红色。叶对生，具短柄，叶片披针形至长圆形，叶缘具细牙齿。圆锥状聚伞花序，花多数，花冠圆筒状钟形，紫红色或粉红色，5 深裂。蓇葖果，双生，下垂，箸状圆筒形。种子细小，顶端具一簇白色种毛。

花果期　花期 6~7 月，果期 7~9 月。

分布及生境　分布于东北、华北、华东、西北地区。北京各区（县）有分布，门头沟区永定河、延庆县野鸭湖等地较多，生于河滩、沙质地及盐碱荒地，常成片生长，形成大片的单一群落。

利用部位及用途　①嫩叶蒸炒揉制后当茶叶饮用，有清凉去火和强心的功用。②叶入药，具有清热平肝、利水消肿等功效，主治高血压、眩晕、头痛、心悸、失眠等症。③是一种优良的纤维植物，其茎皮纤维细长柔韧、有光泽，具有耐腐耐磨耐拉的优质性能，为高级衣料、渔网丝、皮革线、高级用纸等原料。④花多，美丽、芳香，花期长，可栽培供观赏。⑤具有发达的蜜腺，是一种良好的蜜源植物。

杠柳 *Periploca sepium* Bge. 萝藦科 Asclepiadaceae

形态特征 落叶木质藤本，全株有白色乳汁。树皮灰褐色，有光泽。单叶对生，长圆状披针形，全缘，叶面光亮。聚伞花序腋生；花萼5裂，花冠辐状，暗紫色，5深裂，反折，里面有毛；副花冠环状，10裂；雄蕊5，花药粘连。蓇葖果近圆柱形，长10~15cm，通常两个对生，弯曲，先端相连。种子纺缍形，先端丛生白色种缨毛。

花果期 花期5~6月，果期7~9月。

分布及生境 分布于东北、华北、西北、华东、西南各地区。北京常见于各区（县）低山地区，生于沟谷、林缘、山坡、灌丛。

利用部位及用途 ①嫩茎叶用沸水焯后可以鲜食或腌酸菜。②根皮入药名“香加皮”，可作强心剂，多浸酒服用，有祛风湿、壮筋骨、利尿等作用。③茎皮纤维为优质人造棉原料，还可制绳和造纸。④茎、叶含白色乳汁，可制橡胶。⑤种子含油量10%。供制肥皂或作润滑油。⑥根蘖性强，单株栽后不久即丛生成团，是优良的固沙、水土保持树种；花、果美丽，还可栽培供观赏或作绿篱。

萝藦 *Metaplexis japonica* (Thunb.) Makino 萝藦科 Asclepiadaceae

形态特征 多年生草质藤本，有乳汁。茎缠绕。叶对生，具长柄，卵状心形，全缘。总状聚伞花序，花多数；花冠 5 裂，白色带淡紫色斑纹，裂片先端反折；副花冠环状，5 裂。蓇葖果双生，纺锤形，具瘤状突起。种子扁平，卵圆形，顶端具白色绢质种毛。

花果期 花期 6~8 月，果期 7~9 月。

分布及生境 分布于东北、华北、华东以及甘肃、陕西、贵州、河南、湖北等地区。北京各区（县）极常见，生于山坡、路旁、灌丛、林缘及村舍附近篱笆旁。

利用部位及用途 ①全草入药。果可治劳伤、虚弱、腰腿疼痛等；根可治跌打、蛇咬、疔疮等；茎叶可治小儿疳积、疔肿；种毛可止血；乳汁可除瘊子。②茎皮纤维坚韧，可制人造棉或与棉等混纺。③种子毛可作坐垫等的填充料。④园林上可栽培作绿篱，是吊挂和垂直绿化的良好材料。

徐长卿	*Cynanchum paniculatum* (Bge.) Kitag.	萝藦科 Asclepiadaceae

形态特征 多年生草本，高达 1m。根须状，有香气。茎常单一，直立。叶对生，线状披针形，全缘。伞房状聚伞花序；花萼 5 裂，花冠黄绿色，5 裂，副花冠肉质，5 裂，花药顶端具膜片，柱头五角星状。蓇葖果，长角状。种子顶端有白色长毛。

花果期 花期 6~8 月，果期 7~9 月。

分布及生境 分布于东北、华北、西北、西南等地区。北京见于海淀、房山、门头沟等区（县），生于山坡草地、林下灌丛或路旁，较常见。

利用部位及用途 ①根及根茎入药，祛风化湿、止痛止痒，用于风湿痹痛、胃痛胀满、牙痛、腰痛、跌扑损伤、荨麻疹、湿疹等症。②嫩茎叶可代茶叶饮用。

牛皮消 | *Cynanchum auriculatum* Royle ex Wight | 萝藦科 Asclepiadaceae

形态特征 多年生草质藤本，有乳汁。块根肥厚。叶对生，宽卵形至卵状长圆形，基部心形。聚伞花序伞房状腋生；花冠白色，辐状，裂片反折，内面具疏柔毛。蓇葖双生，披针形，长约 8cm，直径约 1cm。种子卵状椭圆形，顶端有白色绢毛。

花果期 花期 6~9 月，果期 7~11 月。

分布及生境 产华东、华中、华南、西南各地区。北京各区（县）山区有分布，较常见，生于山坡林缘及路旁灌木丛中或河流、水沟边潮湿地。

利用部位及用途 ①块根可药用，有养阴清热、润肺止咳之效，可治神经衰弱、胃及十二指肠溃疡、肾炎、水肿、食积腹痛、小儿疳积、痢疾；外用治毒蛇咬伤、疔疮。②茎皮纤维可制人造棉。③根含痉挛性的萝藦毒素，中毒症状有流涎、呕吐、痉挛、呼吸困难、心跳缓慢等，可毒杀老鼠和麻雀。

菟丝子 *Cuscuta chinensis* Lam. 旋花科 Convolvulaceae

形态特征 一年生寄生草本。茎缠绕，金黄色，纤细。叶退化。花簇生成小团伞花序，侧生；花冠杯状，乳白色或淡黄色，4~5 裂，裂片直立，鳞片流苏状；雄蕊着生在花冠弯缺之下，花柱 2，柱头球形。蒴果近球形，稍扁，成熟时被花冠全包，长约 3mm，盖裂。种子黄褐色，卵形，表面粗糙，长约 1mm。

花果期 花期 6~8 月，果期 8~10 月。

分布及生境 分布于全国各地。北京各区（县）山区普遍分布，极常见，常寄生于豆科、菊科蒿属等草本植物上。

利用部位及用途 ①种子含树脂样的糖甙、糖及淀粉等，入药为滋养性强壮收敛药，具有补肾益精、养肝明目、固胎止泄之功效，治阳痿、遗精、遗尿等症；种子还可食用或用来制作酱、酿酒、榨油等。②有成片群居的特性，对寄主植物有较大危害。

其他 北京地区常见的还有日本菟丝子 *C. japonica* Choisy. 和南方菟丝子 *C. australis* R. Br.，习性及用途同菟丝子。

花荵 *Polemonium coeruleum* L. 花荵科 Polemoniaceae

形态特征 多年生草本，高 30~100cm。根匍匐，圆柱状，多纤维状须根。奇数羽状复叶，互生，小叶狭披针形。聚伞状圆锥花序，花疏生，密被短腺毛；花萼钟状，5 裂；花冠蓝紫色或蓝色，钟状，裂片 5；雄蕊 5，柱头 3 裂。蒴果球形。被宿存花萼所包。种子褐色，纺锤形，长 3~3.5mm，种皮干后膜质似有翅。

花果期 花期 6~8 月，果期 8~9 月。

分布及生境 分布于东北、华北等地区。北京见于密云、延庆、门头沟等区（县）较常见，生于 1000~2100m 亚高山草甸及林缘。

利用部位及用途 ①根茎及根入药，具有祛痰、止血、镇静等功效，主治痰多咳嗽、癫痫失眠、月经过多等症。②花朵硕大，花姿秀美，花色艳丽，可栽培供观赏或者作园林景观花卉。

砂引草

Messerschmidia sibirica L.

紫草科 Boraginaceae

形态特征 多年生草本，高 10~30cm。全株密被灰白色柔毛。根状茎细长，茎常自基部分枝。单叶互生，长圆状披针形，全缘。伞房状聚伞花序顶生，花萼 5 深裂，花冠漏斗状，黄白色，裂片 5。果实椭圆状球形，长约 8mm，有 4 钝棱，密生短毛，顶端凹陷。

花果期 花期 5~6 月，果期 7~8 月。

分布及生境 产东北、华北、西北等地区。北京延庆县野鸭湖、门头沟区永定河等地有分布，少见，生于干燥山坡、砂地或盐碱草地。

利用部位及用途 ①花香气浓郁，可提取芳香油。②属于中等饲用植物，可作畜牧饲料。③花美丽，可栽培做观赏。④亦为良好的固沙植物。该植物如在湿地中大量生长，则是湿地环境沙化、退化的标志。

紫草 *Lithospermum erythrorhizon* Sieb. et Zucc. 紫草科 Boraginaceae

形态特征 多年生草本，高50~90cm。根长条状，略弯曲，肥厚，紫红色，表面具深沟纹。茎分枝少，全株密被白色粗硬毛。单叶互生，无柄；叶长圆形至卵状披针形，全缘，两面均被糙伏毛。聚伞花序总状，花小，白色，筒状，先端5裂。小坚果卵球形，乳白色或带淡黄褐色，长约3.5mm，平滑，有光泽，腹面中线凹陷呈纵沟。

花果期 花期6~8月，果期8~9月。

分布及生境 产东北、华北、西北、华东、华中、西南等地区。北京见于门头沟、延庆、怀柔、密云、平谷等区（县），较少，生于荒山田野、路边及干燥多石山坡的灌丛中。

利用部位及用途 ①根含乙酰紫草醌、紫草烷、异丁酰紫草醌等，具有凉血、活血、解毒透疹等功效，可治麻疹、猩红热、黄疸、丹毒及疮癣外伤等。浸制软膏外用，对火伤、冻伤、湿疹、水泡等症均有效。②根含紫草红色素，为玫瑰红色，水、油溶解性均好，耐热、耐酸、耐光，染色力强，扩散性好，可作紫红色素的原料，能染丝织品及棉织品。

鹤虱　*Lappula myosotis* Moench　紫草科 Boraginaceae

形态特征　一年生草本，高 20~40cm。茎直立，多分枝，密被短糙伏毛。单叶互生，长圆形或倒披针形，全缘。聚伞花序顶生，花萼 5 深裂，花冠漏斗状，淡蓝色，5 裂，喉部 5 个附属物。果序长 10~20cm；小坚果卵圆形，长约 3.5mm，被疣点，中线具纵脊，边缘具 2 行近等长锚状刺。

花果期　花期 4~6 月，果期 6~7 月。

分布及生境　产东北、华北、西北等地区。北京各区（县）均有分布，极常见，生于干燥山坡、路旁草地和沙质地上。

利用部位及用途　①果实入药，具有杀虫、清热解毒、健脾和胃等功效，用于治疗蛔虫病、蛲虫病、绦虫病、虫积腹痛等。②果实含挥发油，可提取供工业用。

地笋（地瓜儿苗） *Lycopus lucidus* Turcz. 唇形科 Labiatae

形态特征 多年生草本，高 0.5~2m。根茎横走，先端肥大呈圆柱形。茎直立，4 棱形。叶具极短柄或近无柄，长圆状披针形，边缘具锐尖粗牙齿状锯齿，两面均无毛。轮伞花序无梗，轮廓圆球形，多花密集。花萼钟形，花冠白色，不明显二唇形，上唇顶端 2 裂，下唇 3 裂。小坚果倒卵圆状四边形，褐色，长 1.6mm，被腺点。

花果期 花期 6~9 月，果期 8~11 月。

分布及生境 分布于全国各地。北京各区（县）均有分布，较常见，生于沼泽地、水沟边等地。常成片生长，成为沼泽地上的优势种之一，有时可形成大片的单一群落。

利用部位及用途 ①春、夏季可采摘嫩茎叶凉拌、炒食、做汤。晚秋以后采挖出地下膨大的根茎可鲜食或炒食，或做酱菜等。②根茎入药，为妇科要药，可活血化瘀、行水消肿，用于月经不调、经闭、痛经、产后瘀血腹痛、水肿等症。

蓝萼香茶菜

Rabdosia japonica (Burm. f.) Hara var. *glaucocalyx* (Maxim.) Hara

唇形科 Labiatae

形态特征 多年生高大草本，高 0.4~1.5m。根茎木质，粗大。茎直立，基部木质。叶对生，卵形至阔卵形，基部宽楔形，具长柄。轮伞花序排列成疏松的顶生圆锥花序；花萼筒状，蓝色，果时增大；花冠白色至蓝紫色，二唇形，2 强雄蕊。小坚果卵状 3 棱形，黄褐色，顶端具疣状突起。

花果期 花期 7~8 月，果期 9~10 月。

分布及生境 分布于东北和华北等地。北京各区（县）山地极常见，常生于低山山谷、林下和山坡灌丛中。

利用部位及用途 ①全草入药，具清热解毒、活血化瘀之功效，主治感冒、咽喉肿痛、扁桃体炎、胃炎、肝炎、乳腺炎、癌症初期、闭经、跌打损伤、关节痛、蛇虫咬伤等。②蜜粉源植物。③花序大型，萼片蓝色，可栽培供观赏。

夏至草 | *Lagopsis supina* (Steph.) Ik. –Gal. ex Knorr. | 唇形科 Labiatae

形态特征　多年生草本，高 15~45cm，密被柔毛。具圆锥形的主根。茎 4 棱形，具沟槽，带紫红色，常于基部分枝。单叶对生，近圆形，掌状 3 浅裂至深裂。轮伞花序腋生，疏花，小苞片针刺状，花冠白色，上唇全缘，下唇 3 裂，雄蕊 4。小坚果卵状 3 棱形，长约 1.5mm，褐色，有鳞秕。

花果期　花期 3~5 月，果期 5~6 月。

分布及生境　分布于我国大部分地区。北京各地极为常见，生于山坡、草地、路旁、田野、荒地。

利用部位及用途　①全草入药，可作益母草用，具有活血调经等功效，主治贫血性头晕、半身不遂、月经不调等症。②茎叶可作畜牧饲料。③茎叶含挥发油，可提取供工业用。

木香薷　*Elsholtzia stauntoni* Benth.　唇形科 Labiatae

形态特征　落叶亚灌木，高 70~170cm。茎上部多分枝，常带紫红色。叶对生，披针形或椭圆状披针形，具锯齿状圆齿，上面无毛，下面密被腺点。轮伞花序组成顶生穗状花序，花小而密，偏向一侧，苞片披针形；花萼管状钟形，密被灰白色绒毛；花冠二唇形，淡红紫色，雄蕊 4，2 强。小坚果椭圆形，光滑。

花果期　花果期 7~10 月。

分布及生境　产华北至西北地区。北京见于各区（县）山地，较常见，生于石质山坡、沟谷及河岸。

利用部位及用途　①枝叶含有挥发油，叶揉碎后有强烈的薄荷香味，可提取香料。②为优良蜜源植物。③茎上部多分枝，株形饱满，可做花篱或是丛植于草坪中，亦适于庭院栽植。该植物繁殖容易，长势较快，当年即可开花，且正好是夏季花期，花色亦很艳丽，在园林绿化中具有很大的开发潜力。

香薷 | *Elsholtzia ciliata* (Thunb.) Hyland. | 唇形科 Labiatae

形态特征 一年生草本，高30~50cm。茎直立，被倒向疏柔毛，下部常脱落。叶对生，广披针形至披针形，基部广楔形，边缘具疏锯齿，下面满布橙色腺点。轮伞花序密聚成穗状，顶生和腋生，花偏向一侧；花萼5裂，具长柔毛及腺点；花冠唇形，淡红紫色，上唇2裂，下唇3裂。小坚果近卵圆形，长约1mm，棕色，藏于宿存萼内。

花果期 花期7~10月，果期10月至翌年1月。

分布及生境 除新疆、青海外全国各地均有分布。北京各区（县）常见，生于路旁、山坡、荒地、林内及灌丛中。

利用部位及用途 ①嫩茎叶可食用，亦可作烹饪调料和增香调味品。②全草可入药，具有发汗解暑、行水散湿、温胃调中等功效，主治夏月感寒饮冷、头痛发热、恶寒无汗、胸痞腹痛、呕吐腹泻等症。③茎叶含芳香油，主要成分为香薷酮，可提取供香料用。④是良好的蜜源植物。⑤种子含脂肪油38%~42%，可制肥皂。

裂叶荆芥	*Schizonepeta tenuifolia* (Benth.) Briq.	唇形科 Labiatae

形态特征 一年生草本，高 25~100cm。茎多分枝，通常紫红色，密被灰白短柔毛。叶对生，指状 3 裂或羽状裂，裂片全缘，下面具黄色腺点。多数轮伞花序组成顶生穗状花序，花冠淡蓝紫色，二唇形，上唇 2 裂，下唇 3 裂。小坚果长圆形，褐色，有小点。

花果期 花期 7~9 月，果期 9~10 月。

分布及生境 分布于东北、华北、西北、西南等地区。北京各区（县）山地常见，生于山坡路边或山谷、林缘。

利用部位及用途 ①全草及花穗为常用中药，为驱风发汗、解热药，可治风寒感冒、头痛、咽喉肿痛、小儿发热抽搐、疔疮疥癣、风火赤眼、湿疹、荨麻疹以及皮肤搔痒。②全草可提制芳香油。③可作为景观花卉植物栽培供观赏。

活血丹（连钱草） *Glechoma longituba* (Nakai) Kupr. 唇形科 Labiatae

形态特征 多年生草本，具匍匐茎，逐节生根。茎高10~30cm，4棱形，基部通常呈淡紫红色。叶对生，心形或圆肾形，叶缘具粗钝牙齿。轮伞花序通常具2花；花萼管状，外被长柔毛；花冠二唇形，淡蓝至紫色；雄蕊4，2强，内藏。小坚果长圆状卵形，长约1.5mm，深褐色。

花果期 花期5~7月，果期7~8月。

分布及生境 分布于除西北地区之外的全国各地。北京各区（县）常见，生于林缘、疏林、草地、溪边等阴湿处。

利用部位及用途 ①嫩茎叶可作蔬菜食用，花可作茶饮用。②全草可入药，其味辛，性凉，既可口服，又可外用，具有利湿通淋、清热解毒、散瘀消肿等功效，主治湿热黄疸、疮痈肿痛、跌打损伤等症。③叶美观，匍匐地面，常成片生长，可作草地水土保持并兼绿化观赏植物。

香青兰 *Dracocephalum moldavica* L. 唇形科 Labiatae

形态特征 一年生草本，高20~40cm，全株被毛。茎直立，4棱形，被倒向的短毛，常带紫色。基生叶卵状三角形，边缘有圆齿，具长柄；茎生叶为线状披针形，叶缘具三角形牙齿。轮伞花序通常具4花，苞片齿尖具长刺；花冠淡蓝紫色，上唇舟状，下唇裂片有深紫色斑点。小坚果长圆形，长约2.5mm，顶端平截。

花果期 花期7~8月，果期8~9月。

分布及生境 分布于东北、华北、西北等地区。北京见于各区（县）山地，较常见，生于干燥山坡及路旁。

利用部位及用途 ①嫩茎叶可作为蔬菜食用，常用于凉拌烹调，也可以用来制作高档茶叶。②茎叶极芳香，可用制作调味料或用来放置于衣柜使衣物增添芳香；种子为制作香囊的上好材料。③全草可入药，具有清肺解表、凉肝止血等功效，用于治疗感冒、头痛、气管炎、哮喘等。④全草含芳香油，油的主要成分为柠檬醛，可提取供制香料用。⑤花美丽，可作景观花卉栽培供观赏。

糙苏 *Phlomis umbrosa* Turcz. 唇形科 Labiatae

形态特征 多年生草本，高达1.5m，全株疏被柔毛。根肥厚，须根肉质。茎4棱，多分枝。叶对生，近圆形或卵状长圆形，叶缘具锯齿状圆齿。轮伞花序腋生，常具4~8花；花萼筒形，花冠红色至紫红色，稀白色，二唇形，上唇具不整齐细牙齿，下唇具红斑；雄蕊4，2强，内藏。小坚果卵状3棱形，先端无毛。

花果期 花期7~8月，果期8~9月。

分布及生境 分布于全国大部分地区。北京见于各区（县）山区，极常见，生于山地林中、林边灌丛中及山道旁。

利用部位及用途 ①嫩茎叶可作蔬菜食用。②含黄酮甙、氨基酸、甾体、挥发油、糖类及鞣质等，根及全草入药，可祛风活络、强筋壮骨、消肿，用于治疗感冒、慢性支气管炎、风湿关节痛、腰痛、跌打损伤、疮疖肿毒等症。③种子含油20.34%，可制肥皂及润滑油。

益母草	*Leonurus japonicus* Houtt.	唇形科 Labiatae

形态特征 一年或二年生草本，高达 1m。茎 4 棱，常分枝。叶对生，3 全裂，裂片又羽状分裂。轮伞花序腋生，具花 8~15 朵；花萼管状，被毛，具 5 刺状齿；花冠白色或粉红色，二唇形，上唇直伸，内凹，下唇 3 裂，中裂片倒心形；雄蕊 4，2 强。小坚果长圆状 3 棱形，长约 2.5mm，顶端截平，基部楔形，淡褐色，光滑。

花果期 花期 7~9 月，果期 9~10 月。

分布及生境 全国各地都有分布。北京见于各区（县），极常见，生于向阳山坡、山沟及路旁、荒地。

利用部位及用途 ①春季采摘嫩茎叶可供食用。②全草入药，有效成分为益母草素，内服可使血管扩张而使血压下降，并有拮抗肾上腺素的作用，可治动脉硬化性和神经性的高血压，又能增加子宫运动的频度，为产后促进子宫收缩药，广泛用于妇女痛经、月经不调、产后出血过多等症。种子具有利尿、治眼疾之效。③种子榨油，可作润滑油用。

风轮菜

Clinopodium chinense (Benth.) O. Kuntze

唇形科 Labiatae

形态特征 多年生草本，高可达 1m。茎基部匍匐生根，上部多分枝，4 棱形，具细条纹。叶卵圆形，边缘具大小均匀的圆齿状锯齿，上面榄绿色，密被平伏短硬毛，下面灰白色，被疏柔毛。轮伞花序多花密集，半球状，花冠紫红色，冠筒伸出，冠檐二唇形。小坚果倒卵形，长约 1mm，褐色。

花果期 花期 5~8 月，果期 8~10 月。

分布及生境 全国大多数省份有分布。北京见于房山、延庆、怀柔、密云等区（县）较常见，生于海拔 1000m 以下的山坡、草丛、路边、沟边。

利用部位及用途 ①新鲜的嫩叶具有香辛味，可做香料、调味料或者提炼香精油；亦可用来泡茶，具有提振食欲、纾解消化不良和胃肠胀气的效果。②全草入药，疏风清热、解毒止痢、止血，主治感冒中暑、痢疾、肝炎，外用治疗疮肿痛、皮肤瘙痒、外伤出血等症。

百里香	*Thymus mongolicus* Ronn.	唇形科 Labiatae

形态特征 亚灌木，茎匍匐状，高 2~5cm，基部木质化，分枝多。叶小，椭圆形至长圆状披针形，先端钝，基部渐狭，全缘或有小锯齿，叶脉不显，两面均有凹陷腺点，叶柄极短。轮伞花序排成近头状；花小，红紫色，唇形；雄蕊 4，伸出于花冠管外。小坚果卵圆形，长约 1mm，光滑。

花果期 花期 7~8 月，果期 9~10 月。

分布及生境 产东北、华北、西北等地区。北京常见于各区（县）山地，生于多石草地及干燥山坡。

利用部位及用途 ①全草药用，具有祛风解表、行气止痛之功效，用于感冒、咳嗽、头痛、牙痛、消化不良、急性胃肠炎、高血压等症。②茎叶可提取芳香油，略有薰衣草的香气，用于化妆品香精和皂用香精等调和香料，亦可单离芳樟醇、龙脑等香料。③花繁密，色泽艳丽，可栽培供观赏。

野海茄　*Solanum japonense* Nakai　茄科 Solanaceae

形态特征　草质藤本，长 50~120cm。叶三角状宽披针形或卵状披针形，基部圆形或楔形，边缘波状，有时 3~5 裂。聚伞花序顶生或腋外生；萼浅杯状，萼齿三角形；花冠紫色，花冠筒长约 1mm，内藏，冠檐基部有 5 个绿色斑点，先端 5 深裂。浆果圆形，直径约 1cm，成熟后红色。种子肾形，直径约 2mm。

花果期　花期 6~7 月，果熟期 8~9 月。

分布及生境　除新疆、西藏外分布全国。北京各区（县）山地常见，生于海拔 400~1500m 荒坡、山谷、水边、路旁及山崖疏林下。

利用部位及用途　①嫩叶可以食用。②全草入药，可治痈疖疔疮。③为有毒植物，未成熟果实毒性较大。

龙葵	*Solanum nigrum* L.	茄科 Solanaceae

形态特征 一年生草本，高30~150cm。单叶互生，卵形，全缘或具波状粗齿。蝎尾状聚伞花序，腋外生，花3~10朵，下垂，花萼杯状，5浅裂，花冠辐状，白色，5深裂，反折。果柄下弯，浆果球状，有光泽，直径约8mm，成熟时红色或黑色。种子近卵圆形，径1.5~2mm。

花果期 花期5~8月，果期7~10月。

分布及生境 分布几遍全国。北京各区（县）极常见，生于山坡、林缘、荒地、田边及村庄附近。

利用部位及用途 ①成熟果实可供采摘食用，但未成熟时不可食用。②全草含龙葵碱、澳洲茄碱等多种生物碱，入药能清热解毒、利水消肿，可治感冒发热、牙痛、支气管炎等；外用治痈疖疔疮、天疱疮、蛇咬伤。③果实可制褐色、绿色染料。④龙葵石灰合剂，可杀棉蚜虫达80%。⑤为有毒植物，所含龙葵碱能溶解血细胞，过量中毒可引起头痛、腹痛、呕吐、腹泻、瞳孔散大、精神错乱，甚至昏迷。

华北散血丹 | *Physaliastrum sinicum* Kuang et A. M. Lu | 茄科 Solanaceae

形态特征　多年生草本，高30~50cm。根多条簇生。茎幼嫩时被有较密的细柔毛。叶片多为阔卵形，顶端短渐尖或尖头，基部歪斜，全缘而波状，叶两面被略密的柔毛。花常双生于叶腋或枝腋，俯垂，白色，钟状。浆果球状，直径约1.6cm。种子多数，圆盘状肾形，两侧压扁，皱而具蜂窝凹点。

花果期　花期6~8月，果期8~9月。

分布及生境　产山西省及河北省。北京各区（县）山区有分布，较少见，常生于山谷沟边及林下阴湿处。

利用部位及用途　全草可入药，具有清热、利尿、解毒等功效。

枸杞 | *Lycium chinense* Mill. | 茄科 Solanaceae

形态特征 落叶灌木，高 0.5~2m。枝细长，柔弱，常弯曲下垂，有棘刺。单叶互生或簇生，菱形或卵状披针形，全缘。花常 1~4 朵簇生于叶腋，花萼钟状，3~5 裂，花冠漏斗状，淡紫色，5 深裂，裂片边缘具毛，雄蕊花丝基部密生绒毛。浆果卵状或长椭圆状卵形，长 5~15mm，红色。种子肾形，黄色。

花果期 花期 5~9 月，果期 8~11 月。

分布及生境 分布于东北、华北、西北、华东、华南各地。北京各区（县）常见，常生于山坡、荒地、丘陵地、盐碱地、路旁及村边宅旁。

利用部位及用途 ①《本草纲目》记载："春采枸杞叶，名天精草；夏采花，名长生草；秋采子，名枸杞子；冬采根，名地骨皮。"枸杞的各部位分季节分别采摘可供食用。②果实可直接食用或加工成各种食品、饮料、保健酒、保健品等；晒干入药称"枸杞子"，具有补肾益精、养肝明目、润肺止咳的功效，还能增强免疫力，适合抵抗力低、身体虚弱者服用；根皮入药称"地骨皮"，有解热止咳之效用。③种子油可制润滑油，亦可食用。④耐干旱，耐盐碱，为水土保持优良灌木和盐碱地开树先锋。⑤树形婀娜，叶翠绿，花淡紫，果实鲜红，是优良的观赏植物。

泡囊草 | *Physochlaina physaloides* (L.) G. Don | 茄科 Solanaceae

形态特征 多年生草本，高 15~30cm。根茎肉质肥大。茎直立，自基部丛生，被毛。叶互生，卵形或阔卵形，基部沿叶柄下延，全缘或稍成微波状。伞房花序顶生，萼钟形，裂片 5，结果时延长，花冠延长，裂片 5，紫色。蒴果中部以上环裂，包藏在膨大的宿存萼内。种子极多数，扁肾状，黄色。

花果期 花期 4~6 月，果期 6~8 月。

分布及生境 产内蒙古、辽宁、河北、山西。北京延庆、怀柔地区有分布，少见，生于山坡草地或林边。

利用部位及用途 ①全草含新异芸香甙，入药具清热解毒、祛湿杀虫等功效，可治中耳炎、鼻窦炎、咽喉肿痛、疮痈肿毒、头痛等症；民间用全草作消毒剂，花及茎可作止血药。②根含红古豆碱，有毒性，入药具补虚温中、安神定喘等功效，可治虚寒泄泻、劳伤、咳嗽痰喘、心慌不安等。

天仙子（莨菪） *Hyoscyamus niger* L. 茄科 Solanaceae

形态特征 一年或二年生草本，高 30~70cm。全株被粘性腺毛，味苦，有毒。基生叶大，丛生，成莲座状，茎生叶互生，边缘有粗齿或缺刻。花单生叶腋，5 基数，花萼坛状，果期增大，花冠钟状，黄色带紫色脉纹。蒴果卵圆形，长约 1.5cm，盖裂，藏于宿萼内。种子多数，呈不规则阔肾形，长约 1mm，褐色。

花果期 花期 6~7 月，果期 8~9 月。

分布及生境 分布于东北、华北、西北、西南等地区。北京见于各区（县），较少见，生于山坡、路旁及住宅附近多腐殖质的肥沃土壤上。

利用部位及用途 ①种子含莨菪碱、阿托品、东莨菪碱、脂肪油等，可入药，具有解痉、止痛、安神、杀虫等功效，常用于治疗癫狂、风痹厥痛、喘咳、胃痛、痈肿、恶疮等症。②种子含油量 22%，可供制肥皂。③为有毒植物，可抑制腺体分泌，对活动过强或痉挛状态的平滑肌有驰缓作用，并有扩大瞳孔、解除迷走神经对心脏的抑制而使心率加速的作用。

柳穿鱼

Linaria vulgaris subsp. *chinensis* (Bge. ex Debeaux) D. Y. Hong

玄参科 Scrophulariaceae

形态特征 多年生草本，高 50~100cm。茎直立，上部多分枝，光滑无毛。单叶互生，叶片披针形或线状披针形。花较密，在茎的顶端排列成总状花序，苞片披针形，花冠淡黄色，二唇形，距稍弯曲，长 10~15mm。蒴果卵球状，长约 8mm。种子盘状，边缘有宽翅，成熟时中央常有瘤状突起。

花果期 花期 6~9 月，果期 8~10 月。

分布及生境 产东北、华北地区及山东、河南、江苏、陕西、甘肃等省份。北京海淀、延庆、密云等区（县）有分布，少见，生于山坡、路边、田边草地中。

利用部位及用途 ①全草可入药，具有清热解毒、散瘀消肿、利尿等功效，用于黄疸、头痛、头晕、痔疮便秘、皮肤病、烫伤等症；还可治风湿性心脏病。②枝叶柔细，花形与花色别致，适宜作花坛及花境边缘材料，也可盆栽或作切花。

阴行草（刘寄奴） *Siphonostegia chinensis* Benth. 玄参科 Scrophulariaceae

形态特征 一年生草本，高 30~50cm。全株密被锈色短毛，茎上部多分枝，稍具棱角。叶对生，2 回羽状裂，裂片线形。花对生，成稀疏总状花序，花萼细长筒状，有 10 条显著的主脉；花冠二唇形，上唇盔形，带紫色，下唇黄色；2 强雄蕊，花丝基部被毛。蒴果长圆形，黑褐色，稍具光泽。种子多数，黑色，长卵圆形。

花果期 花期 7~8 月，果期 9~10 月。

分布及生境 分布于全国各地。北京各区（县）山地常见，生于海拔 800m 以上干旱山坡、灌丛及草地。

利用部位及用途 全草可供药用，具有清热利湿、凉血止血、祛瘀止痛之功效，主治黄疸型肝炎、胆囊炎、泌尿系统结石、小便不利、尿血、产后淤血腹痛；外用治创伤出血、烧伤烫伤。

红纹马先蒿　*Pedicularis striata* Pall.　玄参科 Scrophulariaceae

形态特征　多年生草本，高达 1m。根粗壮，有分枝。茎老时木质化，密被短卷毛。叶互生，长圆状披针形，羽状全裂，裂片线形，有小锯齿。花序穗状，多花密集，苞片叶状，花萼钟形，5 齿不等长，花冠黄色，带红色细脉纹，上唇呈镰刀形弯曲。蒴果椭圆形，长 1~1.6cm，有短突尖。种子极小，近扁平，长圆形，黑色。

花果期　花期 6~7 月，果期 8~9 月。

分布及生境　分布于东北、华北地区及内蒙古。北京各区（县）山地常见，生于海拔 500m 以上山坡、林下、林缘、草地或疏林中。

利用部位及用途　①根可入药，具温肾壮阳、利水消肿等功效，可用于治疗肾阳虚衰之水肿、小便不利症。②花美观艳丽，可栽培供观赏。

返顾马先蒿 *Pedicularis resupinata* L. 玄参科 Scrophulariaceae

形态特征 多年生草本，高 30~70cm。须根多数，细长，纤维状。叶互生，长圆状披针形，边缘具钝圆重锯齿。花单朵腋生，苞片叶状，花萼绿色，一侧深裂，有 2 齿，花冠二唇形，淡紫红色，花冠筒自基部起向右扭旋，2 强雄蕊。蒴果，偏斜长圆状，长 1.1~1.6cm。种子长矩圆形。

花果期 花期 7~9 月，果期 8~9 月。

分布及生境 分布于东北、华北、西北、西南等地区。北京各区（县）山地常见，生于山地林下、林缘草地及沟谷。

利用部位及用途 ①根含皂甙及生物碱，并含有较大量的钠盐，入药，具有祛湿、利尿等功效，主治风湿性关节炎、关节疼痛、尿路结石、小便不畅。②全草含有挥发油，可提取供工业使用。③花美观艳丽，形态别致，可栽培供观赏。

松蒿	*Phteirospermum japonicum* (Thunb.) Kanitz.	玄参科 Scrophulariaceae

形态特征 一年生草本，高 20~60cm。全株被多细胞腺毛，多分枝。叶对生，羽状全裂、深裂至浅裂，裂片边缘具重锯齿。穗状花序顶生，花疏；花萼钟状，5 裂，裂片叶状，羽状深裂。花冠粉红色，上唇 2 裂，反卷，下唇 3 裂，有 2 条皱褶，上面被白色长柔毛。蒴果长 0.6~1cm，有腺毛。种子卵圆形，扁平。

花果期 花期 6~8 月，果期 8~9 月。

分布及生境 分布于除新疆、青海以外的各省份。北京各区（县）山地常见，生于山坡草地及灌丛间。

利用部位及用途 ①全草入药，能清热、利湿，主治湿热黄疸、水肿等症。②花美观艳丽，可栽培供观赏。

沟酸浆 | *Mimulus tenellus* Bge. | 玄参科 Scrophulariaceae

形态特征 一年生小草本，全株无毛。茎长可达40cm，柔弱，铺散，多分枝。叶对生，卵状三角形，边缘具疏锯齿。花单生叶腋，花萼筒状，果期膨胀成囊泡状，具5条翅状肋；花冠漏斗状，黄色，喉部有红褐色斑点。蒴果椭圆形，较宿存花萼短。种子卵圆形，具细微的乳头状突起。

花果期 花果期6~9月。

分布及生境 分布于东北、华北、华东等地区。北京见于各区（县），较常见，生于海拔700~1200m水边或林下湿地。

利用部位及用途 ①茎叶可作酸菜食用。②全草含有环烯醚萜、苯丙素苷、三萜皂苷等成分，可入药，具有抗菌、抗炎、保肝、抗血小板聚集等药理活性。③可庭植、盆栽或水盆和水池边栽培，以供观赏。

华北玄参	*Scrophularia moellendorffii* Maxim.	玄参科 Scrophulariaceae

形态特征 多年生草本，高可达 60cm。根常多条，略加粗。茎单生或数条丛生，上部常有腺毛，中空，近圆柱形。叶卵形至长圆状卵形，基部宽楔形，边缘有锯齿。聚伞圆锥花序密集成穗状，密生腺毛，花黄绿色，上唇长于下唇。蒴果卵状圆锥形，有短喙，长约 7mm。种子多数。

花果期 花期 6~7 月，果期 7~8 月。

分布及生境 产河北、山西。北京门头沟、延庆、怀柔等区（县）有分布，较少见，生于海拔 1500~2000m 的山梁及石隙阴处。

利用部位及用途 ①嫩茎叶可作蔬菜食用。②根入药，具有清热凉血、解毒、散结利咽、滋阴等功效。

地黄 *Rehmannia glutinosa* (Gaert.) Libosch. ex Fisch. et Mey. 玄参科 Scrophulariaceae

形态特征 多年生草本，高 10~30cm。全株密被灰白色长柔毛及腺毛。根茎肉质，鲜时黄色。叶多基生，莲座状，宽卵形，表面褶皱，边缘有钝齿。总状花序顶生，花萼坛状，脉隆起，花冠筒状，外面紫红色，里面黄紫色。蒴果卵形至长卵形，长 1~1.5cm，具长喙，外为宿存花萼所包。种子多数。

花果期 花期 4~6 月，果期 7~8 月。

分布及生境 分布于东北、华北、华中、华东等地区。北京各地极为常见，生于海拔 1100m 以下荒山坡、山脚、墙边、路旁等。

利用部位及用途 ①茎叶可腌制成咸菜，也可切丝凉拌、煮粥而食，还可泡酒、泡茶。②根茎即“生地”，含甘露醇、地黄素及葡萄糖，能解热、通经、利尿，有降低血糖的作用；“熟地”为滋养壮阳药，具补血、强心之效，治体虚、神经衰弱、贫血等症。③花中有花蜜，可吸食。

北水苦荬 *Veronica anagallis-aquatica* L. 玄参科 Scrophulariaceae

形态特征 多年生草本，高可达100cm。通常全株无毛。茎肉质，中空。叶对生，无柄，叶片卵状披针形，全缘或具疏锯齿。总状花序腋生，花梗弯曲上升，花萼裂片4，花冠浅蓝、浅紫或白色，裂片宽卵形，雄蕊2。蒴果近圆形几与宿存花萼等长，顶端圆钝而微凹，具宿存花柱，形成虫瘿后膨大。

花果期 花期6~9月，果期6~10月。

分布及生境 全国几乎均有分布。北京常见于各区（县），生于水边湿地或浅水中，常成团生长，可形成单一的小群丛或小片的单一群落。

利用部位及用途 ①嫩茎叶及幼苗可食用。②果实常因昆虫寄生而异常肿胀，这种具虫瘿的植株名为“仙桃草”，入药有活血、止血、解毒消肿之功效，治跌打损伤、痈疮肿毒。

被子植物

草本威灵仙（轮叶婆婆纳） *Veronicastrum sibiricum* (L.) Pennell 玄参科 Scrophulariaceae

形态特征 多年生草本，高达 1m 以上。根状茎横走，长达 13cm，节间短，根多而须状。茎圆柱形，不分枝。叶 4~8 枚轮生，近无柄，披针形，边缘具尖锯齿。穗状花序顶生，长尾状，苞片线形，花萼 5 深裂，裂片线形，花冠青紫色，筒状，顶端 4 裂，雄蕊 2，外露。蒴果卵形，长约 3.5mm。种子椭圆形。

花果期 花期 6~8 月，果期 8~9 月。

分布及生境 分布于东北、华北、西北地区。北京见于门头沟、延庆、怀柔、密云等区（县），常见，生于林缘草甸、山坡草地及灌丛中。

利用部位及用途 ①根及全草可入药，具有祛风除湿、清热解毒等功效，主治感冒风热、咽喉肿痛、腮腺炎、风湿痹痛、毒蛇咬伤等。现代药理学证明其乙醇提取物具有显著的抗炎镇痛作用。②植株挺拔，叶形美观，花序细长艳丽，可栽培供观赏。

角蒿　*Incarvillea sinensis* Lam.　紫葳科 Bignoniaceae

形态特征　一年生草本，高 0.6~2m。叶互生，2~3 回羽状深裂或全裂，末端裂片线状披针形，全缘。总状花序，萼钟状，5 裂，基部膨胀，花冠略二唇形，淡红紫色，雄蕊 4，2 长 2 短。蒴果圆柱形，长 3.8~11cm，长角状弯曲。种子扁圆形，细小，径约 2mm，四周具透明膜质翅。

花果期　花期 5~8 月，果期 8~10 月。

分布及生境　产东北、华北、西北、西南等地区。北京各区（县）常见，生于山坡、灌丛、路边、田野。

利用部位及用途　①全草入药，具有祛风除湿、活血止痛、解毒等功效，主治风湿关节痛、筋骨拘挛；外用治湿疹、口疮、痈疮肿毒。②花美丽，可作盆栽观赏或植于庭园花坛。

黄花列当 *Orobanche pycnostachya* Hance 列当科 Orobanchaceae

形态特征 二年生或多年生寄生草本，高 10~40cm，全株被短腺毛。茎单一，直立，黄褐色，基部稍膨大。叶鳞片状，卵状披针形，黄褐色。穗状花序，多花密集，密被腺毛，花萼 2 深裂，裂片顶端又 2 裂，花冠淡黄色，二唇形。蒴果长圆形，长约 1cm，成熟后 2 裂。种子小，褐黑色，多数，扁球形。

花果期 花期 5~7 月，果期 7~9 月。

分布及生境 分布于东北、华北、西北、华东等地。北京各区（县）极常见，生于山坡、草地、林缘及沙地，常寄生于蒿属植物根上。

利用部位及用途 全草入药，具有补肾助阳、强筋健骨等功效，用于神经衰弱、腰腿酸软、阳痿遗精等症；外用治小儿腹泻、肠炎、痢疾。

列当

Orobanche coerulescens Steph.

列当科 Orobanchaceae

形态特征 二年生或多年生寄生草本，高 10~40cm。全株被白色丝状毛。根茎肥厚。茎常不分枝，粗壮，黄褐色。叶互生，卵状披针形，鳞片状，暗黄褐色。穗状花序顶生，多花密集，密被绒毛；花萼 2 深裂再 2 齿裂，花冠二唇形，蓝紫色。蒴果长圆形，长约 1cm，成熟后 2 裂。种子小，椭圆形，多数。

花果期 花期 6~8 月，果期 8~9 月。

分布及生境 分布于东北、华北、西北、西南等地。北京各区（县）常见，生于沙丘、向阳山坡、林缘及山沟草坡，常寄生于蒿属植物根上。

利用部位及用途 全草及根入药，为强壮剂，具有补肾助阳、强筋健骨等功效，用于神经衰弱、腰腿酸软、阳痿遗精等症；外用治小儿腹泻、肠炎、痢疾。

牛耳草 | *Boea hygrometrica* (Bge.) R. Br. | 苦苣苔科 Gesneriaceae

形态特征 多年生草本，无茎。叶全基生，密集，无柄，近圆形或卵形，边缘具不规则钝圆齿，上面被绿色长茸毛，下面被棕色茸毛，叶脉凸出。花葶 1~5，成聚伞花序，花冠淡蓝紫色，二唇形，上唇2，下唇3，能育雄蕊2，花柱伸出。蒴果长圆形；长3~3.5cm，螺旋状卷曲。种子卵圆形，长约0.6mm。

花果期 花期 7~8 月，果期 8~9 月。

分布及生境 分布于东北、华北、西北、华东、西南等地区。北京各区（县）山地常见，生于阴湿石缝中或林下岩石上。

利用部位及用途 ①全草入药，具有散瘀、止血、解毒等功效，用于创伤出血、跌打损伤、肠炎、中耳炎等症。②花、叶美观别致，可栽培供观赏。

透骨草　*Phryma leptostachya* L. var. *asiatica* Hara　透骨草科 Phrymaceae

形态特征　多年生草本，高达1m。茎4棱形，少分枝，密被柔毛，淡紫色，节部常膨大。单叶对生，三角状卵形，边缘具粗锯齿。总状花序细长成穗状，花小，白色或带淡紫色，疏生，花萼5齿裂，上唇3齿刺芒状，下唇2齿较短，花冠二唇形。瘦果包于宿存花萼内，长8~10mm，果柄弯曲而下垂。种子1，基生，种皮薄膜质，与果皮合生。

花果期　花期6~8月，果期8~10月。

分布及生境　分布于东北、华北至西南地区。北京各区（县）均有分布，常见，生于山坡草地、林下及阴湿山谷。

利用部位及用途　①全草入药，具有活血化瘀、利尿解毒、通经透骨之功效；鲜草捣烂外敷，可治毒疮、湿疹、疥疮、毒虫咬伤。②根及叶的鲜汁或水煎液对菜粉蝶、家蝇和蚊的幼虫有强烈的毒性，可用于制作杀虫剂。

被子植物

车前	*Plantago asiatica* L.	车前科 Plantaginaceae

形态特征 多年生草本，高 20~60cm。根茎短而肥厚，着生多数须根。叶基生，全缘或有波状浅齿，基部狭窄成叶柄，叶柄和叶片几乎等长，基部膨大。穗状花序排列不紧密，花绿白色。蒴果椭圆形，长约 3mm，近中部开裂，基部有不脱落的花萼。种子矩圆形，长约 1.5mm，黑棕色，具角，背腹面微隆起。

花果期 花期 6~7 月，果期 7~9 月。

分布及生境 分布遍及全国。北京各地极为常见，喜生于沟旁、田边、路旁、河岸两旁及住宅处。

利用部位及用途 ①春季采摘嫩茎叶可食用，亦可捣汁制作保健饮料。②全草和种子（车前子）均可入药，具利水、清热、明目、祛痰等功效，可治小便不通、淋浊、带下、尿血、水肿、目赤肿痛、皮肤溃疡等。③种子可榨油，供制肥皂；油渣可制酱油。④种子含胶质，可作纺织丝绸增加光泽之用。

其他 北京地区常见的还有平车前 *P. depressa* Willd. 和大车前 *P. major* L. 两种，用途同车前。

茜草 | *Rubia cordifolia* L. | 茜草科 Rubiaceae

形态特征 多年生攀援草本，常缠绕他物上升。根细长，圆柱形，外皮黄赤色，断面红色或淡红色。茎蔓生，多分枝，4 棱，沿棱具倒生刺。叶常 4 枚轮生，卵状披针形，叶脉 5 条，叶柄、叶脉、叶缘具倒生刺。聚伞花序，花小，黄白色，5 基数；萼筒近球形，花冠辐状。浆果球形，直径 4~5mm，肉质，成熟时暗红色或黑色。

花果期 花期 6~8 月，果期 8~9 月。

分布及生境 分布于东北、华北、西北至西南各地区。北京各区（县）极常见，常生于疏林、林缘、灌丛或草地上。

利用部位及用途 ①根含蒽酮类、紫茜素、茜素等色素，可用于印染动、植物纤维，亦是天然的红色食用色素。提取时可用新采集的生鲜茜根，也可以使用干燥的茜根。②根可入药，具有凉血止血、活血祛瘀、清热解毒的功效，主治吐血、衄血、尿血、便血、产后瘀血腹痛、跌打损伤、风湿痹痛、黄疸、疮痈痔漏等症。

蓬子菜　*Galium verum* L.　茜草科 Rubiaceae

形态特征　多年生草本，高40~100cm。茎直立，4棱形，无刺，被柔毛或秕糠状毛。叶常6~10枚轮生，无柄，狭线形，具1脉，托叶叶状。多花密集成圆锥状聚伞花序，长达15cm，花序梗密被柔毛；花稠密，萼筒与子房愈合，花冠辐状，黄色，4裂。蓇果小，双头形，近球状，无毛。

花果期　花期6~7月，果期7~8月。

分布及生境　分布于东北、华北至长江流域各地区。北京常见于门头沟、延庆、密云、怀柔等区（县），生于山坡草地或林缘。

利用部位及用途　①全草含黄酮、蒽醌、环烯醚萜类，入药能活血去瘀、解毒止痒、利尿通经，主治疮痈中毒、跌打损伤、经闭、腹水、蛇咬伤、风疹瘙痒等。②根可提取绛红色染料。

薄皮木（野丁香） *Leptodermis oblonga* Bge. 茜草科 Rubiaceae

形态特征 落叶灌木，高约 1m。枝柔弱，褐色。单叶对生，椭圆形或长圆形，全缘。叶柄短，叶柄间托叶三角形。花 2~10 朵簇生，小苞片下部合生，长于萼，萼筒 5 齿裂，花冠长漏斗形，淡紫色，5 裂，雄蕊 5，柱头 5 裂。蒴果椭圆形，长约 6mm，托以宿存的小苞片。种子有网状、与种皮分离的假种皮。

花果期 花期 6~8 月，果期 8~9 月。

分布及生境 分布于华北、西北、华中、西南等地区。北京各区（县）山地常见，生于低山山坡、路边等向阳处，亦见于阴坡灌丛中。

利用部位及用途 ①嫩枝叶牛、羊均喜采食，老叶干枯后，也可采食，为中低等饲用植物。②株形矮小，枝条密集，夏秋开花，叶花纤小，姿态别致，可于草坪、路边、墙隅、假山旁及林缘丛植观赏，或于疏林下片植；亦可制作盆景。

接骨木	*Sambucus williamsii* Hance	忍冬科 Caprifoliaceae

形态特征 落叶灌木，高3~6m。枝有纵棱，具褐色粗髓。奇数羽状复叶对生，小叶5~7，边缘具齿。聚伞状圆锥花序顶生，多花。花萼5裂，花冠辐状，黄白色，裂片5，常反折。浆果状核果，近球形，直径3~5mm，黑紫色或红色。种子卵形至椭圆形，长2.5~3.5mm，略有皱纹。

花果期 花期6~7月，果期8~9月。

分布及生境 分布于东北、华北至西南地区。北京常见于各区(县)山地，生于山地灌丛、林下及林缘。

利用部位及用途 ①嫩叶可作茶叶；果实可用于制作果汁等。②嫩茎枝入药，有抗菌消炎、清热解毒、祛风除湿、活血止痛、通经接骨等功效，用于治疗风湿筋骨疼痛、腰痛、跌打肿痛、骨折、创伤出血。③种子含油量约30%，可供制肥皂、润滑油。④枝叶繁茂，春季白花满树，夏秋红果累累，是良好的观赏灌木。

鸡树条荚蒾（天目琼花） *Viburnum opulus* L. var. *calvescens* (Rehd.) Hara 忍冬科 Caprifoliaceae

形态特征 落叶灌木，高达3m。枝条具棱。叶柄粗壮，上部有腺体。单叶对生，卵圆形，常3裂，裂片具齿。复伞形花序顶生，多花；边缘具大型白色不育花，内面为乳白色可育小花，花冠5裂。核果球形，直径约8mm，鲜红色，有臭味，经久不落。种子圆形，扁平。

花果期 花期5~6月，果期8~9月。

分布及生境 分布于东北、华北、西北等地区。北京常见于各区(县)山地，生于山坡、林缘及杂木林中。

利用部位及用途 ①茎叶入药，具有祛风通络、活血消肿等功效，主治腰肢关节酸痛、跌打闪挫伤、疮疖、疥癣。②果实为野生鸟类的重要食物。③种仁含油，可供工业用。④树貌、叶型、花姿和果色均很美观，是夏秋两季花果兼优的观赏花木。在盛夏，秀丽的树冠外沿繁花成簇，洁白似雪；至晚秋，累累鲜红的果实悬挂枝头，且果实经冬不凋。

金花忍冬 *Lonicera chrysantha* Turcz. 忍冬科 Caprifoliaceae

形态特征 落叶灌木，高达2m。幼枝、叶柄和总花梗常被开展糙毛和腺毛。单叶对生，菱状卵形至卵状披针形，全缘，边缘有纤毛。花成对生于叶腋，相邻两花的萼筒分离，花萼5裂，被腺毛，花冠二唇形，先白后黄，雄蕊5。浆果红色，球形，直径约5mm，基部联合；种子颗粒状粗糙。

花果期 花期5~6月，果期7~8月。

分布及生境 分布于东北、华北、西北等地区。北京常见于各区(县)山地，生于沟谷、林下或灌丛中。

利用部位及用途 ①花入药，具有清热解毒、消散痈肿功效，用于热毒疮痈症。②果实为野生鸟类的重要食物。③枝叶茂盛，花美而香，双生果红润艳丽，晶莹剔透，别具一格，为良好的观果灌木。

黄花龙牙（败酱）

Patrinia scabiosifolia Fisch. ex Trev.

败酱科 Valerianaceae

形态特征 多年生草本，高 1~1.5m。根状茎横走，有陈腐气味。茎粗壮，基部木质。基生叶成丛，有长柄，茎生叶对生，叶片披针形或窄卵形，羽状全裂或深裂，顶端裂片较大。聚伞花序分枝多，多花，花萼不明显，花冠钟形，黄白色，5 裂，雄蕊 4。瘦果长方椭圆形，长 3~4mm，边缘成窄翅状，无膜质增大苞片。

花果期 花期 6~7 月，果期 8~10 月。

分布及生境 分布于全国各地。北京各区（县）山地常见，生于山坡草地、沟谷、灌丛及林缘阴湿草地。

利用部位及用途 ①春季采幼苗，夏季采茎叶，洗净焯后用清水浸泡至无苦味，可以食用。②根及全草入药，具有清热利湿、解毒排脓、活血祛淤等功效。内服可治疗阑尾炎、肺脓疡、肝炎、肠炎、痢疾、子宫颈炎、产后淤滞腹痛、疮痈肿毒、眼结膜炎；外用可治疗流行性腮腺炎、蛇咬伤。

糙叶败酱

Patrinia rupestris (Pall.) Juss.

败酱科 Valerianaceae

形态特征 多年生草本，高 30~60cm。根状茎横走，有陈腐气味。茎丛生，连同花序梗被糙毛。基生叶羽状浅裂，茎生叶对生，羽状深裂至全裂，裂片狭而尖锐。聚伞花序多分枝成圆锥状，花黄色，萼不明显，花冠筒状，顶端 5 裂。瘦果长圆柱状，具褐色翅状苞片。

花果期 花期 7~8 月，果期 9~10 月。

分布及生境 分布于东北、华北、西北等地区。北京常见于各区（县）山地，生于山坡草地、沟边灌丛、林缘。

利用部位及用途 ①嫩茎叶去苦味后可以食用。②根及全草入药，具清热解毒、活血排脓之功效，可治肠炎、痢疾、阑尾炎、肝炎等。常见的还有异叶败酱。

其他 北京地区常见的还有还有异叶败酱 *P. heterophylla* Bge.，分布及用途同糙叶败酱。

日本续断	*Dipsacus japonicus* Miq.	川续断科 Dipsacaceae

形态特征 多年生草本，高可达 1m 以上。根长锥形，直径 0.5~1.4cm。茎具棱，散生倒钩刺。基生叶常 3 裂，茎生叶对生，羽状裂，背脉及叶柄具倒钩刺。头状花序顶生，总苞片线形，顶端芒尖，花萼 4 裂，针刺状，花冠漏斗状，紫红色，4 裂，小总苞 4 棱柱状，顶有 8 齿。瘦果楔状长圆形，具 4 棱，淡褐色，顶部具宿存花萼刺。

花果期 花期 7~9 月，果期 9~10 月。

分布及生境 分布全国各地。北京常见于海淀、怀柔、密云和门头沟等区（县），生于山坡草地较湿处或溪沟旁，阳坡草地及路旁亦有生长。

利用部位及用途 ①嫩茎叶可食用。②根含龙胆碱、三萜皂甙、黄酮、香豆素和环烯醚萜等，为强壮镇痛药，有补肝肾、续筋骨、通血脉之效，可治腰酸背痛及跌打损伤，有助组织再生的效能；也有催乳汁分泌及治痈疡、止血排脓、镇痛等作用。

华北蓝盆花（山萝卜） *Scabiosa tschiliensis* Grün. 川续断科 Dipsacaceae

形态特征　多年生草本，高 30~70cm。茎自基部分枝，具卷伏毛。基生叶丛生，有疏钝锯齿，茎生叶对生，羽状深裂至全裂。头状花序顶生，具长梗及披针形总苞片，花蓝紫色，萼 5 裂，刺毛状，边花花冠 5 裂，二唇形，中央花筒状，裂片近等大。果序球形，径约 1cm；瘦果椭圆形，萼针由冠檐外伸。

花果期　花期 7~9 月，果期 9~10 月。

分布及生境　分布于东北、华北等地区。北京见于海淀、房山和门头沟等区（县）山地，常见，生于海拔 500~2000m 山坡草地或灌丛。

利用部位及用途　头状花序形状别致，色彩艳丽，是优良的观赏植物，适宜条植或丛植于花坛、花径等处，亦可盆栽或作切花。

土贝母（假贝母） *Bolbostemma paniculatum* (Maxim.) Franquet 葫芦科 Cucurbitaceae

形态特征 多年生攀缘草本。块茎肉质，白色，扁球形或不规则球形，直径达3cm。茎纤弱，有单生的卷须。叶互生，具柄，心形或卵圆形，掌状5深裂，裂片再3~5浅裂。花单性，雌雄异株，淡绿色。蒴果圆柱状，长1.5~3cm，成熟后顶端盖裂。种子斜方形，表面棕黑色，先端具翅。

花果期 花期6~8月，果期8~9月。

分布及生境 产河北、河南、山东、山西、陕西、甘肃、云南等省份。北京延庆、门头沟、密云等区（县）有分布，较少见，生于山坡或平地。

利用部位及用途 块茎中含多种糖，入药具有散结、消肿、解毒等功效，用于乳痈、瘰疬、乳腺炎、颈部淋巴结结核、慢性淋巴结炎、肥厚性鼻炎等症。

赤瓟　*Thladiantha dubia* Bge.　葫芦科 Cucurbitaceae

形态特征　多年生蔓性草本。根块状；茎被长毛，卷须单一。叶广卵状心脏形，先端尖，边缘微锯齿缘，两面均被毛茸。花腋生，单一，雌雄异株；萼裂片线状披针形，反折；花冠黄色，钟形，5深裂；雄花的雄蕊5枚，不育雄蕊线形；雌花有短的退化雄蕊，子房长圆形，被长柔毛。瓠果长卵形，长4~5cm，红色或绿色。种子卵形，黑色，平滑无毛。

花果期　花期6~8月，果期8~9月。

分布及生境　产东北、华北、西北等地。北京海淀、延庆、密云等区（县）有分布，生于山坡草地、河谷路旁和村舍附近，较少见。

利用部位及用途　果实和根入药，果实可降逆止呕、祛痰止咳、行气化瘀，治反胃吐酸，肺结核咳嗽、吐血胸痛等症；根有活血去淤、清热解毒、通乳之效。

羊乳（轮叶党参） *Codonopsis lanceolata* (Sieb. et Zucc.) Trautv. 桔梗科 Campanulaceae

形态特征 多年生草质藤本，有白色乳汁和特殊气味。根粗壮肥大，具横纹，长约10~20cm，灰黄色。茎细长，多分枝，带紫色。主茎上叶片常互生，短枝上叶片常4枚簇生，菱状卵形或椭圆形，全缘或具不明显锯齿。花多单生，花冠宽钟形，黄绿色，内侧有紫斑。蒴果下部半球状，直径约2~2.5cm，有宿存花萼。种子多数，细小，有翼。

花果期 花期7~8月，果期9~10月。

分布及生境 产东北、华北、华东、中南地区。北京各区（县）山地常见，生于灌木林下及沟边阴湿地区或阔叶林内。

利用部位及用途 ①嫩苗和根可作蔬菜食用；根含淀粉23.65%、葡萄糖4.81%，还可供酿酒。②根含皂甙、多聚醣等成分，可入药，用途同党参，具有补虚通乳、排脓解毒之效，治病后体虚、乳汁不足、乳腺炎、肺脓疡等。

被子植物

荠苨（杏叶沙参） *Adenophora trachelioides* Maxim. 桔梗科 Campanulaceae

形态特征 多年生草本，高 50~120cm。全株具白色乳汁。根肥厚粗大，长圆柱形，下部有时分歧，表面灰褐色。茎直立，稍呈之字形弯曲。基生叶心状肾形，茎生叶互生，有长柄。圆锥花序顶生，花序大而疏散；花冠蓝色、蓝紫色或白色，广钟形，5 浅裂。蒴果卵状圆锥形，长约 7mm。种子多数，黄棕色，长矩圆状，有 1 条棱。

花果期 花期 7~9 月，果期 9~10 月

分布及生境 产辽宁、河北、山东、江苏、浙江、安徽等省份。北京各区（县）山地均有分布，较常见，生于山坡草地、林缘和灌丛中。

利用部位及用途 ①幼苗可供食用，为良好的春季野菜；根含淀粉，可供酿酒及制副食品；②根入药，具有润燥化痰、清热解毒的功能，主治肺燥咳嗽、咽喉肿痛、消渴、疔痈疮毒。

多歧沙参 *Adenophora wawreana* Zahlbr. 桔梗科 Campanulaceae

形态特征 多年生草本，高达 1m。具白色乳汁。根粗壮，胡萝卜形，径达 7cm。叶互生，近无柄，卵形或披针形，具不整齐锯齿。圆锥花序多分枝，花多数下垂；花萼裂片反卷，花冠蓝紫色，钟形，先端 5 浅裂，花柱伸出花冠。蒴果广椭圆形，长约 8mm。种子棕黄色，矩圆状，有 1 条宽棱。

花果期 花期 7~9 月，果期 9~10 月。

分布及生境 分布于内蒙古、河北、山西、河南等省份。北京各区（县）山地常见，生于海拔 500~1600m 的山坡草地、林缘或较干旱的沟谷。

利用部位及用途 ①嫩茎叶、肉质根可供食用。②根含有挥发油、香豆素、生物碱、三萜酸、甾醇类、沙参素等成分，入药具清热养阴、润肺止咳之功效，主治气管炎、百日咳、肺热咳嗽、咳痰黄稠等。

被子植物

翠菊	*Callistephus chinensis* (L.) Nees.	菊科 Compositae

形态特征 一年或二年生草本，高 30~100cm。茎粗壮，有白色糙毛。叶卵形、匙形或近圆形，缘有粗锯齿，叶柄有狭翅。头状花序大，单生枝端；总苞片 3 层，外层叶状，绿色；边缘舌状花雌性，紫、蓝、红或白色。瘦果稍扁，长椭圆状披针形，长 3~3.5mm，有多数纵棱，中部以上被柔毛，外层冠毛宿存，内层冠毛易脱落。

花果期 花期 8~9 月，果期 9~10 月。

分布及生境 分布于东北、华北、西南等地区。北京密云县坡头、门头沟区东灵山、延庆县海坨山等地有野生，较常见，生于山坡、林缘或灌丛中，市区常见栽培。

利用部位及用途 ①花可作茶叶饮用。②花入药，具有清肝明目等功效。③是夏秋季重要的草本花卉之一。花色鲜艳，花型多样，开花丰盛且花期长，适于各种类型的园林布置，也可作为室内花卉或作切花材料。

东风菜 *Doellingeria scaber* (Thunb.) Nees 菊科 Compositae

形态特征 多年生草本，高 50~80cm。根状茎粗壮。茎直立，粗壮。叶心形，先端锐尖，边缘具牙齿，叶柄带翅。头状花序多数，在茎顶成复伞房状；总苞半球形，舌状花雌性，白色，管状花两性，黄色，上部膨大。瘦果椭圆形，有 5 条厚肋，无毛；冠毛污黄白色，与筒状花花冠等长。

花果期 花期 7~9 月，果期 9~10 月。

分布及生境 分布于东北、华北、华中、华东地区。北京常见于各区（县）山地，生于山坡，林缘、林下及灌丛间。

利用部位及用途 ①嫩茎叶可食用，富含胡萝卜素和维生素 C，有助于增强人体免疫功能；需注意东风菜凉拌食用过量有可能导致泄泻，另脾胃虚寒者慎食。②根及全草可入药，能清热解毒、祛风止痛，主治感冒头痛、咽喉肿痛、目赤肿痛、跌打损伤、风湿性关节炎等；民间用于治疗慢性支气管炎和毒蛇咬伤。③植物体夏季时有异味，故家畜不食，但可调制成青贮饲料；到了秋季，异味消除，可收割作为家畜的越冬饲草。

三脉紫菀　*Aster ageratoides* Turcz.　菊科 Compositae

形态特征　多年生草本，高 40~100cm。根状茎粗壮。茎直立，疏生长毛。叶椭圆形，基部楔形，先端锐尖，边缘具缺刻状疏齿，具离基 3 出脉。头状花序排列成伞房状；总苞片线形，3 层；舌状花紫色、浅红色或白色，管状花黄色。瘦果倒卵状长圆形，灰褐色，冠毛浅红褐色或污白色。

花果期　花期 8~9 月，果期 8~10 月。

分布及生境　广泛分布于全国各地。北京各地山区普遍分布，常见，生于林缘、山坡、路旁及草地等处。

利用部位及用途　①嫩茎叶可食用。②带根全草入药，具有清热解毒、利尿止血等功效，用于咽喉肿痛、咳嗽痰喘、乳痈、痄腮、小便淋痛、痈疖肿毒、外伤出血等症。③花美丽，可栽培供观赏。

紫菀 *Aster tataricus* L.f. 菊科 Compositae

形态特征 多年生草本，高70~150cm。根状茎粗短，外皮灰褐色。茎直立，上部稍分枝。基生叶大，长圆形或椭圆状匙形，花时枯萎；茎生叶椭圆状匙形或披针形，边缘具齿。头状花序多数排列成伞房状，总苞片紫红色，舌状花蓝紫色，瘦果倒卵形，紫褐色，长2.5~3mm，有粗毛，冠毛污白色或带红色。

花果期 花期7~8月，果期9~10月。

分布及生境 分布于东北、华北、西北地区。北京各区（县）山地常见，生于海拔400m以上的山坡、草地、灌丛中。

利用部位及用途 ①根和根茎入药，具有温肺下气、化痰止咳的功能，主治支气管炎、咳嗽气喘、咳痰不爽或肺结核、慢性支气管炎、肺虚久咳、痰中带血等症。紫菀是许多止咳糖浆和饮片的主要配方，需求量巨大。②花美丽，可栽培供观赏。

火绒草（薄雪草） *Leontopodium leontopodioides* (Willd.) Beauv. 菊科 Compositae

形态特征 多年生草本，高 15~40cm。全株密被灰白色绵毛。地下茎短粗，木质；地上茎丛生，细而坚韧。叶线形或线状披针形，无柄，灰绿色。雌雄异株。头状花序排列成伞房状或单生；总苞钟形或半球形，被白色或灰白色茸毛；花多数，小而密集。瘦果长椭圆形，常有乳头状突起或短粗毛。

花果期 花期 6~8 月，果期 8~9 月。

分布及生境 分布于东北、华北、西北地区。北京各区（县）山地常见，多生于海拔 1000~2000m 的山坡草地、灌草丛及石砾地。

利用部位及用途 ①全草药用，具有清热凉血、益肾利尿的功效，主治蛋白尿及血尿等症。②全草含挥发性成分，可提取挥发油。③具有花、叶并美的特点，株形小巧玲珑，叶片银灰绚靓，白色花序如雪，朴实大方。同时具有耐干旱、耐贫瘠的优点，特别适用于岩石园栽植或盆栽观赏。

铃铃香青

Anaphalis hancockii Maxim.

菊科 Compositae

形态特征 多年生草本，高15~35cm。根状茎细长。茎直立，被蛛丝状毛及腺毛。莲座状叶与茎下部叶匙状，中上部叶线状披针形，两面被蛛丝状毛及头状具柄腺毛。头状花序9~15个，在茎端密集成复伞房状，总苞片4~5层，稍开展，外层红褐色或黑褐色，内层上部白色。瘦果长圆形，长约1.5mm，被密乳头状突起。

花果期 花期6~8月，果期8~9月。

分布及生境 产华北、西北地区。北京见于门头沟区东灵山、百花山，较少见，生于亚高山山顶及山坡草地。

利用部位及用途 ①全草含有黄酮类、萜类、甾醇类等成分，入药具有抗氧化、抑菌、止咳、祛痰、平喘等作用。②全株芳香，头状花序可提取芳香油，可作为薰香料或芳香剂的原料。

旋覆花（金佛花） *Inula japonica* Thunb. 菊科 Compositae

形态特征 多年生草本，高 20~70cm。根状茎短，横走或斜升。茎直立，被毛。叶互生，长椭圆形或披针形，半抱茎，无柄，全缘或疏齿。头状花序于茎顶成伞房状，总苞半球形，总苞片 5 层，线状披针形，花黄色。瘦果长 1~1.2mm，圆柱形，有 10 条沟，顶端截形，被疏短毛；冠毛白色，有 20 余条微糙毛。

花果期 花期 6~10 月，果期 9~10 月。

分布及生境 分布于东北、华北、西北、华东、华中等地区。北京各地普遍分布，极常见，主要见于山坡路旁、湿润草地、农田、河岸及田埂等处。

利用部位及用途 ①茎叶及花入药，具有降气、化痰、行水等功能，主治小便不利、咳嗽痰喘等症。现代研究证明旋覆花对免疫性肝损伤有保护作用，其化学成分天人菊内酯还有抗癌作用。②植株美观，亭亭向上，花色金黄，花期很长。适用于布置花坛、花境，也是盆栽的良好材料；还可以作切花使用。

其他 北京地区常见的还有线叶旋覆花 *I. lineariifolia* Turcz. 及欧亚旋覆花 *I. britanica* L.，用途同旋覆花。

烟管头草（金挖耳）

Carpesium cernuum L.

菊科 Compositae

形态特征 一年生草本，高 40~100cm。茎粗壮，直立，分枝多，下部密被白色长柔毛及卷曲柔毛。叶卵形至披针形，全缘或有波状齿，基部渐狭，形成有翅的长叶柄。头状花序单生于小枝的顶端，向下弯垂，基部有叶状苞；总苞半球形，内层总苞边缘干膜质，外层总苞片线形，较长，上部绿色，叶状；花黄色。瘦果线形，多棱，长约 5mm，顶端有短喙和腺点。

花果期 花果期 7~10 月。

分布及生境 产东北、华北、华中、华东、华南、西南各地区及西北的陕西、甘肃等地。北京各区（县）常见，生于路边荒地及山坡、沟边等处。

利用部位及用途 ①全草可入药，具有清热解毒、消肿止痛等功效，用于治疗感冒发热、咽喉痛、牙痛、疮疖肿毒、乳痈、痄腮、毒蛇咬伤等。②茎叶可提取芳香油，作调制香精原料。

和尚菜（腺梗菜） *Adenocaulon himalaicum* Edgew. 菊科 Compositae

形态特征 多年生草本，高 40~100cm。根状茎匍匐。叶柄长，具宽翅，叶片肾形或三角状心形，边缘具不整齐牙齿，背面密被蛛丝状毛。头状花序排成狭或宽大的圆锥状花序，花梗短，被白色绒毛，花后花梗伸长，密被稠密头状具柄腺毛；雌花白色，两性花淡白色。瘦果棍棒状，长 6~8mm，中部以上被多数头状具柄的腺毛，无冠毛。

花果期 花期 7~8 月，果期 8~10 月。

分布及生境 分布于全国各地。北京见于门头沟区东灵山、百花山及密云县坡头等地，较少见，生于林下、林缘、灌丛、溪流旁、河谷湿地。

利用部位及用途 根和根茎入药，具有止咳平喘、活血行瘀、利水消肿的功效，主治寒邪壅肺之咳嗽、气喘、痰多及跌打损伤、产后腹痛等。

苍耳　*Xanthium sibiricum* Patrin ex Widd.　菊科 Compositae

形态特征　一年生草本，高 30~90cm。全株被白色短糙伏毛。叶卵状三角形，具长柄，边缘有不规则的锯齿或 3 浅裂，基出 3 脉，两面有贴生糙伏毛。雄头状花序球形，雌头状花序椭圆形，内层总苞片结合成囊状，成熟时变坚硬。瘦果倒卵形，包藏在有刺的总苞内，无冠毛。

花果期　花期 7~8 月，果期 9~10 月。

分布及生境　广布于全国各地。北京各区（县）平原及低山地区极常见，生于海拔 600m 以下田野、路边、山坡及平地上。

利用部位及用途　①果实含苍耳甙、脂肪油、树脂、生物碱、维生素 C 等，为发汗利尿药，有镇痉、镇痛作用，治肌肉神经麻痹、麻疯、关节痛、水肿等。②苍耳籽油是一种高级香料的原料，并可作油漆、油墨及肥皂硬化油等。③茎皮纤维可以作麻袋、麻绳。④茎叶捣烂后涂敷，可治疥癣、虫咬伤等。⑤全株有毒，含有对神经及肌肉有毒的物质，中毒原因主要是误食果实或幼苗（误为豆苗）。

腺梗豨莶 | *Siegesbeckia pubescens* Makino | 菊科 Compositae

形态特征 一年生草本，高 40~100cm。全株密被柔毛及腺毛。茎直立，上部二歧分枝。叶对生，卵形或菱状卵形，基部下延成具翅的柄，边缘有粗齿，基出 3 脉。头状花序，顶生，总苞片匙形至舟形，花黄色。瘦果倒卵圆形，4 棱，顶端有灰褐色环状突起，无冠毛。

花果期 花期 6~8 月，果期 8~10 月。

分布及生境 分布于东北、华北、华中、华东、西北、西南地区。北京常见于各区（县），生于路边荒地及林间、灌丛、灌草丛中。

利用部位及用途 ①全草入药，称“豨莶草”，可作止痛剂，对全身酸痛、四肢麻痹、风湿痛有效，并有平降血压作用；其新鲜叶汁可用于医疗毒蛇咬伤及蜂刺伤。②种子含油量约 30%，供制肥皂、润滑油。

鬼针草（婆婆针） *Bidens bipinnata* L. 菊科 Compositae

形态特征 一年生草本，高 25~90cm。茎直立，具 4 棱。叶对生，具长柄，叶片 2~3 回羽状全裂，裂片披针形。头状花序近圆柱形，具长梗，总苞片长圆形，舌状花白色，管状花黄色。瘦果黑色，条形，具棱，上部具稀疏瘤状突起及刚毛，顶端芒刺 3~4 枚，具倒刺毛。

花果期 花期 7~8 月，果期 9~10 月。

分布及生境 广布于全国各地。北京各区（县）普遍分布，极常见，生于路边荒地、田间、山坡及草地上。

利用部位及用途 ①全草可供药用，性平、味苦，有清热解毒、祛风活血之功效，主治上呼吸道感染、急性黄疸型肝炎、胃肠炎、风湿性关节疼痛、疟疾等症；外用治疮疖、毒蛇咬伤、跌打肿痛等。②果实带钩刺，容易随人和动物传播，成为了一种普遍的有害杂草。

其他 北京地区常见的还有小花鬼针草 *B. parviflora* Willd. 和狼杷草 *B. tripartite* L.，用途同鬼针草。

被子植物

高山蓍	*Achillea alpina* L.	菊科 Compositae

形态特征 多年生草本，高 30~80cm。具短根状茎。茎丛生，上部分枝，密生白色长柔毛。叶无柄，条状披针形，篦齿状羽状浅裂至深裂，裂片条形，锐尖，边缘有锯齿。头状花序多数，密集成伞房状，总苞宽矩圆形，花白色。瘦果扁平，光滑，长约 3mm，长圆状倒卵形，两侧有翼，无冠毛。

花果期 花期 7~9 月，果期 8~10 月。

分布及生境 分布于东北、华北、西北等地区。北京常见于各区（县）海拔 600m 以上山地，生于山坡草地、灌丛、林缘。

利用部位及用途 ①全草含蓍素、乌头酸、菊糖、天门冬油等成分，入药为健胃、强壮剂，又为治痔药。②茎叶含芳香油，可提取供工业用，或作调香原料。③叶形美观，可栽培供观赏。

甘菊（野菊花） *Dendranthema lavandulifolium* (Fisch. ex Trautv.) Ling et Shih 菊科 Compositae

形态特征 多年生草本，高 30~150cm。具地下匍匐茎，茎上部多分枝。叶宽卵形至椭圆状卵形，羽状分裂，全缘或具缺刻状锯齿。头状花序，通常多数在茎顶排成复伞房状；总苞碟形，总苞片 5 层；花黄色，全部筒状，具 5 齿裂。瘦果倒卵形，具 5 条纵肋，无冠毛。

花果期 花果期 9~10 月。

分布及生境 产东北、华北、华中、西北、西南各地区。北京各区（县）常见，生于平原荒地、山坡、岩石、河岸等地。

利用部位及用途 ①幼苗、嫩茎叶、花瓣均可入药，而且食用历史悠久，食法多样，凉拌、煎炒、做汤羹，或榨汁作饮料等。②花可作“甘菊茶”，可长期饮用，有多种保健作用。③花入药，具有消热解毒、凉血降压之功效，主治感冒、高血压等症。④花和叶含芳香油，可提制芳香油或浸膏，供调制各种皂用香精。

小红菊	*Dendranthema chanetii* (Lévl.) Shih	菊科 Compositae

形态特征 多年生草本，高10~35cm。根状茎匍匐。茎上部分枝。叶掌状或羽状浅裂，宽卵形或肾形，先端圆，边缘具缺刻状牙齿，叶柄有翅。头状花序单生或2~5个在茎顶排成伞房状。舌状花粉红色或白色，舌顶端2~3齿裂。瘦果长2mm，顶端斜截，无冠毛。

花果期 花果期8~10月。

分布及生境 分布于东北、华北、西北等地区。北京各区（县）山区常见，生于山坡、灌丛、林下及山坡荒地上。

利用部位及用途 ①花可作茶叶引用。②全草可入药，具有提高机体免疫能力、清除热毒等药理活性。③花美丽，可栽培供观赏。

大籽蒿 *Artemisia sieversiana* Willd. 菊科 Compositae

形态特征 一至二年生草本，高 50~150cm。主根粗壮单一，垂直，狭纺锤形。茎直立，粗壮，具纵沟棱，被白色短毛。叶 2~3 回羽状深裂至全裂，裂片线形，羽轴具狭翅。头状花序半球形，排成宽展圆锥状，苞叶线形，边花雌性，中央花两性，花冠黄色。瘦果卵形，长约 1mm，褐色，无冠毛。

花果期 花果期 6~10 月。

分布及生境 广布于我国北部及西南地区。北京见于各区（县）平原及低山地区，极常见，生于海拔 1000m 以下农田、路旁、荒地、山坡上。

利用部位及用途 ①嫩茎叶可食用。②全草入药，具有消炎止痛等功效；外用治黄水疮、皮肤湿疹、宫颈糜烂。③全株含芳香油，可用于香皂、香精；种子油可供食用，油味很香，可以作糕点，亦可以作工业用油。④营养价值较高，可用来调制干草，作牲畜冬季贮备饲料。

茵陈蒿	*Artemisia capillaris* Thunb.	菊科 Compositae

形态特征 半灌木状草本，有浓烈的香气。茎单生或少数，红褐色或褐色。茎、枝初时密生灰白色或灰黄色绢质柔毛，后渐稀疏或脱落无毛。基生叶密集着生，常成莲座状，叶 2 至 3 回羽状全裂。头状花序卵球形，常排成复总状花序，并在茎上端组成大型、开展的圆锥花序。瘦果长圆形或长卵形。

花果期 花果期 7~10 月。

分布及生境 产华北、华中、华东、华南、西南等地区。北京各区（县）均有分布，极常见，常生于海拔 800m 以下山坡、荒地、路旁及砂质地。

利用部位及用途 ①春季采摘嫩茎叶供食用，可凉拌、煮汤、做粥。②幼嫩茎叶（茵陈）入药，有发汗、解热、利尿的功能，是治黄疸病之要药，又能治传染性肝炎。药用茵陈实际为茵陈蒿与猪毛蒿（*A. scoparia* Waldst.）两种植物的幼苗，而且后者占大多数，两者在苗期难以区别。③全草含挥发油，油的主要成分为乙位蒎烯及茵陈烃，供配制各种清凉剂、喷雾香水和香精用，其中乙位蒎烯可合成高级香料。

第三部分　物种各论

兔儿伞　*Syneilesis aconitifolia* (Bge.) Maxim.　菊科 Compositae

形态特征　多年生草本，高 70~100cm。根状茎匍匐。茎直立，单一。基生叶 1，花时枯萎，茎生叶 2，互生。叶具长柄，圆盾形，掌状深裂或全裂，小裂片宽线形。头状花序多数，在茎顶密集成复伞房状，总苞长圆筒状，花淡红色。瘦果圆柱形，长 5~6mm，有纵条纹，冠毛灰白色或带淡红褐色。

花果期　花期 7~8 月，果期 8~9 月。

分布及生境　分布于东北、华北、华中、华东等地区。北京各区（县）山区常见，生于干燥山坡、灌丛、草地、林缘。

利用部位及用途　①根及根茎入药，具有祛风湿、舒筋活血、消肿止痛的功能，主治风湿麻木、腰腿疼痛、经血不调、痈疽肿毒、跌打损伤等症。②叶形美观别致，可栽培供观赏。③茎叶含有生物碱等有毒成分，可制作杀虫剂。

山尖子（戟叶兔儿伞） *Parasenecio hastatus* (L.) H. Koyama 菊科 Compositae

形态特征 多年生草本，高 40~150cm。根状茎平卧，有多数纤维状须根。茎坚硬，直立，不分枝，具纵沟棱，上部被密腺状短柔毛。中部叶片三角状戟形，沿叶柄下延成具狭翅的叶柄。头状花序多数，下垂，排列成塔状的狭圆锥花序；小花 8~15（20），花冠淡白色。瘦果圆柱形，淡褐色，长 6~8mm，具肋，冠毛白色。

花果期 花期 7~8 月，果期 9 月。

分布及生境 产于东北、华北等地。北京各区（县）山区有分布，较常见，生于林下、林缘或草丛中。

利用部位及用途 ①夏季嫩苗与嫩叶、嫩芽可做蔬菜、炒食或做汤食用。②全株含单宁 3.75%，可做栲胶原料。③可作牲畜饲料，秋季可刈割调制干草供冬季饲用。

狗舌草	*Tephroseris kirilowii* (Turcz. ex DC.) Holub	菊科 Compositae

形态特征 多年生草本，高 20~50cm。全株密被蛛丝状白色绵毛。根多数，细索状。茎单一，直立。基生叶莲座状，长圆形或匙形；茎生叶无柄，披针形至线形。头状花序排列成伞房状；总苞筒状，总苞片 1 层，线状披针形；舌状花橙黄色。瘦果狭卵形，两端截形，有纵棱与细毛，冠毛白色。

花果期 花期 5~6 月，果期 6~7 月。

分布及生境 分布于东北、华北至华东、西南各地。北京各区（县）山区常见，生于山坡、草地、灌丛、林缘。

利用部位及用途 ①全草入药，清热解毒、利尿，用于肺脓疡、尿路感染、小便不利、口腔炎、疖肿等症。②为有毒植物，全草有小毒，服用过量可引起肝肾损害。③株型挺拔，花美丽，可栽培供观赏。

蓝刺头	*Echinops sphaerocephalus* L.	菊科 Compositae

形态特征 多年生草本，高达 1m。根木质。茎单生，粗壮，具纵沟棱，被稠密的多细胞长节毛和稀疏的蛛丝状薄毛。叶 2 回羽状分裂或深裂，具刺尖头，下面密被白色绵毛。复头状花序单生茎顶，小头状花序具 1 花；花冠筒状，裂片 5，线形，淡蓝色。瘦果长约 7mm，被稠密的淡黄色长直毛，冠毛膜质线形。

花果期 花期 7~8 月，果期 8~9 月。

分布及生境 分布于东北、华北、西北、华中等地区。北京见于房山、门头沟、密云等区（县）山区，常见，生于海拔 400m 以上干燥山坡、草地及疏林下。

利用部位及用途 ①根入药，药名“禹州漏芦”，具清热解毒、排脓止血、消痈下乳之功效，主治淋巴结炎、腮腺炎、乳汁不通、瘰疬疮毒、痔疮等症；又用作驱蛔剂。②优良的蜜源植物。③花序别致，花色艳丽，让人过目不忘，可栽培供观赏，还可制成干花。

牛蒡	*Arctium lappa* L.	菊科 Compositae

形态特征 二年生高大草本，高 1~2m。具粗大的肉质直根，长达 15cm，径可达 2cm，有分枝支根。茎粗壮，带紫色。基生叶大，丛生；茎生叶宽卵形或心形，背面密被灰白色绒毛；叶柄长，粗壮。头状花序顶生；总苞球形，总苞片披针形，顶端钩状内弯；花全为管状花，淡紫色。瘦果长圆形，长 5~6mm，灰褐色，冠毛短刚毛状。

花果期 花期 6~7 月，果期 7~8 月。

分布及生境 全国各地普遍分布。北京各区（县）山区常见，生于海拔 600m 以上山沟、路旁、向阳草地及村边宅旁。

利用部位及用途 ①春季采摘嫩叶及成熟叶的叶柄供食用；初夏采花和花蕾鲜食；根部含大量菊糖，可以鲜食也可加工成咸菜。牛蒡是一种新兴保健蔬菜，对心血管有保护作用，可降低胆固醇，促进血液循环，预防中风。②果实入药，称“牛蒡子”，性味辛、苦寒，具疏散风热、宣肺透疹、散结解毒之效；根入药，有清热解毒、疏风利咽之效。③种子含脂肪油，可榨油供制肥皂和润滑油。

刺儿菜

Cirsium setosum (Willd.) MB.

菊科 Compositae

形态特征 多年生草本，高 20~70cm。茎直立，幼茎被白色蛛丝状毛。茎生叶互生，无柄，长圆状披针形，边缘有刺，两面被绵毛。头状花序数个，单生茎顶；总苞钟状，总苞片多层，披针形，先端具刺；花冠紫红色。瘦果淡黄色，椭圆形，压扁，冠毛白色。

花果期 花果期 5~8 月。

分布及生境 广布于全国各地。北京见于各区（县），普遍群生于山坡、撂荒地、耕地、路边、草地、村庄附近，为极常见的杂草。

利用部位及用途 ①营养丰富，春、夏采幼嫩的茎叶炒食、做汤均可；秋季采根，除去茎叶，洗净鲜用或晒干切段食用。《食疗本草》载“取菜煮食之，除风热”。需注意脾胃虚寒、体虚多病者慎食。②全草入药，为利尿及止血剂，能消热、解毒、凉血、消肿散瘀，又能治疮痈，并能催透乳汁。③优良的饲用植物。④为秋季蜜源植物。⑤为农田、果园的常见杂草，数量多时，危害较重。

银背风毛菊	*Saussurea nivea* Turcz.	菊科 Compositae

形态特征 多年生草本，高 30~45cm。茎直立，被疏蛛丝状毛。下部叶有长柄，披针状三角形或卵状三角形，顶端尖，基部戟形或心形，边缘有小尖的疏锯齿；上部叶渐小，有短柄；叶上面无毛，下面密被银白色绵毛。头状花序在枝端排成疏伞房状，总苞片 5~7 层，被白色绵毛，花粉紫色。瘦果圆柱状，褐色，无毛。

花果期 花果期 7~10 月。

分布及生境 分布于河北、甘肃、陕西等省份。北京各区（县）山地极常见，生于海拔 400~2000m 的山坡林缘、林下以及灌丛中。

利用部位及用途 花色紫红，叶形肥大、叶背面银白色，十分独特美观，可栽培作背景或地被植物。

祁州漏芦（大脑袋花） *Rhaponticum uniflorum* (L.) DC. 菊科 Compositae

形态特征 多年生草本，株高 30~80cm。主根粗大，长圆锥形，粗 1~2cm，外皮暗棕色。茎直立，不分枝，密被白色绒毛。基生叶与茎下部叶羽状深裂至浅裂，边缘具不规则牙齿，两面被软毛。头状花序大，单生；总苞半球形，苞片多层，先端干膜质；管状花花冠淡紫色。瘦果倒圆锥形，棕褐色，冠毛淡褐色。

花果期 花期 5~6 月，果期 6~7 月。

分布及生境 分布于东北、华北、西北、华东等地区。北京各区（县）山区普遍分布，常见，生于干燥山坡、草地等向阳地上。

利用部位及用途 ①根入药，具清热解毒、排脓通乳的功效，主治疖肿疮疡、淋巴结炎、腮腺炎、乳腺炎、乳汁不通、痔疮等症。②根含挥发油，可提取供工业用。③花序硕大，色泽艳丽，可栽培供观赏。

蚂蚱腿子　*Myripnois dioica* Bge.　菊科 Compositae

形态特征　落叶灌木，高 50~80cm。叶互生，具短柄，宽披针形，基出 3 脉，全缘。头状花序单生于叶腋，先叶开放，雌花和两性花异株；总苞钟形，总苞片 5~8 片；雌花具舌状花，淡紫色. 冠毛多列；两性花白色，筒状，二唇形。瘦果近圆柱形，冠毛白色，密被长毛。

花果期　花果期 4~5 月。

分布及生境　华北地区特有种。北京各区（县）海拔 200~1000m 低中山区普遍分布，极常见，生于阴坡山地林缘及路旁，局部可形成优势灌丛群落。

利用部位及用途　①叶可做牲畜饲料。②早春蜜源植物。③为低山区阴坡重要的水土保持树种。④植株低矮，早春开花，适合冷凉地区栽植观赏，目前北京城区常见栽培。

大丁草	*Gerbera anandria* (L.) Sch. –Bip.	菊科 Compositae

形态特征 多年生草本，具春秋2型。春型植株矮小，高8~15cm。叶全部基生，呈莲座状，提琴状羽状分裂，下面被白色绵毛，基部常狭窄下延成柄。花莛短，头状花序小，舌状花粉红色，后变白色；秋型植株高达30cm，叶大，花莛长，头状花序大，无舌状花。瘦果纺锤形，具纵棱，黄棕色，冠毛污白色。

花果期 花果期春、秋两季。春花期4~5月，秋花期8~11月。

分布及生境 分布于全国各地。北京各区（县）山地极常见，生于山坡路旁、林边、草地、沟边等处。

利用部位及用途 全草入药，秋型植株较佳，具有清热利湿、解毒消肿、止咳、止血等功效，主治尿路感染、水肿、风湿性关节炎等。民间药用治痢疾、肺热咳嗽、肠炎；外用治痈肿疔疮、臁疮、外伤出血、烧烫伤等症。

第三部分 物种各论

桃叶鸦葱（皱叶鸦葱） *Scorzonera sinensis* Lipsch. et Krasch. ex Lipsch. 菊科 Compositae

形态特征 多年生草本，高 5~25cm，具乳汁。根垂直直伸，粗壮，粗达 1.5cm，黑褐色。基生叶长圆状披针形，基部下延成翼状柄，边缘波状皱曲，有白粉；茎生叶小，鳞片状。头状花序生于茎顶，总苞圆筒形，舌状花黄色带紫色。瘦果圆柱状，有纵沟，长 12~14mm，无喙；冠毛白色，羽状。

花果期 花果期 4~7 月。

分布及生境 分布于东北、华北等地。北京各区（县）山区常见，生于山坡草地、灌丛、路边荒地上。

利用部位及用途 ①春夏采摘嫩茎叶及花柄供生食或炒食，经常食用能健脾益胃。②根及全草均可入药，清热解毒、通乳、消炎，主治疔毒痈疮、乳痈、乳汁不足等症。③茎叶可作饲料和绿肥。

翅果菊（山莴苣） *Pterocypsela indica* (L.) Shih 菊科 Compositae

形态特征 多年生草本，高 30~80cm，具乳汁。茎无毛，上部分枝。叶长圆形，倒向羽状分裂，裂片三角形，基部具翼状柄，半抱茎，边缘具刺状牙齿。头状花序多数成狭圆锥状，总苞狭筒状，舌状花淡黄色。瘦果椭圆形，长 3~5mm，黑色，边缘有宽翅，每面有 1 条细纵脉纹。

花果期 花果期 6~9 月。

分布及生境 除西北地区之外，分布于全国各地。北京各区（县）常见，常成半杂草状态，生于田间、河边、沟边、路边沙质地及草地上。

利用部位及用途 ①春、夏季采嫩苗或嫩茎尖，用开水烫后，可作菜、炒食或作馅，或掺入面中蒸食，是一种有开发价值的野菜。②全草可入药，有清热解毒、活血祛瘀、健胃之功效，可治疗阑尾炎、扁桃腺炎、疮疖肿毒、宿食不消、产后瘀血等。③为优良的高产饲用植物，适于作猪、禽的青饲料。

苦苣菜	*Sonchus oleraceus* L.	菊科 Compositae

形态特征 一年或二年生草本，具纺锤状根，有乳汁。茎直立，中空，高40~100cm。叶片柔软无毛，长椭圆状倒披针形，深羽裂或提琴状羽裂，基部常为尖耳廓状抱茎。头状花序直径约2cm，花序梗常有腺毛或初期有蛛丝状毛，总苞钟形，舌状花黄色。瘦果倒卵状椭圆形，成熟后红褐色。

花果期 花果期6~9月。

分布及生境 分布东北、华北、华东、西北、西南各地区。北京各区（县）常见，生于山坡、林缘、林下或平地田间、荒地。

利用部位及用途 ①嫩根和茎、叶可食用，含大量维生素C以及多种类黄酮成分，是优良的保健野菜。②全草可入药，有消炎解毒、降血压等作用。白色乳汁涂在被黄峰、毒蝎之类毒虫蛰过的皮肤上可以消炎、止痛。民间常将其水煎后内服以治痈疮和急性呼吸道感染（如急性咽炎、扁桃体炎等）。③茎叶柔嫩多汁，嫩茎叶含水量高达90%，无刺、无毛，稍有苦味，是一种良好的青绿饲料。

中华小苦荬（苦菜） *Ixeridium chinense* (Thunb.) Tzvel. 菊科 Compositae

形态特征 多年生草本，高10~35cm，有乳汁。根垂直直伸，通常不分枝。根状茎极短缩。茎多分枝。基生叶莲座状，披针形，分裂或不裂；茎生叶少数，无柄。头状花序多数，排列成伞房状；总苞片2层，披针形；舌状花黄色、白色或淡紫色。瘦果长椭圆形，长2.2mm，有10条钝肋，冠毛白色。

花果期 花果期5~9月。

分布及生境 产全国大部分地区。北京各区（县）分布极为普遍，生于平原荒地、田野、山边路旁、河边及岩石缝隙中。

利用部位及用途 ①嫩茎叶、根及幼苗常做野菜食用，凉拌或做汤，味苦。②全草入药，性微寒，清热解毒、消肿止痛，主治肺痈、乳痈、疖肿、血淋、跌打损伤、毒虫咬伤。③嫩茎叶可做鸡鸭饲料；全株可为猪饲料。

其他 北京地区常见的还有抱茎苦荬菜 *I. sonchifolium* (Maxim.) Shih，用途同中华小苦荬。

菹草　*Potamogeton crispus* L.　眼子菜科 Potamogetonaceae

形态特征　多年生沉水草本，具近圆柱形的根茎。茎稍扁，多分枝，节处生根。叶条形，无柄，先端钝圆，基部与托叶合生，叶缘浅波状，具细锯齿，叶脉平行。休眠芽腋生，革质叶肥厚，坚硬。穗状花序顶生，花序梗棒状；花 2~4 轮，花小，花被片 4。果实卵形，长约 3.5mm，具长果喙，向后稍弯曲。

花果期　花果期 4~7 月。

分布及生境　产我国南北各地。北京各区（县）均有分布，极常见，是最常见的沉水植物之一，生于池塘、水沟、灌渠及缓流河水中。

利用部位及用途　①幼嫩茎叶可作蔬菜食用。②植株可作鱼及家禽饲料，还可作绿肥。③具有富集锌、砷等重金属元素的较强能力，能用于净化工业废水。但该种在受污染的水体中常常爆发性生长，会造成淤塞池塘、湖泊等水体的危害，需注意防范。

其他　北京地区常见的还有眼子菜 *P. distinctus* A. Bennett 和篦齿眼子菜 *P. pectinatus* L.，分布及用途同菹草。

泽泻	*Alisma plantago-aquatica* L.	泽泻科 Alismataceae

形态特征 多年生沼生草本，高40~100cm。块茎球形，直径可达4.5cm，外皮褐色，密生多数须根。叶基生，具长柄，二型。沉水叶条形，挺水叶长椭圆形。花茎高大粗壮，多轮分枝，形成大型圆锥花序；花多数，小，两性；萼片3，绿色；花瓣3，白色；心皮多数，密集成圆球状。瘦果扁平，椭圆形，具喙。

花果期 花期6~8月，果期9~10月。

分布及生境 广布于我国北部及西南地区。北京各区（县）均有分布，较常见，生于池塘、溪流或沼泽中。适应不同水位，从浅水到岸边均能生长。

利用部位及用途 ①块茎药用，有清热、利尿、渗湿之效，主治小便不利、热淋涩痛、水肿胀满、泄泻、痰饮眩晕等症。但全株有毒，以地下根头为甚，服用不当，可出现腹痛、腹泻等消化道症状，还能引起麻痹。②花洁白美丽，可栽培供观赏。

野慈姑	*Sagittaria trifolia* L.	泽泻科 Alismataceae

形态特征 多年生水生草本，高 40~70cm，具球形块茎。叶基生，叶柄长 30~60cm，叶片箭形，裂片卵形至线形，具 3~7 脉，先端锐尖。花茎高 20~80cm，总状花序，萼片 3，绿色；花瓣 3，白色；雄花有雄蕊多数，黄色；雌花心皮多数，密集成圆球状。瘦果两侧扁，倒卵圆形，具翅。

花果期 花期 6~8 月，果期 9~10 月。

分布及生境 产我国南北各地。北京各区（县）均有分布，较常见，生于池塘、溪流或沼泽中。

利用部位及用途 ①块茎富含淀粉、蛋白质和多种维生素及微量元素，可食用。②块茎入药，具有解毒利尿、防癌抗癌、散热消结、强心润肺之功效，可治疗肿块疮疖、心悸心慌、水肿、肺热咳嗽、喘促气憋、排尿不利等病症。③叶形独特，花洁白美丽，可做水边、岸边绿化材料，也可作为盆栽观赏。

花蔺	*Butomus umbellatus* L.	花蔺科 Butomaceae

形态特征 多年生水草，高达 150cm。根状茎横走，粗壮。叶基生，下部沉水，上部线形，伸出水面。花茎高大，无叶。伞形花序具多数花，具 3 枚披针形苞片；花粉色，3 数，子房紫色。蓇葖果 6 个，排列成轮状，成熟时沿腹缝线开裂，顶端具长喙。种子多数，细小，有沟槽。

花果期 花期 5~7 月，果期 6~9 月。

分布及生境 分布于东北、华北、华东等地区。北京见于海淀、昌平等区（县），野生或栽培，较少见，生于池塘、河边浅水等处。

利用部位及用途 ①根茎含淀粉 37%~40%，可酿酒，也可食用。②茎叶含纤维，晒干可供造纸、编织等用。③叶美观，花色艳丽，可栽培供观赏或作园林景观花卉。

臭草	*Melica scabrosa* Trin.	禾本科 Poaceae

形态特征 多年生草本，高30~70cm。秆丛生，基部常密生分蘖。叶鞘无毛，闭合；叶舌透明膜质；叶片长线形，长达15cm。圆锥花序顶生，狭窄，分枝紧贴主轴；小穗柄细而弯曲，小穗有小花2~4，无芒。颖果纺锤形，褐色，有光泽，长约1.5mm。

花果期 花期4~7月，果期5~8月。

分布及生境 分布于东北、华北、西北等地区。北京各区（县）常见，生于山坡草地或路旁。

利用部位及用途 ①为优良饲用植物，可作牲畜饲料。②茎叶纤维可供造纸等。③可栽培供观赏。

茭白（野菰）

Zizania latifolia (Griseb.) Stapf

禾本科 Poaceae

形态特征 多年生水生草本，地下具根状茎。秆直立，高 1~2m，径约 1cm，多节，粗壮，基部有不定根。叶片扁平，长披针形，先端芒状渐尖，基部渐窄，上面和边缘粗糙，下面光滑，中脉在背面凸起；叶鞘长而肥厚，互相抱合形成“假茎”。圆锥花序大，长 30~60cm，多分枝，上升或展开。颖果圆柱形，长约 1.2cm，胚小。

花果期 花期 7~8 月，果期 9~10 月。

分布及生境 全国各地广布。北京延庆、房山、怀柔等地有分布，生于湖泊边缘的浅水沼泽里。

利用部位及用途 ①果实在古代作为谷物食用，称“雕胡米”，有营养保健价值。②茎被菰黑粉菌感染后膨大，称为“茭笋”，常作蔬菜食用，营养丰富，口感甘美，鲜嫩爽口。北京的茭白因不受菰黑粉菌感染，可以正常抽穗开花，准确的名称应该是野菰。③茎秆及叶纤维细长，可作造纸原料。④全草为鱼类越冬优良饲料，也是固堤造陆先锋植物。

狗尾草	*Setaria viridis* (L.) Beauv.	禾本科 Poaceae

形态特征　一年生草本，高 30~100cm。秆直立，通常较细弱。叶鞘较松弛，叶舌具纤毛，叶片长披针形，通常无毛。圆锥花序紧密呈圆柱形，直立或稍弯，每簇刚毛约 9 条，刚毛长 4~12mm，绿色、黄色或变紫色。小穗椭圆形，顶端钝。颖果长圆形，顶端钝，具细点状皱纹，成熟时稍肿胀。

花果期　花果期 6~10 月。

分布及生境　广泛分布全国各地。北京见于各区（县），极常见，生于荒野、路旁及田间等地。

利用部位及用途　①种子含有淀粉，可供食用或酿酒；也可蒸馏酒精。②全草入药，祛风明目、清热利尿，用于治疗风热感冒、砂眼、目赤疼痛、黄疸肝炎、小便不利；外用治颈淋巴结结核。③ 茎秆纤维可造纸。④草质优良，柔嫩，粗蛋白质含量比较高，为优良饲用植物。

其他　北京地区常见的还有金色狗尾草 *S. glauca* (L.) Beauv.，用途同狗尾草。

被子植物

白茅　*Imperata cylindrica* (L.) Beauv.　禾本科 Poaceae

形态特征　多年生禾草，高 20~50cm。根茎长，密被鳞片。叶基生，线形或线状披针形，平滑无毛，顶端渐尖，边缘粗糙。圆锥花序紧密，长约 20cm，圆柱形，银白色；小穗披针形，基部密生长达 1.5cm 的长柔毛，包围小穗。颖果长圆形，长约 1mm，胚长为颖果之半。

花果期　花果期 5~7 月。

分布及生境　分布几遍全国。北京各区（县）山区常见，喜阳耐旱，多生于路旁、山坡、草地或砂地，亦能耐轻度盐碱。

利用部位及用途　①根茎含糖，具甜味，可制糖、酿酒，也可食用。②根入药称白茅根，为缓和性利尿剂，并为止血药，主治吐血、尿血、小便不利、热淋涩痛、急性肾炎、水肿、湿热黄疸等。③茎叶纤维可供造纸、制绳及编织等。④全草可作饲料。⑤根茎蔓延力强，可作固沙植物。

水葱 | *Scirpus validus* Vahl | 莎草科 Cyperaceae

形态特征 多年生丛生草本，高 1~2m。根状茎粗状而匍匐，须根多数。秆高大，圆柱状，平滑。叶鞘管状，膜质，通常无叶片。苞片 1 枚，为秆之延长，直立向上，比花序短。聚伞花序假侧生，具 3~8 个不等长的辐射枝，小穗卵形。小坚果倒卵形，双凸状，长约 2mm。

花果期 花果期 6~9 月。

分布及生境 分布于东北、华北、西北、西南、华东地区。北京见于各区（县），野生或栽培，常见，生于湖边、水边、浅水塘、沼泽地或湿地草丛中。

利用部位及用途 ①地上部分入药，利水消肿，主治水肿胀满、小便不利。②茎可供编织及造纸用。③对污水中有机物、氨氮、磷酸盐及重金属有较高的除去率，可净化水体。④株形奇趣，株丛挺立，富有特别的韵味，可于水边池旁栽植，甚为美观。

一把伞南星（山苞米） *Arisaema erubescens* (Wall.) Schott 天南星科 Araceae

形态特征 多年生草本，高40~80cm。块茎扁球形，直径可达6cm，表皮黄色，须根多数。基生叶1枚，叶柄长，叶片放射状分裂，裂片无定数，披针形，具线形长尾。雌雄异株，肉穗花序，佛焰苞绿色，附属体棒状。果序直立或下垂，浆果，熟时红色。种子球形，成熟时淡褐色。

花果期 花期5~6月，果期8~9月。

分布及生境 产华北、华东、华中、西南等地。北京常见于各区（县）山地，生于林下、灌丛、草坡等阴湿处。

利用部位及用途 ①块茎含淀粉28%，可制酒精或作糊料，但有毒，不可食用。②块茎药用，能解毒消肿、祛风定惊、化痰散结；外用可治肿毒。③为有毒植物，块茎毒性较大，使用不当易致中毒，症状有口腔粘膜糜烂、运动失灵、味觉消失、言语不清、四肢麻木，严重者可出现昏迷、惊厥、窒息。

掌叶半夏	*Pinellia pedatisecta* Schott	天南星科 Araceae

形态特征 多年生草本。块茎近球形，类似半夏，但较大，径约 4cm。叶柄长 10~30cm。叶片掌状裂，中裂片全缘，侧裂片再裂，成鸟足状分裂。佛焰苞绿色中带紫色条纹，肉穗花序，雌花位于花序下部，雄花位于上部，附属器细线形。浆果卵圆形，绿色至黄白色，长约 6mm，包于宿存佛焰苞管部内。

花果期 花期 6~7 月，果期 8~9 月。

分布及生境 产华北至长江流域及西南各地。北京各区（县）山区有分布，较常见，生于林下阴湿处。

利用部位及用途 ①块茎含甾醇类、生物碱、半夏蛋白、黄酮类、萜类、胆碱等成分，有燥湿化痰、利胃健脾、降逆止呕、止咳、消肿散结等作用，主治痰湿化痰、胸膈胀满、呕吐、咳逆、头眩、头痛等症，对妊娠恶阻、呕吐尤为特效；并用治胃炎、胃溃疡的呕吐；生用外敷可治痈肿。②为有毒植物，块茎毒性较大，使用不当易中毒。

鸭跖草	*Commelina communis* L.	鸭跖草科 Commelinaceae

形态特征 一年生蔓生草本，高达 50cm。茎多分枝，基部匍匐而节部生根，上部斜生。单叶互生，卵形至披针形，具抱茎的叶鞘。总苞片心状卵形，边缘对合折迭。花常仅 2 朵，蓝色，花萼花瓣各 3 枚，发育雄蕊 3 枚。蒴果椭圆形，2 室。种子呈 3 棱状半圆形，暗褐色，有皱纹而具窝点。

花果期 花期 6~8 月，果期 8~10 月。

分布及生境 分布遍及全国。北京各区（县）常见，生于路旁、田边、河岸、宅旁、山坡及林缘阴湿处。

利用部位及用途 ①富含蛋白质、维生素 C 和多种微量元素，苦中略带异味。春季采集嫩茎叶凉拌、煮汤或炒食皆可，也可清水煮熟后晒干制作成干菜食用。②全草入药，为消肿利尿、清热解毒之良药；此外对麦粒肿、咽炎、扁桃腺炎、宫颈糜烂、腹蛇咬伤有良好疗效；外敷治关节肿痛。③茎嫩叶多，春季发芽早，秋季仍柔嫩，宜作饲料。④种子含油量 25%~40%，可制肥皂。⑤花美丽，为常见路边野花，现广为栽培供观赏。

竹叶子 | *Streptolirion volubile* Edgew. | 鸭跖草科 Commelinaceae

形态特征 一年生缠绕草本。茎柔弱，长可达 3m。单叶互生，具长柄，叶片卵状心形，弧形脉，基部成筒状叶鞘。蝎尾状聚伞花序，有花 2~4 朵；花白色，花萼、花瓣各 3 枚，花瓣线形；雄蕊 6，花丝具毛。蒴果卵状 3 棱形，被疏长毛，顶端具喙，纵裂。种子 2 枚，多角形，直径约 2mm。

花果期 花期 7~8 月，果期 9~10 月。

分布及生境 分布遍及全国。北京各区（县）山地均有，极常见，生于路边、山沟、林缘和林内等潮湿处。

利用部位及用途 ①富含蛋白质、胡萝卜素和多种微量元素，夏秋两季采摘嫩茎叶供食用。②全草入药，有清热、利尿和抗病毒的功效。③茎叶可做动物饲料。

龙须菜（玉带天门冬） *Asparagus schoberioides* Kunth 百合科 Liliaceae

形态特征 多年生直立草本，高达 1m。根细长，粗约 2~3mm。茎多分枝，具纵棱，有时具狭翅；叶状枝窄条形，镰刀状，3~7 枚簇生。叶退化成鳞片状，白色。雌雄异株，花 2~4 朵腋生，黄绿色，花梗极短，雄蕊 6。浆果球形，初绿色，熟时红色，直径约 6mm，通常有 1~2 种子。

花果期 花期 5~6 月，果期 7~9 月。

分布及生境 分布于东北、西北、华北地区。北京各区（县）山地常见，生于林下、林缘、草地和沟边。

利用部位及用途 ①幼嫩植株可食用，味如芦笋。②全草含皂甙和黄酮，根中含皂甙和天门冬酰胺，入药滋阴止血，用于治疗肺络灼伤之咯血。

曲枝天门冬 | *Asparagus trichophyllus* Bge. | 百合科 Liliaceae

形态特征 多年生草本，高达 1m。根稍肉质，粗 2~4mm。茎光滑，中部至上部回折状；分枝基部先下弯而后上升，强烈弧曲，上部回折状；叶状枝直立，4~8 枚簇生，刚毛状。叶退化，鳞片状。雌雄异株，花黄绿色，2 朵腋生，花梗较长。浆果球形，直径 6~7mm，熟时红色，具 3~5 种子。

花果期 花期 5 月，果期 6~7 月。

分布及生境 分布于东北、华北地区。北京各区（县）中低山区均有分布，较常见，多生于山坡、灌丛、路旁等地。

利用部位及用途 ①根可入药，具祛风除湿之功效，用于治疗风湿性腰腿痛、局部性浮肿；外用治瘙痒性、渗出性皮肤病以及各种疮疖红肿。②茎、叶、果实形态美观，可栽培供观赏用。

北重楼 | *Paris verticillata* M. –Bieb. | 百合科 Liliaceae

形态特征 多年生草本，高 25~60cm。具细长根状茎，直径 3~5mm。叶 5~8 枚轮生茎顶，披针形至倒披针形。花两性，单生茎顶；花被片 8，排成两轮，外轮叶状，绿色，内轮丝状，黄绿色；雄蕊 8 枚，子房球形，紫褐色。蒴果浆果状，不开裂，紫黑色。种子多数，卵圆形。

花果期 花期 5~7 月，果期 7~9 月。

分布及生境 分布于东北、华北、华东、西北等地。北京常见于各区（县）山地，生于海拔 800m 以上山坡草地、林下阴湿地或沟边。

利用部位及用途 ①根茎含脂肪酸酯、甾醇、黄酮苷素及多糖等成分，入药有清热解毒、散结消肿等功效；对毒蛇咬伤亦有较好疗效。②叶序奇特，顶生一花，美观别致，可供观赏。适宜作为花境、草坪、坡地、林缘等的地被花卉材料。

七筋姑 | *Clintonia udensis* Trautv. et Mey. | 百合科 Liliaceae

形态特征 多年生草本。根状茎较硬，粗约 5mm，有撕裂成纤维状的残存鞘叶。叶 3~4 枚，基生，纸质或厚纸质，椭圆形或倒卵状矩圆形。花葶密生白色短柔毛，果期伸长可达 60cm；总状花序，花梗密生柔毛；花白色，少有淡蓝色。浆果，长圆形，长 7~14mm，成熟后蓝黑色。种子卵形或梭形。

花果期 花期 5~6 月，果期 7~10 月。

分布及生境 产东北、华北、华中、西北、西南等地区。北京门头沟、怀柔、密云等区（县）有零散分布，少见，生于海拔 1700m 以上阴坡疏林下。

利用部位及用途 ①根入药，有小毒，具散瘀、止痛之功效，主治跌打损伤、劳伤等症。此药宜单独使用，不宜与他药合用，服用过量会引起腹泻。②叶形宽大，果实蓝色，可栽培供观赏。

鞘柄菝葜	*Smilax stans* Maxim.	百合科 Liliaceae

形态特征 落叶灌木或半灌木，高达3m。茎和枝条稍具棱，无刺。叶纸质，卵状披针形或近圆形，下面稍苍白色或有时有粉尘状物；叶柄向基部渐宽成鞘状，无卷须。花序具1~3朵或更多朵花；总花梗纤细，比叶柄长3~5倍；花绿黄色，有时淡红色。浆果，直径6~10mm，熟时黑色，具粉霜。

花果期 花期5~6月，果期10月。

分布及生境 除东北地区以外，分布于全国各地。北京各区（县）山地有分布，较少见，生于林下、灌丛中或山坡阴处。

利用部位及用途 ①根茎含薯蓣皂甙元、胡萝卜甙等，可入药，具有祛风除湿、活血顺气、止痛之功效。②根状茎含淀粉约20%，可作酿酒原料。

黄花油点草	*Tricyrtis maculata* (D. Don) Machride	百合科 Liliaceae

形态特征 多年生草本，茎高 50~100cm。叶互生，无柄，矩圆形、椭圆形至倒卵形。聚伞花序疏生少花，总花梗和花梗密生微毛和腺毛；花被片 6，基色为黄色或黄绿色，有紫褐色斑点，矩圆形，外轮者基部具囊，水平开展；雄蕊 6，花丝开花时顶端外反。蒴果棱状矩圆形，具 3 棱，长 2.5~3.5cm。

花果期 花期 6~7 月，果期 8~9 月。

分布及生境 产西南、华中地区及甘肃、陕西、河南、河北等地。北京房山、门头沟、延庆、怀柔、密云等区（县）有分布，较少见，生于山坡林下、路旁等处。

利用部位及用途 ①含有酚性、生物碱、黄酮类等成分，全草入药，有解毒、发表、止咳等功效，治疗肺虚咳嗽。②花形态美观，色泽多变，可栽培供观赏。

宝铎草	*Disporum sessile* D. Don	百合科 Liliaceae

形态特征 多年生草本，高 30~60cm。根茎肉质，横走。茎光滑，分枝少。叶片卵状长椭圆形，顶端通常歪斜，叶柄极短。花黄色、绿黄色或白色，筒状，1~3 朵顶生；花柄长 1~2cm，无花序梗；花被片近直立，长圆状匙形，顶端急尖，基部有囊状短距。浆果椭圆形或球形，直径约 1cm，黑色。

花果期 花期 4~5 月，果期 8~9 月。

分布及生境 产东北、华北、华中、西南、华南等地区。北京房山、门头沟、怀柔、密云等区（县）有零散分布，少见，生于山坡、林下及林缘。

利用部位及用途 ①根茎含有生物碱和黄酮类等成分，可入药，具有益气补肾、润肺止咳等功效，用于脾胃虚弱、食欲不振、肺气不足、气短喘咳等症。②花叶美观，可以作为盆栽及林下、林缘草地绿化植物。

热河黄精　*Polygonatum macropodium* Turcz.　百合科 Liliaceae

形态特征　多年生草本，高 30~100cm。根状茎圆柱形，直径 1~2cm。叶互生，卵形至卵状椭圆形，全缘。花序具花 3~12 朵，排成近伞房状，总花梗长 3~5cm，花被白色或带红点，花丝长约 5mm，具 3 狭翅。浆果深蓝色，直径 7~11mm，具 7~8 颗种子。

花果期　花期 7~8 月，果期 8~10 月。

分布及生境　产辽宁、河北、山西、山东等地。北京各区（县）山区有分布，较常见，生于海拔 400~1500m 的林下或阴坡。

利用部位及用途　①春季采幼苗，春、秋采挖地下根茎供鲜食或制成干品，有抗缺氧、抗疲劳、抗衰老等食疗作用，能增强人体免疫功能。②根状茎含甾体皂甙，常作“玉竹”药用，为滋补强壮药，具补气养阴、健脾、润肺、益肾等功效，用于脾虚胃弱、体倦乏力、口干食少、肺虚燥咳、精血不足、内热消渴等症。③根状茎可提制淀粉，供食用，或熬糖。

舞鹤草	*Maianthemum bifolium* (L.) F.W.Schmidt	百合科 Liliaceae

形态特征 多年生草本，高 8~20cm。根状茎细长，匍匐。基生叶 1 枚，具长柄；茎生叶 2 枚，互生，三角状心形或圆形。总状花序，具 10~20 朵花；花白色，花被片 4，排成 2 轮，花后反卷。浆果球形，熟时红色。种子卵圆形，直径 2~3mm，种皮黄色，有颗粒状皱纹。

花果期 花期 5~7 月，果期 8~9 月。

分布及生境 分布于东北、华北、西北等地区及四川省西北部。北京各区（县）山地常见，生于阴坡林下。

利用部位及用途 ①全草含皂苷，性酸、涩，微寒，入药有凉血、止血、清热解毒之功效；外用治外伤出血、瘰疬、脓肿、癣疥。②叶、花、果美丽，可栽培供观赏。

鹿药	*Smilacina japonica* A. Gray	百合科 Liliaceae

形态特征 多年生草本，高 20~40cm。根茎横卧，肉质肥厚，有多数须根。茎单生，密生粗毛。叶 4~7 枚，互生，卵状椭圆形至狭长椭圆形。花 10~20 朵排成圆锥花序，白色，花被片 6，子房近球形。浆果近球形，径 5~6mm，初绿色，有紫斑，成熟时红色或淡黄色。

花果期 花期 5~6 月，果期 8~9 月。

分布及生境 分布于东北、华北、西北、华东、西南等地。北京常见于各区(县)山地，生于林下阴湿处。

利用部位及用途 ①《本草经疏》记载“鹿药，甘能益血，甘能入脾，甘温益阳气，故能主风血去诸冷而益老起阳也。气味和平，性本无毒，补益之外。别无治疗”。根茎含皂苷类、维生素、黄酮类等成分，入药具补气益肾、祛风除湿、活血调经等功效，可治风湿骨痛、神经性头痛。②叶、花、果实形态美观，可栽培供观赏。

薤白（小根蒜） *Allium macrostemon* Bge. 百合科 Liliaceae

形态特征 多年生草本，高达60cm。鳞茎近球形，基部常具小鳞茎，外皮膜质，不破裂。叶3~5枚，半圆柱形或条形，中空，比花葶短。花葶单一，高达70cm，圆柱状，下部被叶鞘；伞形花序，半球形，花多而密，常具有暗紫色珠芽；花淡紫色，雄蕊细长，显著伸出花冠。蒴果倒卵形，先端凹入。

花果期 花果期5~7月。

分布及生境 分布于长江流域和北部各地区。北京各区（县）山地常见，生于林下、山坡和草地。

利用部位及用途 ①叶和鳞茎幼嫩时可以食用，为常见山野菜，具有温补作用，可健脾开胃、助消化、解油腻、促进食欲。②鳞茎含挥发油、皂甙等，入药名“薤白”，具有抗菌消炎、解痉平喘等功效。③鳞茎含挥发油，可提取供工业用。

山韭　*Allium senescens* L.　百合科 Liliaceae

形态特征　多年生草本，具粗壮的横生根状茎。鳞茎单生或数枚聚生，近圆锥形，外皮灰黑色，内皮白色。叶狭条形至宽条形，肥厚，宽 2~10mm。花莛高 20~65cm，圆柱状，常具 2 纵棱；伞形花序半球状至近球状，具多而稍密集的花，花紫红色至淡紫色；子房近球状。蒴果，近球形。

花果期　花果期 7~9 月。

分布及生境　产东北、华北、西北等地区。北京常见于各区（县）山地，生于海拔 2000m 以下的草地或山坡上。

利用部位及用途　①嫩茎叶常做野生蔬菜食用，适于体虚烦热、瘦弱乏力者，对脾胃虚弱、食欲不振具有明显的食疗作用。②含有硫化物、甙类、黄酮类等成分，全草入药具有益肾补虚等功效，治阴虚内热。③为优等饲用植物。

黄花葱	*Allium condensatum* Turcz.	百合科 Liliaceae

形态特征　多年生草本。鳞茎柱状圆锥形，粗 1~2cm，单生，稀 2 个聚生，外皮红褐色，薄革质，常具光泽，老时顶端条状破裂。叶圆柱状或半圆柱状，上面具沟槽。花莛圆柱状，伞形花序球状，具多而密集的花，花淡黄色或白色；子房倒卵球状，花柱伸出花被外。蒴果，近卵球形。

花果期　花期 7~8 月，果期 9~10 月。

分布及生境　产东北、华北地区及山东省。北京见于平谷、怀柔等区（县），生于海拔 1000~2000m 的山坡、草地，较少见。

利用部位及用途　①嫩茎叶及鳞茎可做野菜食用。②全草可入药，具有抗菌消炎、解痉平喘等功效。

轮叶贝母	*Fritillaria maximowiczii* Freyn	百合科 Liliaceae

形态特征 多年生草本，高 30~60cm。鳞茎近球形，白色，由 4~5 枚或更多鳞片组成，周围又有许多 m 粒状小鳞片，后者很容易脱落。叶长条状或条状披针形，通常每 3~6 枚排成 1 轮，1~2 轮。花常单生枝顶，紫褐色，有黄绿色小方格；叶状苞片 1 枚。蒴果，棱上具翅。

花果期 花期 6~7 月，果期 7~8 月。

分布及生境 产河北、辽宁、吉林、黑龙江。北京密云县山区有少量分布，生于海拔 1400~1500m 的林间坡地。

利用部位及用途 ①鳞茎入药，具有清热润肺、止咳化痰的作用，用于肺热燥咳、干咳少痰、阴虚劳嗽、咯痰带血等症。②北京地区野生数量极少，为一级重点保护植物。

有斑百合	*Lilium concolor* var. *pulchellum* (Fisch.) Regel	百合科 Liliaceae

形态特征 多年生草本，高 30~50cm。鳞茎卵球形，直径 1.5~3.5cm，白色，鳞片叶肉质，披针形。叶互生，线状披针形，稍具缘毛。花顶生，直立，不反卷；多具 2~3 朵花，花红色；花被片 6，上有紫黑色斑点，花药紫红色。蒴果矩圆形，长 2.5~3cm，室背开裂，具多数种子。

花果期 花期 6~7 月，果期 8~9 月。

分布及生境 产东北、华北、西北等地区。北京常见于各区（县）山地，生于海拔 600~2100m 的山坡、林缘及草甸上。

利用部位及用途 ①鳞茎含淀粉，可供食用或酿酒。②鳞茎中含有皂苷及多糖等，可入药，具有润肺止咳、宁心安神等功效，治肺虚久咳、痰中带血、神经衰弱、惊悸、失眠等症。③花含芳香油，可提制芳香浸膏。④花叶美观，可栽培供观赏。

山丹（细叶百合） *Lilium pumilum* DC. 百合科 Liliaceae

形态特征 多年生草本，高18~60cm。鳞茎圆锥形或长卵形，直径1.8~3.5cm，具薄膜，基部生须根，白色，具多数肉质鳞叶。叶互生，线形，有1条明显中脉。花1朵至数朵排成总状花序，下垂；花被片6，鲜红色，翻卷；雄蕊6，花药红色，柱头膨大，3裂。蒴果长圆形，长2~3cm，具6条纵棱，顶端截形。种子耳形，扁平，长约4mm，稍有翅。

花果期 花期7~8月，果期8~10月。

分布及生境 分布于东北、华北、西北等地。北京各区（县）山地常见，生于山坡草地、林间草地和路旁。

利用部位及用途 ①鳞茎含淀粉，可食用。②鳞茎入药，味微苦、性平，具滋补强壮、养阴润肺、止咳化痰等功效，用于阴虚久咳、痰中带血、虚烦惊悸、失眠多梦等症。③花含挥发油，可制芳香浸膏。④绿叶红花，亭亭玉立，质朴自然，具有极高的观赏价值。

绵枣儿	*Scilla scilloides* (Lindl.) Druce	百合科 Liliaceae

形态特征 多年生草本。鳞茎卵圆形，长 2~3.5cm，皮黑褐色，下部有短根茎，其上生多数须根，鳞茎片内面具绵毛。叶狭线形，基生，平滑，正面凹。花莛长而直立，先叶抽出；花序总状，苞片小，线状；花小，淡紫红色；花被 6，有 1 条深紫色的脉纹。蒴果倒卵形，3 棱。种子有棱，黑色，有光泽。

花果期 花期 8~9 月，果期 9~10 月。

分布及生境 产东北、华北、华中、华东以及西南等地。北京房山、延庆、密云等区（县）有分布，较少见，生于山坡、草地、路旁或林缘。

利用部位及用途 ①鳞茎含有多种糖，有甜味，可食用。②鳞茎有小毒，入药有强心利尿、消肿止痛、活血解毒等功效，可治跌打损伤、腰腿疼痛、筋骨痛等；鲜鳞茎捣烂外敷治痈疽、乳腺炎。③花期长，花色艳丽，是良好的园林花坛和花境材料。

野鸢尾 | *Iris dichotoma* Pall. | 鸢尾科 Iridaceae

形态特征 多年生直立草本，根状茎较粗壮，常呈不规则结节状；须根多数，细长。叶基生或茎生，剑形，基部鞘状抱茎，先端向外弯曲成镰刀状。花茎高达60cm，具3~4朵花；花白色，花被有褐色斑纹；雄蕊3，花柱分枝扩张成花瓣状。蒴果狭矩圆形，长3.5~4.5cm，具3棱。种子暗褐色，椭圆形，两端具翅状物。

花果期 花期7~8月，果期8~9月。

分布及生境 分布于东北地区及河北、山东、山西、陕西、甘肃等省份。北京各区(县)山地均有分布，常见，生于砂质草地、山坡石隙等向阳干燥处。

利用部位及用途 ①花香气淡雅，可以调制香水；根茎可提取香精。②为重要纤维植物，可以代替麻生产纸、绳；叶细致光滑，坚韧耐用，可编制各类工艺品。③花大而美丽，叶丛也很美观，可用于花坛、花境、地被栽植供绿化或观赏。

手参（佛手掌） *Gymnadenia conopsea* R. Br. 兰科 Orchidaceae

形态特征 多年生陆生草本，高20~70cm。块茎1~2，肉质肥厚，两侧压扁，下部掌状分裂，裂片细长。叶3~5枚，基生或茎生，狭椭圆状披针形。总状花序顶生，穗形，具多数密集的花；花粉红色，唇瓣宽倒卵形，先端3裂，距长，弯成半圆形或镰刀形。蒴果，长圆形。

花果期 花期6~8月，果期8~10月。

分布及生境 分布于东北、华北、西南、西北等地。北京门头沟、怀柔、平谷、密云等区（县）有零散分布，少见，生于海拔约1000~1900m的山顶草甸或林间草地。

利用部位及用途 ①块茎可食用或泡酒。②块茎含有苷类、苯丙素类、异戊二烯类、脂肪酸衍生物等多种成分，入药用作滋补剂，有补肾益精、理气止痛之效，用于病后体弱、神经衰弱、咳嗽、阳痿、久泻、白带、跌打损伤、淤血肿痛等症。③数量稀少，为保护植物，可栽培供观赏。

绶草（盘龙参）　*Spiranthes sinensis* (Pers.) Ames　兰科 Orchidaceae

形态特征　多年生陆生草本，小型地生兰，高 10~40cm。根数条簇生，指状，肉质。茎直立，纤细。基生叶 2~4，无柄，线状披针形，茎生叶通常 2，互生，小。总状花序具多数密生的花，似穗状，花呈螺旋状扭转排列。花小，粉红色或紫红色。蒴果被毛，深褐色，长椭圆形。

花果期　花期 6~8 月，果期 8~9 月。

分布及生境　广布于全国各地。北京各区（县）山地均有分布，较常见，生于林下及山坡、路边的杂草丛中。

利用部位及用途　①民间常用根泡制米酒或熬制鸡汤，以作食补。②全草入药，具滋补、清热凉血、消炎止痛、止血的功效，可治阴虚内热、咳嗽吐血、咽喉肿痛、糖尿病、疮疡痈肿等症；外用治毒蛇咬伤。③花美丽，花序奇特，因花旋转着生于花轴上，如青龙盘缠柱上，根如参状，故有“盘龙参”之称，可栽培供观赏。

大花杓兰　*Cypripedium macranthum* Sw.　兰科 Orchidaceae

形态特征　陆生草本，根状茎横走，粗壮。茎直立，基部具 2~3 叶鞘。叶片 3~6 枚，互生，全缘，椭圆形、卵状椭圆形或椭圆状披针形，抱茎。花单生茎顶，稀 2 朵，苞片叶状；萼片卵形，淡紫色；唇瓣大，椭圆状球形，外面无毛，基部与囊内底部具长柔毛。蒴果长圆形或纺锤形，具棱。

花果期　花期 6~7 月，果期 7~8 月。

分布及生境　产东北、华北、华东等地。北京延庆、门头沟、密云等区（县）有少量分布，偶见，生于海拔 1500m 以上林下、林缘或草甸上腐殖质丰富和排水良好之地。

利用部位及用途　①地上部茎叶可入药，具祛风、解毒、活血之功效。②叶形优美，花形奇特，别具一格，且型大色艳，被形象地称为“大口袋花”，为观赏价值极高的兰花植物。北京自然分布的大花杓兰野生资源数量稀少，濒临灭绝，应给予重点保护，在此基础上可引种栽培利用。

主要参考文献

陈默君，贾慎修主编 . 中国饲用植物 . 北京 : 中国农业出版社 . 2002.

陈冀胜，吴硕主编 . 中国有毒植物 . 北京 : 科学出版社 . 1987.

崔国发，刑韶华，赵勃主编 . 北京山地植物和植被保护研究 . 北京 : 中国林业出版社 . 2008.

戴宝合主编 . 野生植物资源学（第二版）. 北京 : 中国林业出版社 . 2003.

董世林主编 . 植物资源学 . 哈尔滨 : 东北林业大学出版社 . 1994.

杜怡斌主编 . 河北野生资源植物志 . 保定 : 河北大学出版社 . 2000.

高愿君主编 . 中国野生植物开发与加工利用 . 北京 : 中国轻工业出版社 . 1997.

国家药典委员会 . 中华人民共和国药典 . 北京 : 中国医药科技出版社 . 2010.

哈斯巴根，苏亚拉图 . 内蒙古野生蔬菜资源及其民族植物学研究 . 北京 : 科学出版社 . 2008.

贺士元，邢其华，尹祖棠等. 北京植物志 . 修订版（上、下册）. 北京 : 北京出版社 . 1992.

李惠民等主编 . 山西省经济植物志 . 北京 : 中国林业出版社 . 1989.

李景文，姜英淑，张志翔等编著 . 北京森林植物多样性分布与保护管理 . 北京 : 科学出版社 . 2012.

马清温，孙震晓，李林海，寿海洋主编 . 北京药用植物图鉴 . 北京 : 北京科学技术出版社 . 2010.

孟德政主编 . 北京山区野生经济植物资源手册 . 北京 : 科学技术文献出版社 . 1990.

全国中草药汇编编写组编 . 全国中草药汇编（上、下册，第二版）. 北京 : 人民卫生出版社 . 1989.

王小平，张志翔，甘敬，赵良成等编著 . 北京森林植物图谱 . 北京 : 科学出版社 . 2008.

王羽梅主编 . 中国芳香植物（上、下册）. 北京 : 科学出版社 . 2008.

王宗训主编 . 中国资源植物利用手册 . 北京 : 中国科学技术出版社 . 1989.

谢碧霞，张美琼编著 . 野生植物开发与利用学 . 北京 : 中国林业出版社 . 1995.

吴征镒等著 . 植物资源的合理利用及保护 . 云南生物资源合理开发利用论文集 . 昆明 : 云南人民出版社 . 1987.

肖培根，连文琰主编 . 中药植物原色图鉴 . 北京 : 中国农业出版社 .1999.

徐景先，赵良成，林秦文主编 . 北京湿地植物 . 北京 : 北京科学技术出版社 . 2009.

徐万林主编 . 中国蜜粉源植物 . 哈尔滨 : 黑龙江科学技术出版社 . 1983.

杨毅，傅运生，王万贤主编 . 野菜资源及其开发利用 . 武汉 : 武汉大学出版社 . 2000.

中国油脂植物编写委员会 . 中国油脂植物 . 北京 : 科学出版社 . 1987.

中国植物志编委会 . 中国植物志（相关卷册）. 北京 : 科学出版社 . 1959~2004.

中国高等植物图鉴编委会 . 中国高等植物图鉴 . 北京 : 科学出版社 . 2005.

中华人民共和国商业部土产废品局，中国科学院植物研究所主编 . 中国经济植物志（上、下册）. 北京 : 科学出版社 . 2012.

周繇主编 . 中国长白山植物资源志 . 北京 : 中国林业出版社 . 2010.

朱立新主编 . 中国野菜开发与利用 . 北京 : 金盾出版社 . 2002.

朱太平，刘亮，朱明编著 . 中国资源植物 . 北京 : 科学出版社 . 2007.

索引（中文名称）

索引

索引（拉丁学名）

T

U

V

W

X

Z

野罂粟